国家出版基金资助项目

湖北省学术著作出版专项资金资助项目

数字制造科学与技术前沿研究丛书

偏斜轴系的振动与稳定性

王德石　朱拥勇　著

武汉理工大学出版社

·武汉·

内容提要

本书论述了偏斜轴系的振动与稳定性分析方法与振动特征，在介绍轴系振动的基本问题与基本概念的基础上，讨论联轴器不对中连接的轴系振动，论述万向铰驱动轴动力学与有限元模型，分析万向铰驱动线的运动学与传递力矩，分析万向铰驱动轴的扭转振动、横向振动、弯曲振动以及扭转弯曲耦合振动，最后从工程实践的角度，介绍了偏斜轴系的校正措施与实施转子系统动平衡的原则与要求等。可供从事航空发动机、汽轮发电机、泵与风机、机床以及动力推进装置等旋转机械振动的研究人员、高等院校相关专业的学生，以及旋转机械领域从事振动监测与控制的工程师参考。

图书在版编目(CIP)数据

偏斜轴系的振动与稳定性/王德石，朱拥勇著. —武汉:武汉理工大学出版社，2020.1
ISBN 978-7-5629-6238-0

Ⅰ.①偏… Ⅱ.①王… ②朱… Ⅲ.①偏心轴-轴向振动-机械稳定性-研究 Ⅳ.①TH133.2

中国版本图书馆 CIP 数据核字(2019)第 297733 号

项目负责人:田 高 王先国　　**责任编辑**:雷红娟
责任校对:夏冬琴　　**排 版**:芳华时代
出版发行:武汉理工大学出版社(武汉市洪山区珞狮路 122 号 邮编:430070)
http://www.wutp.com.cn
经 销 者:各地新华书店
印 刷 者:武汉中远印务有限公司
开 本:787mm×1092mm 1/16
印 张:15.5
字 数:397 千字
版 次:2020 年 1 月第 1 版
印 次:2020 年 1 月第 1 次印刷
印 数:1—1500 册
定 价:98.00 元

数字制造科学与技术前沿研究丛书
编审委员会

总　　序

当前，中国制造 2025 和德国工业 4.0 以信息技术与制造技术深度融合为核心，以数字化、网络化、智能化为主线，将互联网＋与先进制造业结合，正在兴起全球新一轮数字化制造的浪潮。发达国家特别是美、德、英、日等先进制造技术领先的国家，面对近年来制造业竞争力的下降，最近大力倡导“再工业化、再制造化”战略，明确提出智能机器人、人工智能、3D 打印、数字孪生是实现数字化制造的关键技术，并希望通过这几大数字化制造技术的突破，打造数字化设计与制造的高地，巩固和提升制造业的主导权。近年来，随着我国制造业信息化的推广和深入，数字车间、数字企业和数字化服务等数字技术已成为企业技术进步的重要标志，同时也是提高企业核心竞争力的重要手段。由此可见，在知识经济时代的今天，随着第三次工业革命的深入开展，数字化制造作为新的制造技术和制造模式，同时作为第三次工业革命的一个重要标志性内容，已成为推动 21 世纪制造业向前发展的强大动力，数字化制造的相关技术已逐步融入到制造产品的全生命周期，成为制造业产品全生命周期中不可缺少的驱动因素。

数字制造科学与技术是以数字制造系统的基本理论和关键技术为主要研究内容，以信息科学和系统工程科学的方法论为主要研究方法，以制造系统的优化运行为主要研究目标的一门科学。它是一门新兴的交叉学科，是在数字科学与技术、网络信息技术及其他（如自动化技术、新材料科学、管理科学和系统科学等）与制造科学与技术不断融合、发展和广泛交叉应用的基础上诞生的，也是制造企业、制造系统和制造过程不断实现数字化的必然结果。其研究内容涉及产品需求、产品设计与仿真、产品生产过程优化、产品生产装备的运行控制、产品质量管理、产品销售与维护、产品全生命周期的信息化与服务化等各个环节的数字化分析、设计与规划、运行与管理，以及整个产品全生命周期所依托的运行环境数字化实现。数字化制造的研究已经从一种技术性研究演变成为包含基础理论和系统技术的系统科学研究。

作为一门新兴学科，其科学问题与关键技术包括：制造产品的数字化描述与创新设计，加工对象的物体形位空间和旋量空间的数字表示，几何计算和几何推理、加工过程多物理场的交互作用规律及其数字表示，几何约束、物理约束和产品性能约束的相容性及混合约束问题求解，制造系统中的模糊信息、不确定信息、不完整信息以及经验与技能的形式化和数字化表示，异构制造环境下的信息融合、信息集成和信息共享，制造装备与过程的数字化智能控制、制造能力与制造全生命周期的服务优化等。本系列丛书试图从数字制造的基本理论和关键技术、数字制造计算几何学、数字制造信息学、数字制造机械动力学、数字制造可靠性基础、数字制造智能控制理论、数字制造误差理论与数据处理、数字制造资源智能管控等多个视角构成数字制造科学的完整学科体系。在此基础上，根据数字化制造技术的特点，从不同的角度介绍数字化制造的广泛应用和学术成果，包括产品数字化协同设计、机械系统数字化建模与分析、机械装置数字监测与诊断、动力学建模与应用、基于数字样机的维修技术与方法、磁悬浮转子机电耦合动力学、汽车信息物理融合系统、动力学与振动的数值模拟、压电换能器设计原理、复杂多环耦合机构构型综合及应用、大数据时代的产品智能配置理论与方法等。

围绕上述内容，以丁汉院士为代表的一批我国制造领域的教授、专家为此系列丛书的初步形成，提供了他们宝贵的经验和知识，付出了他们辛勤的劳动成果，在此谨表示最衷心的感谢！

《数字制造科学与技术前沿研究丛书》的出版得到了湖北省学术著作出版专项资金项目的资助。对于该丛书，经与闻邦椿、徐滨士、熊有伦、赵淳生、高金吉、郭东明和雷源忠等我国制造领域资深专家及编委会讨论，拟将其分为基础篇、技术篇和应用篇 3 个部分。上述专家和编委会成员对该系列丛书提出了许多宝贵意见，在此一并表示由衷的感谢！

数字制造科学与技术是一个内涵十分丰富、内容非常广泛的领域，而且还在不断地深化和发展之中，因此本丛书对数字制造科学的阐述只是一个初步的探索。可以预见，随着数字制造理论和方法的不断充实和发展，尤其是随着数字制造科学与技术在制造企业的广泛推广和应用，本系列丛书的内容将会得到不断的充实和完善。

《数字制造科学与技术前沿研究丛书》编审委员会

前　　言

轴是旋转机械的核心部件，几乎所有的机械动力都是靠轴与轴系传递的。在一些重要的机器设备中，所有旋转机械的振动都指向了轴与轴系。例如，在航空发动机、汽轮发电机组、泵与风机、螺旋桨推进装置等重要应用场合，轴的振动是机器设备的核心振源，轴自身的振动以及它所激励的相关部件的振动，是影响机器设备性能与可靠性的重要因素。又如，机床中的旋转轴振动将直接制约工件的加工精度。

在轴的振动系统中，人们首先关注轴以及安装于轴上的部件的质量偏心，研究不平衡激励的振动与控制；后来随着机器精密运行的需求和运转经验的积累，人们又开始关心轴承、支撑基础、轴上部件缺陷与振动等对转子振动的影响，研究油膜振荡等参数激励以及部件的故障产生的振动特征，使得转子动力学成为振动研究领域特殊的重点分支。长期以来，由于轴系的偏斜是隐藏在转子系统中的，所以除了不对中轴系偶尔得以关注外，偏斜轴系的振动并没有得到理论上的充分重视。偏斜会导致机器运行效率下降，加重磨损并缩短使用寿命，偏斜与轴的加工、对接及安装有关，偏斜轴的校正校准是工程问题，甚至在有些情况下，偏斜轴系的振动幅值反倒降低，这就导致了偏斜轴系的振动研究并不充分。虽然偏斜轴系的校正确实是必须严格实施的工程措施，但是与此同时，也有必要掌握偏斜因素对于轴系振动特性的复杂作用。在偏斜因素的作用下，轴系将产生强迫激励、参数激励、自激振动等所有类型的非线性振动，它们将额外增加共振与失稳工况，并且相对于传统意义上的动平衡等有效的振动控制措施，偏斜将形成潜在的干扰效果。鉴于此，偏斜轴系的振动性质与振动特征具有重要的研究价值，这有利于使转子动力学理论更好地服务于应用需求。

本书试图系统地论述偏斜轴系的振动问题，全书共有 9 章内容。第 1 章分析轴系与转子系统的关系，定义各类偏斜情形，介绍转子动力学的基本问题和基本概念。第 2 章论述不对中对接轴系的运动约束，在考虑转子油膜、碰摩基本模型的基础上，建立包含偏斜条件在内的广义振动模型，并分析偏斜轴系振动的基本性质和振动特性。第 3 章介绍万向铰驱动轴动力学与轴系振动稳定性的经典理论，并且介绍如何利用万向铰描述偏斜轴系，建立偏斜轴系振动的有限元分析模型。第 4 章则考虑万向铰连接轴系的一般情形，介绍万向铰驱动线的运动学以及从动轴上的力与力矩的变化规律。第 5 章至第 8 章，分别讨论万向铰驱动轴系的扭转振动、刚性轴的横向振动、柔性轴的弯曲振动以及扭转与弯曲的耦合振动问题，通过共振条件和稳定性边界分析，考察万向铰驱动下轴系的振动特征与稳定性。在第 9 章，面向转子系统的振动控制，从物理和应用的角度，解释偏斜轴系振动的性质，相继介绍油膜振荡的直观机理与治理措施、偏斜轴系的校正方法和注意事项、转子系统振动测试及其特征数据分析等内容，以便为实施动平衡提供前提条件。最后，讨论了转子动力学的研究与技术开发需求。

书中第 1 章至第 3 章以及第 9 章由王德石撰写，第 4 章至第 8 章由朱拥勇撰写。其中周奇郑协助撰写了第 2 章，提供了模型并承担了仿真计算的任务，朱拥勇协助撰写了第 3 章，整理了相关资料并进行了校稿。王德石修改了第 4 章至第 8 章的内容，并负责了全书的统稿工作。书中引用了国内外相关参考文献，并且部分内容取自研究生周奇郑、朱拥勇、冯昌林等的学位论文；撰写过程中，研究生岳鹏飞、王旭东、刁诗靖承担了部分绘图工作，在此一并致谢。

在成书过程中，得到了国内转子动力学领域众多专家的帮助和支持。感谢西安科技大学基础部李明，兰州理工大学机械学院赵荣珍，新疆大学机械学院买买提·明·艾尼，东北大学机械工程学院罗忠，东南大学机械工程学院蒋书运，佛山科学技术学院机械工程学院李学军，上海交通大学振动与噪声研究所李红光，天津大学丁千、曹树谦、张文德、郎作贵，清华大学力学系褚福磊，浙江大学力学系祝长生，大连理工大学机械工程学院韩清凯，西安交通大学力学系江俊等教授的关心和支持，特别感谢上海交通大学振动与噪声研究所荆建平教授给予的帮助与支持。

偏斜轴系振动与转子系统动力学有密切的关系，并且二者都比较复杂，涉及的问题与研究成果也十分广泛。由于作者的水平和精力有限，难免挂一漏万，不当之处请读者包涵并批评指正。

王德石　朱拥勇
2019 年 8 月于武汉

目　　录

1 轴系振动的基本问题

工程中，百分之九十以上的动力是依靠轴传递的，轴是旋转机械的核心部件。机床、汽车的传动系统，船舶推进装置，航空发动机与汽轮机发电机组等一系列设备中，轴以及由轴组成的轴系是重要的组件。轴与轴系的振动是转子系统最重要的振动，是机器箱体等其他部件振动的根源。通过动力学模型分析轴的各类振动及其形成原因，确定转轴的临界转速，判别轴振动的稳定性，并控制轴系的振动以保证机器设备稳定可靠地运行，是转子动力学的基本任务。本章阐述轴系与转子系统的关系，分析轴系偏斜的形成原因，简述转子动力学的基本概念与基本问题，介绍基本动力学模型与分析方法。

1.1 轴与转子

轴是实现运动转换与运动传递的转动部件。其中，驱动轴是将源驱动力转换并且传递至载荷末端的转动部件。驱动力有几类不同的形式，它们间接或直接地提供给转轴，通过转轴对各类不同用途的负载施加驱动力矩。例如，内燃机提供往复运动形式的动力源，通过曲柄连杆机构将往复运动转换为轴的旋转运动，此时轴的作用是转换运动形式并且传递动力，汽车就是这样通过轴来驱动的。又如，电机的旋转动力，经过变速箱，或者不需要变速直接施加在轴的输入端，通过轴的转动输出动力，这种情况下，轴的作用仅仅是传递动力，泵、风机以及某些机床等设备就是例子。类似的情形还有燃气轮机和蒸汽轮机。在燃气轮机和蒸汽轮机中，动力透平即系列叶片组成的膨胀叶盘，直接安装在转轴的中部，从定子叶片通道冲出的高温高压燃气或蒸汽，在透平叶片通道中不断地膨胀做功，使得轴本身变成动力源，直接驱动转轴输出功率，典型的例子是飞机发动机和火电发电机组。可以看出，无论哪一种形式的动力源，都需要转轴输出扭矩。

研究轴的振动，首先要弄清楚轴上都有哪些部件参与振动，轴上的主要惯性部件及其分布特点是什么，即要弄清楚振体及其特点。事实上，振动的不仅是轴，轴上还包含其他惯性部件，它们都可以形成振动系统的振体。为了突出振动问题的特征，必须对这些惯性部件进行简化，将它们等价地简化为旋转惯性体，以便获得等价的振体。通常情况下，简化后的等价振体是惯性圆盘，可以将其分别固定在转轴的输入端、中部、输出端等不同的位置上。例如，内燃机和旋转电机自身是具有惯性参量的系统，为了将高速运动变为更大扭矩的低速旋转而增加的齿轮变速箱，也同样具有惯性，它们的等价惯性圆盘固定在轴的输入端。水力发电的叶轮、燃气轮机的压气机等都是惯性圆盘，并且也固定在轴的输入端。而燃气轮机和蒸汽轮机的透平叶片本身就是轴上的惯性圆盘，在一般情况下，为了达到充分膨胀的目的，透平往往是多级的，即把多个圆盘连在一起，且直径逐渐增大以适应不断膨胀的通道容积，最终形成透平叶盘组；在研究整机振动时，若不考虑叶片以及叶片通道内的扰动，整体的透平组可以等价为一个惯性圆盘，该等价振体位于轴的中部。转轴上的惯性参量，还包括输出端载荷构件本身的惯性量，它们固定于轴的末端，不同的工程用途有不同的输出端载荷构件。船舶与直升机的螺旋桨、机床的加工工件、压缩机与泵等，都是转轴的输出端载荷构件，并且在输出端构件形成的等价振体上，有相应的力与力矩等跟随作用力，即载荷。可以看到，在转轴的输入端、中部，以及在轴的输出端，都具有惯性振动体。

惯性振体与弹簧、阻尼器构成了振动三要素。现在暂时不考虑振动系统的弹性和阻尼两个要素，仍然从振体的角度，分析转子的概念以及转子与轴的关系。无论轴上的振动物体是复杂的机构还是多级透平，抑或是输出端构件，都可以等价简化为一个包含惯性张量和质量的惯性圆盘。**由于该圆盘是随轴一起转动的，所以称之为转子，它是狭义上的转子**。当忽略轴的质量时，则振体就是圆盘，转子即圆盘；当考虑转轴本身的质量和惯性时，振体包括轴和其上安装的圆盘，转子即轴和圆盘。事实上，如果将轴的惯性等价集中在圆盘上，那么轴和圆盘都是等价的振体，其模型与不考虑轴质量的情形是一样的，如图 1.1(a)所示。但是，当仅仅考虑轴的惯性，而且轴上没有其他惯性振体时，则轴就是退化的转子。研究这种特殊情况下的振动时，轴是不可缺少的基本振动单元。

考虑什么样的振体，建立什么样的动力学模型，需根据振动研究的目的而定。自 20 世纪 80 年代，由于汽轮发电机组的振动涉及火电厂的事故与安全，又由于航空发动机的研究需求，汽轮发电机组以及高速运转的燃气轮机成为转子振动的主要研究对象。航空与发电领域长期且突出的研究需求，有力地促进了转子动力学的发展，同时，也容易赋予转子动力学一种特殊含义，人们在谈及转子动力学时，首先想到的是航空发动机和汽轮发电机组。事实上，工程中任何旋转的机械系统都离不开轴的运动，所以转子动力学涵盖很宽的应用领域，属于旋转机械动力学最重要的研究内容。在以燃气轮机为典型对象的振动系统中，振体主要组成部分仍然是轴、透平叶盘，惯性部件直接简化在轴的中部。**习惯上，将轴与发动机的透平一起统称为转子。本质上，它与前面所说的狭义上的转子并无两样**。只是在这种情况下，所谓的转子是指发动机转子，是面向特殊重要领域的研究对象，转子动力学的任务则重在解决航空发动机或汽轮发电机组的振动与稳定性问题，当然也包括研究其中叶片的振动以及诸多其他的特殊振动。

广义上，可以给出转子的一般性定义：**转子是轴与安装于轴上所有旋转部件的集合，即与轴一起旋转的所有组件形成的等价惯性体**。事实上，狭义的转子、发动机的转子、广义的转子，都是振体，只是所考虑的振体数目不同，当然振动的自由度也不同。无论如何，它们都具有共同的理论方法体系，即转子动力学。在透平发动机领域形成的现有转子动力学理论与方法，本质上适用于所有转子的振动问题。图 1.1(b)考虑了包含更多振体的情形。**转子动力学的研究任务是解决各类转子的振动与稳定性问题**。

进一步考虑振动系统的弹性与阻尼要素，可以看到轴与转子系统、轴振动与转子系统振动之间的区别与联系。按照振体分析和转子的定义可知，轴是转子的组成部分。当考虑轴的质量时，轴本身就是振体。除此之外，轴还为其他振体的振动提供弹性。更多情况下，考虑的是将轴的质量等价分配在中间部位的转动圆盘上，或者忽略轴的质量，此时，轴仅仅是一个弹性部件，是为转子振动系统提供恢复力的弹簧。事实上，最初的转子动力学研究起源于弹性轴上集中质量的振动。随后，考虑轴上更多的惯性部件，形成了转子概念，之后进一步推广为转子系统的概念。由于轴是机器中几乎最“软”的部件，所以它更易于产生低阶模态的振动，并形成

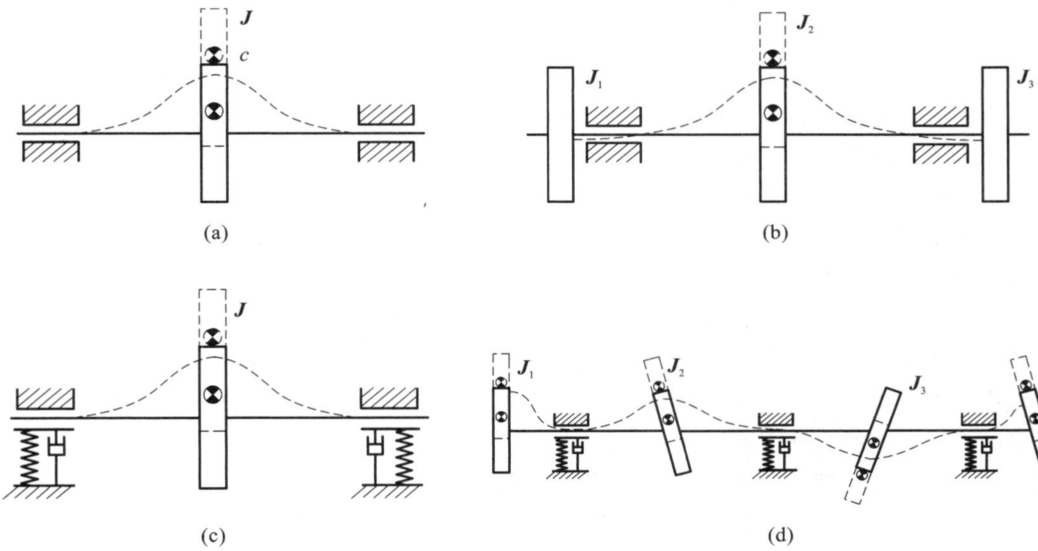

图 1.1 转子系统与轴的物理模型

(a)刚性支撑无质量轴上的转子；(b)刚性支撑单跨轴上的多转子；
(c)弹性支撑单个转子系统；(d)多跨多转子弹性支撑的转子系统(一般情形)

机器中其他部件振动的根源，例如激起箱体或机匣等部件的振动。

振体数目与需要考虑的振体运动形态，决定了振动系统的自由度。同样地，当考虑地基与轴承的弹性时，支撑条件由刚性变为弹性，这就相当于将系统整体作为一个振体，同样也增加了系统的自由度，转子成为转子系统。转子演变为转子系统还有诸多方式。**在单个刚性支撑转子的基础上，进一步考虑支撑条件、多跨结构等因素，以及考虑更多的振体数目及其运动自由度，所形成的振动系统就是转子系统**。图 1.1(a)考虑的是**刚性支撑、单跨支撑结构、单个圆盘振体的转子，称为 Jeffcott 转子**。它是早期研究的最基础的轴振动情形，也是揭示转子动力学基本概念与基本问题的最简单的动力学模型。图 1.1(b)是在同样的单跨、刚性支撑条件下，考虑多个圆盘振体所形成的转子系统。事实上多转子情况下更应该考虑弹性支撑。图 1.1(c)中是单跨支撑结构条件下的单个转子，在进一步考虑弹性支撑后，也形成转子系统。图 1.1(d)是转子系统的一般情形，即考虑多跨弹性支撑结构，以及考虑多个转子，并且其中的转子包含圆盘质心位移和圆盘振动。

可以看出，相比于简单的轴与转子，转子系统包含了更多的自由度。转子系统不仅考虑了更多的振体或更多的位移等运动，而且对于振动的另外两个要素即弹性与阻尼，考虑得更多。例如将地基、轴承等支撑条件纳入到研究范畴，分析它们的阻尼与弹性对于转子运动的影响，使得转子系统振动成为转子、轴承和支座乃至其他部件共同作用的结果。转子动力学发展至今，不再是单纯地研究轴或转子的振动，多数情况下是研究系统的振动。但是，**在转子系统中，轴的振动仍然是最重要的振动，控制了轴的振动，就控制了旋转机械的振动根源，所以转子动力学永远以控制轴的振动为主旨**。

从振动激励的角度，也可以反映轴与转子系统的局部与整体关系。在转子系统中，轴不但是基本的弹性部件和振体，而且也为转子系统的振动提供了运动条件。除了初始冲击之外的一切激励，只有在轴转动时才产生作用，它不仅反映出轴在转子系统中的主导地位，也说明转子系统具有不同于一般结构的振动性质。除此之外，轴的加速与减速转动等运动，都会形成振动系统的运动激励，尤其是偏斜轴系的运动、波动，以及机器的启动与停机过程。通过几何和运动约束，轴的安装位置与姿态也将导致各种非线性因素，从而改变转子系统的振动类型与特性。

综上所述，轴系具有如下特点：其一是面向较宽的工程领域。轴系振动研究不仅面向航空发动机和发电机组，而且涉及所有的旋转机械，包括汽车与机床传动、电机驱动的泵与风机、内燃机等系统的振动。其二是轴系振动具有丰富的振动激励与振动机理。轴不仅提供较大的弹性，而且还由于自身旋转、结构偏斜等特点，振动系统参数随转速变化，形成参数激励、强迫激励以及运动激励，通过不同的振动机理产生各种或简单或复杂的振动响应。其三是轴系动力学模型需要考虑轴和所有一起旋转的惯性体，振动的类型有轴向振动、扭转振动和横向振动，最主要的是横向振动。而且在正交方向上，两个横向振动具有共同的振动频率，所以最终成为轴心在容许间隙之内的径向振动。其四是从经典的转子动力学中我们知道，轴上惯性圆盘具有偏角的时候，不仅产生陀螺效应，而且振动的自由度增加，变相地也增加了轴的柔度。在轴系振动中，这种特征更加明显，因为惯性体的偏角会更大。最后需要说明的是，轴的振动是旋转机械中最重要的振动，分析并控制轴的振动是转子动力学的重要任务。

1.2 轴系的偏斜

将多根轴以某种形式连接在一起，就形成了轴系。连接后的轴系从整体上看，是一根驱动轴线，该驱动轴线可以是直线，也可以是折线。折线的情况是为了满足变方向驱动的需要，例如利用万向铰等联轴器将两根或多根转轴连接起来，以形成大角度偏斜轴系。直线驱动轴系中，轴与轴之间也同样会存在不同程度的偏斜。

偏斜包括偏心与偏角，俗称不对中。不对中是通俗但比较含糊、不严格的说法。为了给出严格的定义，首先考虑两点支撑的单跨转子，下面考察**转轴中心线与转轴上惯性圆盘的中心线的关系**。其中，轴在静止即不转动的情况下，原始轴中心线有两种情形：一种是由于重力的作用，轴中心线是重力作用下的静态弯曲曲线，即静变形；另一种是轴的原始中心线即原始轴线是理想的直线。将重力视为静力，或可忽略重力的作用，故暂时忽略轴的静变形。轴在以转速 Ω 转动的情况下，如图 1.2(a)所示，由于惯性力的作用，轴的中心线偏离理想中心线，且随时间变化。

转动状态下轴的中心线与静止条件下轴的原始中心线，分别为定义轴上**惯性圆盘的偏角**与**轴的偏角**提供了基准。其中，**圆盘的偏角与轴的偏角具有不一样的性质**。下面先来分析惯性圆盘的偏斜情况，包括偏心与偏斜角度。

轴上惯性圆盘也有几何中心线，如图 1.2(b)所示。由于惯性圆盘是轴对称的，假定其质量分布均匀，则圆盘的几何中心轴线就是它的一个惯性主轴。在转子动力学中，偏心转子是最初关注的研究对象。偏心是指轴上惯性圆盘的质心 c 偏离转轴中心 O' 的距离。通常情况下，假定圆盘的质心位于圆盘几何中心线上。如果质量分布不均匀，就要对其进行平衡。该平衡仅仅是将圆盘质心调整到圆盘轴线上的圆盘中心处。**在静态条件下，通过惯性体的质量重新分布，使得圆盘质心尽可能接近圆盘几何中心或轴心以消除不平衡力的措施，即为静平衡技**

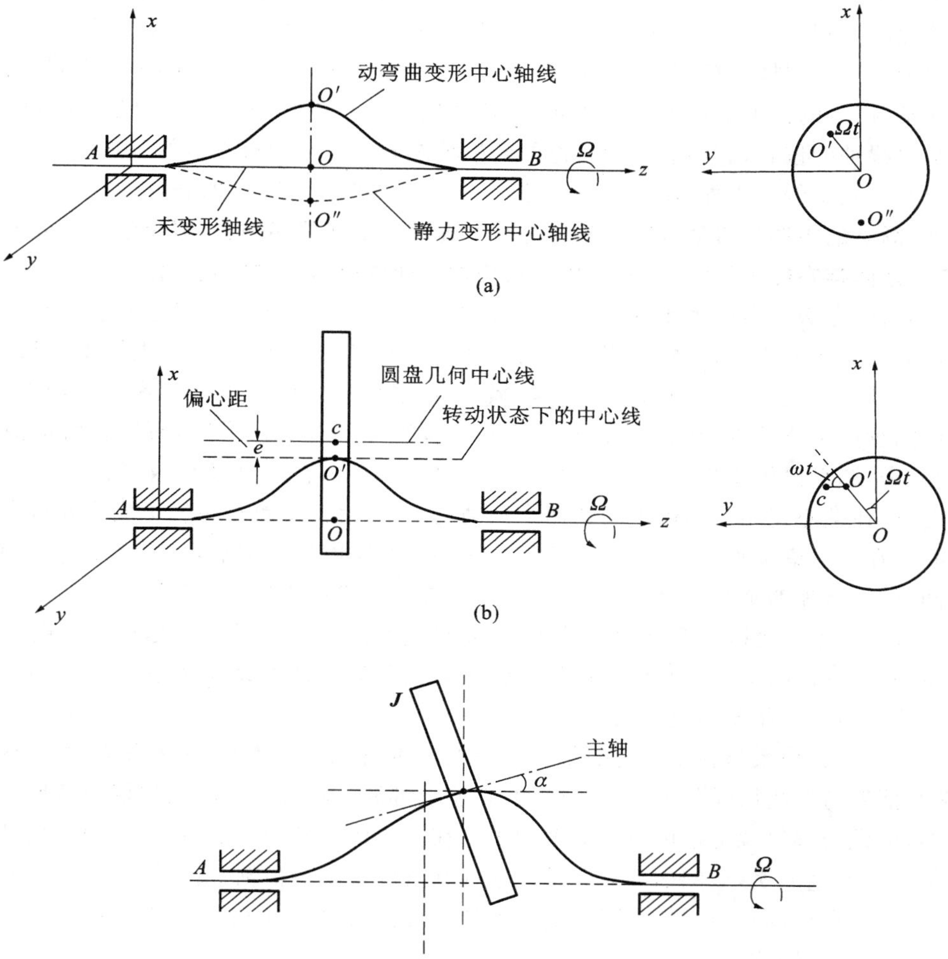

图 1.2　轴上惯性圆盘的偏心与偏角

(a)轴的弯曲变形与中心线;(b)惯性圆盘的偏心与偏心距 e;(c)惯性圆盘的偏角

术。静平衡是一种部件的静态参数调整,与转动条件下的振动无关,但是,实施静平衡是控制转子振动的基础。

经过静平衡后,理论上圆盘质心应该处于圆盘的几何中心。事实上,即使经过静平衡后圆盘质心与其几何中心重合,几何中心(即经过静平衡后的质心)也不可能完全精确地位于转轴轴心线上,这也是“不对中”的原始含义,是距离上的不对中。此时,将圆盘的几何中心线与转动状态下的中心线的距离,即质心 c 与转轴中心 O' 的距离,称为**偏心距**,用 e 表示。尤其是对于汽轮机和燃气轮机的多级透平,由于沿着转轴的纵向尺度很长,圆盘具有很大的厚度,很难完全将其质量分布到其惯性主轴与转轴的交点上。这就需要**通过振动测试,获得不平衡力的分布情况,并且对转子在运行状态下的质量分布实施平衡调节,即动平衡**。

偏心距的存在,将产生周期变化的强迫激励力。在只有偏心距的情况下,单跨转子的振动就是轴的动弯曲挠度的变化,它在垂直于轴原始中心线的平面内有两个正交投影分量,因而仅仅考虑偏心条件的单跨转子，是两自由度振动系统，并且在不考虑轴承与地基的情况下，每增加一个跨度的单圆盘轴，或者单跨度轴上每增加一个圆盘，就增加两个自由度。

单根轴本身也同样会存在偏心，我们可以将其偏心特性计入圆盘偏心中考虑，这是因为它们一起转动，产生的强迫激振力性质相同，振动性质是一样的。需要注意的是，这里所说的偏心指的是单根轴的偏心，它与后面所讨论的两根轴之间的不对中有本质的差别。

轴上圆盘除了偏心之外，还会存在偏角，是姿态上的“不对中”。如图 1.2(c)所示，它是指在连接处，**圆盘的主轴与转动状态下轴中心线在连接点的切线不重合，或者说与未变形轴线不平行，二者之间存在微小的角度，即惯性圆盘相对于转轴有微小的偏角**。由于安装与工艺误差等原因，轴与圆盘必然会产生小的夹角，无偏角的惯性圆盘只是期望的理想状态。

圆盘的偏角比偏心复杂多了，当轴转动时，由于转动轴与惯性圆盘的主轴不一致，将导致陀螺效应。其后果是，惯性体的偏斜产生陀螺力矩，这种力矩作用于具有弹性的轴上，使得轴以及惯性圆盘产生绕垂直于轴线姿态角的振动。垂直于轴线有两个轴，所以将增加两个姿态角，如此一来，圆盘振体将具有四个自由度。对于单跨对称转子，即使仅仅考虑其中一个姿态偏斜角度，也在偏心振动的基础上增加两个振动自由度，使得单跨对称转子成为四自由度振动系统。并且在不考虑轴承与地基的情况下，每增加一个跨度的单圆盘轴，或者单跨度轴上每增加一个圆盘，就增加四个自由度。不仅如此，陀螺力矩也将产生复杂的激励，除了强迫激励，它将使得固有频率不仅由刚度和惯性参数决定，而且还取决于轴的转速。尽管其自由振动仍然也是简单的简谐振动，但仅仅是圆盘振体的偏角就使得转子的振动问题复杂了许多。轴系与转子系统的偏斜角度使振动更复杂。

下面再来看看轴系与转子系统的偏斜。一根轴本身也具有惯性量，在轴的质量不可忽略时，其偏心情形与上述情况基本上是一样的，本质上都属于轴上惯性圆盘的偏心情形。除去了偏心情形，所说的偏斜就是指偏斜中的偏角了。在采取严格静平衡措施之后，偏心只是惯性部件的安装位置产生的误差，例如上面分析的惯性圆盘或是某一根轴，由于圆盘安装误差或轴的加工误差，导致存在偏心距。偏角则是由于部件的姿态安装不正所产生的，特别是轴的偏角，是多种多样的“不对中”产生的后果。

发生在单根轴上的偏角，是轴两端的支撑高度差引起的。工程中更主要的情形是轴系的偏斜，即两个轴之间的偏斜。其产生的原因是两根轴之间的联轴器存在连接误差，例如用联轴器对接两根轴时，由于安装误差，将产生轴之间的轴线不对中和相对偏角。联轴器或轴自身的加工误差也会产生偏斜。图 1.3(a)、图 1.3(b)、图 1.3(c)、图 1.3(d)是常见的联轴器，包括法兰盘刚性连接、整体套装对接形式的齿轮柔性联轴器与分装式齿轮柔性联轴器，以及金属橡胶型弹性联轴器等。图 1.3(e)是联轴器引起的偏斜的示意图，理想连接条件是偏斜角度为零，即要求连接后的整体是一根直轴。但是，工程上做不到完全的直线连接，所以要通过校直工艺把偏斜角尽可能减小至最小。图 1.3(e)是万向铰联轴器，它的大角度偏斜是根据变方向传递运动的需要而设计的。

联轴器的目的之一就是把整轴分为两段或多段，以降低制造的难度，同时提供一定的容许度，用以抵消整根连接轴的偏斜角，尽管这种做法会引起另外的振动。当两根轴连接为一根轴之后，将导致连接后的整根轴的偏角。如此看来，我们有理由从整根轴的角度来描述偏斜角度问题。这样从一根整体轴的角度审视轴与轴之间的偏斜，不仅可以综合更多的其他偏斜因素，例如支撑条件的因素，而且在联轴器的偏斜校正中，也是利用各轴的终端支撑高度作为调整参

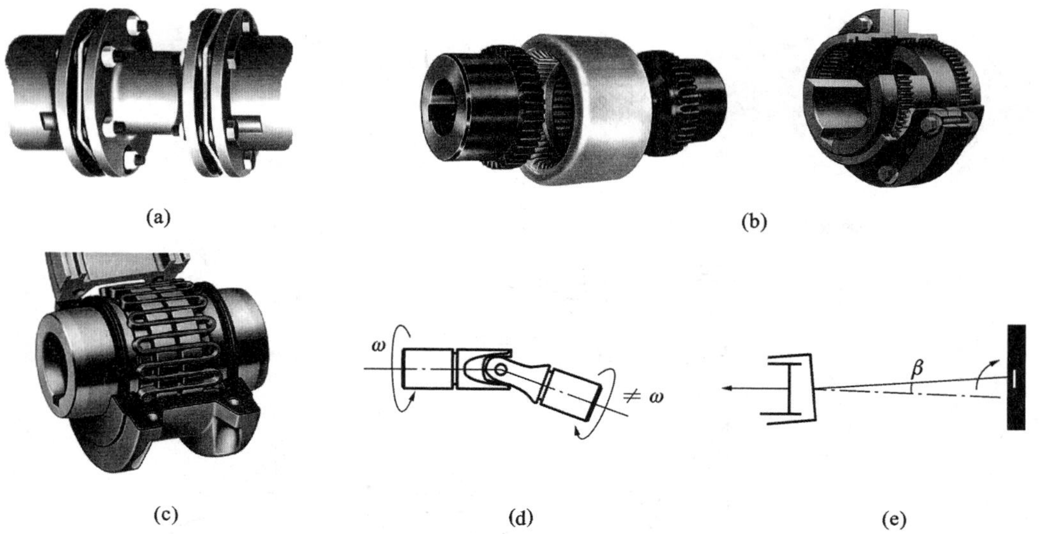

图 1.3 典型的联轴器及其安装误差

(a)法兰盘连接;(b)齿轮柔性联轴器(整体与分装);(c)金属橡胶联轴器;
(d)万向铰联轴器;(e)联轴器引起的偏斜

量进行测量和对准的,即相当于对一根整体轴进行测量和校直。

对于一根轴或者联轴器连接后的整根轴,所有导致偏斜的因素,都指向了轴的中心线偏差,如图 1.4 所示。轴偏角的产生原因是基座、轴承、轴及其惯性圆盘的姿态偏离了轴的原始中心线。其中的圆盘姿态偏离在上面已经讨论过了,下面不再讨论。基座、轴承、轴的姿态偏离则是相对于理想轴中心线而言的。

让我们先来看看单跨转子系统的支撑结构偏斜。为了定义并分析偏斜角度,首先定义几条线。**在支撑处,过支撑点且垂直于原始未变形轴心线的垂线,称为支撑线或支承线,过两个支撑点的直线是支撑点连线**。并且,**每一个支撑轴承,都有一条过其中心的轴承中心线**。

单跨转子系统有两个支撑点,对应两条支撑线、一条支撑点连线,以及两条轴承中心线。在图 1.4(b)中,可以看到这五条线。两条支撑线的相对角度以及两条轴承中心线的相对高度,都会影响支撑点连线与轴中心线的相对位置,最终都形成相对姿态或偏斜角度,相对角度或相对高度的大小决定了轴的偏斜程度。这样一来,转子系统中轴的偏斜及其形成原因可以表述为如下几种:

(1)无偏斜

支撑点连线与轴的原始中心线重合,即偏斜角等于零($\alpha=0$)。它是一种理想状况,此时两条支撑线相互平行,且两个支撑点处于同一条水平线上,即两条轴承中心线处于同一条轴线上,如图 1.4(a)所示。

(2)支撑高度差导致的偏斜

如图 1.4(b)所示,支撑点连线与轴的原始中心线之间存在一个较小的夹角($|\alpha|\leqslant 0.2°$)。此时虽然两条支撑线相互平行,但是两个支撑点或者两条轴承中心线不在一条水平线上,其中一个支撑点比另外一个支撑点高或者低。这是由于轴承中心线平行不对中产生的,或者说是联轴器平行不对中错位的结果。

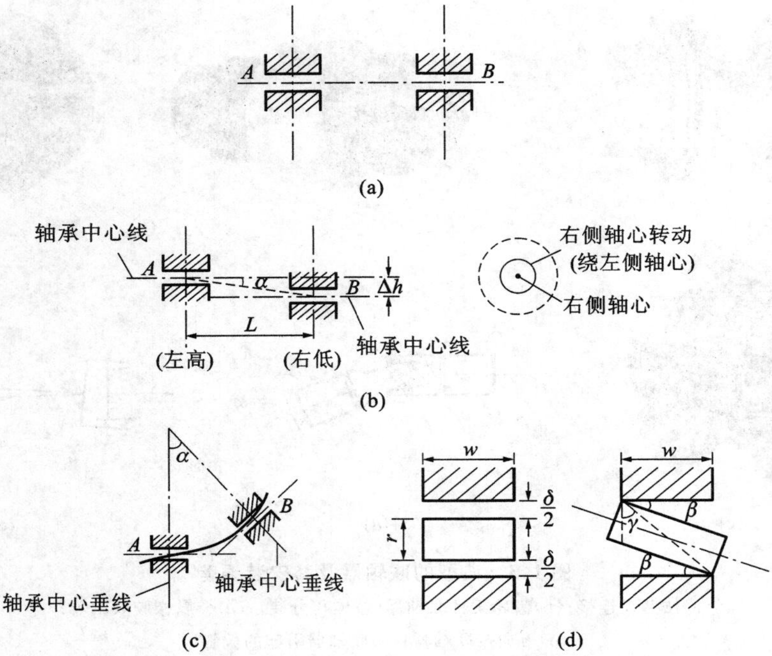

图 1.4 轴的偏斜角度与原因

(a)等高支撑点与平行支撑线(无偏斜角);(b)支撑点高度误差(平行不对中);

(c)支撑线不平行(偏角不对中);(d)支撑线不平行时偏斜角度的几何关系

由于 $\sin\alpha \approx \alpha$,所以偏斜角度近似等于支撑点的高度差 Δh 与跨度 L 之比,即 $\alpha \approx \Delta h/L$。因为轴瓦与轴颈之间有一定的间隙,并且接触位置有一定的变形,轴的弹性也能提供一定的变形,所以当轴的两侧地基高度存在一定的误差,或者轴承接触位置有不同的变形时,轴可以形成一定的偏斜角,这种偏斜角必定是小角度,否则轴转动的自由度将受到限制,甚至卡死。控制支撑点的高度差、增加轴的长度,都会减小轴的偏斜程度。

工程上,要尽可能地控制支撑高度的安装误差,使偏斜角度处于可接受的范围之内,由于数值很小,我们在第 9 章中将以"密位(mil)"为单位来表述。所以支撑高度差(或者平行不对中)导致的偏斜,指的是容许的小角度偏斜。

(3)支撑线不平行偏斜

如图 1.4(c)、图 1.4(d)所示,两条支撑线不平行,即 $\beta \neq 0$,并且两条支撑线只能呈微小的角度($\beta \leqslant 0.1°$)。此时,虽然支撑点在同一个高度,支撑点连线与轴的原始中心线本来也在一条线上,但是由于两条支撑线不平行,轴必然产生偏斜。若采用不对中术语,类比于平行不对中,可以将其称为偏角不对中。

设轴承半径为 r,轴承宽度为 w,轴瓦与轴颈之间的间隙为 δ,几何结构上容许的偏斜角为 β,则由图 1.4(d)中的几何关系,有:

$$\frac{r}{\cos\beta} + w\tan\beta = r + \delta$$

化简得到:

$$(r + \delta)\cos\beta - w\sin\beta = r$$

进一步化简得：

$$\sqrt{(r+\delta)^2+w^2}\left[\frac{r+\delta}{\sqrt{(r+\delta)^2+w^2}}\cos\beta-\frac{w}{\sqrt{(r+\delta)^2+w^2}}\sin\beta\right]=r$$

令 $\dfrac{r+\delta}{\sqrt{(r+\delta)^2+w^2}}=\cos\gamma,\dfrac{w}{\sqrt{(r+\delta)^2+w^2}}=\sin\gamma$

则有：

$$\cos(\gamma+\beta)=\frac{r}{\sqrt{(r+\delta)^2+w^2}}$$

最终得到：

$$\beta=\arccos\frac{r}{\sqrt{(r+\delta)^2+w^2}}-\arccos\frac{r+\delta}{\sqrt{(r+\delta)^2+w^2}}$$

所以只能是微小角度的偏斜。当偏斜角度达到该容许角度时，轴颈部分存在附加的接触力和摩擦，并且强行给轴施加一对弯曲力偶，使得轴发生弯曲，并且该类弯曲变形并不像重力作用那样简单和具有对称性，其结果是，弯曲、轴颈力和边界条件都进一步复杂化。其带来的后果是：摩擦作用下的自激振动、交变弯曲力矩下的应力集中、接触条件下的边界磨损，以及转子系统的功率损耗。

工程上，虽然有难度，但是应该更严格地控制支撑线与轴线的垂直度，以及支撑线之间的不平行度。主要还是应该从工艺、装配、安装以及材料等方面进行控制，而不仅仅是一味地改变结构设计，例如增大轴颈宽度等。

(4)综合误差偏斜

它同时包括支撑连线不平行、支撑高度不相等导致的偏斜角度，是实际上存在的更复杂的混合情形。

在上述这些情况中，无偏斜是一种理想的状态。在转子动力学的经典结果中，无偏斜转子是主要的研究对象，有丰富的研究案例与文献。第(2)类、第(3)类是典型的偏斜情形。这些偏斜都属于小角度偏斜，我们在后面章节中将称之为“安装时”产生的结构偏斜，其实不仅是“安装”，加工精度、工艺尺寸链等都有影响。迄今为止，国内外转子动力学研究领域中，还缺乏完善的控制轴偏斜角度的标准，也缺乏轴的制作与安装工艺的容许偏斜角度标准。这是一项难度大但具有应用意义的工作，它不仅依赖于偏斜轴系的振动研究，而且更依赖于工程实践经验和振动试验及其测试结果。上述支撑高度差所列举的0.2°、支撑线不平行偏斜所列举的0.1°，仅仅是为了说明角度的微小及其量级关系。

即使是小角度偏斜轴，也将展现出复杂的动力学行为。在惯性圆盘的偏斜中都已经看到，哪怕是最简单的圆盘偏角，也会使得振动系统及其特性变得复杂起来，轴与轴系的偏斜更是如此。目前在转子动力学领域，关于偏斜轴系振动的研究工作偏少，这是因为人们认为，更多情况下轴系的偏斜需要校正。这说明轴系的偏斜确实依赖于校正措施，不过这也在某种程度上导致了理论上的忽视。工程上轴系偏斜问题普遍存在，只不过偏斜的作用与影响是多方面隐性存在的，但它几乎是影响旋转机械性能最重要的因素。与这种重要性相比，相应的动力学研究工作与结果偏少，似乎与实际情况不一致。因此，有必要加强该方面的研究，以进一步揭示偏斜轴系的一些振动特征。我们在后面的旋转机械振动控制中将看到，这样做不仅仅是为了故障诊断等，事实上可以通过多种方式去检验偏斜的后果，重要的是分析偏斜产生的原因并利用偏斜振动特征分析振动测试数据，这样才能获得动平衡等所需的纯粹数据，而这正是有效进行动平衡减振所必需的过程。所以，轴系的偏斜是隐藏在振动控制中的障碍因素，是为了提高减振效果而必须清除的因素。

需要说明的是，在研究轴系振动中，对于含有联轴器的轴，要分为两个轴来建立动力学模型，而不是按照图 1.4 中那样等价为一根整体驱动轴。这是因为联轴器与轴之间、轴与轴之间存在着几何和运动约束，并且它们之间某些作用力做功，例如摩擦力以及弹性力等，因而必须分开考虑。但是，在校正联轴器连接的准直性时，可以参照图 1.4 考虑连接成一根整体轴。

分析了联轴器的直轴连接误差导致的轴系偏斜之后，下面再看看万向铰驱动轴系的偏斜情形。与轴的小角度结构偏斜不同的是，万向铰驱动轴系具有较大的偏斜程度，它是万向铰固有的设计属性。即便如此，万向铰在安装时，同样也会产生额外的角度误差，如图 1.5(b)所示。由于万向铰自身就提供大角度，所以偏斜角度误差的校正要求并不高，这就降低了控制偏斜轴系振动问题的难度。

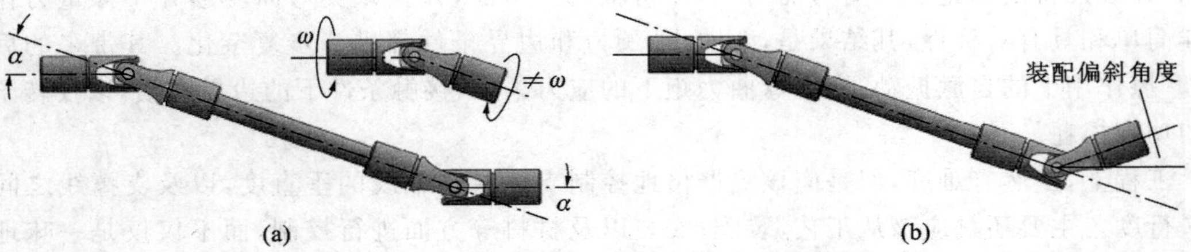

图 1.5 万向铰驱动线的设计角度与偏斜误差

(a)平行线上的万向铰(双铰)；(b)平行驱动线偏斜误差

我们进一步排除一种不常见的特殊情形，即将万向铰当作普通直轴联轴器使用。此时，为了远距离传递动力，需要将多根轴相连，则每根轴的支撑将分布在不同的空间位置上，并且在这些位置上有可能安装条件差别较大。这样的情形下，由于支撑点高度变化大，并且各个支撑点上的支撑线平行度也差，所以选择角度灵活变化或角度容许度较大的万向铰去连接这些轴，以减轻安装的难度并协调各个轴之间的偏斜程度。连接后的轴系可以视为一根直轴，形成了万向铰驱动的直线轴的情形，或驱动线是直线。

这种情况本质上仍然属于普通联轴器形成的直轴，但是轴之间的偏斜角度要大一些。由于轴比较长，柔度也比较大，所以在万向铰直线驱动的情形下，建模和分析可以等价为两端直轴的偏角不对中和平行不对中模型。反过来说，直轴在偏角不对中和平行不对中情况下的振动问题，可以利用类似于万向铰的约束关系去处理，包括设置约束条件和进行有限元分析。在第 2 章和第 3 章的有限元分析模型中，就包含着这种建模思想。最后要说明的是，对于万向铰驱动直轴的情形，虽然也属于小角度偏斜情形，但是振动必然是复杂和难以控制的，因而这种连接方式往往用在振动控制精度不高的机械系统中，所以我们也可以把这种情况排除在外，不去研究或者作为万向铰大角度驱动线的特例来处理。

一般情况下，万向铰驱动轴系是大角度驱动线，偏斜轴系的类型与连接结构如图 1.5—图 1.7 所示。此时万向铰用于平移(图 1.5)或变方向驱动(图 1.6)，而不是直线轴传递动力，万向铰、锥齿轮(图 1.7)就属于轴线的变换装置。偏斜是这类轴系固有的连接形式，轴与轴的中心线之间呈一定距离或夹角，例如将图 1.6 中的角度设计为 30°($\alpha=30°$)，以满足动力传递的特定需求。在单铰连接两轴情况下，万向铰驱动轴与从动轴的偏斜夹角可以认为是轴承支撑线不平行的极端情形，如图 1.6 所示。图 1.7 中的锥齿轮驱动轴系则具有不同于万向铰驱动线的振动性质，其振动分析主要涉及啮合点与啮合力的变化。我们在这里除了在齿轮连接不对中情形下考虑约束方程外，其余情形下不处理齿轮动力学问题。

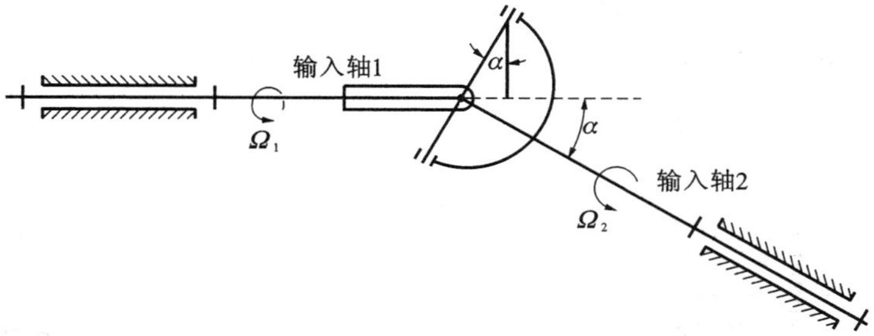

图 1.6 等同于轴承支撑线不平行的万向铰驱动轴系（单铰）

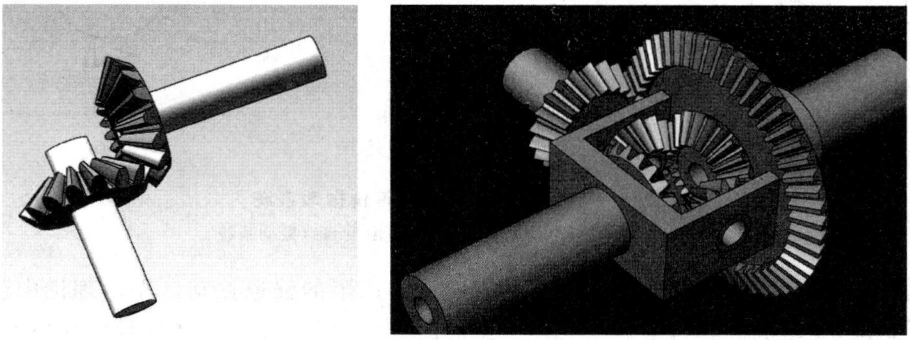

图 1.7 锥齿轮传动轴系

综上所述，可归结偏斜情形如下：①圆盘与单根轴的偏心是最简单的偏斜情形，偏心转子的振动能够用经典转子动力学基本理论进行研究。②圆盘的姿态偏角是圆盘中心线与轴的动弯曲变形中心线夹角，是固联于转轴上动坐标系中的角度。它通过圆盘的惯性主轴与动坐标系的关系，将不在惯性主轴上转动所引起的陀螺力矩，变换到转动轴的弯曲变形上，并与沿着圆盘主轴的转动一起，形成多自由度振动系统，由此分析转轴横向振动与圆盘的回旋振动特征，以及振动响应。经典转子动力学同样也有比较完善的结论。③剔除了上述圆盘偏心、单轴偏斜与圆盘偏角情形，余下的情形是轴系的偏斜，包括轴系的平行不对中与偏角。其中轴系的平行不对中是轴与轴之间的距离误差，其导致的振动性质与转子的偏心振动有本质的差别；直线驱动的转子与轴系中，轴的偏斜都是小角度偏斜；而轴系的变方向驱动情形中，轴系中心线形成的驱动线是大角度偏斜。小角度偏斜主要是由结构安装误差引起的，所以也可以叫作结构偏斜或支撑偏斜；大角度偏斜则是轴系的设计需求，是轴系固有的连接形式。

1.3 涡动、临界转速与稳定性

研究轴系的振动，必须弄清楚转子动力学的基本概念与基本问题。Jeffcott 转子是最直观、最简单的例子，我们在此基础上介绍转子振动，并推广其基本概念的内涵与振动特征。

考虑弹性轴上的单个圆盘组成的系统，假设轴以角速度 Ω 匀速转动，安装于轴中部的圆盘质量为 m，偏心距为 e，轴的刚度为 k，忽略阻尼，则图 1.8(a)的 Jeffcott 转子可以简化成如图 1.8(b)所示的两自由度强迫振动系统。令 x 与 y 表示轴心位置坐标，在各向同性的支撑条件下，振动方程为：

$$\begin{cases} m\ddot{x}+kx=me\Omega^2\cos\Omega t \\ m\ddot{y}+ky=me\Omega^2\sin\Omega t \end{cases} \quad \text{或者} \quad \begin{cases} \ddot{x}+\omega^2 x=e\Omega^2\cos\Omega t \\ \ddot{y}+\omega^2 y=e\Omega^2\sin\Omega t \end{cases} \tag{1.1}$$

其中 $\omega^2=\dfrac{k}{m}$，ω 是系统的固有频率。

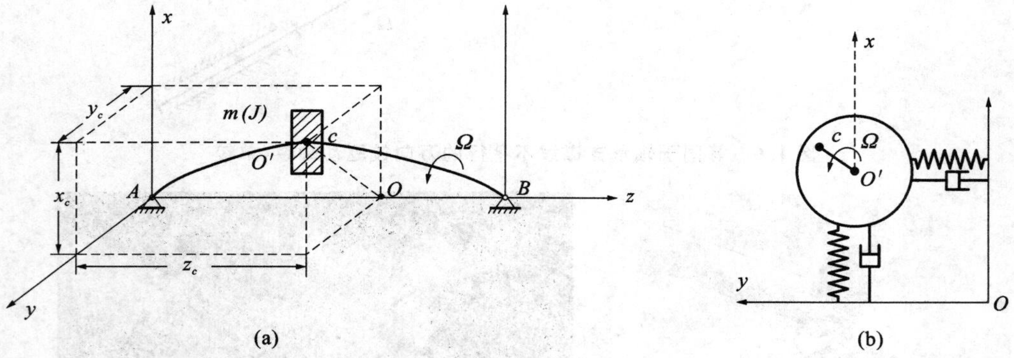

图 1.8 Jeffcott 转子及其等价振动系统

(a)Jeffcott 转子；(b)偏心转子两自由度强迫振动系统

这是一个普通的振动系统，描述了不平衡质量作用下的强迫振动。振动理论中已经有完善的分析结果，振动响应为自由振动与强迫振动的线性叠加。但是，这种看似简单的振动，对于转子或轴就很不同了，让我们看看其中的几个具体原因，之后再结合 Jeffcott 转子振动进行说明。

第一个原因是，两个正交方向的振动共用一个振动频率，包括固有频率和振动频率。当然这是在各向同性支撑条件下的情形，对于各向异性的情况，基本类似，我们将在后面另做修正说明。两个正交的稳态振动之间只是相差 90°的相位，而在瞬态振动中的两个正交的自由振动之间相位比较复杂，它们的初相位和振幅取决于初始条件。无论如何，由于振动正交且频率相同，所以可以合成为径向振动。在实际振动测试中，经常选择轴承处为测试点，则轴在该处的振动本质上就是轴颈中心在间隙为 δ 的轴承中的振动，以时间为参数可以获得轴心的运动轨迹。我们可以把两个方向的振动合成为轴心轨迹。或者说，可以把轴心轨迹在直角坐标系中分解为两个正交且同频率的横向振动，功率谱中的频率是正的。换一种方式看，我们也可以利用它径向振动的性质，**在极坐标系中，将轴心轨迹分解为一个与转动方向相同的正频率运动和一个与转动方向相反的负频率运动，并称这种分解后的运动为进动**。正向进动与反向进动的频率大小相等但符号相反，即频率的绝对值相等。这样的处理就带来了额外的信息，即在功率谱中增加了负频率，用于观察并判别轴心运动中是否存在反向进动。

需要注意的是，无论是直角坐标系还是极坐标系表示的轴心轨迹，与极坐标图都不是一回事，在转子动力学中，极坐标图是指振幅随转速或相位的变化。

第二个原因是，轴是转动的。它将改变振动系统的参数，使得振动系统的性质随转速不断地变化，而一般振动系统因参数固定所以性质不变。尽管此处的 Jeffcott 转子模型不涉及该类参数激励的情形，但是轴的转动确实为转子动力学带来了须重点关注的振动问题。

第三个原因也是源于轴的转动。在转子系统的启动和停机过程中，对应于每一个转速，都有相应的振动响应，所以轴和转子系统的振动由一系列随转速变化的振动响应组成，它近似等同于多个振动系统的情形。这也带来了振动分析和振动特征表征方面的变化，例如谱分析时不仅采用功率谱，而且还要结合级联图（俗称瀑布图）。还有其他理由表明转子动力学与一般结构振动的不同，例如，由于阻尼的存在，一般不考虑过渡过程中的自由振动响应，但它们在转子动力学中却是重要现象，在分析振动产生的原因以及振动数据的获取与处理等方面，都依赖于对过渡过程的分析。

下面还是结合 Jeffcott 转子，建立基本概念并分析上面阐述的一些典型性质。首先看看该转子对应的自由振动，它属于轴在静态条件下的振动，即在转子不转动，轴的转速 $\Omega=0$ 的情况下轴心的振动。产生这种振动的原因并非轴的转动，而是轴心从初始条件获得了激励。例如，轴或者圆盘受到一个瞬时冲击，由此轴心获得初始位移和速度，转子轴心产生自由振动。自由振动系统及其解很简单，分别为：

$$\begin{cases}\ddot{x}+\omega^2 x=0\\ \ddot{y}+\omega^2 y=0\end{cases},\qquad \begin{cases}x=X\cos(\omega t+\varphi_x)\\ y=Y\sin(\omega t+\varphi_y)\end{cases} \tag{1.2}$$

其中，X、Y 是振幅，φ_x、φ_y 是初相位，初始激励决定了自由振动的这些振幅与初相位。由于其解分别为余弦函数和正弦函数，所以二者的相位差是 90°外加初始相位差 $|\varphi_x-\varphi_y|$。

对于一般结构的振动响应，我们可以从时间历程、相平面轨道以及进动频率等角度分别进行分析，如图 1.9(a)、图 1.9(b)、图 1.9(c)所示，其中相平面上的轨道给出的是针对一个方向的振动时，振动速度与位移之间的关系。由于无阻尼振动是动能和弹性势能相互转换的过程，因而振动速度和振动位移有 90°的相位差。初始条件是相平面上一个振动起点，它决定了自由振动的幅值即相平面上轨道的半径。初始条件不仅决定自由振动的振幅，而且决定振动的起始位置，即初始相位，也是相平面上起始点的位置。对于转子系统，我们还可以通过两个正交方向上的振动合成，观察**轴心的运动轨迹，称之为轴心轨迹或轴心轨道**，如图 1.9 所示。我们看到，**轴心轨迹是在定常的振动频率下轴心位移的参数曲线，它反映了轴心在原始中心线附近的运动状态**。

假若在 x、y 两个方向上，轴从初始冲击中获得同样大小的原始位移与速度，即：

$$t=0\text{ 时},x(0)=y(0),\dot{x}(0)=\dot{y}(0)$$

那么在时间历程上，有起始点一样，$\varphi_x=\varphi_y$ 且振幅相同（$X=Y$）的曲线；在相平面上有同样半径的轨道 $X=Y$，起始点或相位也相同（$\varphi_x=\varphi_y$）。此时，因为

$$X^2\cos^2(\omega t+\varphi_x)+Y^2\sin^2(\omega t+\varphi_y)=X^2$$

所以轴心轨迹就是一个圆

$$x^2+y^2=X^2(=Y^2)$$

这是一个极端的理想情况。对于实际中两个方向上的振动，可以想象，即便是各向同性支撑的轴，固有频率相等，时间历程的波形一样，但是初始条件几乎不可能一样。例如图 1.8(a)中所示一根横着放置的轴，在转动之前，由于重力作用，轴心在 x 轴上的位移下沉 $x(0)<0$，而 y 方向上可以居中 $y(0)=0$ 或是占据其他位置，二者的初始位移肯定不同。这是初始位移不同的例子，实际中的初始速度也会不同。这说明，轴在两个方向上的自由振动因为初始条件激励的

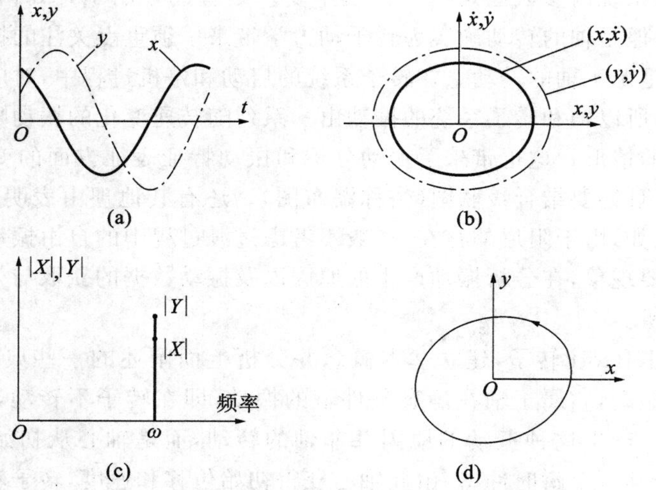

图 1.9 未转动轴在初始激励下的轴心运动

(a)时间历程;(b)相平面轨道;(c)进动频率;(d)轴心轨迹(轴心轨道)

差异,几乎不可能有相同的振幅,也不可能有相同的初始相位或起振条件,所以自由振动的轴心轨迹不可能是精确的圆。

由于相位太重要了,所以再讨论一个特殊的理想情况,以便看看相位的作用。假设在 x、y 两个方向上的自由振动仅仅相位相同($\varphi_x=\varphi_y$),但振幅不同($X\neq Y$)。此时,在相平面上,两个不同方向上振动的半径大小不等,但是起始点的角度相同,即 $X^2(=x^2(0)+\dot{x}^2(0))\neq Y^2(=y^2(0)+\dot{y}^2(0))$,但 $\dot{x}(0)/x(0)=\dot{y}(0)/y(0)$。这种情况下,式(1.2)中的两个方向的振动相互保持同步,且相位严格相差 90°,则轴心的轨迹方程为椭圆,即:

$$\left(\frac{x}{X}\right)^2+\left(\frac{y}{Y}\right)^2=1 \quad 或者 \quad ax^2+by^2=1, a=X^{-2}, b=Y^{-2} \tag{1.3}$$

在相位不等时,式(1.3)的右端项不等于 1,但是可以化为 1,两个振动之间的初始相位之差将改变椭圆的长轴、短轴的位置和大小。由此看来,初始条件决定的振幅和相位,都会改变轴心轨迹。轴在自由振动的情况下,轴心轨迹一般是椭圆,圆轨道和直线轨道($X=0$ 或 $Y=0$ 时)是其特殊情形。

可以看出,转子的轴心运动是两个振动综合的径向振动。既然如此,不妨换一种方式论述轴心的振动,即在极坐标上描述轴心的振动。由于在两个方向上的振动具有相同的固有频率,因而可以令 $z=x+\mathrm{i}y$,$\mathrm{i}=\sqrt{-1}$,则可以将自由振动系统式(1.2)及其响应分别写为:

$$\left.\begin{aligned}&\ddot{z}+\omega^2 z=0\\&z=B_1\mathrm{e}^{\mathrm{i}\omega t}+B_2\mathrm{e}^{-\mathrm{i}\omega t}\end{aligned}\right\} \tag{1.4}$$

式(1.4)表明,轴心的振动响应可以由两个同频但旋转方向相反的运动组成,正频率对应正向进动,负频率对应反向进动。B_1、B_2 是初始条件决定的复数振幅,它包含着进动的初始相角。或考虑到进动矢量的旋转方向,将正反旋转的振幅分别用 A_+、A_- 表示,并且将复数振幅中包含的进动相角 α、β 单独表示出来,则式(1.4)可以写为:

$$z=A_+\mathrm{e}^{\mathrm{i}(\omega t+\alpha)}+A_-\mathrm{e}^{-\mathrm{i}(\omega t+\beta)} \tag{1.5}$$

这样一来,不仅可以直接利用极坐标方便地将轴心运动轨迹绘制出来,而且还可以将轴心轨道进行分解。如图 1.10 所示，在自由振动条件下，轴心轨迹是一个椭圆，它是由正、反两个方向的圆轨道合成的。又如，在振动测试中，根据 x、y 两个方向上测得的振动幅值与相位，经过数学变换，可以获得各阶振动的复数振幅 B_{n1}、B_{n2} 或者正反进动的幅值 A_{n+}、A_{n-} 与进动相角 α_n、β_n，这里 $n=1,2,3,4,\cdots$ 是振动模态的阶数。由此可以求得椭圆轨道的长轴与方位，以及短轴的大小，最终实现轨道的合成或者分解，如图 1.10(c)、图 1.10(d)所示。事实上，这个变换比较烦琐。对应于负频率的轨道半径可用于表明反向进动的大小或存在与否，可以通过对极坐标形式的振动响应 z 的傅里叶变换，获得频谱图。有文献称其为**全频谱，它是同时包含负频率进动功率和正频率进动功率的频谱**，是识别某些特殊振动的重要工具。

对于转子或轴，无论是自由振动，还是任何其他形式的振动，无论在静止条件下振动还是在转动条件下振动，轴的径向振动都将导致轴心绕原始轴线进行某种形式的转动，并且在对应的轴颈处，径向振动幅值不大于轴承间隙，所以轴心运动是有界的。因此，**将轴心绕原始轴中心线公转的、有界的、周期性或其他形式的运动称为涡动，涡动轨迹就是轴心轨道**。进动是涡动的特殊形式，是分解涡动轨道的基本轨道。

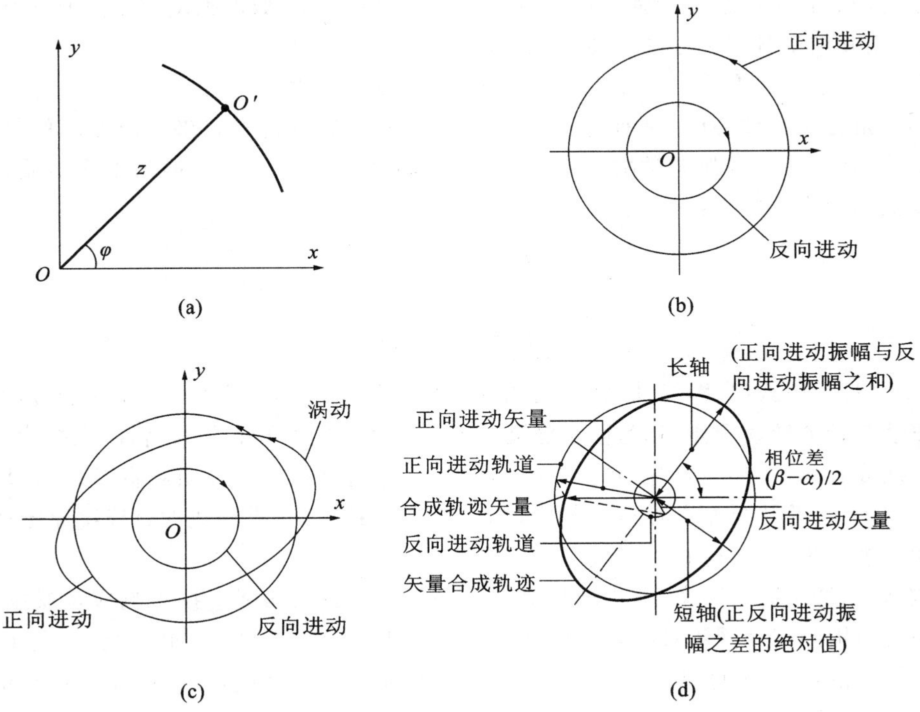

图 1.10　轴心的涡动与进动

(a)极坐标描述轴心位置；(b)正向进动与反向进动；(c)涡动的分解；(d)涡动的合成

在上述轴的自由振动中，由于轴不转动，所以依据固有频率的正负判别轴心进动的正反。假定轴以 Ω 转速旋转，则与轴转动方向相同的进动为正向进动，与转动方向相反的进动是反向进动。利用直角坐标构造轴心轨道需要代数分析，利用复振幅分析轴心轨道几何上更清晰，如图 1.10 所示的自由振动，由于初始激励下的涡动是正向进动与反向进动的合成，不同的组合结果归纳如下[1]：

(1)在 $B_1 \neq B_2 \neq 0$ 的条件下，轴心的涡动轨迹是椭圆，是正向涡动还是反向涡动取决于 $|B_1|$、$|B_2|$ 的大小，以其中幅度大者的进动决定涡动方向。

(2)当 $B_1 \neq 0, B_2 = 0$ 时，轴心涡动就是正向进动，轨迹是圆。

(3)当 $B_1 = 0, B_2 \neq 0$ 时，轴心涡动是反向进动，轨迹是圆。

(4)当 $B_1 = B_2$ 时，涡动轨迹是一条直线。

在转子动力学中，由于轴的两个正交横向振动可以合成为一个径向振动，继而可以从轴心涡动的合成角度来看轴的振动，所以**有时将固有频率称为进动角速度，其意义在于进动角速度是全频谱中的频率**。

下面分析不平衡质量下轴心的涡动与进动，即强迫振动响应。我们会看到，由于稳态的强迫振动响应不像自由振动那样有复杂的相位关系，所以其轴心轨道很规则，就是圆。因此我们分析的重点不在于轨道形状，而是通过轴心轨道半径的变化，分析轴的自动对心等振动规律。仍然用复变量 z 表示强迫振动系统，有：

$$\ddot{z} + \omega^2 z = e\Omega^2 \mathrm{e}^{\mathrm{i}\Omega t} \tag{1.6}$$

这是典型的偏心转子激励下的强迫振动响应，其共振响应在经典的振动理论中有完善的论述。在此，仅引用其结论分析轴心的运动规律。式(1.6)的通解为：

$$z = (B_1 \mathrm{e}^{\mathrm{i}\omega t} + B_2 \mathrm{e}^{-\mathrm{i}\omega t}) + A\mathrm{e}^{\mathrm{i}\Omega t} \tag{1.7}$$

括号中的项是自由振动响应，在前面已经讨论过了，所以这里暂时忽略自由振动的复杂涡动，先来讨论后面的特解，即强迫激励响应 $z = A\mathrm{e}^{\mathrm{i}\Omega t}$。将其代入式(1.6)，得到不平衡质量激励下的振幅与振动响应分别为：

$$\left.\begin{aligned} |A| &= \left|\frac{e\Omega^2}{\omega^2 - \Omega^2}\right| = \left|\frac{e(\Omega/\omega)^2}{1-(\Omega/\omega)^2}\right| \\ z &= \frac{\mathrm{e}(\Omega/\omega)^2}{1-(\Omega/\omega)^2}\mathrm{e}^{\mathrm{i}\Omega t} \end{aligned}\right\} \tag{1.8}$$

对比式(1.6)与式(1.8)可知，轴心的涡动频率与激励力的频率相同，都等于转速 Ω，说明**轴心的振动与轴的转动同步，称为同步振动**。根据共振幅频特性和相频特性，激振力与响应之间相位相同或者相差 180°，共振点之前相同，共振点之后反相。这说明圆盘转动后，原始轴心 O、转动后轴心 O' 以及圆盘质心 c 始终保持在同一条直线上，三点构成的直线绕原始轴心 O 做同步进动。进一步分析可知：

(1)在转速低于固有频率(即进动频率)ω 的工况下，$\Omega < \omega$，强迫振动响应与激励力同相，则轴心涡动与轴的转动同步且同相。根据式(1.8)，此时 $A > 0$，这说明转动后，轴心 O' 以及圆盘质心 c 在原始轴心 O 的同一侧，且圆盘质心 c 在轴心 O' 的外侧，轴心涡动半径与偏心距和频率比有关，如图 1.11(a)所示。

(2)在转速高于固有频率 ω 的工况下，$\Omega > \omega$，强迫振动响应与激励力反相，则轴心做同步涡动，且滞后于轴的转动 180°。此时 $A < 0$，但是 $|A| > e$。这说明转动后，轴心 O' 以及圆盘质心 c 在原始轴心 O 的同一侧，但是圆盘质心 c 在轴心 O' 的内侧，即处于轴心 O' 与原始轴心 O 之间，如图 1.11(b)所示。

(3)在 $\Omega \gg \omega$ 的情况下，轴心 O' 的内侧的圆盘质心 c 进一步向原始轴心 O 靠近，直至与原始轴心 O 重合，如图 1.11(c)所示，$A \approx -e$。这说明，随着转速的提高，振幅 A 逐渐减小，这就是转子的自动对心原理。此时，涡动半径仅与偏心距有关，转动反而平稳。这是一个具有重要应用意义的结论，也是柔性转子振动的经典结果，关于其原始工作的评述可参见文献[2,3]。

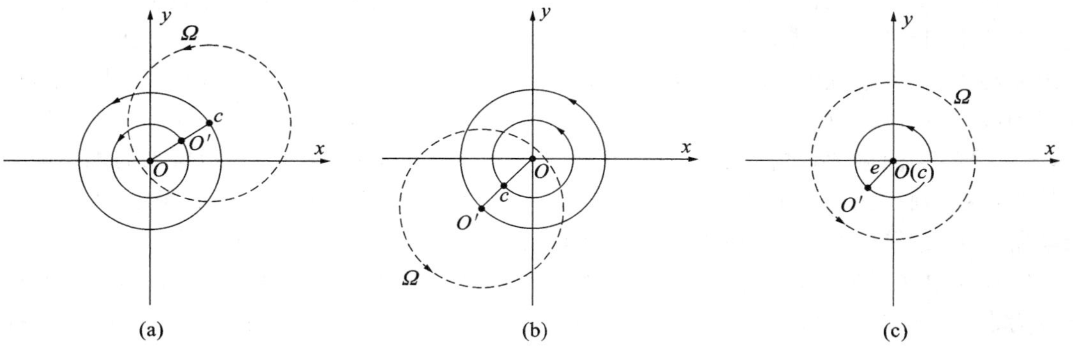

图 1.11 偏心质量激励下柔性轴的涡动

(a)$\Omega<\omega$；(b) $\Omega>\omega$；(c) $\Omega\gg\omega$

(4)临界转速与振动失稳。由不平衡质量激励下的共振分析可知，当 $\Omega=\omega$ 时，$A\to\infty$，产生强烈的共振，所以**将与 ω 相等的转速称为转轴的临界角速度，将其所对应的每分钟转数称为转轴的临界转速**，$n_c=\dfrac{60\omega}{2\pi}=9.55\omega$。这个概念对于简单的转子线性振动系统，不存在异议，但是，对于复杂一些的非线性系统，将出现额外的临界转速，可以用共振作为标准进行判别。实际上系统总会存在阻尼，因而振幅 A 不可能是无穷大，即便如此，临界转速下的有限振幅也比较大，将导致轴的剧烈振动，称为轴的振动失稳，它将导致剧烈的不平稳转子运动。轴的振动稳定性是失稳的相对概念。

(5)刚性转子与柔性转子。根据自动对心原理，相比于刚性轴，柔性轴将有利于抑制转子失稳。但是，究竟什么是刚性轴，什么是柔性轴，要根据振动响应综合确定，它指的不仅仅是轴的弹性恢复力。临界转速是一个综合性指标，它反映了轴的弹性与转子的质量的相对关系，频率比 $\lambda=\Omega/\omega$ 则进一步反映了临界转速与轴的转动速度之间的关系，所以通过频率比 λ 综合考虑轴的弹性与转子的质量，以及它们与轴的转速之间的关系，才能确定轴的弹性在轴运转过程中的作用与性质。例如，一根有较大弹性的细长的轴，虽然刚度低，但是若轴上的转子质量也很小，那么转子也会有比较高的进动频率或临界频率，转轴将会呈现出刚性。进一步地，如果轴的刚度本来就大，而且转子的质量又小，则转子将具有更高的临界频率。在这种情况下，即使转速较高，转子仍然有可能工作在小于临界转速的状态。只要转速低于临界转速，自动对心就不可能实现；另一方面，如果轴的转速高于固有频率，那么即便轴具有较大的刚度，转子仍然可以呈现出柔性，可以实现自动对心功能。**当轴的工作转速低于临界转速时**，$\Omega<\omega$，$\lambda<1$，**则转轴为刚性轴，相应地称转子为刚性转子；当轴的工作转速高于临界转速时**，$\Omega>\omega$，$\lambda>1$，**则转轴为柔性轴，相应地称转子为柔性转子**。只有柔性转子才能实现自动对心。虽然柔性转子运转平稳，但是机器启动时，需要快速跨过临界转速以避免共振。

上面分别分析了自由振动与强迫振动规律，现在让我们回过头来，综合分析同时包含两种振动响应的过渡过程。轴的自由振动与强迫振动一起形成了转子振动的过渡过程，与一般结构振动忽略阻尼作用下的自由振动不同，过渡过程对于转子振动有特殊的意义。事实上，式(1.6)的通解式(1.7)是转子真正的振动响应，它是自由振动与强迫振动下两种涡动的叠加，导致复杂的轴心涡动轨迹。现实的机器总会存在阻尼，根据振动理论，在阻尼作用下，经过一段时间后，图 1.10 中自由振动引起的涡动将消失，余下的就是图 1.11 中强迫激励下的涡动。这里面有几个问题需要考虑，其一是在某一转速下轴的振动测试中，需要稳定一段时间，衰减掉自由振动，在这个过程中，轴心逐步稳定到圆形轨道，除非还有其他的干扰因素。其二是，往往在启动或停机阶段的振动测试数据更有用，这样一来，虽然转速是连续的，但是从离散的角度看，上一个转速的振动就构成了下一个工况下振动的“初始激励”，因而自由振动的规律和影响将始终存在，轴心轨迹将杂乱无章，此时级联图的优势就体现出来了。总而言之，转子系统的振动研究中，过渡过程是十分重要的振动分析对象。

同样需要注意的是，在其他某些特别的工程实践中，初始激励总是存在的，因而过渡过程会成为常态，研究自由振动与强迫振动下的复杂涡动，就成为有意义的工作。例如，船舶推进系统的轴系，由于船舶六自由度的位移与姿态运动，以及螺旋桨与海浪的相互作用，使得推进轴始终不断地承受冲击，因而无论推进轴是否转动，轴心始终存在自由振动引起的涡动，这就使得不间断的过渡过程具有了研究价值。

至此，我们用最简单的偏心转子线性振动模型介绍了基本概念，它们是理解并研究转子振动的基础。实际的转子系统中存在影响振动系统参数和振动激励的各种因素，因此不可能存在一个统一适用的模型，需要考虑某些要素以分别建立各种模型。尽管它们都比 Jeffcott 转子复杂，但是同样要针对不同的力学条件进行抽象和简化，以面向特定问题揭示不同的振动本质，并发现不同的振动特征。所有研究的基本任务都是确定转子系统的固有频率与临界转速，分析转子的共振规律和振动特征，研究轴心涡动的规律并实施振动监测，最终目的是掌握振动控制的方法与措施。

1.4 轴系的非线性问题

实际的轴是连续振动系统，也是非线性振动系统。按照不同的划分原则，转子与轴系的振动在理论上有以下三种分类方法：

(1)依据激励力的不同形式，可以划分为强迫激励振动与参数激励振动。例如偏心质量激励是强迫激励的特殊形式，圆盘姿态偏斜导致固有频率随着转速的变化而变化，所以是一类非周期的参数激励。初始激励作用下的自由振动响应则是所有振动系统共有的特性，它在阻尼作用下会逐渐衰减，属于过渡过程。转子与轴系振动系统可能同时包含所有的激励类型。

(2)依据系统参数是否随时间变化，可以将系统划分为自治系统和非自治系统。显然强迫激励与参数激励下的振动系统都是非自治系统，而描述 Jeffcott 转子自由振动的方程，初始激励和参数并不包含时间参量，是自治系统且是齐次方程。后面将给出关于自治系统与非自治系统的严格定义。

(3)依据转子系统与轴系中是否含有非线性因素，可以将其划分为线性振动系统和非线性振动系统。转子与轴系动力学问题绝大部分都具有非线性性质。

按照上述分类我们看到，在生产、安装等过程中，轴系将不可避免地产生偏斜，偏斜不仅引起振动激励的变化，而且引起非线性振动，所以是参数激励和强迫激励并存的非线性、非自治振动系统。除此之外，所有旋转机械的基础支承因素以及内部部件的相对运动，也将导致系统的非线性振动，如轴承中的油膜力、支承基础的刚度变化、运动耦合等因素，都将带来非线性问题，所以说转子系统本质上都是非线性振动系统。工程中，需要尽可能排除所有的非线性因素，或者将其影响减小到最低程度。我们将在第9章讨论非线性因素的治理措施。

理论上，建立什么样的振动模型要依据研究目的而定，并非越复杂越好。例如，在揭示转子固有振动模态时，为了突出基本特征和避免非线性求解的问题，将它们简化为线性系统来处理。诸多领域的经典理论往往都是以线性化为基础，转子动力学也如此。但是，随着旋转机械的技术进步与故障诊断等方面的需求，需要考虑的因素比较多，须揭示更丰富的振动特征，所以动力学模型将会像偏斜轴系一样，是比较复杂的非线性振动系统。事实上，尽管转子系统本质上都是非线性振动系统，但是应该尽可能考虑较少的系统要素，以建立有明显针对性的简化模型。另外，非线性系统将呈现更多的共振情形，不再限于线性振动系统的固有频率，这意味着临界转速的增大。非线性问题的线性化处理将丢失系统某些有用的振动特征，这些特征是故障诊断或健康监控等方面的有用信息，也是振动分析的有用信息，揭示它们需要非线性动力学分析工具，更多的是通过数值仿真求解动力学方程。

下面开始处理非线性问题，转子与轴系一般是非线性振动系统。一般来说，系统的振动是静态平衡点附近的往复运动，轴系与转子系统则不同，它们是轴在转动状态下系统的振动。影响转子系统振动的参数有多个，其中影响最大的是转速以及转速与其他参数的关系，因而可以将描述振动的多参数有限维常微分方程组化为以转速 Ω 为参数的系统，即用有限维、单参数、二阶常微分方程组表示，其一般表达式如下：

$$M\ddot{q}+f_{\mathrm{in}}(\dot{q},q,\Omega,t)=f_{\mathrm{ex}}(\Omega,t) \tag{1.9}$$

式中，t 为时间；Ω 为系统参数；广义坐标 q 为时间 t 的函数；$f_{\mathrm{in}}(\dot{q},q,\Omega,t)$ 为系统的内力矢量，包括轴承刚度和油膜力等；$f_{\mathrm{ex}}(\Omega,t)$ 为系统所受到的外激励矢量，例如不平衡力、碰撞摩擦和气流激振力等。轴系的偏斜将同时对内力矢量和外激励矢量产生贡献。引入状态变量 $u=(q,\dot{q})^T$，可得系统在状态空间中的表达式：

$$\frac{\mathrm{d}u}{\mathrm{d}t}=F(\Omega,t,u) \tag{1.10}$$

其中 $F(\Omega,t,u)=\begin{bmatrix}\dot{q}\\ \hline M^{-1}\{-f_{\mathrm{in}}(\dot{q},q,\Omega,t)+f_{\mathrm{ex}}(\Omega,t)\}\end{bmatrix}$。若 F 中不显含时间 t，且满足 $F(\Omega,t,u)=F(\Omega,u)\neq 0$，那么式(1.10)可简化为：

$$\frac{\mathrm{d}u}{\mathrm{d}t}=F(\Omega,u) \tag{1.11}$$

称此非线性转子动力系统为**自治系统**，即方程中不显含时间项。若 F 是关于时间 t 的 T 周期函数，即满足 $F(\Omega,t,u)=F(\Omega,t+T,u)$ 及 $F(\Omega,t,u)\neq 0$，则式(1.10)可简化为：

$$\frac{\mathrm{d}u}{\mathrm{d}t}=F(\Omega,t+T,u) \tag{1.12}$$

此时称非线性转子动力系统为**非自治系统**，即方程中显含时间项。

转子动力学中存在的非线性因素种类繁多。例如，轴承的油膜、系统的内腔积液、不对称流动的工质、转子运动与约束等，这些机器运转中必然不同程度存在的因素，不仅产生非线性阻尼与刚度，而且会产生参数激振力。又如，系统机器或基础某些部件松动、转子的裂纹、系统中运动部件与静止部件的碰撞与摩擦、轴承的损坏等，它们是在机器运行一段时间之后，或者运行过程中产生的故障因素，这些因素也产生非线性振动且后果严重，它们有时还相互耦合。

上述原因引起的转子非线性振动响应，会呈现以下几种不同状态：

①基频振动。以 1×频率分量为主要形式，与转子存在着显著的不平衡量有关，表现为强迫振动。

②超谐振动。它以 2×、3×或其他整数倍频率出现，所以也叫倍频振动。几乎所有的非线性因素，例如轴的偏斜、摩擦、油膜力等，都将引起倍频振动。

③次谐（或亚谐）振动。它主要以低于基频的频率成分出现，且是基频的整数分之一，如(1/2)×，(1/3)×等，所以也叫分频振动。在特定条件下，倍频振动尤其是分频振动会演变为自激振动响应，自激振动具有极限环性质，振动将在短期内快速增大，危害程度极高。

④概周期或准周期振动。振动频率与基频振动不成整数倍关系，是一种轴心轨迹不闭合的振动，其原因复杂但一定是非线性因素的作用结果。

⑤混沌运动。除了以上几种以外，还可能出现功率谱是连续的非平稳的确定性振动，即混沌运动。下一节将专门讨论混沌特征的刻画问题。该类振动是转子动力学理论近三十年来一直关注的问题。

偏斜轴系的振动响应几乎包含上述所有类型的振动特征。当考虑轴的振动频率与转速的关系时，称基频振动为**同步振动**，其余振动为**非同步振动**。因为超谐振动和亚谐振动与基频（或转速）有整数倍关系，所以有时也将它们称为**次同步振动**，但是，当自激振动产生时，次同步振动就演变为非同步振动。显然，准周期振动与混沌运动都是非同步振动。在控制轴系振动过程中，同步振动、次同步振动、非同步振动中的自激振动是最重要的振动信息。

由非线性振动可知，与线性系统相比，非线性系统具有若干不同的性质，这些性质在实施轴振动控制过程中很有用，例如动平衡时，辨别所需的振动数据就需要结合这些性质进行分析，在第 9 章将详细论述这些性质的作用。这里只是列举这些性质，并简单地举例说明其部分用途。主要有：

(1)弹性恢复力为非线性时，非线性系统的固有频率与振幅的大小有关，而线性系统的固有频率与振幅没有关系。例如，利用它我们可以判别是否有非线性的影响。

(2)非线性系统的强迫振动会出现跳跃现象和滞后现象。以三次方弹性力的 Duffing 振动系统为例，考虑其中硬刚度（加三次方）情形。当激振力大小不变，仅仅缓慢地增加激振力频率（机器启动过程中转速升高），其强迫振动振幅将逐渐增大，直至某一点，振幅突然下降，即发生一次降幅跳跃。此后若继续增大激振力频率，振幅将逐渐减小近似保持平稳。反之，从高频开始逐步减小频率（停机过程中），振幅将逐渐增大，直至某一点振幅突然增大，即发生一次增幅跳跃，然后逐渐减小。这种振幅随频率的突变称为跳跃现象。在激振力频率增大和减小的过程中，产生跳跃现象的频率点位置是不同的，正过程跳跃频率点高，逆过程跳跃频率点低，这种现象称为滞后现象。不仅振幅有跳跃现象，相位也会出现跳跃现象。除此之外，加速过程振幅位于幅频特性图的上部，减速过程振幅位于幅频特性图的下部，所以同样的频率下，启动过程的振幅比停机过程的振幅大。这就是利用非线性振动性质，分析并解释轴振动测试结果的例子。

(3)在非线性系统中，共振频率增大。由简谐干扰力引起的强迫振动，不仅有与干扰力周期相同的同步振动，而且有等于干扰力周期整数倍或分数倍的次同步周期振动。因此，对单自由度非线性系统作用一个简谐干扰力，可能出现多种共振状态，而线性系统的强迫振动只能出现与简谐干扰力周期相同的共振状态。这表明，由非线性产生的次同步振动与不平衡力引起的轴的高阶模态振动具有不同的性质，前者对于动平衡是有害的，分离二者的难度较大，所以只能通过工程措施减少非线性引起的倍频振动的影响。

(4)叠加原理不再适用。求解非线性系统，不能像求解线性系统那样，求得各个特解后叠加而成。如果将作用在系统上的力展成傅里叶级数，那么它对于非线性系统的作用，将不等于这个级数每一个单独简谐分量作用的线性和。这一性质使得非线性系统的解析求解变得困难，往往要依赖数值计算。该性质同样也表明工程上消除非线性因素的重要性，这是因为动平衡原理是基于线性系统推导的，如果非线性响应的某些类似高阶模态混入动平衡数据，那么越平衡减振效果越差。

(5)非线性系统中可能会出现自激振动，产生极限环振动。在线性系统中自由振动总是衰减的，稳态的周期运动是在周期干扰力作用下的强迫振动。而在非线性系统中，即使存在阻尼，也可能有稳定的周期恒幅振动。此时能量的损失可以由输入该系统的能量得到补偿，输入能量的时间和大小由振动系统的特性及工况所决定。这也是自激振动的本质，对应于微分方程中的极限环吸引子。自激振动后果严重，但是易于识别与工程控制。

(6)混沌行为是非线性系统的又一个复杂特性。非线性转子系统在稳态响应中也会出现次谐波、拟周期乃至混沌运动，随着系统某些参数的变化，系统的振动响应或以某种方式如倍周期分岔通向混沌，或继而由混沌区域变为周期振动。其中通向混沌的道路或方式有：费根保姆型的分岔、倍周期分岔或拟周期分岔等。分析轴系与转子动力学中的混沌现象，对于理解轴与转子的动力学行为，进一步研究轴系的故障及诊断技术，具有一定的理论意义。实际工程中，包括混沌在内的复杂动力学行为都要通过工艺、安装乃至设计等措施消除，所以工程中对这些复杂振动并不感兴趣，只是在振动测试中利用它们分析数据。

1.5 轴系动力学建模及求解方法

轴系与转子系统的非线性动力学模型可以分为两类，一类是解析模型，一类是计算模型。前者是利用分析力学获得几个自由度的动力学方程，并且获得的封闭方程中包含物理参数的解析表达式，然后利用数值计算方法求解其动力学特性。后者主要是通过有限元分析软件对转子系统或轴系的结构进行离散，获得有限节点上有限自由度的计算分析模型，尽管其求解的本质上等同于动力学方程的数学离散，但是有限元模型以结构离散为基础，可以考虑更多的物理与结构细节，并且有比较成熟的力学分析与计算程序，它们为建立有限元模型和求解提供了方便、高效的工具。可以利用市场上的有限元软件研究转子振动问题，也可以开发专门的转子动力学有限元分析软件。

转子与轴系动力学研究工作主要以建立解析的动力学模型为基础。下面所述的原理方法是分析力学的主要内容，熟悉分析力学的读者可以跳过。在建立动力学模型过程中，广泛运用 Lagrange 方程，因为它所利用的能量和功都是标量，比矢量关系式更容易表达，且不必考虑系统中的理想约束力。动力学普遍方程是其理论基础。力在虚位移上所做的功称为虚功。理想约束是指全部约束反力在系统任何一组虚位移上所做虚功之和恒为零的约束，即：

$$\sum_{i=1}^{N} F_{Ri} \cdot \delta_{ri} = 0 \tag{1.13}$$

其中,F_{R1},F_{R2},…,F_{RN}为全部约束反力,δ_{r1},δ_{r2},…,δ_{rN}为系统在时刻t的任意一组虚位移。

如果系统具有理想约束,约束力为F_i,则虚功方程可表示为:

$$\sum_{i=1}^{N} F_i \cdot \delta_{ri} = 0 \tag{1.14}$$

式(1.14)即为虚位移原理:对于具有理想约束的系统,其平衡条件是作用于系统上的主动力在任何虚位移中所做虚功之和为零。依据达朗贝尔原理可得:

$$\sum_{i=1}^{N} (F_i - m_i \ddot{r}_i) \cdot \delta_{ri} = 0 \quad (i = 1,2,\cdots,N) \tag{1.15}$$

式(1.15)表明:在理想约束下,系统的各质点在任意瞬间所受的主动力和惯性力在虚位移上所做功之和为零,这就是动力学普遍方程。写成分析表达式为:

$$\sum_{i=1}^{N} [(F_{xi} - m_i \ddot{x}_i) \cdot \delta_{xi} + (F_{yi} - m_i \ddot{y}_i) \cdot \delta_{yi} + (F_{zi} - m_i \ddot{z}_i) \cdot \delta_{zi}] = 0 \tag{1.16}$$

式(1.15)和式(1.16)中,虚位移δ_{r1},δ_{r2},…,δ_{rN}是相互不独立的。

在复杂的机械系统中,由于存在约束,动力学普遍方程中各质点的虚位移不全是独立的,在处理具体问题时,还要找出虚位移之间的关系,这样就很不方便。因此,需要将动力学普遍方程用独立广义坐标来表示,以便求解非自由质点系的动力学问题。根据动力学普遍方程,求得由广义坐标与广义速度表示的系统能量与系统的广义力之间的关系,即第二类 Lagrange 方程:

$$\frac{\mathrm{d}}{\mathrm{d}t}\left(\frac{\partial T}{\partial \dot{q}_j}\right) - \frac{\partial T}{\partial q_j} = Q_j \quad (j = 1,2,\cdots,n) \tag{1.17}$$

式(1.17)中方程的数目等于质点系的自由度数,是一组关于n个广义坐标的二阶常微分方程。可以进一步考虑下列情形:

(1)保守系统

如果质点系上的主动力都是有势力,如弹性力、重力等,则广义力Q_j可写成用质点系势能表达的形式,即:

$$Q_j = -\frac{\partial U}{\partial q_j} \quad (j = 1,2,\cdots,n) \tag{1.18}$$

则式(1.17)可以写成:

$$\frac{\mathrm{d}}{\mathrm{d}t}\left(\frac{\partial T}{\partial \dot{q}_j}\right) - \frac{\partial T}{\partial q_j} = -\frac{\partial U}{\partial q_j} \quad (j = 1,2,\cdots,n) \tag{1.19}$$

如果函数L表示系统动能T与势能U的差,即:

$$L = T - U \tag{1.20}$$

则L称为 Lagrange 函数或动势。保守系统无阻尼耗散能量,并且因为势能不是广义速度$\dot{q}_j$的函数,所以有$\frac{\partial U}{\partial \dot{q}_j}=0$,这样在保守系统中的 Lagrange 方程(1.19)可以以 Lagrange 函数L表达,写成为:

$$\frac{\mathrm{d}}{\mathrm{d}t}\left(\frac{\partial L}{\partial \dot{q}_j}\right) - \frac{\partial L}{\partial q_j} = 0 \quad (j = 1,2,\cdots,n) \tag{1.21}$$

它与方程(1.19)就是保守系统中的 Lagrange 方程。

(2)耗散系统

若各种形式的耗散力作用于质点系，例如黏性阻尼等，则广义力中应包含耗散力，此时 Lagrange 方程可表示为：

$$\frac{\mathrm{d}}{\mathrm{d}t}\left(\frac{\partial T}{\partial \dot{q}}\right)-\frac{\partial T}{\partial q}+\frac{\partial U}{\partial q}=-\frac{\partial \widetilde{R}}{\partial \dot{q}}\quad (j=1,2,\cdots,n) \tag{1.22}$$

式中，$\widetilde{R}$ 为瑞利耗散函数。

应用 Lagrange 方程可以将建立动力学模型的过程转化为求能量、求能量关于广义坐标与广义速度的偏导数以及求广义力问题，在建立复杂的机械系统的动力学方程中很方便。当然，还有其他分析力学工具可以应用，例如 Guass 变分原理，以及利用广义速率解决非完整约束的 Kane 方程等。它们在力学上是等价的，但是方便程度与适用情形不同。当考虑偏斜轴系非完整运动约束时，还需要引入 Lagrange 乘子，即运用第一类 Lagrange 方程或者 Kane 方程。这些理论工具在任何一本分析力学中都可以找到。

下面介绍模型的求解问题。对于单自由度与两个自由度的转子非线性振动系统，也可以采用非线性振动中的方法求得近似解，例如摄动法、平均法、KBM 方法、多尺度方法等。近似解法中的表达式是显式的，便于分析参数的影响和系统的定性规律。近似方法的缺点是难以获得较高的精度解，而且当系统自由度过多时，分析推导十分烦琐，有时工作量大到不可能完成的地步，因而只适合于简化降维系统的定性分析。

随着转子动力学模型精细程度的提高，大部分情况下，转子系统的动力学方程是高维非线性微分方程组，所以难以求得解析解。为了获得动力学特性，就需要求其数值解。目前，数值仿真方法已成为求解高维非线性动力系统的常见方法，也是用以研究转子非线性动态特性的有效方法。求解非线性方程的常用数值计算方法有：Newmark-β 法、精细积分法和 Runge-Kutta 法。德国学者 C. Runge 和 M. W. Kutta 提出的 Runge-Kutta 方法，因其计算精度较高，并且在一定条件下其求解过程有良好的收敛性、稳定性等，成为一种普遍采用的数值求解方法。该方法计算过程简介如下。

动力学方程是二阶的微分方程组。更一般地，对于高阶微分方程，欲求该方程的数值解，需要将其变换成一阶常微分方程组。考虑高阶常微分方程的一般形式：

$$y^{(n)}=f(t,y,y',\cdots,y^{(n-1)}) \tag{1.23}$$

若已知输出变量 $y(0),y'(0),\cdots,y^{(n-1)}(0)$，则通过一组状态变量变换 $x_1=y,x_2=y',\cdots,x_n=y^{(n-1)}$，可以将原来的高阶微分方程变换为一阶方程组的形式：

$$\left.\begin{aligned} x'_1&=x_2\\ x'_2&=x_3\\ &\vdots\\ x'_n&=f(t,x_1,x_2,\cdots,x_n)\end{aligned}\right\} \tag{1.24}$$

高阶微分方程组的变换也是一样的。以两个高阶微分方程组为例，可以将其变换为一阶常微分方程组。考虑方程组

$$\left.\begin{aligned} x^{(m)}&=f(t,x,x',\cdots,x^{(m-1)},y,y',\cdots,y^{(n-1)})\\ y^{(n)}&=g(t,x,x',\cdots,x^{(m-1)},y,y',\cdots,y^{(n-1)})\end{aligned}\right\} \tag{1.25}$$

则仍旧可以选择状态变量 $x_1=x,x_2=x',\cdots,x_m=y^{(n-1)},x_{m+1}=y,x_{m+2}=y',\cdots,x_{m+n}=y^{(n-1)}$，这样原高阶方程组就可以变为：

$$\left.\begin{aligned} x'_1 &= x_2 \\ &\vdots \\ x'_m &= f(t, x_1, x_2, \cdots, x_{m+n}) \\ x'_{m+1} &= x_{m+2} \\ &\vdots \\ x'_{m+n} &= g(t, x_1, x_2, \cdots, x_{m+n}) \end{aligned}\right\} \tag{1.26}$$

再对初值进行相应的变换，就可以得到所需的一阶微分方程组。通过数值计算求解动力学方程，就是面向上述一阶微分方程组形式的计算方法。正如上面所做的变换，任意高阶常微分方程的初值问题，都可以化为一阶微分方程的一般形式：

$$\left.\begin{aligned} \frac{\mathrm{d}Y}{\mathrm{d}t} &= F(t, Y) \quad (t > t_0) \\ \boldsymbol{Y}(t_0) &= [y_{10}, y_{20}, \cdots, y_{n0}]^{\mathrm{T}} \quad (t > t_0) \end{aligned}\right\} \tag{1.27}$$

这里 $\boldsymbol{Y}$ 是变换后由状态变量组成的矢量。在计算矢量函数 $\boldsymbol{Y}$ 时，首先从 $\boldsymbol{Y}(t_0)$ 点出发，计算 $t_n = t_0 + nh(n=1,2,3,\cdots,n)$ 时的 Y_n 值，其中 h 为计算步长。将计算结果代入四阶 Runge-Kutta 方法的计算公式中，可得：

$$\left.\begin{aligned} Y_{n+1} &= Y_n + \frac{h}{6}(K_1 + 2K_2 + 2K_3 + K_4) \\ K_1 &= F(t_n, Y_n) \\ K_2 &= F\left(t_n + \frac{1}{2}h, Y_n + \frac{1}{2}hK_1\right) \\ K_3 &= F\left(t_n + \frac{1}{2}h, Y_n + \frac{1}{2}hK_2\right) \\ K_4 &= F(t_n + h, Y_n + hK_3) \end{aligned}\right\} \tag{1.28}$$

如式(1.28)，下一个函数值 Y_{n+1} 是当前 Y_n 值加一个步长 h 乘以估算的斜率，估算的斜率是 K_1、K_2、K_3、K_4 的加权平均。其中，K_1 是时间段开始点的斜率；K_2 是时间段中点的斜率，通过欧拉法采用斜率 K_1 对 Y 在 $t_n + \frac{1}{2}h$ 时刻取值；K_3 也是中点的斜率，用 K_2 对 Y 取值；K_4 是时间段终点的斜率，用 K_3 对 Y 取值。

针对转子系统、偏斜轴系的振动问题，首先建立动力学模型，然后将动力学方程变换为一阶微分方程组，并利用 Runge-Kutta 方法编写计算程序计算动力学特性。这种过程便于研究者自己开发仿真程序，计算求解的针对性强，程序调试方便且精度与效率都高。

1.6 转子与轴系的复杂行为：分岔与混沌

非线性动力学中将展示复杂的分岔和混沌运动，偏斜轴系一般是非线性转子系统，会展现这些复杂特性，因而需要澄清分岔与混沌的基本概念。分岔理论不仅揭示了系统的不同运动状态之间的联系和转化，而且与混沌运动密切相关，是研究混沌产生的机理和条件的重要途径。混沌运动是一种由确定性系统产生的、对于初始条件敏感、长期不可预测且周期无限长的内在的随机运动。简单地说，所谓内在的随机运动，是指系统是确定性的，它并没有受到外部随机激励，但是出现了随机响应；所谓周期无限长，指的是在有界的区域内，运动轨迹并不重复的、稠密的振荡运动。

首先让我们看看什么是分岔。分岔是随着动力学系统的参数变化，解的结构和稳定性产生定性改变的动力学行为。例如在分岔点，平衡点和极限环的数目、稳定性产生定性的变化。对于含参数的系统有：

$$\dot{x} = f(x, \mu) \tag{1.29}$$

其中，$x \in R^n$，为状态变量，$\mu \in R^m$，为分岔参数（注：本书中 μ 在有关轴承内容中表示滑油的黏度）。当参数 μ 变化时，若系统的拓扑结构在 $\mu \in \mu_0$ 处发生突变，则称系统在 $\mu \in \mu_0$ 处发生分岔，μ_0 称为分岔值或分岔点。在参数 μ 的空间中，由分岔值组成的集合称为分岔集。在 (x, μ) 的空间中，平衡点、极限环与混沌等行为随参数 μ 变化的图形称为分岔图。

在分析中，有时只需研究平衡点和闭合轨迹附近相轨迹的变化，即在平衡点或闭合轨迹的某个邻域内的分岔，这类分岔问题称为局部分岔。如果要考虑相空间中大范围乃至全空间的分岔性态，则称为全局分岔。显然，系统的“局部”和“全局”性质是密切相关的，局部分岔本身是全局分岔研究的重要内容。分岔研究的主要任务是：分析分岔产生的条件并确定分岔集，分析分岔时系统的拓扑结构随参数变化情况，考察分岔与混沌等其他动力学行为的关系。

前面说过，混沌运动是由确定性振动系统产生的，将非线性振动系统中的混沌运动称为混沌振动，简称混沌。下面来看看分岔与混沌振动的关系，及通过分岔产生混沌的几种途径。目前发现产生混沌的途径有如下几种：

(1)倍周期分岔。倍周期分岔是一种广泛存在的产生混沌振动的典型途径，在这种途径中，系统周期解在一定条件下会产生倍周期分岔，倍周期将无限进行下去，直至演化为周期无穷大的混沌。

(2)阵发性分岔。阵发性分岔在分岔图上表现为：系统参数变化到某一值时，周期解突然变为非周期的混沌运动；分岔的特征是明显的跳变，混沌的产生不需要经过一系列的分岔。

(3)概周期（即准周期、拟周期）环面破裂分岔。概周期环面破裂分岔也是一种典型的混沌产生途径。当参数变化时，处于平衡状态的系统通过某一临界值后，由平衡转为周期运动。随着参数不断变化，系统再次经历分岔而出现极限环环面。若两个极限环代表的周期运动的频率不可公约，则系统做概周期运动。

在研究转子和轴系振动中，了解产生混沌的途径有助于理解轴系混沌振动的产生机理，也有助于判别振动响应，以便区别对待混沌振动与随机振动。识别系统振动响应的性质是十分必要的，可以通过系统动力学特性不同的描述方法，实现振动性质的区分。这些方法有：

(1)时域响应或时间历程。工程中所测得的信号一般为时域信号，时域信号具有直观、便于理解等特点，由于是最原始的信号，所以包含的信息量比较丰富。对于一些故障振动信号，若时间历程具有明显的特征，则可以利用时域信号做出初步判断。例如，对于具有不平衡激励的转子振动，其信号含有同步振动特征。

(2)频域信号或频谱。谱分析利用 Fourier 变换，把复杂的时域信号分解为若干单一的谐波分量，从而确定信号的频率成分以及这些频率成分的幅值。目前的任何测试工具和振动分析软件都自带快速 Fourier 变换(FFT)计算分析模块。通过频谱，可以弄清振动响应中究竟包含哪些频率成分。在频谱上，故障特征最明显，因而频谱分析是识别振动与故障性质的重要分析方法。另外需要注意的是，理论上，混沌振动具有连续的频谱。

(3)轴心轨迹。前面所讨论的轴心的几种涡动，都是简单的理想振动条件下的轴心轨迹。

非线性系统的轴心轨迹要复杂得多。从轴心轨迹可以直观地了解系统的运动特性。对于具有故障的转子系统,轴心轨迹包含了大量的故障振动信息,是判断转子运行状态和故障征兆的重要依据。测试的轴心轨迹往往需要提纯处理,这样可以有效地避免噪声与干扰等超高次谐波分量的影响,并且提纯后可以进行分解,便于清楚地发现问题的本质。①正常运行的转子系统,其轴心轨迹通常呈现出长短轴相差不大的椭圆状。②当转子间具有不对中故障时,一般地认为其轴心轨迹为“8”字形或月牙状等。③不同参数下具有不对中偏斜的转子系统,其轴心轨迹的形状可能有所差异。转子的周期运动在轴心轨迹上通常表现为1条或者 N 条连续封闭的曲线。④准周期运动则呈现出明显的面包圈形状。⑤对于诸如混沌运动和随机运动等,较难通过轴心轨迹图进行鉴别,需要引入其他的表示方法。⑥轴心轨迹与频谱有一定的对应关系,需要分析鉴别,找出其中的对应关系。所以轴心轨迹也是判别转子与轴系动力学特性与故障的一类重要的分析工具。

(4)相轨迹图(相图)。相轨迹图即系统的解曲线在相空间的投影,以位移为横轴,速度为纵轴,即可绘制出相轨迹曲线。注意它与轴心轨迹或轨道是不同的。利用相轨迹曲线可以直观地了解系统的运动特性。周期运动的相轨迹曲线是封闭曲线,频率成分可以从相图中封闭曲线经历的圈数来定性判别。概周期运动的相曲线无限不重复地循环于一个环面上,混沌振动的相曲线不是封闭曲线,但是曲线总是处于有界的区域,理论上,二者的区别需要其他的刻画方式。

(5)Poincare 截面图。连续系统的 Poincare 截面可以表示系统相轨迹曲线的拓扑性质。对于受周期激励的非线性系统,在相空间中,取定垂直于相轨迹曲线的一个截面,称为 Poincare 截面,每隔一个周期取一个点,即可绘制出 Poincare 截面图。利用 Poincare 截面图可以判别振动的性质:n 周期运动对应的 Poincare 截面图上有 n 个点;拟周期运动对应的 Poincare 截面图为一条封闭的曲线;混沌运动对应的 Poincare 截面图既不是有限点集,也不是封闭曲线,而是数学上具有分数维的稠密的点集和相空间上稠密的轨道。

Poincare 截面图主要用于识别混沌运动,并且进一步地可以通 Lyapunov 指数与分形几何的维数等来描述混沌的特征。混沌有正 Lyapunov 指数也有负 Lyapunov 指数,且所有 Lyapunov 指数之代数和必须小于零。混沌对应的相曲线和 Poincare 截面点集合的维数是分数,而不是一般几何上的整数维数。这些特征计算和特征刻画,更多地在于有理论意义,在此不赘述。

(6)分岔图的画法。分岔图是以状态变量与分岔参数构成的图形空间,表示状态变量随分岔参数变化的规律。例如,在轴系与转子系统动力学研究中,可以选取系统中一个连续变化的参数作为横坐标(同时取每一个参数值对应的系统响应),Poincare 截面上的点为纵坐标,即可绘制出分岔图。

还有一些观察振动响应的重要方式方法,例如级联图、极坐标图等;全谱图则用于分解轴心轨道,提取各阶进动的特征。我们将在第9章有关振动控制的内容中详细论述。

1.7 几点说明

(1)临界转速的含义。按照前面的定义,与固有频率相等的转速是临界转速,因为此时将产生共振。由于在各向异性支撑(尤其是存在非线性)的条件下,按照与固有频率相等来定义临界转速,不能涵盖所有的共振情形,尤其是非线性系统的共振,所以可用共振来定义临界转速。转子系统有多个共振频率,则有多个临界转速出现。若仍然将基频对应的转速视为同步临界转速,则其他情况的临界转速则为副临界转速。它包括线性系统的各阶临界转速,例如各向异性转子或轴的高阶线性振动模态,也包括非线性系统的倍频或分频振动,例如超谐临界转速、亚谐临界转速乃至组合临界转速等。这样,就可以涵盖非线性系统中的各阶共振频率对应的临界转速。无论如何,基频同步共振对应的临界转速是最重要的转速。

(2)转子动力学有丰富多样的研究工作与结果,不可能全面介绍。关于转子动力学基础理论与经典结果,可以参阅文献著作[1-10]。对于转子动力学历史起源有兴趣的读者可以参阅文献[11-14],文献[8,15,16]中考察了航空发动机振动的问题,综述了诸多研究工作进展,并展望了研究趋向。轴系的偏斜问题,理论体系并不完整,文献[8,17,18]论述了该方面的研究工作,可以参考阅读。自 1986 年开始,国内每隔三年,后来密集到两年,召开全国转子动力学学术会议,并出版 Rotor Dynamics 论文集 ROTDYN,其中的内容很大程度上反映了全国转子动力学研究者的相关工作与进展[20]。

(3)偏斜轴系包含着诸多非线性振动特征,它不仅会引起运动约束与运动激励、参数激励和外激励,还耦合了转子系统动力学中处理的诸多因素,如油膜、松动、裂纹、密封等非线性因素,并且偏斜将会导致轴中产生较大的应力,所以除了不平衡激励以外,隐藏在旋转机械中的偏斜因素,是导致振动与失稳的重要原因,无论从理论上还是工艺上都需要重视。本书中虽然分析了诸多的非线性复杂响应,但是最终解决问题还是要靠工程措施。

(4)旋转机械的振动控制程度体现了机器的制造水平,所以研究振动的控制是十分必要的。从理论研究可以掌握机器振动的机理和特征,工程设计与制造则需要结合振动机理,深入到机器的基本部件设计与制造过程的各种因素控制;并结合部件和整机的振动与应力测试,进行特征信息处理,结合特征信息,研究平衡规律与安装制造工艺等各种离线、在线的控制措施。转子动力学成果推广的困难在于如何在理论和实践之间搭建桥梁,我们尝试解决这个问题,所以对于理论分析兴趣不高的读者,可以直接参考阅读第 9 章振动控制的内容,该章从工程的角度,给出轴系振动简洁的物理解释和控制振动的原则措施。

(5)根据研究的应用意图,转子与轴系的动力学有诸多的研究分支和主题,例如故障诊断与健康监控,它涉及特征信息的提取与应用;又如减振与优化设计,涉及测试与平衡技术。根据可能的故障,又可以细分为诸多的精细动力学模型,例如油膜、松动、裂纹、密封等作用下的振动问题。本书仅仅针对各种偏斜,通过动力学模型揭示偏斜轴系的动力学特征,讨论旋转机械轴系振动的控制措施。

参 考 文 献

[1] 钟一谔,何衍宗,王正,等. 转子动力学[M]. 北京:清华大学出版社,1987.
[2] LUND J W. 王正译. 什么是转子动力学[J]. 力学与实践,1991,13(4):16-19.
[3] 孟光. 转子动力学研究的回顾与展望[J]. 振动工程学报,2002,15(1):1-9.
[4] 闻邦椿,顾家柳,夏松波,等. 高等转子动力学[M]. 北京:机械工业出版社,2001.
[5] 顾家柳. 转子动力学[M]. 北京:国防工业出版社,1985.
[6] 张文. 转子动力学理论基础[M]. 北京:科学出版社,1990.

[7] 虞烈，刘恒. 轴承-转子动力学[M]. 西安：西安交通大学出版社，2001.
[8] AGNIESZKA(Agnes) MUSZYNSKA. Rotordynamics[M]. New York：CRC Press，2005.
[9] MAURICE L. ADAMS，JR. Rotating machinery vibration from analysis to troubleshooting[M]. New York：Marcel Dekker，Inc.，2001.
[10] NELSON H D. Rotordynamic modeling and analysis procedures：A review[J]. JSME International Journal Series C，1998，41(1)：1-12.
[11] RANKINE W J M. On the centrifugal force of rotating shafts. The Engineer，April，1869：27.
[12] JEFFCOTT H H. The lateral vibration of loaded shafts in the neighbourhood of a whirling speed—The effect of want of balance[J]. Philosophical Magazine，Series 6，1919，37：304-314.
[13] NEWKIRK B L. Shaft whipping[J]. General Electric Review，1924，27：169-178.
[14] LUND J W. Spring and damping coefficients for the tilting pad journal bearing. Trans. ASLE，1964，7：342-352.
[15] 陈予恕，张华彪. 航空发动机整机动力学研究进展与展望[J]. 航空学报，2011，32(8)：1371-1379.
[16] 黄文虎，武新华，焦映厚，等. 非线性转子动力学综述[J]. 振动工程学报，2000，13(4)：497-508.
[17] JOHN PIOTROWSKI. Shaft alignment handbook (third edition) [M]. New York：CRC Press，2006.
[18] 刘占生，赵广，龙鑫，等. 转子系统联轴器不对中研究综述[J]. 汽轮机技术，2007，9(5)：321-325.
[19] 陈予恕. 非线性振动系统的分岔与混沌理论[M]. 北京：高等教育出版社，1993.
[20] 陈予恕，唐云. 非线性动力学中的现代分析方法[M]. 北京：科学出版社，2000.
[21] 陈予恕. 非线性振动[M]. 天津：天津科技出版社，1983.

2 联轴器不对中对接的轴系振动

本章研究联轴器轴系在偏斜情况下的振动。当两根轴采用联轴器连接时，由于轴与联轴器各部件的固有误差，以及联轴器的安装误差等原因，轴与轴之间会存在平行线对中误差和姿态角误差，即平行不对中与交角不对中。轴的偏斜还有很多其他原因，例如机器基体与箱体在运行后的热变形、轴的腐蚀和冲击变形，轴承与密封的误差等，可以将这些误差等同地视为联轴器连接不对中来研究。

联轴器有不同的类型，则对接方式和对接误差的产生原因会有所不同。例如，图 2.1(a)是轴系支撑与齿式连接，两根轴通过内外齿轮对接，则对接误差源自图 2.1(b)所示的内外齿轮不对中。当我们不考虑对接方式和联轴器弹性的影响时，无论哪一种联轴器，都可以简化为如图 2.1(c)、图 2.1(d)、图 2.1(e)所示的三种偏斜情形，这里称它们为**简化的刚性连接不对中模型**。平行不对中与偏心是两个不同的概念：偏心是指单个转子或者单根轴的质心位置偏离转动中心线，是每个轴都存在的现象；而平行不对中是两个对接轴转动轴线的平行偏离现象，轴线不对中距离呈现的是轴与轴之间的关系。角度不对中是指两转轴轴线交叉成一定角度，轴线既有平行偏离又有偏角的情形是综合偏斜情形。

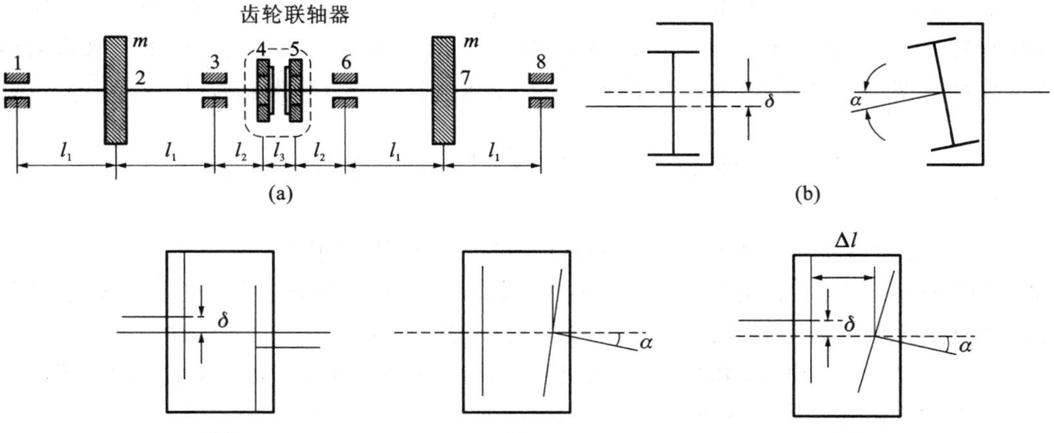

图 2.1　联轴器三种不对中情形的简化

(a)轴系支撑与齿式连接；(b)内外齿轮不对中；(c)平行不对中；
(d)角度不对中；(e)平行不对中与偏角同时存在

在第 1 章中我们讨论过，从整根轴的角度看，无论是平行不对中还是偏角产生的不对中，都属于小角度偏斜情形。通过联轴器连接的轴系在不对中情形下，一个突出特点是主动轴与从动轴之间存在运动约束。运动约束不仅使系统的自由度减少，而且在轴系中增加非线性因素，使轴系产生新的临界转速和复杂响应。除此之外，轴与联轴器之间、联轴器各个部件之间都因相对运动而产生摩擦力，且在轴与联轴器部件上产生额外的力矩。摩擦力将形成振动系统的参数激励和外激励，诱发包括自激振动在内的复杂振动。摩擦力同样也会增加振动系统的阻尼，使得轴系振动的幅频特性和振动失稳边界发生变化，例如可能出现轴的振动幅值降低但应力增加的现象。在可靠性方面，偏斜导致的摩擦力会增加部件的磨损，缩短部件的使用寿命，降低机器的运行效率，偏斜导致的力矩将产生应力集中。

下面介绍如何建立不对中轴系的动力学模型，其振动特性又有什么样的变化。我们考虑刚性连接情形下的解析模型，并且只讨论其中的平行不对中与交角不对中情形。至于弹性联轴器等其他类型的连接方式，以及平行与角度不对中同时存在的综合情形，可以在下一章有限元模型中加以考虑。

不对中轴系中，还存在其他非线性振动因素，主要有轴承油膜、轴承与轴颈发生边界接触等。其中，当满足边界接触条件时，例如轴承与轴颈、联轴器部件之间、转子与机匣之间将产生碰撞和摩擦，统称碰摩（相应的力称碰摩力）。碰撞力是部件的材料之间的法向接触变形力，摩擦力是与部件相对运动方向相反的周向力。油膜力、碰摩力与偏斜因素类似，都会引起非线性振动，所以我们将它们综合起来考虑，以便分析、比较偏斜程度与这些因素的影响。除此之外，也可以考虑主动轴角加速度的影响，以分析运动激励下的振动响应。以这样的方式建立轴系的横向振动方程，目的不仅仅在于分析不对中量、转轴质量比、转速比、油膜力与碰摩力等对于轴系振动的影响，更重要的是，由于各种因素都与不对中有耦合关系，所以综合这些主要因素建立轴系振动方程，可以看出不对中因素作用下轴系振动的性质。

按照这个意图，就要将建模问题扩大至多种不同因素作用下的转子系统动力学范畴。当忽略偏斜以外的其他因素时，则可以专门研究不对中偏斜程度的影响。因此，我们从介绍基本模型开始，逐步考虑不对中因素。我们首先介绍现有的几种不对中轴系模型，考察已经发现的一些振动特征，然后介绍油膜力与碰摩力的处理方法，依次论述各类不对中情形下轴系的约束方程与振动模型，最后利用模型讨论不对中振动系统的性质并分析振动特性。

2.1 偏斜轴系几类模型与振动特征

在旋转机械中，转子不对中是引起机械故障的重要原因。1976 年美国 Texas 州 Monsanto 化工公司报道，在所测得的故障中，百分之六十是由转子的不对中引起的。不对中状态下转子的运动引起机械的振动、轴承磨损和轴的挠曲变形，对系统运行的平稳性危害极大[1]。尽管偏斜是导致复杂非线性振动的重要因素，但是与此形成对比的是，偏斜轴系振动的理论研究工作并不多。下面选择几个典型模型介绍相关的研究工作与结论。

2005 年 Muszynesk 建立了一个简单的振动模型，用于分析并说明轴系偏斜带来的振动问题。模型中，考虑了不平衡力、偏斜导致的恒定径向力与非线性刚度，且假定：(1)偏斜导致的恒定径向力和非线性恢复力只是作用在横向振动的竖直方向上；(2)刚度仅是平方非线性的，即只考虑非线性刚度 Taylor 级数展开式的平方项。根据这些假定所建立的振动方程，仅仅是在含阻尼 Jeffcott 转子系统的基础上，修正了垂直方向的刚度，并在垂直激励力上增加了一个径向常力。一般来说，研究偏斜轴系的振动都要将不平衡力一起考虑，这是因为联轴器产生的径向力，将把轴推向偏离中心的位置，引起不平衡量的变化。另外，这有利于对比区分不平衡力产生的同步振动与偏斜产生的非线性振动。简化模型是为了说明偏斜振动系统的特点并突出其振动特征，而且对于简单的模型才能获得解析解。即使假设条件简单，振动分析也将是烦琐的，且只能获得定性的近似解。这个简单的例子及其实验表明，一阶同步响应中具有振动峰值；在临界转速处以及半临界转速处，都有倍频振动峰值，即在 2 倍频处有振动峰值；同样也有分频振动产生，即在$\frac{1}{2}$倍频处也有振动峰值[2]。读者可参阅文献[2]第 3 章第 11 节。

事实上，尽管复杂程度不同的模型会有不同的振动特性，但是所有模型的振动分析结果都指向或包含了 2 倍频的振动特征，所以 2 倍频是普遍的振动特征。1984 年 Dewell 通过分析齿轮联轴器的内摩擦力矩指出，在转子旋转时，会产生 2、4、6、8 等偶数倍频的弯曲振动[3]。由于齿轮联轴器产生 2 倍转速下的离心惯性力，所以有文献将其作为判断联轴器不对中的依据。这样的做法其实是过于简化的行为，因为联轴器、负载以及不对中的具体情形，都会影响各个倍频振动的幅值，所以尽管振动响应中 2 倍频振动是普遍存在的，但是它未必是最高的倍频振动峰值。Piotrowski 在不同的转速下，针对各类联轴器驱动不同类型的载荷，进行了测试，结果表明各个倍频幅值是随不同条件变化的[4]。

轴系的不对中当然也影响轴的扭转振动，黄典贵 1994 年研究了故障作用下轴系扭转振动特征[5]。为了同时揭示轴系在不平衡和平行不对中条件下的振动特征，1998 年又将横向弯曲振动和扭转振动结合在一起，建立了扭弯耦合动力学模型，并且应用 DK-Ⅱ型扭振测试仪，同时测试扭转振动和弯曲振动，从理论分析和试验研究两个方面，获得了平行不对中轴系振动的一致结论[6,7]，包括：

(1)不平衡力作用下的扭弯振动特征。轴系弯曲振动固有频率较大且不发生扭转共振时，不平衡力作用下会出现同步弯曲振动和同步扭转振动。

(2)平行不对中情况下的扭转振动特征。轴系同样会产生同步扭转振动，由于联轴器施加在相邻两轴上的力大小相等，但方向相反，所以相邻两个不对中轴的同步扭转振动是反相的。这个结论有利于从扭转振动数据判别偏斜是否存在。

(3)平行不对中情况下的弯曲振动特征。不对中的弯曲振动特征在很大程度上取决于联轴器的种类和不对中的类型。这个结论与文献[4]中的结果不谋而合。

一般来说，不对中产生倍频弯曲振动。按照不对中的类型、联轴器是否为刚性，弯曲振动特征可产生 2、4、6、8 等偶数倍频或 1、3、5、7 等奇数倍频[7]。

既然偏斜轴系的振动特征与联轴器种类、特性有关，那么就需要针对某一类联轴器分析振动。韩捷在 1996 年分析了齿式联轴器连接不对中的转子系统[8]，表明：(1)齿式连接不对中的特征频率为转速频率的 2 倍。(2)不对中产生的激励力很大，为转速平方的 4 倍。(3)联轴器两侧与轴线垂直的同一方向上的振动相位不同，在平行不对中时为同相，在交角不对中时为反相，在综合不对中时为 0°到 180°之间。**弯曲振动这种相位变化与上述扭转振动的情形不尽相同，它从另一个侧面也说明“不对中的弯曲振动特征依赖于不对中的类型”**。两根轴的反相振动说明，偏角不对中将产生交变应力，对于联轴器结构有更大的破坏性。这些规律可以用于开发旋转机械振动信号分析系统[9]。

为了掌握或验证不对中轴系的振动特征，进行一些实验研究是必要的。事实上，该类工作不可以仅依赖于实验室中的工作，更有意义的是从工厂和试验场地收集振动数据，这就需要在转子运行过程中，记录各种运行条件下所有类型的历史数据。依靠实验室只能取得有限且与实际有一定差距的实验结果。Marmol 在 1980 年针对一个齿轮联轴器,排除了不平衡和齿轮联轴器不对中之外的所有其他因素,设计了偏斜轴系的振动实验,实验结果表明,不对中产生了明显的偶数倍频的弯曲振动分量[10]。刘雄通过二维全息谱技术实测了某化肥厂压缩机组的振动[11]。Piotrowski 结合产品的偏斜校正过程,测试了电机通过不同类型的联轴器驱动风机、泵等设备的振动特征,并且获得了不同偏斜程度下与不同转速下的轴心涡动轨道[4],从中可以看出一些振动特征随着偏斜程度的演化过程。我们也可以通过各种文献,例如从航空发动机和汽轮发动机组等减振和故障诊断书籍[12-14]或期刊论文中,收集轴系偏斜的各种振动特征,以丰富目前信息不全的偏斜轴系振动特征库。

偏斜轴系除了存在倍频、分频振动之外,还有更复杂的振动响应。李明、虞烈等研究了轴承转子以及转子齿轮联轴器系统的无量纲动力学模型[15,16],1999 年建立了转子齿轮联轴器系统的扭弯耦合模型,见图 2.1(a)、图 2.1(b)。考虑内齿套惯性力与齿轮联轴器阻尼的共同作用,同样也发现了偶数倍频横向振动,且发现**扭转振动是奇数倍频振动**。其原因是,当齿轮对中不良时,只有啮合线上接触的齿轮对才承载,由此引起倍频振动分量。可以看出,这样的振动只能靠减少内齿套的不平衡量以及控制联轴器的偏斜角度来解决,而不能采取动平衡措施来消除。除此之外还得知,**靠近联轴器轴承处的振幅要比远离联轴器轴承处的振幅大,在联轴器处的振幅最大**[17,18]。这就成为振动测试以及利用振幅关系判别偏斜程度的依据。进一步地,针对平行不对中情形,通过仿真计算结果表明,当偏心距与不对中量的比率足够大时,即不平衡量占支配地位时,系统趋向于周期振动。但是当偏心距与不对中量比率在一定的范围内,不对中量将对系统的振动响应产生较大的影响,使得系统产生从周期至概周期,之后再到周期的分岔响应,并且系统还存在复杂的组合振动成分[19]。

需要说明的是,利用有限元与子模态综合方法,也可以建立联轴器作用下的偏斜轴系动力学模型[20],并且是比较精确的动力学模型,尤其适合于分析弹性联轴器。我们将在下一章专门论述该方法。

2.2 基本模型中的轴承油膜力与碰摩力

为了建立偏斜轴系在油膜、边界摩擦作用下的动力学方程,首先分析轴颈上的油膜力与碰摩力。为简洁清楚起见,我们仍然利用 Jeffcott 转子进行简化分析。此时,假定圆盘对称且基础支撑刚度各向同性,并且假定轴放置在两个相同的滑动轴承上,圆盘转子则位于轴的中部。当轴颈中心的原始位置矢径或轴心径向振幅等于轴承间隙时,将发生边界接触,产生碰撞与摩擦现象。例如横着放置的机器在启动或停机时,轴颈将坐落在轴承的轴瓦上,产生边界之间的接触。又如,在轴承的设计间隙减小时,过大的轴颈振动幅值容易达到间隙余量。

由于轴的质量集中在圆盘上,所以将轴颈上的力也简化到圆盘上,如图 2.2 所示,则转子系统简化为一个由滑动轴承支撑转速为 $\dot{\theta}$ 的圆盘。其中 O 为轴承的几何中心,O' 为轴颈中心,O_c 为转子的质心,R 为轴承半径,c_z 为轴承的平均间隙,$e=|O'O_c|$ 为转子质量偏心距。

进一步地,为了考虑轴在匀加速过程中的动态特性,令转速为 Ω,转角为 θ,则转子转过的角度 $\theta=\theta_0+\Omega_0 t+1/2\varepsilon_r t^2$,这里记 $\theta(0)=\theta_0$,$\Omega_0=\dot{\theta}(0)=\dot{\theta}_0$,$\varepsilon_r=\ddot{\theta}$。关于转角 θ,在研究油膜力的过程中,还要根据最大油膜厚度或最小油膜厚度标记计算时刻起点,以求解随转角 θ 与轴向坐标的油膜压力分布 $p(z,\theta)$ 或 $p(z,\psi)$。

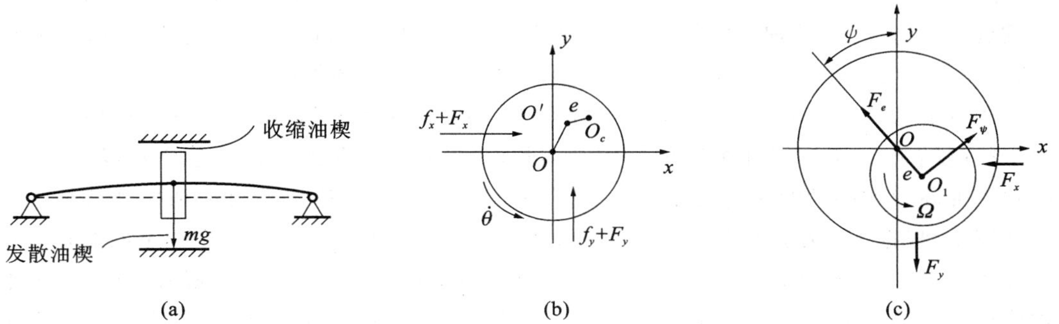

图 2.2 Jeffcott 转子中考虑油膜和碰撞摩擦

(a)油膜力简化及油楔厚度;(b)油膜力与碰摩力;(c)油膜力主矢分解

我们先来建立圆盘质心 O_c 的动力学基本方程:

$$\left.\begin{aligned} m\ddot{x}+D_1\dot{x}+K_1x&=f_x+F_x+me(\dot{\theta}^2\cos\theta+\ddot{\theta}\sin\theta)\\ m\ddot{y}+D_1\dot{y}+K_1y&=f_y+F_y-mg+me(\dot{\theta}^2\sin\theta-\ddot{\theta}\cos\theta)\end{aligned}\right\}\tag{2.1}$$

其中,m 为转子质量,K_1、D_1 为转子的等效线性刚度与阻尼,不对中导致的刚度和阻尼将在下一节通过约束方程引入。F_x、F_y 为摩擦力在 x、y 方向在转盘处的等效分量。f_x、f_y 是在对应最大(或最小)油膜厚度即极角 ψ 处,作用在圆盘上的油膜力在绝对坐标系 x、y 方向上的分量,如图 2.2(c)所示。

圆盘质心运动代表了轴的横向振动,动力学方程(2.1)形式上是一个简单的基本模型。但是,当引入不对中因素时,该模型就被复杂化了。偏斜将通过改变轴之间的运动关系,影响轴系的振动模式和特性,而且通过各种力和运动的途径,改变轴承、密封等部件的机械与力学性能。让我们逐条、逐步分析基本方程中这些因素,以获得最终的不对中轴系动力学模型。

本节专门处理基本模型中的油膜力与碰摩力,偏斜因素在后面几节中分别处理。下面首先介绍油膜力模型,然后分析碰撞与摩擦问题。

2.2.1 油膜力

在旋转机械中,轴承作用力是系统产生非线性振动的重要根源,尤其是滑动轴承的油膜力十分重要,因为它会产生油膜振荡。下面考虑实际工程中滑动轴承的支承情形,求解轴承系统的非线性油膜力。求解二元二阶非线性 Reynolds 偏微分方程,是获得非线性油膜力的关键,可以通过两种方式确定滑动轴承的油膜力。采用数值计算方法直接求解 Reynolds 方程可得到油膜力的数值解。广泛采用的方法是在一定边界条件假设下,推导轴承油膜力的解析表达式。

Reynolds 方程是油膜厚度 $h=c_z(1+\varepsilon\cos\theta)$ 与压力分布 $p(z,\theta)$ 关于轴向坐标 z 与周向极角 θ 的偏微分方程。如果取 ψ 位置上的转角为起始角,则理论上 $\theta(0)=\theta_0=0$。一般情况下要根据载荷图估算最小油膜厚度的初始位置,载荷变化,该位置也变化,或者说 ψ 角一般是变化的,因此 θ 仍然会是 ψ 角的函数。Reynolds 方程为:

$$\frac{1}{R^2}\frac{\partial}{\partial\theta}\left(\frac{h^3}{12\mu}\frac{\partial p}{\partial\theta}\right)+\frac{\partial}{\partial z}\left(\frac{h^3}{12\mu}\frac{\partial p}{\partial z}\right)=\frac{1}{2}(\Omega-2\dot{\psi})\frac{\partial h}{\partial\theta}+\dot{\varepsilon}\cos\theta$$

其中,μ 为滑油黏度,z 是轴瓦的轴向坐标,原点取在中面上。

一般情况下，难以通过这个方程的双重积分获得压力分布 $p(z,\theta)$。但是，在短轴承（即轴承长度远小于直径）与长轴承（即轴承长度远大于直径）两种情况下，可以将 Reynolds 方程简化，从而进行积分求得压力分布。之后经过不断修正，就产生各种计算油膜力的解析模型。从这个过程我们看到，油膜力的原始本构方程是 Navier-Stokes 方程，所以其解析模型乃至数值方法求得的结果，一般都是不精确的。尽管如此，还是要在简化的条件下建立油膜力模型，以便能够将油膜导致振动的研究工作继续下去，由其至少可以掌握定性机理和振动特征。在建模和计算中，根据不同精度的研究需要，可以选择使用某类油膜表达式。根据不同的轴承相对长度和不同的流场 Sommerfeld 条件，可以导出半 Sommerfeld 条件下油膜力表达式，这本是一种流场不连续的模型，为简单起见，称之为稳态油膜力模型。相应地，将考虑流场边界条件后修正的表达式，称为非稳态的油膜力模型。我们考察以下几种主要的油膜力模型：

(1)短轴承稳态油膜力模型

假定轴承的长度 L 远小于轴承直径 d，则$\dfrac{\partial p(z,\theta)}{\partial\theta}=\dfrac{\partial p(z,\theta)}{\partial z}$，Reynolds 方程中等号左端的第一项可以略去不计，则方程可积分并求得油膜力[21,22]

$$\left.\begin{aligned}F_e&=\frac{1}{2}\mu LR\left(\frac{R}{c_z}\right)^2\left(\frac{L}{R}\right)^2\left[(\Omega-2\dot{\psi})G_1(\varepsilon)+2\dot{\varepsilon}G_2(\varepsilon)\right]\\F_\psi&=\frac{1}{2}\mu LR\left(\frac{R}{c_z}\right)^2\left(\frac{L}{R}\right)^2\left[(\Omega-2\dot{\psi})G_3(\varepsilon)+2\dot{\varepsilon}G_4(\varepsilon)\right]\end{aligned}\right\}\tag{2.2}$$

式中，$\dfrac{L}{R}$为轴承长度与半径比。在包括式(2.2)在内的油膜力模型中，ε 是轴心径向位移与轴承间隙之比，即 $\varepsilon=\dfrac{\sqrt{x^2+y^2}}{c_z}$，称为偏心率。

在使用过程中需要注意，这里的偏心率是指轴心位移的无量纲量，它与不平衡质量偏心 e 相对于其他距离量的“偏心率”不是一个概念，正如前面说明过的，不平行偏离误差与圆盘偏心不可混淆。又如，将质量偏心 e 与平行不对中量相除，也可以定义一个无量纲量，但是该比率目的是为了比较二者之间的影响。式(2.2)中偏心速率 $\dot{\varepsilon}$ 亦即偏心率 ε 的导数，$\dot{\varepsilon}=\dfrac{\dot{z}_e}{c_z}=\dfrac{(x\dot{x}+y\dot{y})}{\varepsilon}$。

式(2.2)中的各个函数为：

$$G_1(\varepsilon)=\frac{2\varepsilon^2}{(1-\varepsilon^2)^2}$$

$$G_2(\varepsilon)=\frac{\pi(1+2\varepsilon^2)}{2(1-\varepsilon^2)^{\frac{5}{2}}}$$

$$G_3(\varepsilon)=\frac{\pi\varepsilon}{2(1-\varepsilon^2)^{\frac{3}{2}}}$$

$$G_4(\varepsilon)=\frac{2\varepsilon}{(1-\varepsilon^2)^2}$$

这样就求得了最大油膜厚度所对应的法线方位上以及与之正交的切线方向上的油膜分力。最终，油膜力在 x、y 方向上的分量为：

$$\left.\begin{aligned} f_x &= -F_e\sin\psi + F_\psi\cos\psi \\ f_y &= -F_e\cos\psi + F_\psi\sin\psi \end{aligned}\right\} \tag{2.3}$$

事实上，这是求得了某一时刻的 $p(z,\psi)$，并投影到 x 与 y 方向上。考虑轴的转动角度 θ 后，可以进一步变换到轴的任意转角位置上。其余模型也如此变换。

(2)长轴承稳态油膜力模型[21,22]

与短轴承油膜力相反，长轴承的长度 L 远大于轴承直径 d，此情况下 $\dfrac{\partial p(z,\theta)}{\partial\theta} \gg \dfrac{\partial p(z,\theta)}{\partial z}$，Reynolds 方程中等号左端的第二项可以略去不计，则对方程积分，求得油膜力为：

$$\left.\begin{aligned} F_e &= 6\mu LR\left(\frac{R}{c_z}\right)^2[(\Omega-2\dot\psi)E_1(\varepsilon)+2\dot\varepsilon E_2(\varepsilon)] \\ F_\psi &= 6\mu LR\left(\frac{R}{c_z}\right)^2[(\Omega-2\dot\psi)E_3(\varepsilon)+2\dot\varepsilon E_4(\varepsilon)] \end{aligned}\right\} \tag{2.4}$$

其中

$$E_1(\varepsilon) = -\frac{2\varepsilon^2}{(1-\varepsilon^2)(2+\varepsilon^2)}$$

$$E_2(\varepsilon) = \left[\frac{\pi}{2}-\frac{8}{\pi(2+\varepsilon^2)}\right]\frac{2\varepsilon^2}{(1-\varepsilon^2)^{\frac{2}{3}}}$$

$$E_3(\varepsilon) = \frac{\pi\varepsilon}{(1-\varepsilon^2)^{\frac{1}{2}}(2+\varepsilon^2)}$$

$$E_4(\varepsilon) = -\frac{2\varepsilon}{(1-\varepsilon^2)(2+\varepsilon^2)}$$

在 x、y 方向上油膜力的分量为：

$$\left.\begin{aligned} f_x &= -F_e\sin\psi + F_\psi\cos\psi \\ f_y &= F_e\cos\psi + F_\psi\sin\psi \end{aligned}\right\} \tag{2.5}$$

(3)非稳态短轴承油膜力模型

(1)和(2)两种油膜力的积分过程中，为了方便起见，采用了半 Sommerfeld 条件或称为 Gumbell 假设条件，即假设上游边界条件为 $p(z,0)=0$，下游边界条件为 $p(z,\pi)=0$。根据这种边界条件假设，发散油楔中的滑油流场是不连续的，因而瞬态流场扰动没法考虑。张文进一步考虑了流场扰动情况下的边界条件，得到油膜力表达式为[23]：

$$\left.\begin{aligned} F_e &= \frac{\mu\pi L^3 r}{c_z^2}\left[C_{11}\bar{\dot\varepsilon}+C_{12}\left(\bar{\dot\psi}-\frac{1}{2}\right)\varepsilon\right] \\ F_\psi &= \frac{\mu\pi L^3 r}{c_z^2}\left[C_{21}\bar{\dot\varepsilon}+C_{22}\left(\bar{\dot\psi}-\frac{1}{2}\right)\varepsilon\right] \end{aligned}\right\} \tag{2.6}$$

$$C_{11} = \frac{\varepsilon\bar{\dot\varepsilon}A[3A^3+(2-5\varepsilon^2)]}{(1-\varepsilon^2)[A^2-\varepsilon^4(\bar{\dot\psi}-0.5)^2]^2}+\frac{1+2\varepsilon^2}{2(1-\varepsilon^2)^{\frac{5}{2}}}\Delta\psi$$

$$C_{22} = \frac{\varepsilon\bar{\dot\varepsilon}A[A^3+(\varepsilon^2-2)\varepsilon^2(\bar{\dot\psi}-0.5)^2]}{(1-\varepsilon^2)[A^2-\varepsilon^4(\bar{\dot\psi}-0.5)^2]^2}+\frac{1}{2(1-\varepsilon^2)^{\frac{3}{2}}}\Delta\psi$$

$$C_{12} = C_{21} = \frac{2\varepsilon^4 A(\bar{\dot\psi}-0.5)^3}{[A^2-\varepsilon^4(\bar{\dot\psi}-0.5)^2]^2}$$

$$\Delta\psi = \pi+\mathrm{sign}(\bar{\dot\varepsilon})\arccos\frac{A^2(1-\varepsilon^2)-\varepsilon^2\bar{\dot\varepsilon}^2}{A^2-\varepsilon^4(\bar{\dot\psi}^2-0.5)}$$

$$A=\sqrt{\dot{\bar{\varepsilon}}^2+(\dot{\bar{\psi}}^2-0.5)^2\varepsilon^2}$$

这里$\bar{\varepsilon}=\dfrac{\dot{\varepsilon}}{\Omega}$,$\bar{\psi}=\dfrac{\dot{\psi}}{\Omega}$。在 x、y 方向上油膜力的分量为:

$$\left.\begin{aligned}f_x&=-F_e\sin\psi+F_\psi\cos\psi\\f_y&=F_e\cos\psi+F_\psi\sin\psi\end{aligned}\right\}\tag{2.7}$$

(4)Capone 模型

为了提高非线性油膜力计算精度和收敛性,根据现有油膜力解析模型的结构形式和特点,通过研究流体径向油膜力去修正油膜力的表达式。很多文献引用修正后的结果,例如,文献[24]研究磁拉力作用下裂纹转子动力学特性时,采用了修正后的短圆柱瓦轴承油膜力解析模型[24],即 Capone 油膜力模型。对于短圆柱瓦轴承,在(x,y)处修正后两个方向上的无量纲非线性油膜力为:

$$\begin{Bmatrix}\bar{f}_x\\\bar{f}_y\end{Bmatrix}=\frac{[(x-2\dot{y})^2+(y+2\dot{x})^2]^{\frac{1}{2}}}{1-x^2-y^2}\times\begin{Bmatrix}3xV(x,y,\alpha)-\sin\alpha G(x,y,\alpha)-2\cos\alpha S(x,y,\alpha)\\3yV(x,y,\alpha)+\cos\alpha G(x,y,\alpha)-2\sin\alpha S(x,y,\alpha)\end{Bmatrix}\tag{2.8}$$

其中 $\bar{f}_x=\dfrac{f_x}{\sigma P}$,$\bar{f}_y=\dfrac{f_y}{\sigma P}$,$\sigma=\mu\Omega RL(\dfrac{R}{c_z})^2\left[\dfrac{L}{2R}\right]^2$,$\sigma$ 为 Sommerfeld 修正系数,P 为转子重力的一半。并且

$$V(x,y,\alpha)=\frac{2+(y\cos\alpha-x\sin\alpha)G(x,y,\alpha)}{1-x^2-y^2}$$

$$S(x,y,\alpha)=\frac{x\cos\alpha+y\sin\alpha}{1-(x\cos\alpha+y\sin\alpha)^2}$$

$$G(x,y,\alpha)=\frac{2}{(1-x^2-y^2)^{\frac{1}{2}}}\left[\frac{\pi}{2}+\arctan\frac{y\cos\alpha-x\sin\alpha}{(1-x^2-y^2)^{\frac{1}{2}}}\right]$$

$$\alpha=\arctan\frac{y+2\dot{x}}{x-2\dot{y}}-\frac{\pi}{2}\mathrm{sign}\frac{y+2\dot{x}}{x-2\dot{y}}-\frac{\pi}{2}\mathrm{sign}(y+2\dot{x})$$

其中 sign( )是符号函数。

(5)动态 π 油膜模型

简单地基于静态 Gumbell 条件的油膜力模型,例如,短轴承与长轴承油膜模型,未考虑瞬态扰动速度对油膜边界的影响,因此徐小峰与张文等使用了动态 π 油膜模型[25]。基于 Reynolds 方程和油膜边界上压力为零去修正流速影响,得到非稳态非线性油膜力的表达式为:

$$\begin{bmatrix}F_\xi\\F_\eta\end{bmatrix}=-\sigma W\begin{bmatrix}C_1&C_2\\C_2&C_3\end{bmatrix}\begin{bmatrix}\dot{\varepsilon}\\(\dot{\bar{\varphi}}-\dfrac{1}{2})\varepsilon\end{bmatrix}\tag{2.9}$$

这里 Sommerfeld 修正系数 $\sigma=\dfrac{\mu\Omega RL}{W/2}(\dfrac{R}{c_z})^2(\dfrac{L}{2R})^2$。$W$ 为轴承负载,常取为轴颈的重力。C_1、C_2、C_3 为三个独立函数,φ 为无量纲极角,$\dot{\bar{\varphi}}=\dfrac{\dot{\varphi}}{\Omega}$,这些函数和角度见式(2.13)。

由于动态 π 油膜模型考虑了瞬态扰动速度,油膜边界条件与实际情形比较靠近,所以在后面的分析计算中,我们将直接引用该类短轴承非稳态油膜力公式。事实上,每一种油膜力模型各有自身特点,选择哪一类模型是根据重要性并权衡计算精度和效率等而定的。例如精度高

的模型往往计算量大或计算效率低。

如图 2.3 所示，为了描述轴承与轴颈的相对运动，分别以轴承中心 O 为原点，建立固定坐标系 $Oxyz$，以轴颈中心 O' 为原点，建立运动坐标系 $O'\xi\eta\zeta$。假设轴颈中心 O' 任一时刻的径向位置是 (z,θ)，则令运动坐标系的 $O'\xi$ 轴沿 OO' 方向。我们可以在最小油膜厚度处对 θ 取值，并且按与转速同向的逆时针计算。这样一来，就可以把不断变动周向位置的油膜力变换到固定坐标系上。

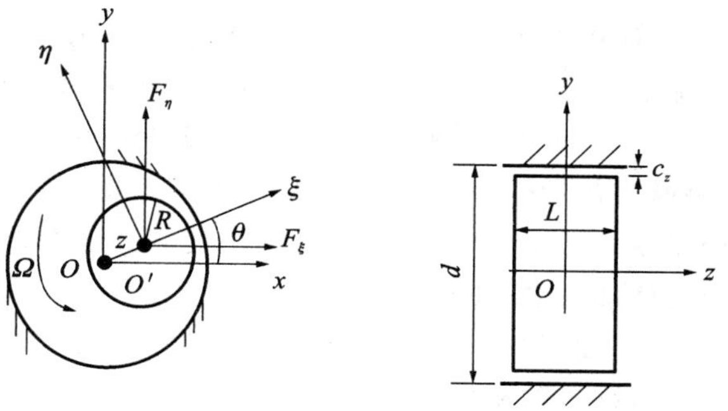

图 2.3 滑动轴承及其坐标系

固定坐标系下表示的动态非线性油膜力为：

$$\left.\begin{aligned} f_x &= \sigma W \bar{f}_x \\ f_y &= \sigma W \bar{f}_y \end{aligned}\right\} \tag{2.10}$$

$\bar{f}_x$、$\bar{f}_y$ 是以重力为因子进行无量纲化的油膜力分量

$$\begin{bmatrix} \bar{f}_x \\ \bar{f}_y \end{bmatrix} = -\begin{bmatrix} C_{11} & C_{12} \\ C_{21} & C_{22} \end{bmatrix}\begin{bmatrix} \dot{X} \\ \dot{Y} \end{bmatrix} - \frac{1}{2}\begin{bmatrix} -C_2 & C_3 \\ -C_3 & -C_2 \end{bmatrix}\begin{bmatrix} X \\ Y \end{bmatrix} \tag{2.11}$$

其中三个坐标变换函数为：

$$\left.\begin{aligned} C_{11} &= C_1\cos^2\theta + C_3\sin^2\theta - 2C_2\cos\theta\sin\theta \\ C_{12} &= C_{21} = C_2(\cos^2\theta - \sin^2\theta) + (C_1 - C_3)\cos\theta\sin\theta \\ C_{22} &= C_1\sin^2\theta + C_3\cos^2\theta + 2C_2\cos\theta\sin\theta \end{aligned}\right\} \tag{2.12}$$

油膜力模型决定其中的系数 C_i。对于短轴承，若取第(5)类模型，则 C_i 的解析式为：

$$\left.\begin{aligned} C_1 &= \frac{4\varepsilon\dot{\varepsilon}A[3A^2 + (2-5\varepsilon^2)\varepsilon^2(\dot{\theta}-1/2)^2]}{(1-\varepsilon^2)^2[A^2-\varepsilon^4(\dot{\theta}-1/2)^2]^2} + \frac{2+4\varepsilon^2}{(1-\varepsilon^2)^{5/2}}\Delta\theta \\ C_2 &= \frac{8A\varepsilon^4(\dot{\theta}-1/2)^3}{[A^2-\varepsilon^4(\dot{\theta}-1/2)^2]^2} \\ C_3 &= \frac{4\varepsilon\dot{\varepsilon}A[A^2 + (\varepsilon^3-2)\varepsilon^2(\dot{\theta}-1/2)^2]}{(1-\varepsilon^2)[A^2-\varepsilon^4(\dot{\theta}-1/2)^2]^2} + \frac{2}{(1-\varepsilon^2)^{3/2}}\Delta\theta \end{aligned}\right\} \tag{2.13}$$

这里

$$\left.\begin{aligned} A &= \sqrt{\dot{\varepsilon}^2 + \varepsilon^2(\dot{\theta}-1/2)^2} \\ \Delta\theta &= \pi + 2\arctan[\varepsilon\dot{\varepsilon}/(A(1-\varepsilon^2)^{1/2})] \end{aligned}\right\} \tag{2.14}$$

ε与$\dot{\varepsilon}$ 分别是偏心率和无量纲偏心速率，$\sin\varphi=\frac{y}{\varepsilon}$，$\cos\varphi=\frac{x}{\varepsilon}$。转速为$\dot{\bar{\theta}}=\frac{\dot{\theta}}{\Omega}=\frac{X\dot{Y}-Y\dot{X}}{\varepsilon^2}$，其中$X$、$Y$ 为以间隙参数为比例因子的轴颈无量纲位移。

2.2.2 碰摩力

考察了轴承非线性油膜力之后，下面接着处理碰摩力，即径向接触力与周向摩擦力。碰撞可能发生在多个接触部件，例如联轴器的部件之间的碰摩。现以轴颈与轴瓦为例分析，由于不对中的存在，轴系承受弯矩，使得轴颈在轴承中容易与轴瓦接触，另外，现代轴承设计间隙有所减小，使得在同样振幅情况下，轴颈位移易达到间隙的极限，带来碰摩问题。不少转子故障诊断文献往往称碰摩为故障[26-29]。事实上，机器启动和停机时，最小油膜几乎等于零，同样也会有短暂和轻微的碰摩。碰摩力包括碰撞力和摩擦力，二者都是由于轴颈相对于轴瓦有过大的径向运动产生的，但两种作用力产生原理不同，且方向正交。其他类型部件的碰摩分析，类似于轴颈与轴瓦，但是要以具体部件之间的间隙去判定。

让我们先来看看碰撞力。如图 2.4 所示，当轴心运动位移等于或大于轴承间隙时，在接触点的法线方向上，轴颈(转子)撞击轴瓦(定子)，并产生相互作用力。一般而言，轴颈硬度高，使得轴瓦产生局部弹性变形，以适应并缓解轴颈接触点的撞击作用。当撞击点力轻且没有超过轴瓦材料的屈服极限时，属于弹性碰撞，属于比较正常的运行现象。此时，轴瓦提供弹性恢复力，这种弹性力的增大，使得轴系统的"弹簧"具有了分段线性刚度，分段线性本质上将同样表现出非线性振动特点，包括满足特定条件下的自激振动。严重的接触碰撞下，轴颈和轴瓦之间的作用力过大，超过了材料整体的屈服极限(材料局部细微的塑性变形可通过摩擦切削弥补表面光洁度，与碰撞性质不一样)，则轴尤其是轴瓦会产生塑性变形，径向接触力甚至摩擦力以及油膜力都将发生质变。这是典型的碰摩故障。我们只研究弹性变形下的接触变形与接触力问题，即使这样刚度也可能是非线性的。确定转子系统的接触刚度是重要的问题，所以无论从理论上还是实验方面，都受到了转子动力学领域的重视[27-33]，但解决该问题确实有一定的难度。力学研究领域中所给出的材料之间的接触模型，可以用于分析转子碰摩的刚度。例如，杨树华等运用 Hertz 接触理论，确定接触刚度模式[30]。这也是目前比较流行的模型和方法。历史上 Ehrich 等人曾采用经典的双线性刚度模型[31-33]。无论是线弹性接触刚度，还是双线性乃至 Hertz 接触的其他非线性刚度模型，都将导致复杂的运动。例如，CHU F 1998 年研究了典型的碰摩振动问题，揭示了通过分岔，从周期进入混沌，再离开混沌域的复杂振动特性[34]。2005 年 Muszynesk 在建立简单的振动模型过程中，采用简化的二次径向刚度，这与经典的双线性接触刚度有类似之处，从简化模型的对比可以预测，偏斜因素也必定导致复杂的分岔与混沌振动。我们在后续的研究中，采用线弹性刚度代表碰撞力，这是因为在正常运行条件下，对于复杂的接触模型取其线性刚度即可。不过，即使是取线性刚度，系统仍然具备非线性的特点，因为刚度是分段线性的。

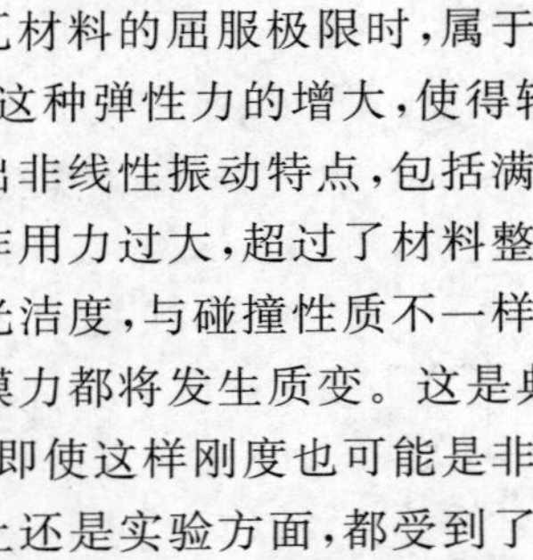

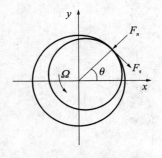

图 2.4 法向碰撞力与周向摩擦力

讨论了图 2.4 中的法向碰撞力 F_n 后，再来看看周向(或切向)的摩擦力 F_τ，其中的关键是摩擦系数。

令 θ 为碰摩点处径向与 x 轴的夹角。当部件之间存在相对运动时，一般情况下，部件之间的摩擦力满足库仑摩擦定律，且摩擦系数为常数。研究碰摩转子摩擦力时，通常也做这样的假定。但是，当轴高速旋转时，轴与轴承，或者联轴器部件之间就有较高的相对速度。此时，部件之间的摩擦系数与相对速度有关，摩擦系数可表示为：

$$f_n = f + bv^n \tag{2.15}$$

其中，f 为不考虑速度影响时的静摩擦系数，b 为速度影响因子，n 为速度项的指数。

系统静平衡时，轴颈与轴瓦之间的间隙为 c_z，由于静止，它们不发生径向碰摩，无碰摩力发生。一旦轴开始转动，且当转子轴心径向位移 z_e 大于或等于动静件间隙 c_z 时，即发生径向碰摩，其法向碰摩力 F_n、切向摩擦力 F_τ 可表示为：

$$\left.\begin{aligned} F_n &= k_c(z_e - c_z) \\ F_\tau &= (f_n + bv^n)F_n \end{aligned}\right\} \tag{2.16}$$

其中，k_c 为定子径向刚度，$v=\sqrt{\dot{x}^2+\dot{y}^2}$，为运动部件与静止部件间的相对滑动速度，$\dot{x}=\mathrm{d}x/\mathrm{d}t$，$\dot{y}=\mathrm{d}y/\mathrm{d}t$，$z_e=\sqrt{x^2+y^2}$为转子轴心的径向位移。

碰摩发生时，碰摩力在固定坐标系 Oxy 平面上分量为：

$$\begin{Bmatrix} F_x \\ F_y \end{Bmatrix} = \begin{bmatrix} -\cos\theta & \sin\theta \\ -\sin\theta & -\cos\theta \end{bmatrix} \begin{Bmatrix} F_n \\ F_\tau \end{Bmatrix} \tag{2.17}$$

将式(2.16)代入式(2.17)后，碰摩力化为：

$$\begin{Bmatrix} F_x \\ F_y \end{Bmatrix} = -\frac{k_c(z_e - c_z)}{z_e} \begin{bmatrix} 1 & -(f_n + bv^n) \\ (f_n + bv^n) & 1 \end{bmatrix} \begin{Bmatrix} x \\ y \end{Bmatrix} \quad (z_e \geqslant c_z) \tag{2.18}$$

至此，我们介绍了油膜力和碰摩力处理方法。事实上，在分析与处理这些作用力的同时，也得到了分析轴系非线性振动特性的一个基本模型[式(2.1)]，只是该模型没有考虑偏斜因素。可以看到，模型中包含着不平衡质量偏心、油膜力与碰摩力，以及匀加速或匀减速等转速的变化，所以由基本模型可以分析这些因素作用下的轴系振动特性。包括：

(1)不平衡振动响应。

(2)研究油膜作用下的转子振动和碰摩振动。

(3)不平衡力、油膜力、碰摩力联合作用下的振动特性。

(4)转速变化情形的振动特性，例如停机与启动过程的振动。

基本模型的精度不仅取决于物理简化的假设条件，而且受油膜力与碰摩力模型的影响。换句话说，对应于不同的油膜力计算模型和碰摩力模型，将有不同形式的非线性振动系统。因此，从基本模型出发，在各种研究目的之下，可以建立多种多样的动力学模型。虽然它们都是非线性振动系统，但呈现的具体振动特性会有所不同。这也解释了为什么转子系统理论，尤其是故障条件下，给出的振动特性那么复杂，振动特征那么丰富。基本模型也是研究偏斜轴系在各种耦合因素下振动的基础。但是，当进一步考虑偏斜条件时，我们就不能用一根轴去建立模型。这是因为不对中连接在两根轴之间产生运动约束，并且分析联轴器中的摩擦力也需要分解成两根轴。此时，基本方程就具有完全不同的形式。下面重点介绍如何分析偏斜条件下的轴系振动问题。

2.3 平行不对中轴系的振动方程

考虑图 2.5 所示的平行不对中轴系，平行不对中量为 δ。建立如下坐标系：在轴系的静平衡位置，建立固定坐标系 Oxy，如图 2.6 所示，转盘 1 的坐标位置记为 $O_1(x_1,y_1)$，质心坐标位置为 $O'_1(x'_1,y'_1)$，质量为 m_1，偏心距为 e_1，与 x 轴的夹角为 θ_1；转盘 2 的坐标位置为 $O_2(x_2,y_2)$，质心坐标位置为 $O'_2(x'_2,y'_2)$，质量为 m_2，偏心距为 e_2，与 x 轴的夹角为 θ_2。

为了便于展示不对中约束特点，假定两根轴采用刚性联轴器连接。前面在基本模型中，我们分析过加速转动的情形，考虑到后面有专门的章节分析加速转动条件下的过渡过程，所以这里假定主动轴有恒定的转速。根据作用力方程计算油膜力与碰摩力，并且将转轴刚度、阻尼、轴承非稳态油膜力与碰摩力分别等效到转盘处。K_1、K_2 为转盘处轴的等效刚度，D_1、D_2 为转盘处轴的等效阻尼，f_{x1}、f_{y1}、f_{x2}、f_{y2} 为转盘处的等效非稳态油膜力，F_x、F_y 为转盘 1 处的碰摩力。

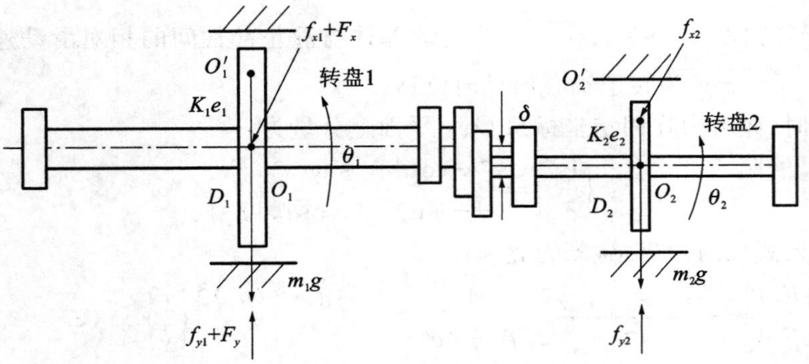

图 2.5 平行不对中轴系的物理模型

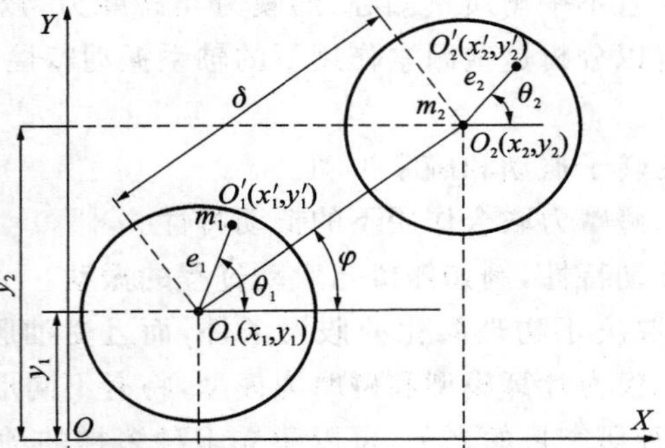

图 2.6 平行不对中的坐标系与约束关系

根据图 2.6 不对中的约束关系，可得轴系的运动约束方程为：

$$f(x_1,y_1,x_2,y_2)=(x_1-x_2)^2+(y_1-y_2)^2-\delta^2=0 \tag{2.19}$$

由分析力学理论知，式(2.19)是完整约束。对于约束系统可以根据第一类 Lagrange 方程建立动力学模型，则不对中轴系的动力学方程为：

$$F_i-m_i\ddot{q}_i+\lambda_L\frac{\partial f}{\partial q_i}=0 \quad (q_i=x_1,y_1,x_2,y_2) \tag{2.20}$$

其中，λ_L 为 Lagrange 待定乘子，其物理意义是约束力与约束力矩。将约束方程(2.19)中的约束函数求偏导，并代入第一类 Lagrange 方程(2.20)中，可以看到，不对中轴系横向振动方程不仅包含着广义坐标，而且包含着 Lagrange 乘子 λ_L，即：

$$\left.\begin{aligned}m_1\ddot{x}_1 &= f_{x1} + F_x - K_1 x_1 - D_1\dot{x}_1 + m_1 e_1 \dot{\theta}_1^2 \cos\theta_1 + 2\lambda_L(x_1 - x_2)\\ m_1\ddot{y}_1 &= f_{y1} + F_y - K_1 y_1 - D_1\dot{y}_1 + m_1 e_1 \dot{\theta}_1^2 \sin\theta_1 - m_1 g + 2\lambda_L(y_1 - y_2)\\ m_2\ddot{x}_2 &= f_{x2} - K_2 x_2 - D_2\dot{x}_2 + m_2 e_2 \dot{\theta}_2^2 \cos\theta_2 + 2\lambda_L(x_2 - x_1)\\ m_2\ddot{y}_2 &= f_{y2} - K_2 y_2 - D_2\dot{y}_2 + m_2 e_2 \dot{\theta}_2^2 \sin\theta_2 - m_2 g + 2\lambda_L(y_2 - y_1)\end{aligned}\right\} \tag{2.21}$$

由于采用刚性联轴器，故有 $\dot{\theta}_2 = \dot{\theta}_1$，即两根轴同步转动。设转盘 1 的转速 $\dot{\theta}_0 = \Omega$，则转盘 1 的转角为：

$$\theta_1 = \dot{\theta}_0 t \tag{2.22}$$

考虑主动轴与从动轴之间的初始转角差，转盘 2 的转角为 $\theta_2 = \theta_0 + \dot{\theta}_0 t$。

引入如下无量纲参数：

$$\left.\begin{aligned}&\omega_1 = \sqrt{\frac{K_1}{m_1}},\tau = \omega_1 t,\omega_2 = \sqrt{\frac{K_2}{m_1}},\bar{\omega} = \frac{\omega_2}{\omega_1},\lambda = \frac{\dot{\theta}_1}{\omega_1},\bar{m} = \frac{m_2}{m_1},\bar{e}_1 = \frac{e_1}{c_z},\bar{e}_2 = \frac{e_2}{c_z},\bar{\delta} = \frac{\delta}{c_z},\\ &\zeta_1 = \frac{D_1}{\sqrt{K_1 m_1}},\zeta_2 = \frac{D_2}{\sqrt{K_1 m_1}},X_1 = \frac{x_1}{c_z},Y_1 = \frac{y_1}{c_z},X_2 = \frac{x_2}{c_z},Y_2 = \frac{y_2}{c_z},\gamma_L = \frac{\lambda_L}{m_1\omega_{n1}^2},\\ &\bar{g} = \frac{g}{\omega_{n1}^2 c_z},\bar{f}_{x1} = \frac{f_{x1} + F_x}{m_1\omega_{n1}^2 c_z},\bar{f}_{y1} = \frac{f_{y1} + F_y}{m_1\omega_{n1}^2 c_z},\bar{f}_{x2} = \frac{f_{x2}}{m_1\omega_{n1}^2 c_z},\bar{f}_{y2} = \frac{f_{y2}}{m_1\omega_{n1}^2 c_z}\end{aligned}\right\} \tag{2.23}$$

并且记$()' = \mathrm{d}()/\mathrm{d}\tau$，$()'' = \mathrm{d}()/\mathrm{d}\tau^2$，则无量纲化后轴系的横向振动方程为：

$$\left.\begin{aligned}X''_1 &= \bar{f}_{x1} - X_1 - \zeta_1 X'_1 + \bar{e}_1\lambda^2\cos\theta_1 + 2\gamma_L(X_1 - X_2)\\ Y''_1 &= \bar{f}_{y1} - Y_1 - \zeta_1 Y'_1 + \bar{e}_1\lambda^2\sin\theta_1 - \bar{g} + 2\gamma_L(Y_1 - Y_2)\\ \bar{m}X''_2 &= \bar{f}_{x2} - \bar{\omega}^2 X_2 - \zeta_2 X'_2 + \overline{me}_2\lambda^2\cos\theta_2 + 2\gamma_L(X_2 - X_1)\\ \bar{m}Y''_2 &= \bar{f}_{y2} - \bar{\omega}^2 Y_2 - \zeta_2 Y'_2 + \overline{me}_2\lambda^2\sin\theta_2 - \overline{mg} + 2\gamma_L(Y_2 - Y_1)\end{aligned}\right\} \tag{2.24}$$

并且广义坐标之间需满足约束方程：

$$(X_1 - X_2)^2 + (Y_1 - Y_2)^2 = \bar{\delta}^2 \tag{2.25}$$

由于存在约束方程，四个广义坐标不独立。

为了获得最终的独立方程，可以先从式(2.24)中第二个方程与第四个方程中，将 Lagrange 待定乘子 γ_L 用广义坐标表示出来，然后分别代入式(2.24)第一个方程与第三个方程中，消除 Lagrange 待定乘子 γ_L，得：

$$\left.\begin{aligned}&(X''_1 + \bar{m}X''_2) = \bar{f}_{x1} + \bar{f}_{x2} - (X_1 + \eta^2 X_2) - \zeta_1 X'_1 - \zeta_2 X'_2 + \bar{e}_1\lambda^2\cos\theta_1\\ &\qquad + \overline{me}_2\lambda^2\cos\theta_2\\ &(Y''_1 + \bar{m}Y''_2) = \bar{f}_{y1} + \bar{f}_{x2} - (Y_1 + \eta^2 Y_2) - \zeta_1 Y'_1 - \zeta_2 Y'_2 + \bar{e}_1\lambda^2\sin\theta_1\\ &\qquad + \overline{me}_2\lambda^2\sin\theta_2 - (1 + \bar{m})\bar{g}\\ &[\bar{m}X''_2 - \bar{f}_{x2} + \bar{\omega}^2 X_2 + \zeta_2 X'_2 - \overline{me}_2\lambda^2\cos\theta_2](Y_2 - Y_1) =\\ &\qquad [\bar{m}Y''_2 - \bar{f}_{y2} + \bar{\omega}^2 Y_2 + \zeta_2 Y'_2 + \overline{mg} - \overline{me}_2\lambda^2\sin\theta_2](X_2 - X_1)\end{aligned}\right\} \tag{2.26}$$

进一步考虑由式(2.25)表示的约束关系。不妨假设

$$\left.\begin{aligned}X_2 &= \bar{\delta}\cos\varphi + X_1\\ Y_2 &= \bar{\delta}\sin\varphi + Y_1\end{aligned}\right\} \tag{2.27}$$

其中，φ **为两转轴轴心连线 O_1O_2 与 X 轴的夹角**，如图 2.6 所示。

这个关系式中包含五个变量($X_1\quad Y_1\quad X_2\quad Y_2\quad \varphi$),因为振动方程组(2.26)中,只有三个方程,相当于三自由度振动方程,所以可以从变换关系式(2.27)中选择三个变量作为独立的广义坐标。不妨令 $\boldsymbol{u}=[X_1\quad Y_1\quad \varphi]^{\mathrm{T}}$,即我们以这三个变量作为独立的广义坐标,或者说以它们作为系统的状态变量来描述系统的振动方程。一旦将其求出,则利用式(2.27)确定($X_2\quad Y_2$)。

将式(2.27)代入方程组(2.26)中,得到以轴 1 质心坐标以及夹角 φ 表示的轴系运动微分方程,或者说获得以 $\boldsymbol{u}=[X_1\quad Y_1\quad \varphi]^{\mathrm{T}}$ 描述的振动方程,则最后的方程为:

$$\boldsymbol{M}\boldsymbol{u}''+\boldsymbol{D}\boldsymbol{u}'+\boldsymbol{K}\boldsymbol{u}=\boldsymbol{F}_0+\boldsymbol{F}_m+\boldsymbol{F}_\varphi+\boldsymbol{F}_e \tag{2.28}$$

其中,振动方程中的矩阵分别为:

$$\boldsymbol{M}=\begin{bmatrix}1+\bar{m} & 0 & -\bar{m}\bar{\delta}\sin\varphi\\ 0 & 1+\bar{m} & \bar{m}\bar{\delta}\cos\varphi\\ -\bar{m}\sin\varphi & \bar{m}\cos\varphi & \bar{m}\bar{\delta}\end{bmatrix},\boldsymbol{K}=\begin{bmatrix}1+\bar{\omega}^2 & 0 & 0\\ 0 & 1+\bar{\omega}^2 & 0\\ -\bar{\omega}^2\sin\varphi & \bar{\omega}^2\cos\varphi & 0\end{bmatrix},$$

$$\boldsymbol{D}=\begin{bmatrix}\zeta_1+\zeta_2 & 0 & -\zeta_2\bar{\delta}\sin\varphi\\ 0 & \zeta_1+\zeta_2 & \zeta_2\bar{\delta}\cos\varphi\\ -\zeta_2\sin\varphi & \zeta_2\cos\varphi & \zeta_2\bar{\delta}\end{bmatrix},$$

$$\boldsymbol{F}_0=\begin{bmatrix}\bar{f}_{x1}+\bar{f}_{x2}\\ \bar{f}_{y1}+\bar{f}_{y2}\\ \bar{f}_{y2}\cos\varphi-\bar{f}_{x2}\sin\varphi\end{bmatrix},\boldsymbol{F}_m=-\begin{bmatrix}0\\ (1+\bar{m})\bar{g}\\ \overline{mg}\cos\varphi\end{bmatrix},\boldsymbol{F}_\varphi=\begin{bmatrix}\bar{m}\bar{\delta}(\varphi')^2\cos\varphi+\bar{\omega}^2\bar{\delta}\cos\varphi\\ \bar{m}\bar{\delta}(\varphi')^2\sin\varphi+\bar{\omega}^2\bar{\delta}\sin\varphi\\ 0\end{bmatrix},$$

$$\boldsymbol{F}_e=\begin{bmatrix}\bar{e}_1\lambda^2\cos\theta_1+\overline{me}_2\lambda^2\cos\theta_2\\ \bar{e}_1\lambda^2\sin\theta_1+\overline{me}_2\lambda^2\sin\theta_2\\ \overline{me}_2\lambda^2(\sin\theta_2\cos\varphi-\cos\theta_2\sin\varphi)\end{bmatrix}$$

这就是在简化条件下获得的平行不对中轴系的振动模型。这里 $\boldsymbol{K}$ 为刚度矩阵、$\boldsymbol{M}$ 为惯性矩阵、$\boldsymbol{D}$ 为阻尼矩阵。力矢量包括油膜力与碰摩力矢量 $\boldsymbol{F}_0$、重力矢量 $\boldsymbol{F}_m$、不对中量激励力矢量 $\boldsymbol{F}_\varphi$,以及不平衡力矢量 $\boldsymbol{F}_e$。

式(2.28)中,刚度矩阵 $\boldsymbol{K}$、油膜力与碰摩力矢量 $\boldsymbol{F}_0$ 以及重力矢量 $\boldsymbol{F}_m$,与平行不对中量 δ 都无直接的关系,或者说不对中量只是通过 φ 角,即圆盘中心连线 O_1O_2 与 X 轴的夹角,对它们产生影响。但是,本质上这些矩阵还是受到了不对中量的影响。对此我们进行如下分析:

从假设的式(2.27)我们看到,其实这个 φ 角扮演着多重角色。第一,它代表两个轴上圆盘中心的四个坐标之间的关系,即约束关系。第二,它是振动方程中独立的广义姿态坐标,因而它是随时间变化的,其导数即分析力学上所谓的广义速率,是其他坐标振动速率的组合,反映了因不对中引起的组合轴的运动协调关系。另外,轴转动时中心连线 O_1O_2 绕着 X 轴来回摆动,这种现象类似于陀螺惯性主轴的章动,所以我们也可以将其视为等价章动角。第三,它从组合后的整根轴的角度,综合反映了平行不对中量的影响,这正如第 1 章中我们给出的结构偏斜定义那样,从整根轴的角度看,平行不对中和偏角不对中都可以等价于不同的支撑高度引起的偏斜情况。所以说,圆盘中心连线 O_1O_2 与 X 轴的夹角 φ 是综合变量。

既然如此，我们就从这个综合变量的角度，分析振动系统中的矩阵元素的性质。有如下五条性质和结论：

(1)振动方程(2.28)中，所有参数矩阵包括惯性矩阵 $\boldsymbol{M}$、刚度矩阵 $\boldsymbol{K}$ 以及阻尼矩阵 $\boldsymbol{D}$，都包含 φ，这说明不对中轴系是一个变参数振动系统，并且由于夹角 φ 还是一个参与振动的状态变量，所以不对中轴系一定是非线性振动系统。

从具体阻尼矩阵 $\boldsymbol{D}$ 的元素上看到，不对中量在横向振动两个方向上增加了周期变化的阻尼，且该阻尼幅值量级与不对中量成正比，一定程度上将起到抑制振动的作用。这可以解释偏斜导致轴振动幅度降低的现象，即使不考虑联轴器中的摩擦力，这种现象也会存在。

我们接着看力矢量。由于所有的力矢量都包含 φ，所以不对中量通过作用力也改变振动系统的性质。

(2)油膜力与碰摩力矢量 $\boldsymbol{F}_0$ 因本身就是系统的动刚度力，即弹性力和阻尼力，所以不对中通过油膜与碰摩途径，会生成参数激励，并且是周期参数激励。但是，从碰摩力矢量 $\boldsymbol{F}_0$ 的元素中可以看到，平行不对中并不会明显改变油膜力的幅值，或者说，它并不直接破坏油膜厚度，反而是油膜力形成的参数激励力，将激起综合角度 φ 的章动。

(3)重力矢量 $\boldsymbol{F}_m$ 在不对中因素诱发下，也变成了参数激励力，它的第三个元素在姿态夹角 φ 上形成了单摆式的时变恢复力。这说明，只是重力矢量就能引发复杂的振动响应。

(4)由不对中产生的最直接、最明显的激励力是 $\boldsymbol{F}_\varphi$，我们暂且称其为**不对中激励力**。它是由于平行不对中产生的另外一种性质特殊的力。例如，在 X_1 方向上为 $\bar{m}\bar{\delta}(\varphi')^2\cos\varphi+\bar{\omega}^2\bar{\delta}\cos\varphi$，在 Y_1 方向上为 $\bar{m}\bar{\delta}(\varphi')^2\sin\varphi+\bar{\omega}^2\bar{\delta}\sin\varphi$。该无量纲力分为不平衡力和参数激励力两部分，其中一部分力类似于转子质量偏心导致的不平衡离心惯性力，$\bar{m}\bar{\delta}(\varphi')^2\cos\varphi$ 和 $\bar{m}\bar{\delta}(\varphi')^2\sin\varphi$(或 $\bar{m}\bar{\delta}(\varphi')^2$)，只是它是由于平行不对中量 $\bar{\delta}$ 产生的，并且其中的转速是角度 φ 的导数，即 φ 角的章动速率，一般说来它与转速并不同步，因而将导致非同步的振动。振动为倍频还是分频要看章动速率与转速是否有整数倍的关系。可以看出，当章动速率低于转速时，这种惯性力就很小，反之不同。这个类似于转子偏心作用的强迫激励力，表明了轴系的不对中量 δ 与转子偏心距 e 对振动的影响，它对于理解轴系振动的控制措施有特别的意义，从中可以明显看出，不对中产生的振动分量不能靠动平衡措施去解决。

另一部分力分别是 $\bar{\omega}^2\bar{\delta}\cos\varphi$ 和 $\bar{\omega}^2\bar{\delta}\sin\varphi$(或 $\bar{\omega}^2\bar{\delta}$)，事实上它是参数激励力，是由于平行不对中量 δ 作用在支撑弹簧上产生的周期恢复力，其频率是连线 O_1O_2 的章动速率。它与油膜一样，将引起系统的参数激励振动，这与转子偏心质量引起的不平衡力强迫振动具有完全不同的性质，显然也是无法进行动平衡的。

(5)不平衡力矢量 $\boldsymbol{F}_e$ 在平行不对中情形下，与基本模型类似，横向振动方向上的激励力不变，说明平行不对中量不影响偏心距产生的作用于轴的同步惯性力。但是角度不对中情形与此不同。

上面讨论了平行不对中对于轴振动性质的影响，至于这些性质对于轴系或转子系统的振动控制措施有什么影响，我们将在介绍了角度不对中振动方程之后，一并分析归结。

现在我们简单地看看振动方程的求解问题，该问题在第1章已经讨论完全，所以只要化为标准式即可采用数值方法求解。为求解该非定常、非线性二阶常微分方程，将式(2.28)两端同时左乘 $\boldsymbol{M}^{-1}$，整理后，平行不对中轴系的动力学方程为：

$$\boldsymbol{u}'' = \boldsymbol{M}^{-1}(\boldsymbol{F}_0 + \boldsymbol{F}_m + \boldsymbol{F}_\varphi + \boldsymbol{F}_e - \boldsymbol{D}\boldsymbol{u}' - \boldsymbol{K}\boldsymbol{u}) \tag{2.29}$$

其中

$$\boldsymbol{M}^{-1} = \begin{bmatrix} \dfrac{2+\overline{m}-\overline{m}\cos 2\varphi}{2+2\overline{m}} & -\dfrac{\overline{m}\sin 2\varphi}{2+2\overline{m}} & \sin\varphi \\ -\dfrac{\overline{m}\sin 2\varphi}{2+2\overline{m}} & \dfrac{2+\overline{m}+\overline{m}\cos 2\varphi}{2+2\overline{m}} & -\cos\varphi \\ \dfrac{\sin\varphi}{\overline{\delta}} & -\dfrac{\cos\varphi}{\overline{\delta}} & \dfrac{1+\overline{m}}{\overline{\delta}\,\overline{m}} \end{bmatrix} \tag{2.30}$$

2.4 角度不对中轴系的振动方程

考虑轴系存在角度对中误差，称为**角度不对中、交角不对中或偏角不对中**。这里仍然考虑刚性连接。如图 2.7 所示，将主动轴质量集中在转盘 1 上，从动轴的质量简化到转盘 2 上，建立图 2.8 所示的坐标系。这里设偏角不对中量为 α，l 为转轴 2 长度的一半，其他符号的物理意义同上。

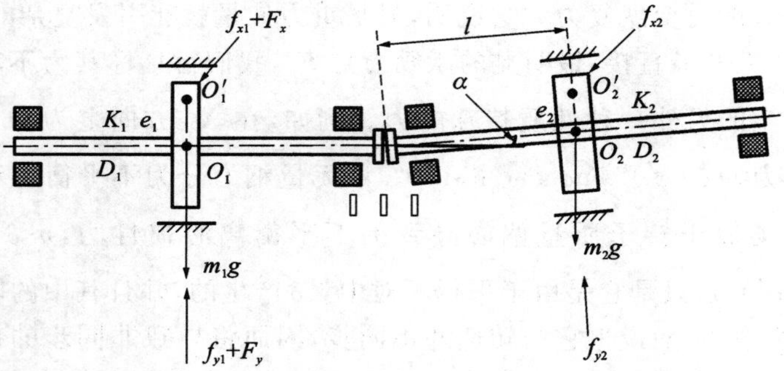

图 2.7 偏角不对中轴系的物理模型

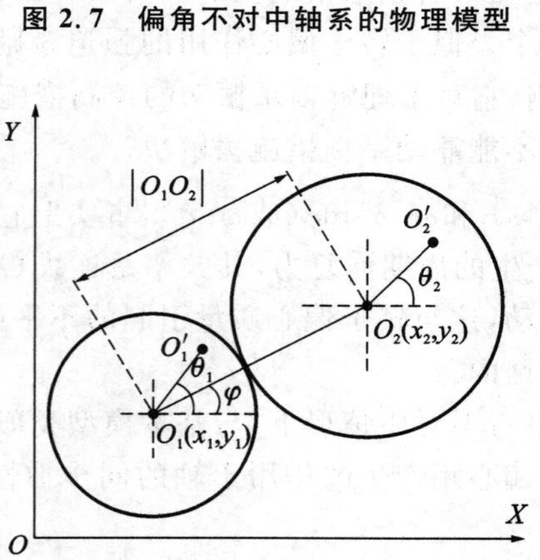

图 2.8 偏角不对中的坐标系与约束关系

事实上，如果对偏角不对中情形做进一步的简化，即把偏角引起的两个轴线的平行距离视为平行不对中量，那么问题就十分简单了。让我们按照这种想法看看约束关系。由图 2.8 的约束关系可知，两转盘的运动约束方程为：

$$f(x_1,y_1,x_2,y_2)=(x_1-x_2)^2+(y_1-y_2)^2-(l\sin\alpha)^2=0 \tag{2.31}$$

这样一来，我们就把角度不对中问题处理为类似于平行不对中的情形。在此需要说明的是，这样的处理方式，只是考虑微小角度的偏斜情况。当偏角很大时，这种处理方式就不合适，否则就不需要研究万向铰动力学了。与平行不对中的约束关系式(2.19)或约束方程式(2.25)进行对比可以看出，偏角情况下的约束方程用 $l\sin\alpha$ 取代了平行不对中量 δ。所以从等价近似的平行不对中量来看，同样的角度误差下，轴越短，角度不对中的影响越小，不过，轴越短，校正不对中的难度也越大。

可以看到，偏角下约束方程中，虽然采用了简单的代换，但是也带来了运动和振动性质的变化。让我们先来建立振动方程，之后再分析运动与振动要素。

由于存在小角度偏角 α，从动轴质心坐标可表示为：

$$\left.\begin{aligned}x_{c2}&=(x_2+e_2)\cos\alpha\\y_{c2}&=(y_2+e_2)\cos\alpha\end{aligned}\right\} \tag{2.32}$$

同样地，由第一类 Lagrange 方程可得利用 Lagrange 待定乘子 λ_L 表示的轴系横向振动方程为：

$$\left.\begin{aligned}m_1\ddot{x}_1+K_1x_1+D_1\dot{x}_1&=f_{x1}+F_x+m_1e_1\dot{\theta}_1^2\cos\theta_1+2\lambda_L(x_1-x_2)\\m_1\ddot{y}_1+K_1y_1+D_1\dot{y}_1&=f_{y1}+F_y+m_1e_1\dot{\theta}_1^2\sin\theta_1-m_1g+2\lambda_L(y_1-y_2)\\m_2\ddot{x}_2+K_2x_2+D_2\dot{x}_2&=f_{x2}+m_2e_2\cos\alpha\dot{\theta}_2^2\cos\theta_2+2\lambda_L(x_2-x_1)\\m_2\ddot{y}_2+K_2y_2+D_2\dot{y}_2&=f_{y2}+m_2e_2\cos\alpha\dot{\theta}_2^2\sin\theta_2-m_2g+2\lambda_L(y_2-y_1)\end{aligned}\right\} \tag{2.33}$$

其实在形式上它们就是方程(2.21)，只是在方程(2.33)中后两个方程中出现了 $\cos\alpha$。结合约束方程 $f(x_1,y_1,x_2,y_2)=(x_1-x_2)^2+(y_1-y_2)^2-(l\sin\alpha)^2=0$，采用上一节的无量纲化方法，可得无量纲横向振动方程为：

$$\left.\begin{aligned}&X_1''+X_1+\zeta_1X_1'=\bar{f}_{x1}+\bar{e}_1\lambda^2\cos\theta_1+\gamma_L(X_1-X_2)\\&Y_1''+Y_1+\zeta_1Y_1'=\bar{f}_{y1}+\bar{e}_1\lambda^2\sin\theta_1-\bar{g}+\gamma_L(Y_1-Y_2)\\&\bar{m}X_2''+\bar{\omega}^2X_2+\zeta_1X_2'=\bar{f}_{x2}+\overline{me}_2\cos\alpha\lambda^2\cos\theta_2+\gamma_L(X_2-X_1)\\&\bar{m}Y_2''+\bar{\omega}^2Y_2+\zeta_1Y_2'=\bar{f}_{y2}+\overline{me}_2\cos\alpha\lambda^2\sin\theta_2-\overline{mg}+\gamma_L(Y_2-Y_1)\end{aligned}\right\} \tag{2.34}$$

约束方程为：

$$(X_1-X_2)^2+(Y_1-Y_2)^2=(\bar{l}\sin\alpha)^2 \tag{2.35}$$

消除 Lagrange 待定乘子 γ_L，得：

$$\left.\begin{aligned}&X_1''+\bar{m}X_2''=\bar{f}_{x1}+\bar{f}_{x2}-(X_1+\bar{\omega}^2X_2)-\zeta_1X_1'-\zeta_2X_2'+\bar{e}_1\lambda^2\cos\theta_1+\overline{me}_2\cos\alpha\lambda^2\cos\theta_2\\&Y_1''+\bar{m}Y_2''=\bar{f}_{y1}+\bar{f}_{x2}-(Y_1+\bar{\omega}^2Y_2)-\zeta_1Y_1'-\zeta_2Y_2'+\bar{e}_1\lambda^2\sin\theta_1\\&\qquad+\overline{me}_2\cos\alpha\lambda^2\sin\theta_2-(1+\bar{m})\bar{g}\\&[\bar{m}X_2''-\bar{f}_{x2}+\bar{\omega}^2X_2+\zeta_2X_2'-\overline{me}_2\cos\alpha\lambda^2\cos\theta_2](Y_2-Y_1)=\\&\qquad[\bar{m}Y_2''-\bar{f}_{y2}+\bar{\omega}^2Y_2+\zeta_2Y_2'+\overline{mg}-\overline{me}_2\cos\alpha\lambda^2\sin\theta_2](X_2-X_1)\end{aligned}\right\} \tag{2.36}$$

假定

$$\left.\begin{aligned}X_2&=\bar{l}\sin\alpha\cos\varphi+X_1\\Y_2&=\bar{l}\sin\alpha\sin\varphi+Y_1\end{aligned}\right\} \tag{2.37}$$

仍然取其中的 $\boldsymbol{u}=[X_1\quad Y_1\quad \varphi\quad]^{\mathrm{T}}$ 为状态变量，则得到偏角不对中轴系的运动微分方程为：

$$\boldsymbol{M}u''+\boldsymbol{D}u'+\boldsymbol{K}u=\boldsymbol{F}_0+\boldsymbol{F}_e+\boldsymbol{F}_\varphi+\boldsymbol{F}_m \tag{2.38}$$

这个方程形式上与方程(2.28)一模一样，只是系统中的矩阵有区别

$$\boldsymbol{M}=\begin{bmatrix}1+\bar{m} & 0 & -\overline{ml}\sin\alpha\sin\varphi\\ 0 & 1+\bar{m} & \overline{ml}\sin\alpha\cos\varphi\\ -\bar{m}\sin\varphi & \bar{m}\cos\varphi & \overline{ml}\sin\alpha\end{bmatrix},\boldsymbol{K}=\begin{bmatrix}1+\bar{\omega}^2 & 0 & 0\\ 0 & 1+\bar{\omega}^2 & 0\\ -\bar{\omega}^2\sin\varphi & \bar{\omega}^2\cos\varphi & 0\end{bmatrix},$$

$$\boldsymbol{D}=\begin{bmatrix}\zeta_1+\zeta_2 & 0 & -\zeta_2\bar{l}\sin\alpha\sin\varphi\\ 0 & \zeta_1+\zeta_2 & \zeta_2\bar{l}\sin\alpha\cos\varphi\\ -\zeta_2\sin\varphi & \zeta_2\cos\varphi & 0\end{bmatrix},$$

$$\boldsymbol{F}_0=\begin{bmatrix}\bar{f}_{x1}+\bar{f}_{x2}\\ \bar{f}_{y1}+\bar{f}_{y2}\\ \bar{f}_{y2}\cos\varphi-\bar{f}_{x2}\sin\varphi\end{bmatrix},\boldsymbol{F}_m=-\begin{bmatrix}0\\ (1+\bar{m})\bar{g}\\ \overline{mg}\cos\varphi\end{bmatrix},\boldsymbol{F}_\varphi=\begin{bmatrix}\overline{ml}\sin\alpha(\varphi')^2\cos\varphi+\bar{\omega}^2\bar{l}\sin\alpha\cos\varphi\\ \overline{ml}\sin\alpha(\varphi')^2\sin\varphi+\bar{\omega}^2\bar{l}\sin\alpha\sin\varphi\\ 0\end{bmatrix},$$

$$\boldsymbol{F}_e=\begin{bmatrix}\bar{e}_1\lambda^2\cos\theta_1+\overline{me}_2\cos\alpha\lambda^2\cos\theta_2\\ \bar{e}_1\lambda^2\sin\theta_1+\overline{me}_2\cos\alpha\lambda^2\sin\theta_2\\ \overline{me}_2\lambda^2\cos\alpha(\sin\theta_2\cos\varphi-\cos\theta_2\sin\varphi)\end{bmatrix}$$

对比不对中情形的无量纲振动方程(2.28)中的矩阵，我们看到，所有矩阵中的元素中，平行不对中量变为 $\bar{l}\sin\alpha$。但是，与平行不对中情形对比，其中的刚度矩阵 $\boldsymbol{K}$、油膜力与碰摩力矢量 $\boldsymbol{F}_0$ 以及重力矢量 $\boldsymbol{F}_m$ 都不变。这是因为在平行不对中情形中，它们不直接包含平行不对中量，所以这里的等价简化条件下，也不会包含 $\bar{l}\sin\alpha$。

我们来看看变化的情况。变化的系数矩阵有矩阵 $\boldsymbol{M}$ 与阻尼矩阵 $\boldsymbol{D}$，变化的力矢量有不对中产生的外激励力矢量 $\boldsymbol{F}_\varphi$ 与不平衡力矢量 $\boldsymbol{F}_e$。除此之外，我们注意到偏角情形与不平行情形一样，所有的系数矩阵和力矩阵都包含不对中导致的章动角 φ，如此一来，前面讨论的所有性质在这里都成立，所以无须赘述。可是，在简化条件下，偏角与不平行情形有差别，其差别在于：

(1)偏角产生的外激励力是 $\boldsymbol{F}_\varphi$，仍然包含两部分力，只是每一项力的幅值与 $\bar{l}\sin\alpha$ 有关，则轴的长度与偏角一样，对该项激励力将会有同量级的影响，所以轴的长度也成为该力的敏感因素。

(2)最重要的差别是，平行不对中情形中的转子偏心惯性力不受偏斜影响，但是在偏角不对中情形中，各个振动方向上的惯性力都与偏角 α 有关。这使得偏角不对中与平行不对中有本质的区别。因为不平衡惯性力是治理转子系统振动最重要的措施，而偏角的这种性质会影响平衡效果。

这样我们就利用简化的刚性连接模型，掌握了平行不对中的轴振动的五条性质和偏角不对中额外增加的两条性质，共七条性质。掌握了两种不对中情况下轴系振动的性质，我们可以利用它们进一步分析振动控制的一些原则。简单说明如下：

(1)**不对中的振动问题只能依靠校正对准解决**。根据不对中的振动性质，系统将产生非同步的复杂振动。这些振动可以由各种因素导致的参数激励产生，也可以被各种外激励力产生，并且系统的固有频率是时变的，所以最好的方式是实施对中校准措施。

(2)**不对中有可能导致轴系振幅的减小，但这是一种假象**。随着机器的运行和磨损，轴的振动幅值会增大且变得复杂。

(3)**由不对中引起的振动影响动平衡效果**。转子偏心引起的同步不平衡振动响应会被偏角不对中污染，振动响应的分频与倍频谐波会被不平行和偏角因素干扰，它们分别对基于一次基频振动测试的动平衡和基于二次、三次高阶振动测试的动平衡效果，都产生不良影响，因而在动平衡之前，必须进行严格的校正。研究偏斜振动的主要意义在于发现和识别其振动特征。

最后有归一化方程(2.29)或另外记为：

$$\boldsymbol{u}'' = \boldsymbol{M}^{-1}(\boldsymbol{F}_0 + \boldsymbol{F}_m + \boldsymbol{F}_\varphi + \boldsymbol{F}_e - \boldsymbol{D}\boldsymbol{u}' - \boldsymbol{K}\boldsymbol{u}) \tag{2.39}$$

这里

$$\boldsymbol{M}^{-1} = \begin{bmatrix} \dfrac{2+\bar{m}-\bar{m}\cos 2\varphi}{2+2\bar{m}} & -\dfrac{\bar{m}\sin 2\varphi}{2+2\bar{m}} & \sin\varphi \\ -\dfrac{\bar{m}\sin 2\varphi}{2+2\bar{m}} & \dfrac{2+\bar{m}+\bar{m}\cos 2\varphi}{2+2\bar{m}} & -\cos\varphi \\ \dfrac{\sin\varphi}{\bar{l}\sin\alpha} & -\dfrac{\cos\varphi}{\bar{l}\sin\alpha} & \dfrac{1+\bar{m}}{\bar{m}\bar{l}\sin\alpha} \end{bmatrix} \tag{2.40}$$

2.5 轴系振动特性仿真与振动特征分析

根据偏斜轴系动力学模型的归一化方程(2.29)、方程(2.30)与方程(2.39)、方程(2.40)，可利用 Runge-Kutta 法对轴系的振动特性进行数值仿真，由此分析系统在各个因素作用下的振动特征。

下面在匀速工况下，分析轴系横向振动特性随平行不对中量$\bar{\delta}$、转动速度 λ、转轴质量比 $\bar{m}$ 的变化。我们取这些参量为分岔参数，**利用分岔图表示轴系振动特性随参数的变化情况**。各个分岔参数的物理意义为：

(1)平行不对中量与轴承间隙的关系。若无量纲参数$\bar{\delta}=\dfrac{\delta}{c_z}\geqslant 1$，则不对中量大于轴承间隙。

(2)转速与主轴近似于 Jeffcott 转子固有频率之间的关系。若无量纲转速 $\lambda=\dfrac{\dot{\theta}_1}{\omega_1}=\dfrac{\Omega}{\omega_1}>1$，则转速 $\Omega>\omega_1$，这里 $\omega_1=\sqrt{\dfrac{K_1}{m_1}}$。

(3)主动轴与从动轴的质量关系。若 $\bar{m}=\dfrac{m_2}{m_1}\geqslant 1$，则从动轴质量大于主动轴质量。

(4)转子偏心距与轴承间隙之间的关系。若 $\bar{e}_1=\dfrac{e_1}{c_z}\geqslant 1$，则圆盘 1 的偏心距大于轴承间隙。同理，若 $\bar{e}_2=\dfrac{e_2}{c_z}\geqslant 1$，则圆盘 2 的偏心距大于轴承间隙。

事实上，由于轴振动特性随多个参数变化，因此分岔是在多个分岔参数下产生的。我们取其中的一个参数为分岔参数，将其他参数固定在几个取值上，获得分岔特性。让我们选择几种情形来说明不对中轴系振动的规律。

2.5.1 平行不对中轴系横向振动特性分析

取图 2.5 中轴系的参数如下：

(1)结构参数：轴承半径 $R=12.5\text{mm}$，轴承长度 $L=16\text{mm}$，轴颈间隙 $c_z=0.2\text{mm}$。碰摩部件间隙 $c_z^*=0.1\text{mm}$，$\theta_0=0°$。注意，对于平行不对中情形，简化模型中不涉及轴的长度，但在偏角情形要考虑它。

(2)物理参数：主动轴质量 $m_1=50\text{kg}$，固有频率 $\omega_1=225\text{rad/s}$，两轴的固有频率比 $\bar{\omega}=0.8$。不考虑等效阻尼，即 $D_1=D_2=0$，润滑油黏度 $\mu=0.0373\text{N}\cdot\text{s}\cdot\text{m}^{-2}$。静摩擦系数 $f=0.1$，速度影响因子 $b=0.1$，速度项的次数 $n=1$，定子径向刚度 $K_c=2.5\times10^8\text{N}\cdot\text{m}^{-1}$。并且假定任意工况下的主轴转速恒定。

情形 1：$\bar{\delta}$ 为分岔参数，考察轴振动随平行不对中量的变化

在固定 $\bar{m}=0.55$ 的条件下，取不同的转子偏心距 e_1、e_2，考察不同转速 λ 下的分岔特性。图 2.9、图 2.10 是 X_1 的分岔振动特性。

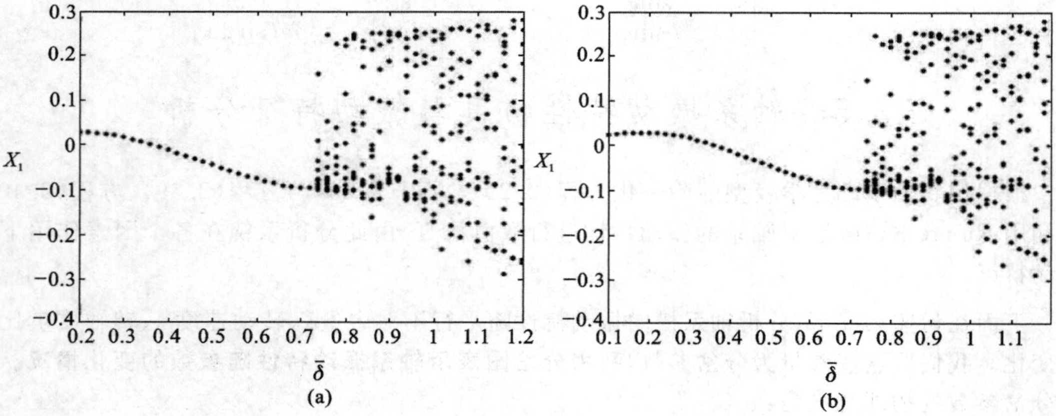

图 2.9 $\lambda=0.8$、$\bar{m}=0.55$ 时位移 X_1 的分岔图

(a) $\overline{e_1}=0.01$，$\overline{e_2}=0.02$；(b) $\overline{e_1}=\overline{e_2}=0.4$

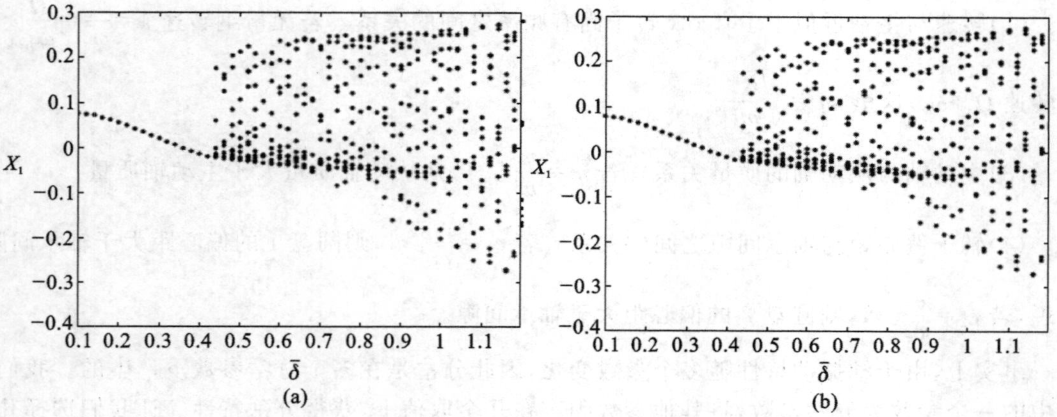

图 2.10 $\lambda=2.0$、$\bar{m}=0.55$ 时位移 X_1 的分岔图

(a) $\overline{e_1}=0.01$，$\overline{e_2}=0.02$；(b) $\overline{e_1}=\overline{e_2}=0.4$

(a)当 $\lambda=0.8$ 时，$\bar{\delta}<0.72$ 时，位移 X_1 随 $\bar{\delta}$ 的增大而减小，如果计算中考虑阻尼，这个现象

会更明显。说明在一定的不对中量范围内，振幅会减小。当$\bar{\delta}>0.72$时，振动幅度及形式将产生较大变化。例如，在$\bar{\delta}=0.1\sim0.72$范围内，该振动是周期振动，由于只含一个周期，所在Poincare截面上为一个孤立点；在$\bar{\delta}=0.72\sim1.2$范围内，系统响应存在概周期振动和混沌振动等复杂振动。

(b)当$\lambda=2.0$时，在$\bar{\delta}=0.1\sim0.44$范围内，也为周期振动，且Poincare截面上有孤立点；在$\bar{\delta}=0.44\sim1.2$范围内，系统响应存在概周期振动和混沌振动等复杂振动。

与(a)比较可以看出，在$\bar{\delta}=0.1\sim0.44$即较小的不对中量范围内，转速的变化没有影响周期振动的性质。但是，随着不对中量增加至$\bar{\delta}=0.1\sim0.72$范围内，低转速下($\lambda=0.8$)振动仍然为周期的，而转速的升高($\lambda=2.0$)使得振动提前进入概周期和混沌振动。而当不对中量增大至$\bar{\delta}=0.72\sim1.2$，即$\bar{\delta}>0.72$时，无论转速高低，都将产生复杂的概周期和混沌振动。这说明，不对中因素与转速会共同影响轴系的振动特性。

(c)从图2.10中还可以看到，转子的偏心距e_1、e_2对于振动特性并没有产生明显的影响，尤其是对于进入概周期和混沌振动的分差值影响不大。这是因为从线性振动的角度看，转子的偏心距产生的惯性力只产生周期振动，并且主要影响同步基频振动幅值。

根据平行不对中轴系振动的性质，可以知道，尽管偏心转子的不平衡力$\boldsymbol{F}_e$随着转速的平方急剧增加，但是还是不能抵消不对中量增大带来的影响。从上两节分析的偏斜轴系振动性质来看，这种影响来自多个途径：其一是不对中激励力$\boldsymbol{F}_\varphi$中的不对中惯性力随转速的更高次方(幂)增加(因为等价章动角φ的速率在量级上有可能是转速的倍数)；其二是不对中激励力$\boldsymbol{F}_\varphi$、重力矢量$\boldsymbol{F}_m$中的单摆型激励力、油膜力与碰摩力$\boldsymbol{F}_0$等，导致参数激励，系统受到了复杂的组合激励，并且这些激励随着转速的增大，更容易使轴系振动系统产生与不对中因素有关的振动响应。

(d)从图2.10中还可以看到，当$\lambda=2.0$时，位移X_1的振动幅值并不是在$\bar{\delta}=0$时最小，而是在$\bar{\delta}=0.44$时最小。结合低转速$\lambda=0.8$情况下振幅减小的规律，说明无论转速高低，平行不对中都出现了振幅减小的现象。这与我们分析的不对中轴系的振动性质一致。

至此，不对中轴系振动的总体定性特征可归结为：转速越高，平行不对中量作用越明显；不对中量的增大会降低轴系进入概周期和混沌振动的阈速；系统产生复杂振动的分岔值对于不对中量更敏感，相比之下，对于转子的偏心距不敏感；在不对中情况下可能会出现最小振动幅值。

在图2.11中，我们进一步观察$\bar{m}=0.55$情况下，当$\bar{e}_1=0.01$且$\lambda=2.0$、$\bar{\delta}=0.8$时系统的相平面图、Poincare截面图、Y_1的时间历程图等。可以看到：

(a)图2.11(a)中，相平面上X_1的轨道显示，振动包含多个周期，如果将图放大会看到轨道中的很多细节。图2.11(b)中，Poincare截面图近似呈现为一个闭环，此时系统的运动为概周期运动。如果加大不对中量，则相平面轨道的花瓣细节将更明显，且Poincare截面上闭环上的点增多，形成通往混沌的道路。

(b)在图2.11(c)和图2.11(e)中，Y_1的时间历程及频谱明显含有1/2倍频、1倍频、3/2倍频、2倍频等频率成分。同时，在图2.11(d)、图2.11(f)关于油膜力f_{x1}的时间历程图及频谱图中，也存在1/2倍频、1倍频、3/2倍频、2倍频等频率成分。这说明系统发生了参数激励振动。进

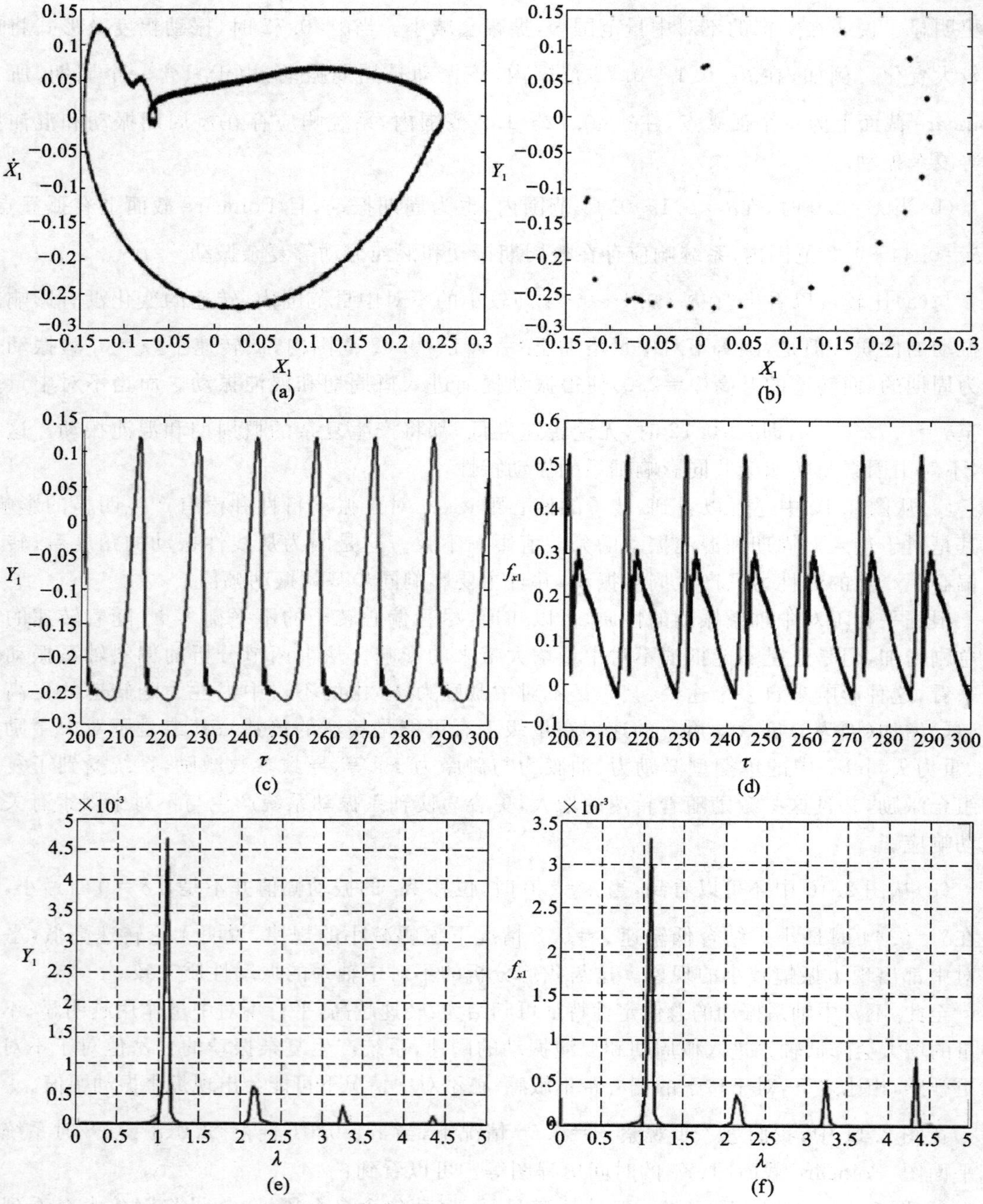

图 2.11 $\bar{e}_1=0.01$、$\lambda=2.0$、$\bar{\delta}=0.8$ **时系统的振动响应**

(a)相平面图；(b)Poincare 截面；(c)Y_1 的时间历程；(d)油膜力的时间历程；(e)Y_1 的频谱；(f)油膜力的频谱

一步地从频谱图中看出，1/2 倍频成分幅值最大，而同步基频振动 1 幅值次之，其他成分的振动幅值很小，所以参数激励系统发生了以 1/2 亚谐为主的共振。另外，在本算例条件下，从响应频谱和油膜力频谱对比可以看到，油膜力提高了系统的稳定性，限制了振动幅值的增长。如果结合系列转速的振动情况，观察 1/2 亚谐共振的幅值，就可以判别是否为自激振动。

我们从振动控制措施的角度，归结平行不对中的振动特征为：特定转速下，平行不对中量在某特定范围内，系统的响应为周期运动，且系统的振动幅值随平行不对中量的增大而减小，但这不是减振的效果。超出该范围时，尤其是在高速情况下，系统的响应将会出现概周期振动、混沌振动等复杂振动，所以在轴系偏斜的情况下，不能指望提高转速以强化不平衡基频同步响应，而是应该消除不对中导致的轴系偏斜因素。不对中、轴承油膜及局部碰摩的耦合作用，导致了系统的概周期振动与混沌振动，从而使不对中轴系产生一些特殊的噪声信号，理论上，概周期振动与混沌振动频带较宽，通过滤波措施处理振动测试数据后，还会存在误差。由于振动的干扰幅值较小，可以采取其他措施，例如对信号取对数以滤除噪声。

情形 2：$\overline{m}$ 为分岔参数，考察轴振动随转轴质量的变化

在固定$\overline{\delta}=0.5$ 的条件下，取不同的转子偏心距 e_1、e_2，考察不同转速 λ 下的分岔特性。图 2.12、图 2.13 为不同参数下位移 X_1 的分岔图。

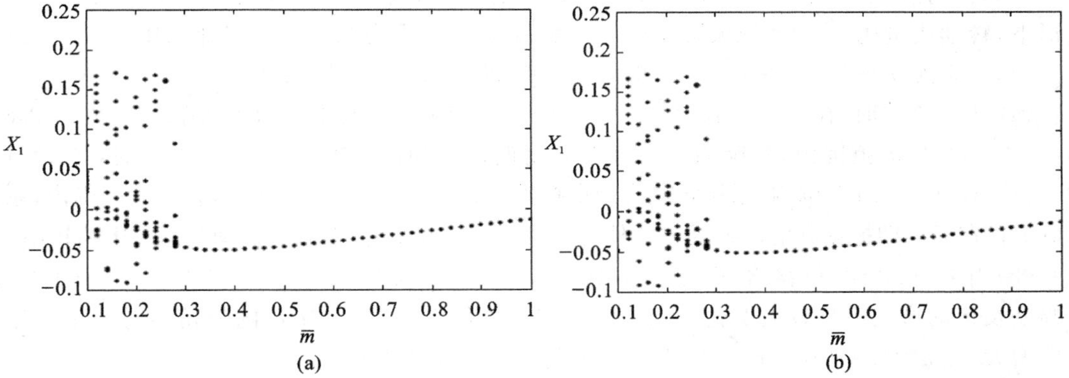

图 2.12　$\lambda=0.8$、$\overline{\delta}=0.5$ 时位移 X_1 的分岔图

(a)$\overline{e_1}=0.01$，$\overline{e_2}=0.02$；(b)$\overline{e_1}=\overline{e_2}=0.4$

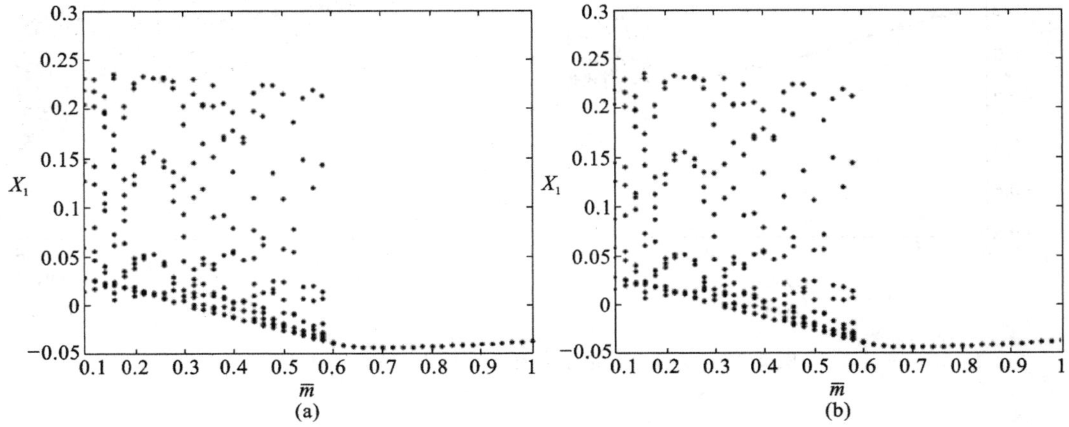

图 2.13　$\lambda=2.0$、$\overline{\delta}=0.5$ 时位移 X_1 的分岔图

(a)$\overline{e_1}=0.01$，$\overline{e_2}=0.02$；(b)$\overline{e_1}=\overline{e_2}=0.4$

(a)当 $\lambda=0.8$ 时，在 $\overline{m}=0.1\sim0.28$ 范围内，轴振动是概周期和混沌的。在 $\overline{m}=0.28\sim1.0$ 范围内，系统响应为周期振动。这说明主动轴与从动轴的质量关系对于振动性质有影响。

(b)当 $\lambda=2.0$，即转速升高时，在 $\overline{m}=0.1\sim0.48$ 范围内，系统存在概周期振动和混沌振动。在 $\overline{m}=0.48\sim1.0$ 范围内，系统响应为周期振动。这说明进入概周期振动和混沌振动的转速阈值随着 $\overline{m}$ 的增大而提高。

分析可知，在指定的转速下，转轴质量比 $\overline{m}$ 在某一较小范围内，由于从动轴较轻，相对地增强了系统的非线性激振力作用，从而系统的振动形式变得复杂。超出这一范围时(例如主动轴与从动轴质量相当)，系统的非线性激振力被部分抵消，从而使系统处于周期运动状态。当系统处于周期运动时，随着 $\overline{m}$ 增大，位移 X_1 先减小后增大。在采取振动控制措施时，可以利用这些规律，通过调整附加惯性部件以改变转轴质量比 $\overline{m}$，达到避免复杂振动的目的。

2.5.2 偏角不对中轴系横向振动特性分析

按照动力学模型，偏角不对中需要给定轴的长度。取转轴 2 长度 $l=400$mm，其他参数同上。下面在匀速工况下，计算并分析偏角不对中量 α 的轴系横向振动特性。由于两种不对中情形下，转轴质量比 $\overline{m}$ 对系统振动特性的影响相同，故不再分析转轴质量比的影响。

图 2.14 为 $\overline{m}=0.8$、$\bar{e}_1=\bar{e}_2=0.4$ 时，位移 X_1 的分岔图。由图可知：

(a)当 $\lambda=0.8$ 时，在 $\alpha=1\times10^{-4}\sim2.8\times10^{-4}$ rad 范围内，系统响应为周期振动。在 $\alpha=2.8\times10^{-4}\sim6\times10^{-4}$ rad 范围内，系统响应中存在概周期振动和混沌振动。当 $\lambda=2.0$ 时，在 $\alpha=1\times10^{-4}\sim1.6\times10^{-4}$ rad 范围内，系统响应为周期振动。在 $\alpha=1.6\times10^{-4}\sim6\times10^{-4}$ rad 范围内，系统响应中存在概周期振动和混沌振动。此外，偏心距 $\bar{e}_1$、$\bar{e}_2$ 较小时，对系统运动状态的影响较小。

(b)当 $\lambda=0.8$ 时，位移 X_1 随偏角不对中量 α 的增大而减小。在 $\alpha=2.8\times10^{-4}$ rad 处，振动幅度及运动形式产生较大变化。当 $\lambda=2.0$ 时，位移 X_1 的振动幅值随偏角不对中量 α 先减小后增大，在 $\alpha=1.6\times10^{-4}$ rad 处，振动幅度与振动性质产生较大变化。

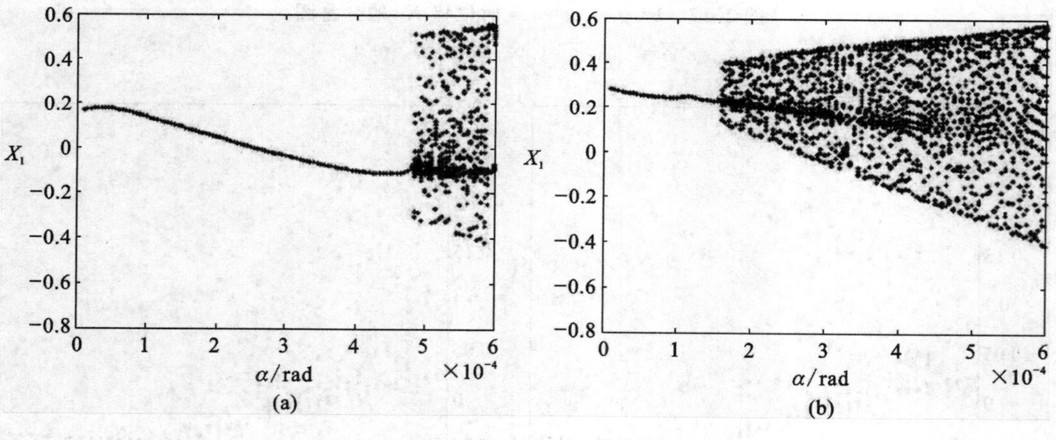

图 2.14 位移 X_1 的分岔图($\overline{m}=0.8$、$\bar{e}_1=\bar{e}_2=0.4$)

(a)$\lambda=0.8$；(b)$\lambda=2.0$

图 2.15 为 $\bar{e}_1=\bar{e}_2=0.35$、$\alpha=5\times10^{-4}$、$\overline{m}=0.8$ 时系统的振动响应。由图 2.15 知，当 $\lambda=0.8$ 时，Poincare 截面图呈现为几段曲线弧，功率谱图上表现为多种频率成分，系统产生概周期运动。由 X_1 的时间历程图及其频谱图知，X_1 的运动中明显含有 1/2 倍频、1 倍频、3/2 倍频等多种倍频成分，发生参数激励振动。

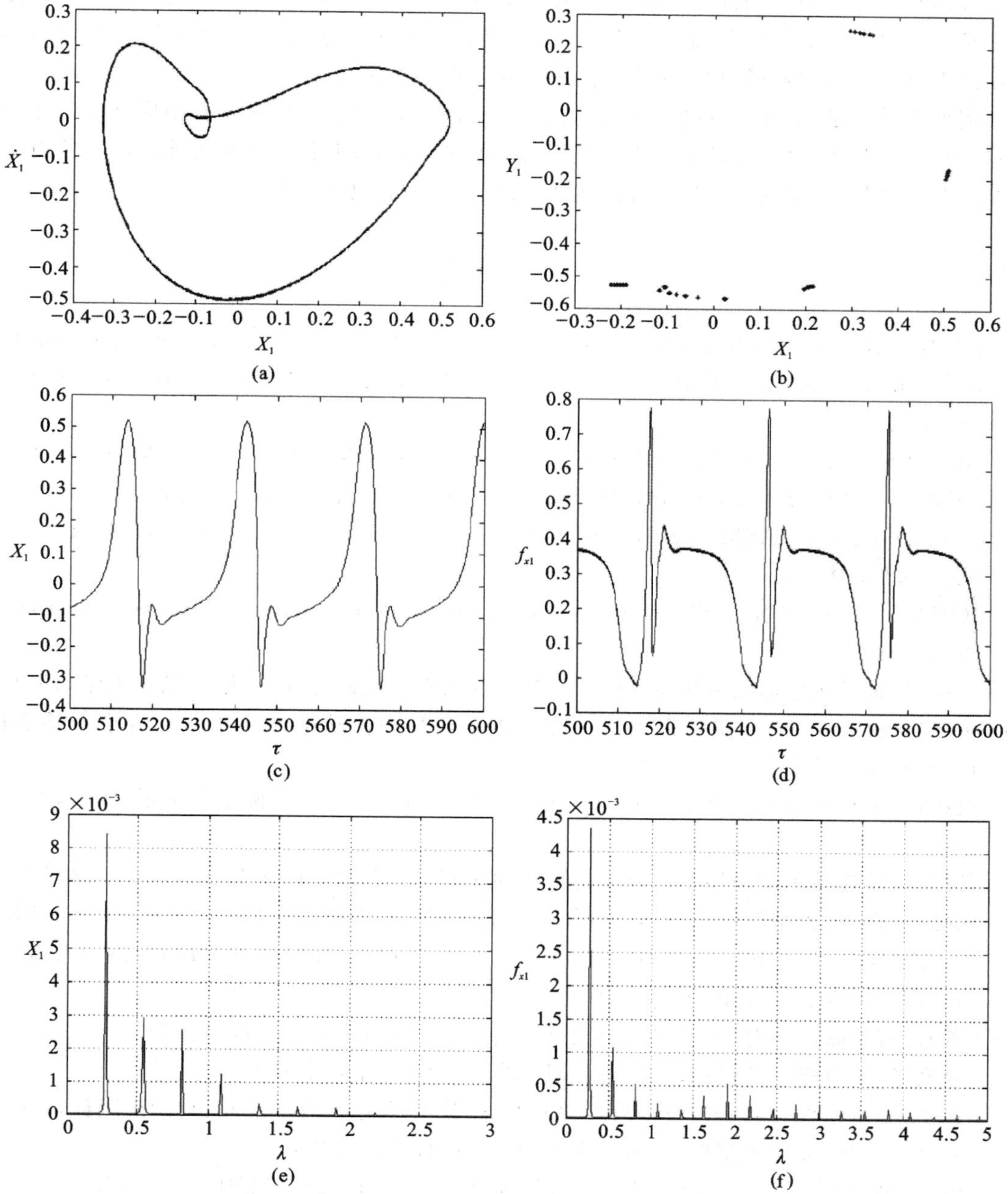

图 2.15 $\bar{e}_1=\bar{e}_2=0.35$、$\lambda=0.8$、$\alpha=5\times10^{-4}$、$\bar{m}=0.8$ **时系统的振动响应**

(a)相平面图;(b)Poincare 截面;(c)X_1 的时间历程;(d)油膜力的时间历程;(e)X_1 的频谱;(f)油膜力的频谱

偏角不对中的这些规律从总体上类同于平行不对中情形。但是,偏角不对中有其复杂的一面:算例中,针对具有高精度的对准等级,选取了微小的角度,即使如此,系统也会产生复杂振动。尤其是,在油膜力的时间历程图[图 2.15(d)]及油膜力频谱图[图 2.15(f)]中,除了存在 1/2 倍频、1 倍频、3/2 倍频、2 倍频等倍频成分外,包含了更多的频率成分。其原因是,偏角混入系数矩阵、不对中激振力矢量 $\boldsymbol{F}_\varphi$ 中,尤其是混入了不平衡惯性力 $\boldsymbol{F}_e$ 中,这样使得参数激励和外激励变得复杂，并通过轴的振动间接地对油膜力产生影响，又反过来影响振动特性，所以在偏角不对中情形的分岔图和频谱图中，有密集的频率成分，有限时间内计算的 Poincare 截面图上有不封闭的弧形曲线，事实上此时更容易产生混沌振动。

需要说明的是，上述仿真结果是针对指定的案例参数获得的，实际工程中应该结合具体情况进行计算与分析，这也是转子动力学模型的功能之一，也反映出转子系统或轴振动控制的理论难度和工程特点，即既要掌握定性的规律，又要具体问题具体分析。

参考文献

[1] GIBBONS C B. Coupling misalignment forces[C]. Proceedings of the 5th Turbo-machinery Symposium, Gas Turbine Laboratories, Texas A &M University, Texas, 1976: 111-116.
[2] AGNIESZKA(Agnes) MUSZYNSKA. Rotordynamics[M]. New York:CRC Press,2005.
[3] DEWELL D L, MITCHELL L D. Detection of a misalignment disk coupling using spectrum analysis[J]. ASME Journal of Vibration, Acoustics, Stress and Reliability in Design,1984,106(1):9-16.
[4] JOHN PIOTROWSKI. Shaft alignment handbook (third edition)[M]. New York:CRC Press,2006.
[5] 黄典贵. 轴系扭振监测系统及几种典型故障的扭振特性研究[D]. 北京:清华大学,1994.
[6] 黄典贵，蒋滋康. 应用扭转振动特征进行轴系机械故障诊断的应用[J]. 清华大学学报，1995,35(S2):7-10.
[7] 黄典贵. 平行不对中和不平衡故障转子扭振特征的研究[J]. 机械工程学报，1998,34(5):91-100.
[8] 韩捷. 齿轮连接不对中转子的故障物理特性研究[J]. 振动工程学报，1996,9(3):297-301.
[9] 韩捷，张瑞林. 大型旋转机械信号分析系统 SADP[J]. 郑州工学院学报，1996(1):52-57.
[10] MARMOL R A. Spline coupling induced nonsynchronous rotor vibrations[J]. ASME Journal of Mechanical Design,1980,102(1):168-176.
[11] 刘雄. 齿轮联轴节对中不良振动信息研究[J]. 化工机械，1994,21(4):229-231.
[12] 晏砺堂. 航空燃气轮机振动和减振[M]. 北京:国防工业出版社,1991.
[13] 黄文虎，夏松波，刘瑞岩. 设备故障诊断原理、技术及应用[M]. 北京:科学出版社,1996.
[14] 施维新. 汽轮发电机组振动[M]. 北京:水利电力出版社,1994.
[15] 虞烈. 轴承-转子系统的稳定性与振动控制研究[D]. 西安:西安交通大学,1987.
[16] 李明，姜培林，虞烈. 转子齿轮联轴器系统振动研究[J]. 机械工程学报，1998,34(3):39-45.
[17] 李明，张勇，姜培林，等. 转子-齿轮联轴器系统的扭弯耦合振动研究[J]. 航空动力学报，1999,14(1):60-64.
[18] 李明. 齿轮联轴器不对中转子系统的稳态振动特征分析[J]. 机械强度，2002,24(1):52-55.
[19] 李明. 平行不对中转子系统的非线性动力学行为[J]. 机械强度，2005,27(5):580-585.

[20] XU M,MARANGONI R D. Flexible couplings:Study and application[J]. Shock and Vibration Digest,1990,22(9):3-11.
[21] 张文. 转子动力学理论基础[M]. 北京:科学出版社,1990.
[22] 闻邦椿,顾家柳,夏松波,等. 高等转子动力学——理论、技术与应用[M]. 北京:机械工业出版社,2000.
[23] 张文. 不对称截面转子系统的回转失稳[J]. 振动、测试与诊断,1983(3):11-16.
[24] 黄志伟,周建中. 不平衡磁拉力作用下裂纹转子系统的分岔[J]. 机械工程学报,2011,47(13):59-64.
[25] 徐小峰,张文. 一种非稳态油膜力模型下刚性转子的分岔和混沌特性[J]. 振动工程学报,2000,13(2):247-252.
[26] 吴敬东. 转子系统碰摩的若干非线性动力学问题研究[D]. 沈阳:东北大学,2006.
[27] 孙政策,徐健学,龚蹼林. 转子系统碰摩行为的研究[J]. 振动工程学报,2000,13(3):474-480.
[28] 袁惠群,王德友. 非线性碰摩力对碰摩转子分叉与混沌行为的影响[J]. 应用力学学报,2001,18(4):16-20.
[29] 马建敏,张文,郑铁生. 碰摩转子撞击刚度的确定[C]. 全国第六届转子动力学学术讨论会论文集,吉林延吉,2001:175-179.
[30] 杨树华,杨积分,郑铁生,等. 基于 Hertz 接触理论的转子碰摩模型[J]. 应用力学学报,2013,20(4):62-64.
[31] FREDRIC F EHRICH. Handbook of Rotordynamics[M]. Malabar:Krieger Publishing Company,1999.
[32] FREDRIC F EHRICH. The dynamic stability of rotor/stator radial rubs in rotating machinery[J]. ASME Journal of Engineering for Industry,1969,91:1025-1028.
[33] FREDRIC F EHRICH. Observations of sub-critical super-harmonic and chaotic response in rotor-dynamics[J]. ASME Journal of Vibration and Acoustics, 1992, 114: 93-100.
[34] CHU F,ZHANG Z. Bifurcation and chaos in a rub-impact Jeffcott rotor with bearing clearance[J]. ASME Journal of Sound and Vibration,1998,210(1):1-18.
[35] 韩捷,石来德. 转子系统齿式联接不对中故障的运动学机理研究[J]. 振动工程学报,2004,17(4):416-420.
[36] EVAN-IWANOWSKI R M,LU C H. Nonstationary process:Nonstationary bifurcation maps,evolutionary dynamics[J]. Nonlinear Dynamics,2000,21:337-352.

3 万向铰驱动轴动力学与有限元模型

本章开始介绍万向铰驱动轴的动力学问题。在联轴器家族中，万向联轴器是实现变方位传递动力的特殊铰链，所以往往被单独对待，称之为**万向联轴器或万向节、万向铰**(Universal Joint、Hooke Joint)。最初人们发现，经过万向联轴器传递后，驱动轴与从动轴的转速不一致，即从动轴的转速发生波动，在机械设计领域很早就关注这样的运动学。现今在汽车、直升机、机床等不同的应用场合，都开发或选择运用各种结构类型的万向联轴器。无论什么样形式的万向联轴器，都同样存在运动波动问题，也引起性质相同的振动。**轴的变方向传动是轴系运动波动的根本原因**，因此从动力学的角度看，各种类型的万向铰都具有同样的性质，可以选择任何一种类型的万向联轴器作为代表去分析研究。例如，十字轴式万向联轴器，也称为**卡尔丹铰**(Cardan Joint)，它由两个叉头及一个十字轴组成，如图 3.1 所示。我们以此作为万向节或万向铰的代表。当驱动轴与从动轴被万向铰连接起来后，在动力传递过程中，万向铰就驱动轴运动，所以后来人们**也将万向铰连接的轴系称为万向铰驱动线**。

万向铰驱动轴或驱动线在运动学和振动稳定性方面，存在几个基本的研究结果。早在 20 世纪 40 年代，机械设计刊物中就给出了万向铰驱动引起的速度与加速度波动数据[1]。为了避免万向铰带来的转速波动问题，现行的机械设计手册中制定了相应的设计与使用规范。随后在 1958 年，Rosenberg 与 Ohio 研究了万向铰驱动轴振动的基本问题，分析了偏斜角度、载荷力矩对于轴共振阶数与稳定性边界的影响，给出了最初的结果[2]。正如 Jeffcott 转子构成了转子动力学基础一样，它们是万向铰驱动线振动的经典理论。要进一步研究万向铰驱动线的动力学问题，必须介绍这些万向铰驱动轴的基本运动学和基本振动理论。不仅如此，现在看来，万向铰驱动轴的基本理论对于建立不对中轴系的有限元模型也有意义。在上一章中，采用解析模型分析联轴器不对中轴系的振动，而利用万向铰驱动轴的运动特点，将偏斜轴系离散为在小角度偏斜下传递运动的万向铰轴段，如此可以建立偏斜轴系的有限元模型。本章根据这些经典文献，首先论述万向铰运动学，然后以此为基础介绍万向铰驱动轴振动与稳定性的基本理论与分析结果，最后介绍有限元模型，以说明偏斜轴系振动的有限元分析方法。

3.1 万向联轴器的角速度与角加速度

首先看看图 3.1 中十字型万向铰的结构特点。它由两个叉型结构(叉节)构成，当两个叉节连接时，叉节上的横杆(叉杆)构成了十字轴，在十字轴叉杆上安装轴承。用轴承连接的目的是保证二者的相对旋转运动，同时减少十字轴轴颈和叉头之间的摩擦。

万向铰运动学的任务是给出主动轴与从动轴之间的转速和角加速度关系。主动轴又称驱动轴或输入轴，从动轴又称被驱动轴或输出轴，这分别是从隶属关系、动力传递关系，以及运动传动关系等不同的角度定义的称谓，后面我们不再区分这些概念。

对于单十字轴万向节，当输入轴与输出轴存在夹角时，从动轴做周期性不等速运动，从而引起转速波动和转矩波动。对于图 1.5 中那样的双联十字万向节，只要同时满足输入轴、中间轴、输出轴三轴共面，中间轴两端的轴叉平面共面，相邻两轴的夹角相等这三个条件，理论上就可以实现万向铰的等速传动，即从动轴与主动轴的等转速运动。

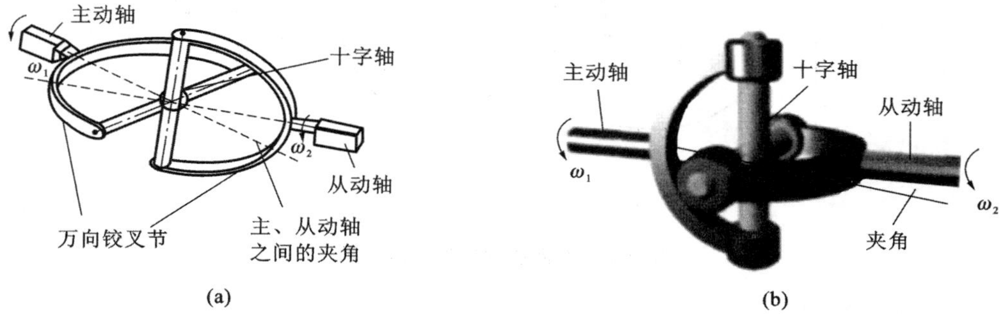

图 3.1 十字型万向铰结构及叉节的装配位置

(a)主动轴叉节位于两轴平面内；(b)主动轴叉节垂直于两轴平面

分析单万向铰的角速度、角加速度，有助于了解主动轴与从动轴之间的运动特性，不仅可以为万向联轴器提供设计依据，而且可以为进一步分析轴系的振动奠定基础。这里将给出万向铰转动角速度、角加速度的表达式，并且将这些运动学关系分别在时域和频域中表示出来。

图 3.2 是十字万向联轴器简化模型，假设主动轴与从动轴之间的夹角为 φ。以十字轴的轴承安装处为原点，在主动轴上分别建立固联坐标系 $X_iY_iZ_i$，在从动轴上分别建立固联坐标系 $x_iy_iz_i$，如图 3.3 所示。为了便于分析，在十字轴上建立两个坐标系，其中坐标系 $X_0Y_0Z_0$ 平行于 $X_iY_iZ_i$，坐标系 $x_0y_0z_0$ 平行于 $x_iy_iz_i$，坐标系 $X_0Y_0Z_0$ 可以由坐标系 $x_0y_0z_0$ 绕 x_0 轴旋转 φ 角得到。坐标系 $X_0Y_0Z_0$、$x_0y_0z_0$ 上坐标轴的单位向量分别用($I_0 \quad J_0 \quad K_0$)和($i_0 \quad j_0 \quad k_0$)表示，则坐标变换关系可以由方向余弦矩阵表示：

$$\begin{pmatrix} X_0 \\ Y_0 \\ Z_0 \end{pmatrix} = \boldsymbol{C}_{\varphi} \cdot \begin{pmatrix} x_0 \\ y_0 \\ z_0 \end{pmatrix} = \begin{pmatrix} 1 & 0 & 0 \\ 0 & \cos\varphi & \sin\varphi \\ 0 & -\sin\varphi & \cos\varphi \end{pmatrix} \begin{pmatrix} x_0 \\ y_0 \\ z_0 \end{pmatrix}$$

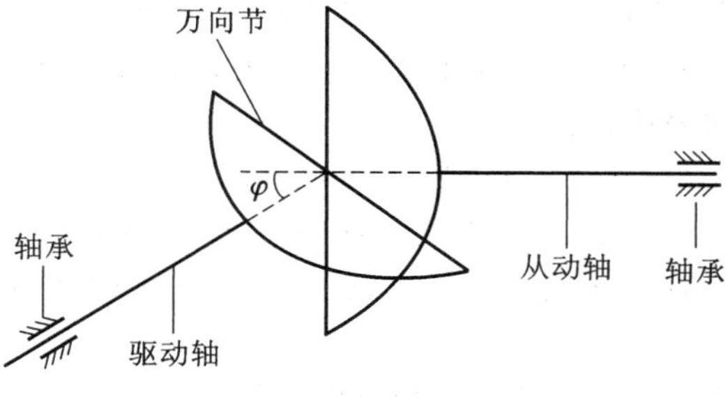

图 3.2 万向铰结构简化模型

如图 3.3 所示，在万向铰驱动的旋转轴系中，若$\overrightarrow{ON}$、$\overrightarrow{OQ}$为单位向量，当主动轴转过 θ_1 角时，从动轴的角位移为 θ_2，则根据坐标系 $X_0Y_0Z_0$、$x_0y_0z_0$ 之间的坐标变换关系，$\overrightarrow{ON}$、$\overrightarrow{OQ}$在坐

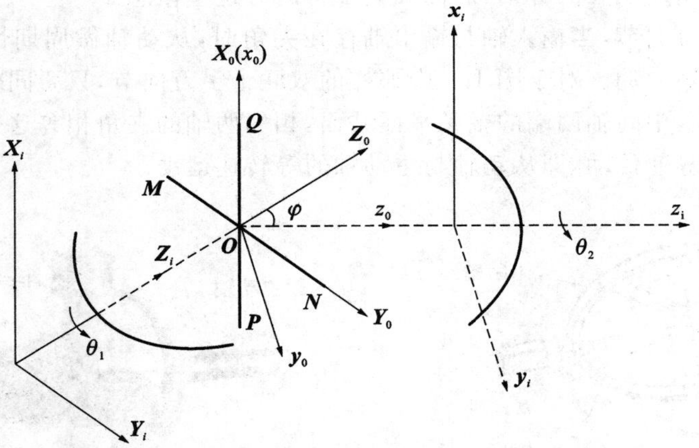

图 3.3 万向联轴器各种坐标系

标系 $x_0y_0z_0$ 中分别为：

$$\overrightarrow{ON}_{(x_0y_0z_0)} = \boldsymbol{C}_{\varphi}^{\mathrm{T}} \cdot \begin{pmatrix} -\sin\theta_1 \\ \cos\theta_1 \\ 0 \end{pmatrix} = \begin{pmatrix} -\sin\theta_1 \\ \cos\theta_1\cos\varphi \\ \cos\theta_1\sin\varphi \end{pmatrix} \tag{3.1}$$

$$\overrightarrow{OQ}_{(x_0y_0z_0)} = \begin{pmatrix} \cos\theta_2 \\ \sin\theta_2 \\ 0 \end{pmatrix} \tag{3.2}$$

由于在万向铰运转过程中，ON 始终垂直于 OQ，即二者的矢量点乘$\overrightarrow{ON}\cdot\overrightarrow{OQ}=0$，所以利用此关系并进行化简，得到从动轴转角 θ_2 与主动轴转角 θ_1 关系的解析表达式为：

$$\tan\theta_2 = \frac{\tan\theta_1}{\cos\varphi} \tag{3.3}$$

进一步地，我们在图 3.1 中看到了主动轴节叉的两种初始安装位置有差别，它们导致的运动学关系有一定的差别。从结构布置上看，在图 3.1(a)中，主动轴叉节位于主动轴与从动轴所确定的平面内，但是在图 3.1(b)中，主动轴叉节垂直于主动轴与从动轴所确定的平面。两个万向铰一旦安装完毕，这种布置关系就被固定下来。

上述的转角关系式(3.3)即是以图 3.1(a)为基础经过分析变换得到的，即主动轴叉节位于主动轴与从动轴所确定的平面内。若以图 3.1(b)为基础进行分析，则主动轴节叉垂直于主动轴与从动轴所确定的平面，利用十字轴的固定垂直关系进行变换，同理可以得到从动轴转角 θ_2 与主动轴转角 θ_1 关系的表达式为：

$$\tan\theta_2 = \tan\theta_1\cos\varphi \tag{3.4}$$

由此我们看到，式(3.4)与式(3.3)不同。这也说明，万向铰叉节之间的相对安装位置不同，主动轴与从动轴有不一样的运动关系。注意，一旦主动轴的叉节安装完毕，则主从动轴就有固定的角度关系。

以下按照图 3.1(b)所示的万向铰结构为分析对象。

3.1.1 角速度与加速度的解析式

若主动轴转速恒定，其角速度为 ω_1，从动轴角速度为 ω_2，对式(3.4)求导，可得从动轴角速度与主动轴角速度之间的关系为：

$$\omega_2 = \frac{\cos\varphi}{1-\sin^2\theta_1\sin^2\varphi}\omega_1 \tag{3.5}$$

对式(3.5)进行化简，可得：

$$\frac{\omega_2}{\omega_1} = \frac{\dfrac{4\cos\varphi}{3+\cos 2\varphi}}{1+\dfrac{1-\cos 2\varphi}{3+\cos 2\varphi}\cos 2\theta_1} = \frac{C}{1+D\cos 2\theta_1} \tag{3.6}$$

其中 $C=\dfrac{4\cos\varphi}{3+\cos 2\varphi}$、$D=\dfrac{1-\cos 2\varphi}{3+\cos 2\varphi}$。

对式(3.6)求导，可得从动轴角加速度为：

$$\frac{\dot{\omega}_2}{\omega_1^2} = \frac{2CD\sin 2\theta_1}{(1+D\cos 2\theta_1)^2} \tag{3.7}$$

分析式(3.5)可知，当 $\theta_1=0$(或 180°)和 $\theta_1=90°$(或 270°)时，从动轴的角速度分别达到最大值和最小值：

$$\begin{cases} \omega_{2\max} = \dfrac{\omega_1}{\cos\varphi}, & \theta_1 = 0° \text{ 或 } 180° \\ \omega_{2\min} = \omega_1\cos\varphi, & \theta_1 = 90° \text{ 或 } 270° \end{cases}$$

从动轴与主动轴角速度比值 ω_2/ω_1 的最大值、最小值随两轴夹角 φ 的变化关系如图 3.4 所示。

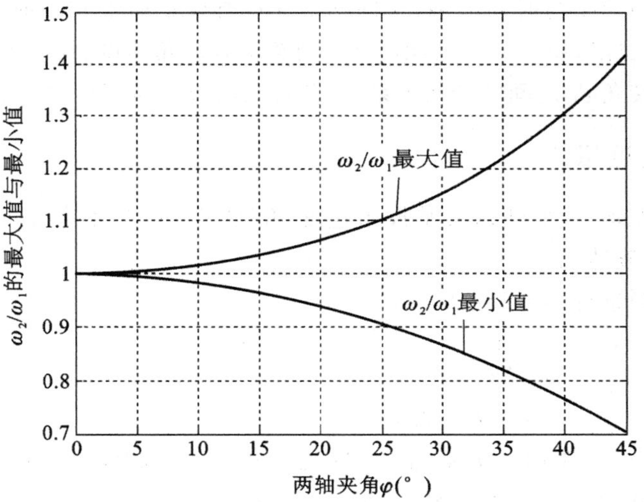

图 3.4　角速度比值 $\frac{\omega_2}{\omega_1}$ 最大值、最小值与两轴夹角 φ 的关系

将式(3.7)对 θ_1 求导，并令求导后的微分表达式为 0，通过计算可知，当

$$\cos 2\theta_1 = \frac{1}{2D}(1-\sqrt{1+8D^2})$$

时，从动轴角加速度与主动轴角速度平方的比值 $\dot{\omega}_2/\omega_1^2$ 达到最大值：

$$\left(\frac{\dot{\omega}_2}{\omega_1^2}\right)_{\max} = \frac{2C\sqrt{2\sqrt{1+8D^2}-2-4D^2}}{5+4D^2-3\sqrt{1+8D^2}}$$

从动轴角加速度与主动轴角速度平方的比值 $\dot{\omega}_2/\omega_1^2$ 的最大值随两轴夹角 φ 的变化关系如图 3.5 所示。

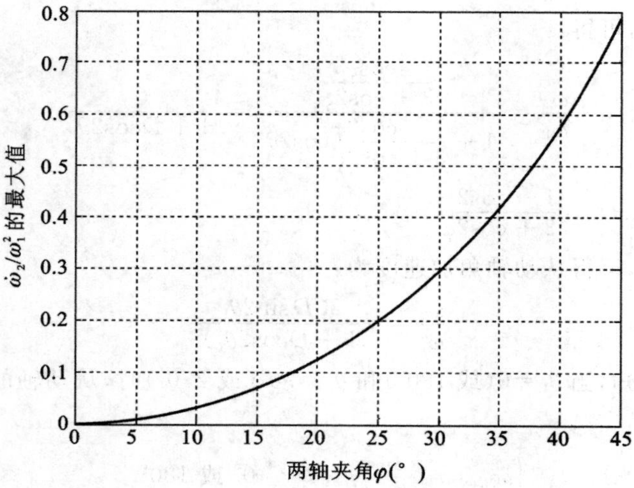

图 3.5 $\dot{\omega}_2/\omega_1^2$ 的最大值与两轴夹角 φ 的关系

式(3.6)、式(3.7)分别给出了从动轴转动角速度、角加速度与主动轴角速度的关系，由于主动轴转角是转动角速度与时间的乘积，即 $\theta_1=\omega_1 t$，所以本质上它是时域中的**解析表达式**。虽然根据解析表达式能够得到一个周期内任意时刻的瞬时角速度、瞬时角加速度，但不能明显看出它们与主动轴转角 θ_1 之间的谐波关系，以及各次谐波之间的相对大小关系。

3.1.2 频域中的近似式

为了研究轴的振动，我们还需要掌握角速度、角加速度函数中存在的各次谐波项及其幅值，即**频域中的近似表达式**。

为此，对式(3.6)进行泰勒级数展开：

$$\begin{aligned}\frac{\omega_2}{\omega_1}&=\frac{C}{1+D\cos2\theta_1}\\&=C(1+D\cos2\theta_1)^{-1}\\&=C(1-D\cos2\theta_1+D^2\cos^2 2\theta_1-D^3\cos^3 2\theta_1+\cdots)\end{aligned}$$

将 $\cos2\theta_1$ 的各次幂化成转角 θ_1 的倍数项，通过运算得到：

$$\frac{\omega_2}{\omega_1}=A_0-A_2\cos2\theta_1+A_4\cos4\theta_1-A_6\cos6\theta_1+A_8\cos8\theta_1-\cdots \tag{3.8}$$

其中

$$A_0=C(1+\frac{D^2}{2}+\frac{3D^4}{8}+\frac{5D^6}{16}+\frac{35D^8}{128}+\cdots)$$

$$A_2=C(D+\frac{3D^3}{4}+\frac{5D^5}{8}+\frac{35D^7}{64}+\cdots)$$

$$A_4=C(\frac{D^2}{2}+\frac{D^4}{2}+\frac{15D^6}{32}+\frac{7D^8}{16}+\cdots)$$

$$A_6 = C(\frac{D^3}{4} + \frac{5D^5}{16} + \frac{21D^7}{64} + \cdots)$$

$$A_8 = C(\frac{D^4}{8} + \frac{3D^6}{16} + \frac{7D^8}{32} + \cdots)$$

将式(3.8)对时间 t 求导，可得从动轴角加速度比值$\frac{\dot{\omega}_2}{\omega_1^2}$的级数展开式：

$$\begin{aligned}\frac{\dot{\omega}_2}{\omega_1^2} &= 2A_2\sin2\theta_1 - 4A_4\sin4\theta_1 + 6A_6\sin6\theta_1 - 8A_8\sin8\theta_1 + \cdots \\ &= B_2\sin2\theta_1 - B_4\sin4\theta_1 + B_6\sin6\theta_1 - B_8\sin8\theta_1 + \cdots\end{aligned} \tag{3.9}$$

其中

$$B_2 = 2A_2 = 2C(D + \frac{3D^3}{4} + \frac{5D^5}{8} + \frac{35D^7}{64} + \cdots)$$

$$B_4 = 4A_4 = 4C(\frac{D^2}{2} + \frac{D^4}{2} + \frac{15D^6}{32} + \frac{7D^8}{16} + \cdots)$$

$$B_6 = 6A_6 = 6C(\frac{D^3}{4} + \frac{5D^5}{16} + \frac{21D^7}{64} + \cdots)$$

$$B_8 = 8A_8 = 8C(\frac{D^4}{8} + \frac{3D^6}{16} + \frac{7D^8}{32} + \cdots)$$

这样一来，利用式(3.8)、式(3.9)就能很快估算出各次谐波系数，继而掌握从动轴角速度、角加速度的周期变化特性。其中，两轴夹角 φ 一般小于 45°，而且夹角 φ 越小，式(3.8)、式(3.9)中的谐波系数 A_2、B_2、A_4、B_4 就越小。从动轴角加速度比值中谐波系数 B_2、B_4、B_6、B_8 随两轴夹角 φ 的变化关系如图 3.6 所示。

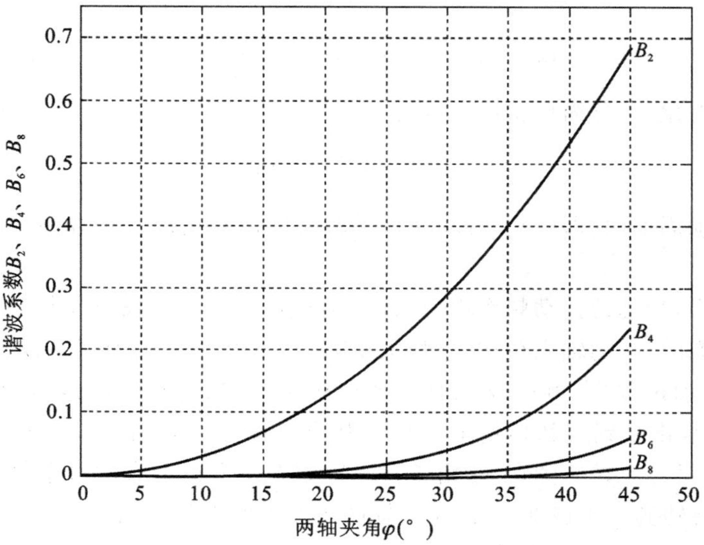

图 3.6　谐波系数 B_2、B_4、B_6、B_8 与两轴夹角 φ 的关系

3.1.3　从动轴转速的扰动量

无论是时域上的解析式(3.6)还是频域上的近似式(3.8)，都表明主动轴角速度 ω_1 并不完

全等于从动轴角速度 ω_2。在动力传递过程中，如果在主动轴上扭矩为 T_0，从动轴上的扭矩用 T_L 表示，则与转速一样，传递到从动轴上的扭矩也将发生波动，我们将在下一章导出扭矩波动的表达式。从动轴转速波动和转矩波动可以用如下函数表示：

$$\left.\begin{aligned}\frac{\omega_2}{\omega_1} &= f(\varphi,t)\\ \frac{T_L}{T_0} &= g(\varphi,t)\end{aligned}\right\} \tag{3.10}$$

如果主动轴转速恒定，则函数 $f(\varphi,t)$ 和 $g(\varphi,t)$ 均是时间的周期函数，并且在两轴夹角 φ 趋向于 0 时，两函数均趋向于 1。

为了考察万向铰传动时，转速以及转矩的波动如何影响轴系的动力学行为，需要确定从动轴转角 θ_2 的扰动量 $\theta_p(\varphi,t)$。若主动轴以匀角速度 ω_1 转动，万向铰的偏斜角为 φ，根据式(3.4)，主动轴与从动轴转角之间的关系为：

$$\tan\theta_2 = \tan\omega_1 t\cos\varphi \tag{3.11}$$

当 $|\varphi|$ 足够小时，可以将角速度波动考虑为 θ_2 的扰动量 $\theta_p(\varphi,t)$。下面我们来确定这个扰动量。为此，将主动轴与从动轴之间的转角关系表示为：

$$\theta_2 = \omega_1 t + \theta_p(\varphi,t) \tag{3.12}$$

将式(3.12)代入式(3.11)中得：

$$\tan[\omega_1 t + \theta_p(\varphi,t)] = \tan\omega_1 t\cos\varphi \tag{3.13}$$

显然，扰动函数 $\theta_p(\varphi,t)$ 对于 φ 总是连续的，并且 $\lim\limits_{\varphi\to 0}\theta_p(\varphi,t)=0$。

将式(3.13)等式两端分别展成泰勒级数，并且均保留级数前两项，得：

$$\tan[\omega_1 t + \theta_p(\varphi,t)] = \tan\omega_1 t + \theta_p\sec^2\omega_1 t + \cdots$$

$$\tan\omega_1 t\cos\varphi = \tan\omega_1 t\left(1 - \frac{\varphi^2}{2} + \cdots\right)$$

与式(3.11)进行对比，经过简单运算，可得：

$$\theta_p(\varphi,t) = -\frac{1}{4}\varphi^2\sin 2\omega_1 t \tag{3.14}$$

这就是在一个转动周期内(即转动一圈)从动轴转角的波动情况。它说明，从动轴有 2 倍频的波动转速。

从式子中看出，转动的扰动频率均为 $2\omega_1$。对此可以从万向铰节叉状态上给出物理解释：在主动轴转动一圈时，从动轴也转动一圈，主动轴、万向铰、从动轴都又恢复到与初始情形一样的状态；但是在转动过程中，万向铰也有一个与初始方位相同的状态，即当万向铰旋转半圈(180°)时，万向铰也恢复到与初始情形一样的状态。这样一来，在主动轴的一个运动周期内(转一圈)，从动轴虽然也转一圈，但是由于万向铰姿态在方位上有两次重复，使得在主动轴转动之初的(0°)以及转到一半(180°)时，从动轴的角速度两次与主动轴角速度相等。这也说明，虽然从动轴还有多处角速度相等的时刻，代表着数学公式上应该包含高次谐波，但是从物理上看，泰勒级数展开式中取级数前两项是有道理的。

事实上，不管是从动轴转角 θ_2，还是从动轴上的扭矩 T_L，都包含着 2 倍频转速的扰动 $\theta_p(\varphi,t)$。确定了由偏斜角导致的扰动，为进一步分析振动提供了方便。下一节开始分析它们给振动会带来什么样的影响。

3.2 万向铰驱动轴的强迫振动方程

下面介绍 Rosenberg 与 Ohio 关于旋转轴振动的稳定性的两个经典结果[2]。类似于 Jeffcott 转子，假设轴的弹性均匀且无质量，圆盘位于轴中点处，轴两端均由万向联轴器支撑。上面说过，主动轴与从动轴不在同一直线上，它们之间存在夹角 φ。

考虑如图 3.7 所示万向铰支撑的旋转轴，可以认为这是一种通过双铰与中间轴平行驱动后续轴的情形。下面分析被驱动的中间轴振动。在轴两端分别有一支撑转轴的万向铰，且两个万向铰的偏斜角均为 $\varphi(\varphi\neq0)$。以其中一个万向铰中心为原点，Rosenberg 建立了一个如图所示的左手坐标系，即 x 轴位于转轴(未变形时)中心线上，x 轴、y 轴、z 轴互相垂直，则两万向铰分别位于 $x=0$ 和 $x=l$ 处。并且假设轴的抗弯刚度为 EI、长度为 l、中点 $\frac{l}{2}$ 处圆盘质量为 m、圆盘质心与轴中点的距离为 e，主动轴上的扭矩 T_0 为恒定值。

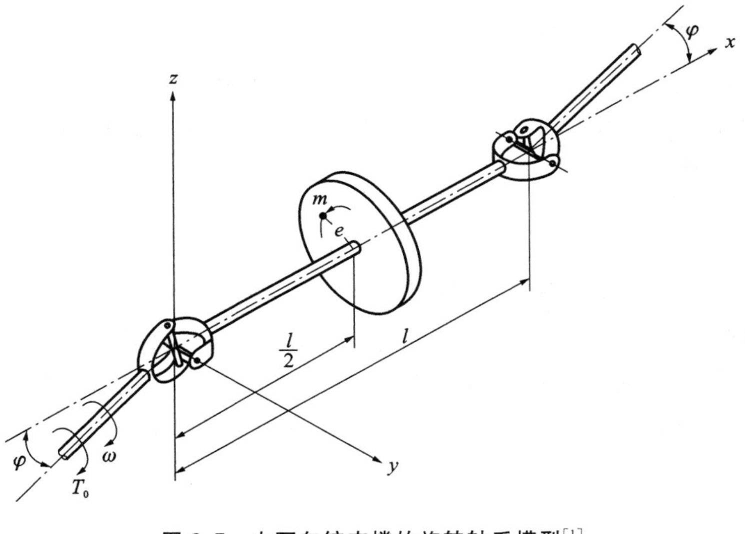

图 3.7 由万向铰支撑的旋转轴系模型[1]

3.2.1 轴的强迫振动模型

现在主要考察没有扭矩传递，即从动轴未承受扭矩时，万向铰偏斜 φ 对于轴系临界转速的影响。

如图 3.7 所示，从动轴受到的扭矩 $T_L=0$，为了研究轴的横向振动，令圆盘质心位置坐标为(η,ζ)，其中 η 表示 y 轴上的坐标，ζ 表示 z 轴上的坐标。在与 x 轴垂直的平面上，轴的各向同性刚度为 k，则弹性力为 $k\rho_r$，$\rho_r=(\eta^2+\zeta^2)^{\frac{1}{2}}$。考虑到偏心距为 e，令圆盘所在的轴为从动轴，其角位移为 θ_2，则圆盘的运动方程可写为：

$$\left.\begin{aligned}\ddot{\eta}+\omega_0^2\eta &= \dot{\theta}_2^2 e\cos\theta_2\\ \ddot{\zeta}+\omega_0^2\zeta &= \dot{\theta}_2^2 e\sin\theta_2\end{aligned}\right\}$$

其中 $\omega_0^2=\dfrac{k}{m}$。

研究的重点是分析振动的稳定性，或者说是为了确定临界转速时的共振条件。由于当从动轴转速与系统的固有频率相等时发生共振，此时 $\dot{\theta}_2^2=\omega_0^2$。需要注意，尽管其中的从动轴转速 $\dot{\theta}_2$ 包含主动轴转速 ω_1 的波动，但是在处理惯性不平衡力的幅值时，可以忽略该问题。因此，为了导出共振条件，可直接考虑下述方程：

$$\left.\begin{aligned}\ddot{\eta}+\omega_0^2\eta&=\omega_0^2 e\cos\theta_2\\ \ddot{\zeta}+\omega_0^2\zeta&=\omega_0^2 e\sin\theta_2\end{aligned}\right\}\tag{3.15}$$

将式(3.12)代入式(3.15)中，有：

$$\left.\begin{aligned}\ddot{\eta}+\omega_0^2\eta&=\omega_0^2 e\cos[\omega_1 t+\theta_p(\varphi,t)]\\ \ddot{\zeta}+\omega_0^2\zeta&=\omega_0^2 e\sin[\omega_1 t+\theta_p(\varphi,t)]\end{aligned}\right\}\tag{3.16}$$

将式(3.14)代入谐波函数中，并且将式(3.16)中的三角函数展开成关于 φ 的泰勒级数，略去高于 φ^2 的高次项，得到：

$$\left.\begin{aligned}\cos[\omega_1 t+\theta_p(\varphi,t)]&=\left(1+\frac{\varphi^2}{8}\right)\cos\omega_1 t-\frac{\varphi^2}{8}\cos 3\omega_1 t\\ \sin[\omega_1 t+\theta_p(\varphi,t)]&=\left(1-\frac{\varphi^2}{8}\right)\sin\omega_1 t-\frac{\varphi^2}{8}\sin 3\omega_1 t\end{aligned}\right\}\tag{3.17}$$

式(3.17)中偶数的 2 倍频转速扰动 $\theta_p(\varphi,t)$ 在级数展开过程中，产生了 3 倍于转速的不平衡激振频率。如果保留高于 φ^2 的高次项，则产生了奇数倍于转速的不平衡激振频率，此时式(3.17)对应的一般情况可以表示为：

$$\left.\begin{aligned}\cos[\omega_1 t+\theta_p(\varphi,t)]&=\sum_{r=1,3,\cdots}P_r\cos r\omega_1 t\\ \sin[\omega_1 t+\theta_p(\varphi,t)]&=\sum_{r=1,3,\cdots}Q_r\sin r\omega_1 t\end{aligned}\right\}\tag{3.18}$$

其中，P_r、Q_r 是惯性力，r 是奇数。非共振时，尽管应该考虑 $\dot{\theta}_2$ 中的角速度波动，但是速度扰动导致的惯性力较小，力幅可近似处理为无波动情形，即 $\dot{\theta}_2^2=\omega^2$，无论近似与否，它们均是关于 φ^2 的多项式，当然它也是 ω 的函数。共振时 $\dot{\theta}_2^2=\omega_0^2$，所以式(3.16)可写为：

$$\left.\begin{aligned}\ddot{\eta}+\omega_0^2\eta&=\omega_0^2 e\sum_{r=1,3,\cdots}P_r\cos r\omega_1 t\\ \ddot{\zeta}+\omega_0^2\zeta&=\omega_0^2 e\sum_{r=1,3,\cdots}Q_r\sin r\omega_1 t\end{aligned}\right\}\tag{3.19}$$

这就是万向铰驱动轴的共振方程，$\omega_0^2 e=\dot{\theta}_2^2\approx\omega_1^2 e$，即轴的横向振动方程。本质上它与 Jeffcott 转子振动系统一样，差别仅在于不平衡力，由于偏斜角度的存在，不平衡惯性力中增加了很多奇数倍频成分。需要注意的是，不平衡力不仅与偏心距 e 有关，而且与偏斜角 φ 有密切的关系，角度大，共振振幅也大。当 $\varphi=0$ 时，运动扰动函数 $\theta_p(\varphi,t)=0$。这说明，**偏斜因素导致的振动不能靠动平衡措施来消除**。在第 9 章，我们将反复强调这个原则。

奇数倍于转速的不平衡激振频率，将产生奇数分频共振条件，振动响应中除了包含不平衡同步振动响应之外，还包含转速的奇数倍频振动。

3.2.2 强迫共振解

下面从数学上对上述讨论进行证明。考虑 $\omega_0^2\neq\omega_1^2$ 时的非共振的一般情形，方程(3.19)的稳定解为：

$$\left.\begin{aligned}\eta &= e\sum_{r=1,3,\cdots}\frac{P_r\cos r\omega_1 t}{1-r^2\left(\dfrac{\omega_1}{\omega_0}\right)^2}\\ \zeta &= e\sum_{r=1,3,\cdots}\frac{Q_r\sin r\omega_1 t}{1-r^2\left(\dfrac{\omega_1}{\omega_0}\right)^2}\end{aligned}\right\}\tag{3.20}$$

从上式可以看出，$\dot{\theta}_2^2=\omega_0^2$，即共振条件下，圆盘质心的振动响应中，包含主动轴转速的奇数倍振动。当主动轴转速 ω_1 满足以下条件时：

$$\omega_1=\pm\frac{\omega_0}{r}, r=1,3,\cdots \tag{3.21}$$

倍频振动的**共振振幅变为无穷大，则转轴不稳定**。这里正负号表示正转或反转。

由此可以看出，万向铰的偏斜角度使得从动轴转速产生奇数分之一倍的临界转速，该转速下轴将共振且呈现不稳定状态。事实上，只要轴与轴之间存在偏斜角度，上述结论就成立。顺便说明，这个无穷大共振振幅产生的振动失稳以及临界转速条件，进一步诠释了第1章中关于共振、临界转速，以及振动失稳的基本概念。

现在我们分析一下式(3.21)的物理意义。首先，无论正转还是反转，都视为等同情形。我们让主动轴的转速 ω_1 从$(1/r)\omega_0$ 逐渐增大到 ω_0。在诸如从 $\omega_0/7$、$\omega_0/5$、$\omega_0/3$ 增大到 ω_0 的过程中，当转速 $\omega_1=\dfrac{\omega_0}{r}$时，$r$ 倍的转速 ω_1 即 $r\omega_1$ 都经过 $r\omega_1=\omega_0$ 点，而在此时不仅发生共振，而且因 $\omega_1=\omega_0/r$ 使得 $1-r^2[(\omega_0/r)/\omega_0]^2=0$，则对应于 $r\omega_1$ 的共振振幅为无穷大，轴就失稳。这就意味着机器在启动过程中，还没有达到直轴情况下的同步基频临界转速，共振就开始发生了，并且共振振幅急剧增大，轴就开始失稳。一旦转速 ω_1 超越了 ω_0，共振就消失，但是从式(3.20)可知，响应中仍然包含次同步 $r\omega_1$ 的振动成分。

从另外一个角度可以看出，在失稳转速 $\omega_1=\dfrac{1}{r}\omega_0$ 处，倍频振动成分 $r\omega_1$ 刚好是 ω_0，由于系统只有一个固有振动频率 ω_0，所以共振只能通过它来产生。此转速处，该线性系统发生共振的原因是偏斜角度产生了高次谐波的偏心惯性力，从而激励系统在 ω_0 处产生共振，共振响应的成分 $r\omega_1$ 就是 ω_0。这与非线性振动系统的超谐共振机理不同，后者是频率为 ω_1 的激励，通过系统的非线性产生超谐振动响应。

进一步可以证明，**发生在转速 $\omega_1=\pm\dfrac{\omega_0}{r}(r=3,5,\cdots)$ 处轴不稳定的共振烈度要比 $\omega_1=\pm\omega_0$ 处轴不稳定的共振烈度小得多**。为了证明这个结论，可将式(3.17)代入方程(3.16)中：

$$\ddot{\eta}+\omega_0^2\eta=\omega_0^2 e(P_1\cos\omega_1 t+P_3\cos 3\omega_1 t)$$
$$\ddot{\zeta}+\omega_0^2\zeta=\omega_0^2 e(Q_1\sin\omega_1 t+Q_3\sin 3\omega_1 t)$$

其中 $P_1=1+\dfrac{\varphi^2}{8}$，$Q_1=1-\dfrac{\varphi^2}{8}$，$P_3=Q_3=-\dfrac{\varphi^2}{8}$。

分别取 $\omega_1=\omega_0$ 和 $\omega_1=\dfrac{\omega_0}{3}$，解上述方程，得到的解分别记为 η_1、ζ_1 和 $\eta_{1/3}$、$\zeta_{1/3}$，再令振幅 $|\rho_r|=(\eta^2+\zeta^2)^{1/2}$，以$|\rho_r|$对时间的导数作为轴系不稳定共振烈度的度量，经过运算，可以得到[2]：

$$\dot{\rho}_1=\frac{e\omega_0}{2},\quad \dot{\rho}_{1/3}=\frac{e\omega_0\varphi^2}{16}$$

从以上结果即可看出，当 $\omega_1=\dfrac{\omega_0}{3}$ 时，轴系发生共振时的振幅变化率仅为 $\omega_1=\omega_0$ 时共振振幅变化率的 $\varphi^2/8$。特别需要注意的是，φ^2 是一个足够小，以至于其高阶项可以忽略的量。

至此，可以得出结论：当万向铰存在偏斜，且从动轴未承受扭矩时，旋转轴存在临界转速，该临界转速是万向铰不存在偏斜时轴转速的奇数分之一倍，而且轴系在 $\omega_1=\pm\dfrac{\omega_0}{r}(r=3,5,\cdots)$ 时发生共振的振幅要比 $\omega_1=\pm\omega_0$ 时发生共振的振幅小得多。

余下的另一种情况，即以图 3.1(a)为基础进行分析，首先得到角速度波动，然后可以求得运动的扰动量 $\theta_p(\varphi,t)$，并求得相应的共振条件，有兴趣的读者可以自行分析。从万向铰的运动波动分析轴共振与稳定性规律，虽然模型简单，但是却能给出简洁的分析方法，并可以揭示偏斜轴系振动的基本特征。

3.3 扭矩作用下轴的参数激励振动与稳定性

在万向铰偏斜($\varphi\neq0$)、无扭矩作用(即 $T_L=0$)的情况下，角速度扰动使得不平衡惯性力增加倍频成分，通过系统仅有的固有频率 ω_0 和强迫激励，产生共振并失稳。事实上，轴上的力矩也影响振动的性质，例如，力矩将以镇定的方式改变振动的稳定性边界。同转速类似，从动轴上的扭矩将由于万向铰的偏斜角而波动，所以万向铰通过扭矩波动也同样带来稳定性问题。下面进一步介绍这种现象的定性分析结果[2]，即万向铰驱动轴在扭矩作用下的 Mathieu 方程及其稳定性条件[3,4]。

3.3.1 力矩作用下轴振动的边界值问题

如图 3.7 所示，考虑 $\varphi\neq0$，不失一般性，考虑从动轴上作用有一般形式的力矩 T。在驱动轴匀速转动的情况下，从动轴上产生的具有波动性质的力矩单独表示为 T_L。在无偏斜角时($\varphi=0$)，驱动轴与从动轴等转速运动，并且在匀速下，从动轴端的载荷力矩 T_L 与驱动轴力矩 T_0 平衡，此时有 $T=T_L=T_0$。在 $\varphi\neq0$ 且驱动轴匀速转动状态下，$T=T_L\neq T_0$，非匀速状态下三者都不等。下面建立一般情况下轴的振动方程，并讨论 $T=T_L\neq T_0$ 的情形。轴的振动方程可写为：

$$\left.\begin{aligned}&EI\frac{\partial^2 y}{\partial x^2}+T\frac{\partial z}{\partial x}=\frac{1}{2}mx\frac{\partial^2 y}{\partial t^2}\bigg|_{x=\frac{l}{2}}\\&EI\frac{\partial^2 z}{\partial x^2}-T\frac{\partial y}{\partial x}=0\end{aligned}\right\}\tag{3.22}$$

作如下变换

$$\left.\begin{aligned}&\xi=\frac{x}{l}\\&\alpha_T=\frac{T}{\frac{1}{l}EI}\\&\beta_m=\frac{m}{\left(\frac{1}{l}\right)^3EI}\end{aligned}\right\}\tag{3.23}$$

变换后式(3.22)可写为：

$$\left.\begin{aligned}&\frac{\partial^2 y}{\partial \xi^2}+\alpha_T\frac{\partial z}{\partial \xi}=\frac{1}{2}\beta_m\xi\frac{\partial^2 y}{\partial t^2}\bigg|_{\xi=\frac{1}{2}}\\&\frac{\partial^2 z}{\partial \xi^2}-\alpha_T\frac{\partial y}{\partial \xi}=0\end{aligned}\right\}\tag{3.24}$$

此处转轴扭矩 T 或参数 α_T 为时变函数。针对 $\varphi\neq 0$ 且驱动轴匀速转动的情形，第 4 章将推导力矩表达式，并根据力矩表达式，从动轴上扭矩 T 的扰动量频率为 $2\omega_1$，可以表示为如下形式：

$$T=T_L=T_0+\delta_p\cos(2\omega_1 t+\varphi)\tag{3.25}$$

其中，相角 φ 可以通过选取适当的坐标系以消除。扰动扭矩 $\delta_p=\delta_p(\varphi^2)$ 是一个关于 φ^2 的函数。$\delta_p(\varphi^2)$ 对于 φ^2 在 0 处连续，并且当 φ 趋向于 0 时，δ_p 趋向于 0。通过合理地选取坐标系使得 $\varphi=0$，并且将式(3.25)代入到式(3.23)的第二式，变换后可写为：

$$\alpha_T(t)=\alpha_0+\varepsilon_p\cos 2\omega_1 t\tag{3.26}$$

其中 $\alpha_0=\dfrac{T_0}{\dfrac{1}{l}EI}$，$\varepsilon_p=\dfrac{\delta_p}{\dfrac{1}{l}EI}$。

对式(3.24)中的第一个方程关于 ξ 求偏导，然后代入第二个方程中，再对所得的方程关于 ξ 积分，可得：

$$\frac{\partial^2 y}{\partial \xi^2}+\alpha_T^2 y=\frac{1}{2}\beta_m\xi\frac{\partial^2 y}{\partial t^2}\bigg|_{\xi=\frac{1}{2}}+f(t)\tag{3.27}$$

其中 $f(t)$ 是一个关于时间的任意函数，可根据边界条件设定。考虑轴系振动的边界条件：

$$\left.\begin{aligned}&y(0,t)=0\\&\frac{\partial y}{\partial \xi}\left(\frac{1}{2},t\right)=0\end{aligned}\right\}\tag{3.28}$$

式(3.27)、式(3.28)即组成了轴系振动的边界值问题。

3.3.2 边界值问题的解

进行时空分离，设该振动问题的解为：

$$y=G(t)\left[\frac{\xi}{\alpha_T}+A\sin\alpha_T\xi+B\cos\alpha_T\xi+\frac{f(t)}{\alpha_T^2}\right]\tag{3.29}$$

其中 A、B 与 ξ 无关，与时间 t 有关，可以看到，满足该边界条件(3.28)的一组条件为：

$$\left.\begin{aligned}&A=-\left(\alpha_T^2\cos\frac{\alpha_T}{2}\right)^{-1}\\&B=0\\&f(t)\equiv 0\end{aligned}\right\}\tag{3.30}$$

式中 α_T 的定义见式(3.26)。由此，式(3.29)可表示为：

$$y(\xi,t)=G(t)\left(\frac{\xi}{\alpha_T}-\frac{\sin\alpha_T\xi}{\alpha_T^2\cos\dfrac{\alpha_T}{2}}\right),\alpha_T\neq 0\tag{3.31}$$

同时，根据式(3.27)，函数必须满足：

$$G\alpha_T=\frac{1}{2}\beta_m\frac{\mathrm{d}^2}{\mathrm{d}t^2}\left[G\left(\frac{1}{2\alpha_T}-\frac{1}{\alpha_T^2}\tan\frac{\alpha_T}{2}\right)\right]\tag{3.32}$$

根据式(3.25)、式(3.26)，$\alpha_T(\varphi,t)=\alpha_0+\varepsilon_p(\varphi^2)\cos 2\omega_1 t$。由于 α_T 本质上也是关于 φ^2 的函数，且对于足够小的 φ^2，$|\varepsilon_p|$ 也是小参数，所以可以将 α_T 展开成关于 ε_p 的幂级数。将方程(3.32)也展开成关于 ε_p 的幂级数，并且忽略 ε_p 的高阶项，仅保留 ε_p 的一次项，可得分离出来的以时间为自变量的常微分方程：

$$G''-4\varepsilon_p\omega_1\frac{K_2}{K_1}\sin 2\omega_1 tG'-\frac{4}{\beta_m}\frac{K_2}{K_1}\left[\frac{\rho_0}{K_2}+\varepsilon_p\left(\beta\omega_1^2-\frac{\rho_0}{K_1}+\frac{1}{2}\right)\cos 2\omega_1 t\right]G=0 \tag{3.33}$$

其中撇号代表对时间求导，并且

$$K_1=\frac{\rho_0-\tan\rho_0}{4\rho_0^2},\quad K_2=1-\frac{1}{\rho_0}\tan\rho_0+\frac{1}{2}\tan^2\rho_0,\quad \rho_0=\frac{\alpha_0}{2}$$

令

$$G(t)=r(t)\exp\left(-2\varepsilon_p\frac{K_2}{K_1}\cos 2\omega_1 t\right),\left|\frac{K_2}{K_1}\right|\neq\infty \tag{3.34}$$

将方程(3.33)化简，得到形如 Mathieu 方程的形式：

$$r''+4\omega_1^2(a+b\cos 2\omega_1 t)r=0 \tag{3.35}$$

其中 $4\omega_1^2 a=\frac{-4\rho_0}{\beta_m K_1}$、$4\omega_1^2 b=-\varepsilon_p\frac{4}{\beta_m}\frac{K_2}{K_1}\left(\beta_m\omega_1^2-\frac{\rho_0}{K_1}+\frac{1}{2K_2}-\frac{8\omega_1^2}{K_1}\right)$。$a$、$b$ 分别代表等价的无量纲转速和力矩。

分析方程(3.34)和方程(3.31)，可以看到，函数 $r(t)$ 的稳定性决定了函数 $G(t)$ 的稳定性，而当函数 $G(t)$ 不稳定时，$y(\xi,t)$ 呈现出不稳定性，因此，考察 $r(t)$ 的稳定性即可得到轴系振动的稳定性特性。这样就把扭矩作用下的轴系振动的稳定性分析，定性化为关于 $r(t)$ 的 Mathieu 方程的稳定性问题。

3.3.3 稳定性分析与结论

可以将方程(3.35)变换为 Mathieu 方程的标准形式[3,4]：

$$\frac{d^2\tau}{du^2}+(a+b\cos u)\tau=0 \tag{3.36}$$

Mathieu 方程周期解的稳定性主要取决于参数 a、b 的大小。一般先画出(a,b)平面上的稳定性边界曲线，通过该曲线划分稳定区和不稳定区。如果点(a,b)落在稳定区的内部，那么解就是稳定的；如果点(a,b)落在不稳定区的内部或不稳定区的边界上($b\neq 0$)，那么解就是不稳定的。

从定义 a、b 的有关式子中明显可以看出，一般情况下，b 相对于 ε_p 是低阶小量，因此，在(a,b)平面上主要关注的是位于临近 a 坐标轴的狭窄区域。在临近 a 坐标轴区域，不稳定点主要出现在以下值附近：

$$a=\frac{n^2}{4},n=1,2,\cdots \tag{3.37}$$

把方程(3.35)给定的 a 值代入式(3.36)，当轴系不存在万向铰偏斜、转轴未受到任何扭矩时，其临界转速公式可表示为：

$$\omega_0^2=\frac{48EI}{ml^3} \tag{3.38}$$

将式(3.38)代入式(3.37)，可得：

$$\left(\frac{\omega_1}{\omega_0}\right)^2=\frac{1}{n^2}\frac{\rho_0^3}{3(\tan\rho_0-\rho_0)} \tag{3.39}$$

其近似式为[2]：

$$\frac{\rho_0^3}{3(\tan\rho_0-\rho_0)}\approx 1-\left(\frac{2\rho_0}{\pi}\right)^2=1-\left(\frac{\alpha_0}{\pi}\right)^2 \tag{3.40}$$

当 α_0 取 0 或 π 时，上式可以取等号。将近似式(3.40)代入式(3.39)中，可得：

$$\omega_1=\pm\frac{\omega_0}{n}\left[1-\left(\frac{\alpha_0}{\pi}\right)^2\right]^{\frac{1}{2}}=\pm\frac{\omega_0}{n}\left[1-\left(\frac{T_L}{\frac{\pi}{l}EI}\right)^2\right]^{\frac{1}{2}},n=1,2,\cdots \tag{3.41}$$

对于较小的扭矩有 $\alpha_0^2=\pi^2$，式(3.41)可改写为：

$$\omega_1=\pm\frac{\omega_0}{n}\left[1-\frac{1}{2}\left(\frac{\alpha_0}{\pi}\right)^2\right]=\pm\frac{\omega_0}{n}\left[1-\frac{1}{2}\left(\frac{T_L}{\frac{\pi}{l}EI}\right)^2\right],n=1,2,\cdots \tag{3.42}$$

根据上述分析可以归结振动的稳定性结论如下：

(1)从式(3.42)可知，较小偏斜角度的万向铰传递运动，并且承受一定大小的扭矩时，在转速为$\frac{\omega_0}{2}$、$\frac{\omega_0}{3}$处，振动是不稳定的。

(2)从式(3.39)或式(3.41)可知，当 $\alpha_0>\pi$ 或 $T_L>\frac{\pi}{l}EI$ 时，从动轴运动始终是稳定的。且进一步分析综合得，当 $\alpha_0\geqslant\pi$ 或 $T_L\geqslant\frac{\pi}{l}EI$ 时，从动轴运动始终是稳定的。

(3)扭矩会引发新的临界转速，并且随着扭矩逐渐增大，其临界转速趋向于 0。意味着随着扭矩 T_L 逐渐增加至临界$\frac{\pi}{l}EI$(或者 α_0 逐渐趋向于 π)，共振烈度将会随着扭矩 T_L 的变化逐渐减小，直至共振消失。

这些结论都是定性分析的基本结果。根据给定的系统，可以通过数值计算的方式获得力矩与转速决定的各个区域的稳定性边界，也可以通过更贴近实际的万向铰驱动轴振动模型，分析横向振动与稳定问题，有兴趣的读者可以参考阅读 J. S. Burdess 以及日本学者 H. Ota、M. Kato 与 T. Iwatsubo、M. Saigodeng 等人的文献[5-11]，以及参阅后期的其他文献[12-18]。由于汽车工业的竞争，日本机械工程师学会(JSME)自 20 世纪 80 年代率先发起了实验与理论研究。T. Iwatsubo 在文献[10]中，基于 196 篇研究文献的调查，对万向铰轴系稳定性的基本问题与研究概况进行了简洁的评述，之后国际上相继展开了万向铰驱动线的研究工作，后面章节将论述轴系各类振动与稳定性问题。

3.4 偏斜轴系有限元分析中的力学模型

从上述万向铰驱动轴的强迫振动分析可以看到，它处理的仍然是小偏斜角度轴的振动问题，只不过在模型中考虑了万向铰导致的谐波激励。我们知道，凡是偏斜都会导致运动波动和力矩波动，所以也可以同样地分析联轴器偏角不对中情形下的振动。但是，对于平行不对中情形，只有从连接后的整根轴看，才可以等价为一个偏角 φ 的情形，而一根轴的偏斜只能按照第 2 章那样，用等价章动角来审视，因而无法类似于万向铰那样确定运动波动和力矩波动。这些都是建立解析形式的动力学模型所应该考虑的问题。

有限元分析是将偏斜轴系划分为子单元来处理，所以无论对于何种联轴器，何种偏斜性质和偏斜程度，都可以将轴系分段，获得离散后的振动模型，并且可以利用现成的有限元分析软件，实现建模和数值分析。万向铰驱动轴恰恰可以提供离散单元之间的角度关系，为偏斜轴系的有限元分析提供一类约束。

尽管有限元分析已经从结构力学领域逐步扩展到机械、流体、电磁等各个领域，是广泛使用的工具，尽管转子系统也利用有限元处理特征值问题，但是在偏斜轴系振动分析方面，却很少被运用。Xu 与 Marangoni 通过一个由马达、柔性联轴器、转子组成的振动系统，建立了有限元模型并进行了相关实验[19,20]。下面我们以其为例，来论述偏斜轴系有限元分析的过程和重点问题。其一是如何划分偏斜轴系振动的有限单元，其中处理偏斜轴系的力与力矩是特殊和重要的；其二是如何利用子模态综合方法约化系统的自由度，并最终组成有限元分析的动力学模型。

3.4.1 轴系的单元划分及有限元离散

考虑一个由驱动马达、柔性联轴器和转子组成的系统，如图 3.8(a)所示[19]。系统用滚动轴承支撑且各向同性，联轴器为一种自制的柔性联轴器。主动轴与从动轴之间即马达轴线与转子轴线之间存在一个偏斜角度 φ，如图 3.8(b)所示。

为了利用子模态综合方法推导系统的广义运动方程，首先需要将系统划分为多个部分或子结构。从结构功能与几何构成方面考虑，可将系统分成转子、柔性联轴器和驱动马达三个部分。每一部分都可以利用有限元进行离散，得到各部分有限元模型如图 3.9 所示。总有限元模型的节点数目是各部分的节点数之和。

单元网格划分的精度和形式取决于分析者的计算经验。尤其是其中的联轴器有限元模型，还与联轴器的具体型号有关，例如在第 1 章中介绍的各种联轴器，因具体结构和部件的材料属性各不相同，因而要根据具体的联轴器，考虑部件之间的相容关系、结构形式以及材料属性，建立有限元模型。这是一个烦琐而又影响计算精度的重要过程，相比之下，建立轴单元的有限元模型比较简单。

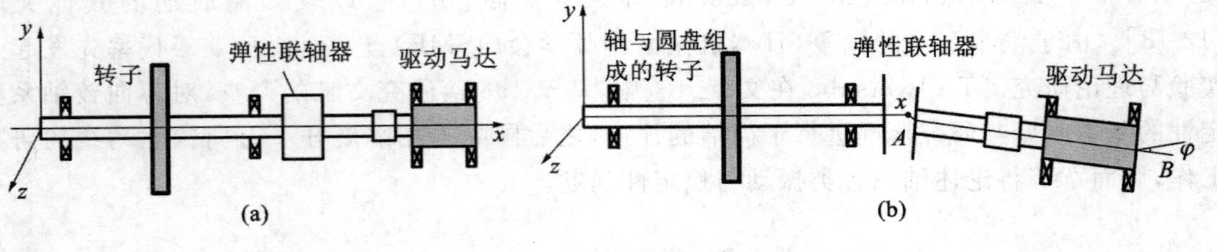

图 3.8 电机驱动的轴系

(a)轴系的组成；(b)轴系的偏角 φ

根据有限元的节点位移，各个单元的运动方程均可写为：

$$m\ddot{x} + kx = F \tag{3.43}$$

对于偏斜轴系来说，在建立了各个单元的有限元模型之后，最重要的是确定其中力矢量和进行偏斜角度处理。

为了便于说明问题，可以采用简化的假设条件。事实上，在有限元分析过程中，针对具体

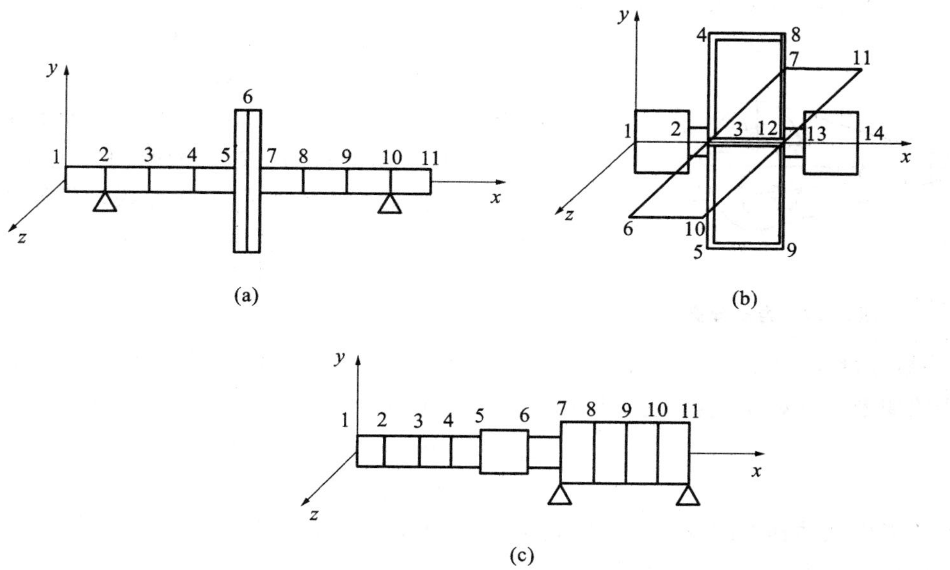

图 3.9　轴系的划分与各单元的有限元模型

(a)转子系统的有限元模型;(b)弹性联轴器的有限元模型;(c)驱动马达的有限元模型

问题,可以考虑更详细的更全面的运动约束与受力条件,我们在基本假设的基础上,逐条说明:

(1)仅考虑角度偏斜情形,此时可引入万向铰模型来描述这种偏斜效应,即用一个偏斜角和一个马达的位置角来描述角度偏斜。偏角可以用来分解主动驱动力矩,也可以在总有限元模型中增加偏斜导致的运动与力矩波动关系。当系统存在平行不对中量时,可以在有限元的一组节点位移上增加轴心约束关系。

(2)马达的转速恒定,但由于偏斜角的存在,驱动力矩随时间发生周期性变化,可以按照第 4 章的力矩分析填写力矢量分量。对于启动或停机过程中的加减速过程,在有限元模型中,可以增加转子偏心的切向惯性力以及转子的惯性力矩,也可以通过加减速过程中的运动波动,修正转速恒定的影响。

(3)在滚动轴承支撑下,轴承阻尼和轴摩擦力较小,可以忽略。若需要考虑碰撞摩擦等问题,可以在力矢量中考虑,在分析软件中选择合适的接触与摩擦力模型。

(4)陀螺与循环效应影响较小,可以忽略。事实上,偏斜导致的转子陀螺效应是影响振动系统的性质与振动响应的重要因素,应该在惯性力中给予考虑。可以参照第 5 章计入转子惯性张量产生的各个方向上的惯性力矩矢量。

(5)从弯曲角度考虑,轴承刚度远大于轴的刚度,滚动轴承可处理为刚性支撑。无论各个部件的刚度多大,在有限元分析中,只需考虑它们的材料属性即可。

根据上述说明,有限元分析可以获得各种情形下的振动特性。下面我们只考虑基本假设,针对只考虑轴系偏斜以及同时考虑轴系偏斜与不平衡力的情况,分析不同形式的作用力。

3.4.2　轴系偏斜导致的弯曲力矩

如果两轴之间存在偏斜,并且由柔性联轴器进行连接,就会出现与万向铰效应相关的某些运动模式。例如当两轴之间存在偏斜时,由马达产生的驱动力矩也会随时间发生变化。让我们来分析转子上即从动轴上所受到的弯曲力矩。

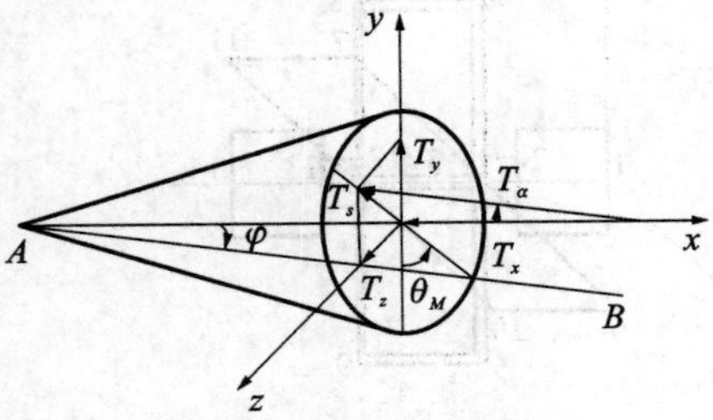

图 3.10 力矩分量

主动轴上由电机提供的驱动力矩 T_0 的各个分量,可根据图 3.10 所示的偏斜角 φ 进行分解。马达轴线沿 AB 方向,其相对于转子轴线的空间位置用一个位置角 θ_M 表示。将马达产生的驱动力矩分解为垂直于弹性联轴器平面和平行于弹性联轴器平面的两个分量:

$$T_x = T_0\cos\varphi \tag{3.44}$$

$$T_s = T_0\sin\varphi \tag{3.45}$$

其中,力矩分量 T_x 沿转子轴线方向,另一分量 T_s 垂直于转子轴线方向。T_s 的存在,会引起转轴的弯曲变形。弯矩 T_s 能够进一步分解为沿 y 轴和 z 轴的两个分量:

$$T_y = T_0\sin\varphi\cos\theta_M \tag{3.46}$$

$$T_z = T_0\sin\varphi\sin\theta_M \tag{3.47}$$

在不考虑从动轴上圆盘转子的安装偏斜时,可将 x、y、z 轴作为转子的主轴,其对应的主惯性矩分别表示为 J_x、J_y、J_z,则欧拉方程可写为:

$$T_x = J_x\dot{\omega}_x + \omega_y\omega_z(J_z - J_y) \tag{3.48}$$

$$T_y = J_y\dot{\omega}_y + \omega_z\omega_x(J_x - J_z) \tag{3.49}$$

$$T_z = J_z\dot{\omega}_z + \omega_x\omega_y(J_y - J_x) \tag{3.50}$$

由于转子转轴仅沿 x 轴进行旋转运动,根据不考虑陀螺效应和转速恒定的假设,只考虑方程(3.48),则方程(3.48)至方程(3.50)可简化为:

$$T_0\cos\varphi = I_R\dot{\omega}_R \tag{3.51}$$

其中 I_R 表示转子的极惯性矩,$\dot{\omega}_R(=\dot{\omega}_2)$表示转子的角加速度,$\omega_R(=\omega_2)$表示转子的角速度。

根据式(3.51),当主动轴与从动轴存在偏斜时,由万向铰驱动的从动轴角速度与角加速度会出现波动。从动轴角加速度式(3.51)的一般形式可表示为:

$$\frac{\dot{\omega}_R}{\omega^2} = B_2\sin2\theta_M - B_4\sin4\theta_M + \cdots + (-1)^{n+1}B_{2n}\sin2n\theta_M + \cdots \tag{3.52}$$

其中 θ_M 表示马达(主动轴)转过的角度(位置角),ω 表示马达的恒定转速。

将式(3.52)代入式(3.51)中,并令 $\theta_M = \omega t$,从而得到驱动力矩为:

$$T_0 = \frac{I_R\omega^2}{\cos\varphi}\left(\sum_{n=1}^{\infty}(-1)^{n+1}B_{2n}\sin2n\omega t\right) \tag{3.53}$$

将式(3.53)代入式(3.46)和式(3.47)中,可得从动轴的弯矩分量分别为:

$$T_y = \sum_{n=1}^{\infty}E_{2n}\sin2n\omega t \tag{3.54}$$

$$T_z = \sum_{n=1}^{\infty}G_{2n}\sin2n\omega t \tag{3.55}$$

其中

$$E_{2n} = (-1)^{n+1}I_R\omega^2B_{2n}\tan\varphi\cos\theta_M \tag{3.56}$$

$$G_{2n} = (-1)^{n+1}I_R\omega^2B_{2n}\tan\varphi\sin\theta_M \tag{3.57}$$

上式表明,即使忽略陀螺效应并且在匀速转动的条件下,由轴系偏斜引起的弯矩也使得轴承增加了额外的力矩载荷，它们不仅在振动分析中应加以考虑，在轴承设计与选择中也应该加以考虑。在后面的章节中，将给出一般情形的弯矩变化规律。

仅考虑轴系偏斜的情形时，由式(3.54)和式(3.55)知，式(3.43)中转子受到的作用力 $\boldsymbol{F}$ 为：

$$\boldsymbol{F} = \sum_{n=1}^{\infty} \boldsymbol{F}_{2n} \sin 2n\omega t \tag{3.58}$$

其中

$$\boldsymbol{F}_{2n} = [0, \cdots, E_{2n}, G_{2n}]^{\mathrm{T}} \tag{3.59}$$

3.4.3　轴系偏斜与不平衡导致的力与力矩

既存在轴系偏斜又存在不平衡力的情形，相当于在图 3.8 中的转子上增加偏心为 e 的质量 m_1。在此情况下，需要进一步确定不平衡力的分量。由于偏斜的影响，转子每运转一周，转轴将出现周期性的加速或减速。如图 3.11 所示，转子受到的不平衡力可以分解为法向与切向两个方向的分量：

$$F_{un} = -m_1 e \omega_R^2 \tag{3.60}$$

$$F_{u\tau} = m_1 e \dot{\omega}_R \tag{3.61}$$

将转子受到的不平衡力写成复数形式，可得：

$$F_u = m_1 e(\omega_R^2 - \mathrm{j}\dot{\omega}_R) \tag{3.62}$$

转子受到的不平衡力在 y 轴、z 轴上的两个分量为：

$$F_{uy} = \mathrm{Re}[F_u \mathrm{e}^{\mathrm{j}\theta_R}] \tag{3.63}$$

$$F_{uz} = \mathrm{Re}[-\mathrm{j}F_u \mathrm{e}^{\mathrm{j}\theta_R}] \tag{3.64}$$

其中 θ_R 表示转子的角位移，$\mathrm{j}=\sqrt{-1}$。

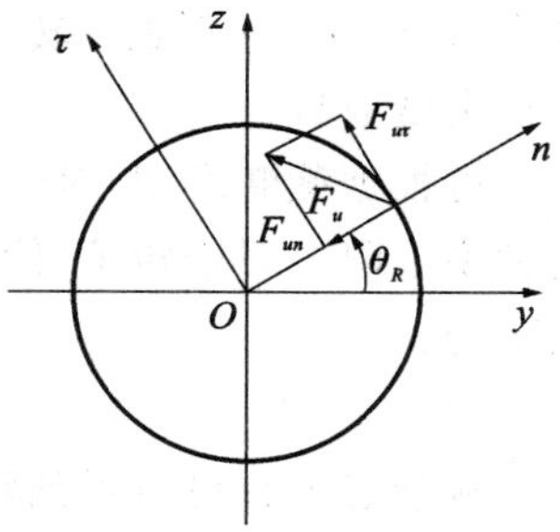

图 3.11　不平衡力的分量

下面接着分析考虑不平衡力时的力矩分量。在轴系偏斜与不平衡力共同作用下，除了驱动力矩的分量 T_x 以外，转子受到的不平衡力的切向分量 $F_{u\tau}$ 也会使转子发生旋转运动。因此，参照式(3.51)，对欧拉方程进行简化，可表示为：

$$T_0 \cos\varphi - F_{u\tau} e = I_R \dot{\omega}_R \tag{3.65}$$

此时，经推导，转子受到的弯矩分量表示为：

$$T_y = \sum_{n=1}^{\infty} \mathrm{Re}[-\mathrm{j}J_{2n} \mathrm{e}^{\mathrm{j}2n\omega t}] \tag{3.66}$$

$$T_z = \sum_{n=1}^{\infty} \mathrm{Re}[-\mathrm{j}L_{2n} \mathrm{e}^{\mathrm{j}2n\omega t}] \tag{3.67}$$

其中

$$J_{2n} = (-1)^{n+1}(I_R + m_1 e^2)\omega^2 B_{2n} \tan\varphi \cos\theta_M \tag{3.68}$$

$$L_{2n} = (-1)^{n+1}(I_R + m_1 e^2)\omega^2 B_{2n} \tan\varphi \sin\theta_M \tag{3.69}$$

考虑轴系偏斜与不平衡力的共同作用，转子受到的作用力 $\boldsymbol{F}$ 此时可表示为：

$$\boldsymbol{F} = \mathrm{Re}[\boldsymbol{U}_R \mathrm{e}^{\mathrm{j}\theta_R}] + \sum_{n=1}^{\infty} \mathrm{Re}[\boldsymbol{H}_{2n} \mathrm{e}^{\mathrm{j}2n\omega t}] \tag{3.70}$$

其中

$$\boldsymbol{U}_R = [0, \cdots, F_u, -\mathrm{j}F_u, 0, \cdots]^{\mathrm{T}} \tag{3.71}$$

$$\boldsymbol{H}_{2n} = [0,\cdots,-\mathrm{j}J_{2n},-\mathrm{j}L_{2n}]^{\mathrm{T}} \tag{3.72}$$

3.5 偏斜轴系有限元模型与振动响应分析

根据各个部分的有限元模型以及系统的力矢量模型，将子结构模型进行模态综合，可以获得系统最终的动力学模型。其中的模态缩聚理论可参阅李东旭的《高等结构动力学》[21]。

3.5.1 系统的广义运动方程与模态综合

将转子的运动方程用内部坐标$\{x_I^r\}$与边界坐标$\{x_B^r\}$表示，并且将力矢量也投影到内部坐标与边界坐标，则转子的方程为：

$$\begin{bmatrix} m_{II}^r & m_{IB}^r \\ m_{BI}^r & m_{BB}^r \end{bmatrix}\begin{Bmatrix} \ddot{x}_I^r \\ \ddot{x}_B^r \end{Bmatrix} + \begin{bmatrix} k_{II}^r & k_{IB}^r \\ k_{BI}^r & k_{BB}^r \end{bmatrix}\begin{Bmatrix} x_I^r \\ x_B^r \end{Bmatrix} = \begin{Bmatrix} F_I^r \\ F_B^r \end{Bmatrix} \tag{3.73}$$

为了利用模态综合方法研究系统的振动响应，首先需要确定自然模态与约束模态[21,22]。转子的自然模态可通过自由振动系统的特征值方程得到：

$$(\boldsymbol{k}_{II}^r - \omega_{ri}^2 \boldsymbol{m}_{II}^r)\boldsymbol{\varphi}_{Ii}^r = \boldsymbol{O},\quad i = 1,2,\cdots,n_r \tag{3.74}$$

其中ω_{ri}^2和$\boldsymbol{\varphi}_{Ii}^r$分别表示转子的第$i$个固有频率和自然模态，$n_r$为带有固定界面的转子所拥有的自由度数目。

可根据截断准则，对子结构的高阶自然模态截断。考虑到解的精确度与计算效率，需要确定频率上限。对于转子，假设有t_r个低阶模态被保留，那么这t_r个自然模态可以用矩阵形式表示为：

$$\boldsymbol{\varphi}_I^r = [\boldsymbol{\varphi}_{I1}^r,\boldsymbol{\varphi}_{I2}^r,\cdots,\boldsymbol{\varphi}_{It_r}^r] \tag{3.75}$$

从静态方程可以得到转子的约束模态：

$$\boldsymbol{k}_{II}^r\boldsymbol{x}_I^r + \boldsymbol{k}_{IB}^r\boldsymbol{x}_B^r = \boldsymbol{O} \tag{3.76}$$

利用模态缩聚方法对式(3.76)进行处理[21,22]，得到：

$$\boldsymbol{x}_I^r = \boldsymbol{\varphi}_B^r\boldsymbol{x}_B^r \tag{3.77}$$

其中

$$\boldsymbol{\varphi}_B^r = -\boldsymbol{k}_{II}^{r\ -1}\boldsymbol{k}_{IB}^r \tag{3.78}$$

矩阵$\boldsymbol{\varphi}_B^r$中即包含有转子的约束模态。

利用上述计算过程可以分别对马达、柔性联轴器进行分析，从而得到马达、柔性联轴器的固定界面自然模态与约束模态。

引入模态坐标$\{p\}$，则系统的广义运动方程可表示为：

$$\boldsymbol{M}\ddot{\boldsymbol{p}} + \boldsymbol{K}\boldsymbol{p} = \boldsymbol{Q} \tag{3.79}$$

其中

$$\boldsymbol{M} = \begin{bmatrix} I & 0 & 0 & m_{12}^r & 0 \\ 0 & I & 0 & m_{12}^c & m_{13}^c \\ 0 & 0 & I & 0 & m_{12}^m \\ m_{21}^r & m_{21}^c & 0 & m_{22}^r + m_{22}^c & m_{23}^c \\ 0 & m_{31}^c & m_{21}^m & m_{32}^c & m_{22}^m + m_{33}^c \end{bmatrix}$$

$$\boldsymbol{K}=\begin{bmatrix}\omega_r^2 & 0 & 0 & 0 & 0\\ 0 & \omega_c^2 & 0 & 0 & 0\\ 0 & 0 & \omega_m^2 & 0 & 0\\ 0 & 0 & 0 & k_{22}^r+k_{22}^c & k_{23}^c\\ 0 & 0 & 0 & k_{32}^c & k_{22}^m+k_{33}^c\end{bmatrix},\boldsymbol{Q}=\begin{bmatrix}Q_I^r\\ Q_I^c\\ Q_I^m\\ Q_B^r+Q_R^c\\ Q_B^m+Q_M^c\end{bmatrix}$$

系统广义运动方程的阶数等于子结构自然模态数与界面坐标数之和。

3.5.2 偏斜角作用下的强迫振动响应

根据式(3.58)、式(3.79),可得求解轴系偏斜作用下系统强迫振动方程:

$$\boldsymbol{M}\ddot{\boldsymbol{p}}+\boldsymbol{K}\boldsymbol{p}=\sum_{n=1}^{\infty}\boldsymbol{Q}_{2n}\sin 2n\omega t \tag{3.80}$$

方程(3.80)为轴系偏斜条件下的各种转子系统的一般方程。对于包含不同类型的联轴器,有不同的质量矩阵与刚度矩阵元素。由于外激励矢量 $\boldsymbol{Q}_{2n}$($n=1,2,3,\cdots$)与偏斜角 φ、马达位置角 θ_M 以及其他参数有关,通过改变 $\boldsymbol{Q}_{2n}$ 能够对各种不同的偏斜条件进行仿真。

由于偏斜效应,方程(3.80)中外激励的频率是马达转速的整数倍。对于线性系统而言,外激励函数形式决定了解的形式,因此,由偏斜引起的系统振动响应频率必定是马达转速的整数倍,即 $2n\omega$,其中 $n=1,2,3,\cdots$。通过方程(3.80)可以看出,系统振动响应主要取决于系统固有频率与马达转速之间的关系。如果马达转速的整数倍等于或接近于系统的某一阶固有频率,系统即会产生共振。在此条件下,由结构偏斜引起的振动将放大而成为系统主要振动源。

为了得到方程(3.80)的解,可以令解与外激励函数具有相同的形式,即:

$$\boldsymbol{p}=\sum_{n=1}^{\infty}\boldsymbol{P}_{2n}\sin 2n\omega t \tag{3.81}$$

将式(3.81)代入方程(3.80)中,合并与 $2n\omega t$ 有关的同类项并化简,可得:

$$(\boldsymbol{K}-4n^2\Omega^2\boldsymbol{M})\boldsymbol{P}_{2n}=\boldsymbol{Q}_{2n},\quad n=1,2,3,\cdots \tag{3.82}$$

给定偏斜角 φ、马达位置角 θ_M、转子极惯性矩 I_R、马达恒定转速 ω 以及选取谐波项数量 n,上述方程就能够通过数值计算进行求解。利用系统传递矩阵 $\boldsymbol{\phi}$,即可得到系统的实际响应量,即:

$$\boldsymbol{x}=\boldsymbol{\phi}(\boldsymbol{P}_2\sin 2\omega t+\boldsymbol{P}_4\sin 4\omega t+\cdots) \tag{3.83}$$

3.5.3 偏斜与不平衡力共同作用下的强迫振动响应

根据式(3.70)、式(3.79),经过变换,可得轴系偏斜与不平衡力共同作用下系统强迫振动方程:

$$\boldsymbol{M}\ddot{\boldsymbol{p}}+\boldsymbol{K}\boldsymbol{p}=\mathrm{Re}[\boldsymbol{Q}_u\mathrm{e}^{\mathrm{j}\theta_R}]+\sum_{n=1}^{\infty}\mathrm{Re}[\boldsymbol{Q}_{2n}\mathrm{e}^{\mathrm{j}2n\omega t}] \tag{3.84}$$

其中外激励 $\boldsymbol{Q}_u$ 与不平衡质量有关,而 $\boldsymbol{Q}_{2n}$($n=1,2,3,\cdots$)则与轴系偏斜有关。

同样,方程(3.84)适用于轴系偏斜与不平衡力作用条件下各种转子系统,只是不同的偏斜轴系有不同的质量矩阵与刚度矩阵。同时,由于外激励矢量 $\boldsymbol{Q}_u$、$\boldsymbol{Q}_{2n}$($n=1,2,3,\cdots$)与不平衡

量 $m_1 e$、偏斜角 φ、马达位置角 θ_M 以及其他参数有关，通过改变 $\boldsymbol{Q}_u$、$\boldsymbol{Q}_{2n}$ 能够对各种不同的偏斜条件、不平衡条件进行仿真。

从方程(3.84)可以看出，系统强迫振动频率由两部分组成：一部分与不平衡质量有关，其振动频率对应于转子的转动频率；另一部分则与轴系偏斜有关，其振动频率是马达转速的整数倍。

在方程(3.84)中，由不平衡条件引起的外激励函数 $\boldsymbol{Q}_u e^{j\theta_R}$ 在偏斜条件的作用下，会额外产生一项与转子加速度(或减速度)有关的力。令系统解的形式为：

$$\boldsymbol{p} = \mathrm{Re}[\boldsymbol{P}_u e^{j\theta_R}] + \sum_{n=1}^{\infty} \mathrm{Re}[\boldsymbol{P}_{2n} e^{j2n\omega t}] \tag{3.85}$$

将式(3.85)代入式(3.84)，分别针对 $e^{j\theta_R}$、$e^{j2n\omega t}$ 项进行合并化简，可得：

$$(\boldsymbol{K} - \omega_R^2 \boldsymbol{M} + j\dot{\omega}_R \boldsymbol{M})\boldsymbol{P}_u = \boldsymbol{Q}_u \tag{3.86}$$

$$(\boldsymbol{K} - 4n^2\omega^2 \boldsymbol{M})\boldsymbol{P}_{2n} = \boldsymbol{Q}_{2n}, \quad n = 1,2,3,\cdots \tag{3.87}$$

从方程(3.86)可以看出，由于偏斜的影响，与转子加速度(或减速度)有关的力主要体现在 $\dot{\omega}_R \boldsymbol{M}$ 项中，这与通常的不平衡力导致的振动响应是不同的。如果给定马达的恒定转速 ω 以及偏斜与不平衡条件等参数，即可通过数值计算得到上述方程(3.86)、方程(3.87)的解。利用系统传递矩阵 $\boldsymbol{\phi}$ 可得到系统的实际响应量：

$$\boldsymbol{x} = \boldsymbol{\phi}\{\mathrm{Re}[\boldsymbol{P}_u e^{j\theta_R}] + \mathrm{Re}[\boldsymbol{P}_2 e^{j2\omega t} + \boldsymbol{P}_4 e^{j4\omega t}] + \cdots\} \tag{3.88}$$

图 3.12 是利用模态综合分析方法计算振动响应的流程，由该流程可以求解偏斜与不平衡力作用下的系统振动方程。

由于偏斜的存在，外激励的频率是主动轴转速的整数倍，系统振动响应主要取决于系统固有频率与主动轴转速之间的关系。如果主动轴转速的整数倍等于或接近系统的某一阶固有频率，系统即会产生共振。在此条件下，由结构偏斜引起的振动将被放大而成为系统主要振动源。

有限元分析方法不限于基本假设，引入万向铰模型可以建立任意情形下偏斜轴系的有限元模型，由于它能比较系统地考虑轴系中的各种结构和运动因素，从而能定量地获得相对准确的振动特性。与此同时，还可以获得各个部件的载荷与应力分布信息。从子模态综合后的响应分析可以更清晰地看到，偏斜角引起的振动响应将混入动平衡所需的各阶谐波振动中，这就会给实施动平衡带来麻烦，因而消除偏斜因素对于实施动平衡来说是十分重要的。

除了有限元分析方法之外，利用多体系统动力学理论也可以进行偏斜轴系的振动分析，这是因为转子动力学是包含转动的系统，并且其中轴的弹性振动以及部件之间的相对运动，正好符合多体系统的连接和运动特点。关于多体动力学理论国内外有许多文献专著可以参阅，例如文献[23-25]，其中文献[24]曾将该理论用于分析坦克的振动，文献[25]将多体系统理论用于分析火炮的振动。Schwab 与 Meijaard 则利用多体系统动力学建立了偏斜轴系的振动模型，分析了简单情形下的振动规律[26]，这方面的工作值得进一步系统深入开展。利用多体系统研究偏斜轴系的过程中，上述有限元分析中的力学模型同样重要且适用。

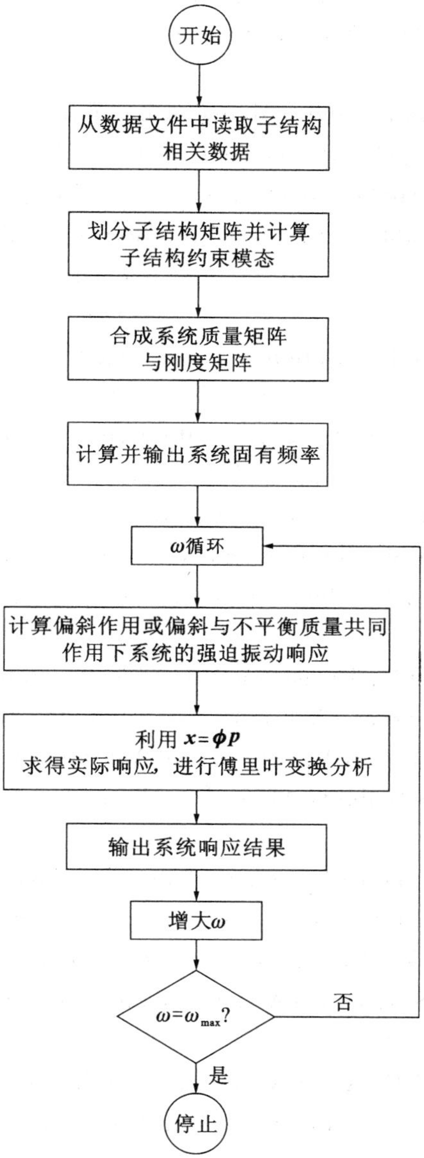

图 3.12 利用子模态综合分析方法计算振动响应的流程[20]

参考文献

[1] LAURENCE E J. Velocity and Acceleration Analysis of Universal Joints [J]. Machine Design,1942,14(11):93-94.

[2] ROSENBERG R M,OHIO T. On the Dynamical Behavior of Rotating Shafts Driven by Universal (Hooke) Couplings[J]. ASME Journal of Applied Mechanics,1958,25(1):47-51.

[3] 陈予恕.非线性振动[M].天津:天津科技出版社,1983.

[4] NAYFEH A H,MOOK D T. Nonlinear Oscillations[M]. New York:John Wily & Sons, 1979.

[5] BURDESS J S. The Vibration and Stability of Laterally Flexible Shafts Driven and Supported by Hooke's Joints[C]. Proceedings of the 1974 Congress of the International Union of Theoretical and Applied Mechanics,Lyngby,Denmark,Germany,1975:103-127.

[6] OTA H,KATO M. Unstable and Forced Vibrations of an Asymmetrical Shaft Driven by a Universal Joint[C]. Proceedings of the International Conference on Rotordynamics,Tokyo,Japan,1986:493-498.

[7] OTA H,KATO M. Lateral Vibration of a Rotating Shaft Driven by a Universal Joint—1st Report[J]. Bulletin of JSME,1984,27:2002-2007.

[8] OTA H,KATO M,SUGITA H. Lateral Vibration of a Rotating Shaft Driven by a Universal Joint-2nd Report[J]. Bulletin of JSME,1985,28:1749-1755.

[9] KATO M,OTA H. Lateral Excitation of a Rotating Shaft Driven by a Universal Joint with Friction[J]. Journal of Vibration and Acoustics,1990,112:298-303.

[10] IWATSUBO T. Stability Problems of Rotor Systems[J]. The Shock and Vibration Digest,1983,15(8):13-24.

[11] IWATSUBO T, SAIGO M. Transverse Vibration of a Rotor System Driven by a Cardan Joint[J]. Journal of Sound and Vibration,1984,95(1):9-18.

[12] SAIGO M,OKADA Y,ONO K. Self-excited Vibration Caused by Internal Friction in Universal Joints and Its Stability Method[J]. Journal of Vibration and Acoustics,1997,119:221-229.

[13] SHEU P P,CHENG W H,LEE A C. Modeling and Analysis of the Intermediate Shaft between Two Universal Joints[J]. Journal of Vibration and Acoustics,1996,118:88-99.

[14] ASOKANHAN S F, WANG X H. Characterization of Torsional Instabilities in a Hooke's Joint Driven System Via Maximal Lyapunove Exponents[J]. Journal of Sound and Vibration,1996,194(1):83-91.

[15] ASOKANHAN S F,MEEGAN P A. Non-linear Vibration of a Torsional System Driven by a Hooke's Joint[J]. Journal of Sound and Vibration,2000,233(2):297-310.

[16] MAZZEI A J. Dynamic Stability of a Flexible Spring Mounted Shafts Driven through a Universal Joint [D]. Michigan:the University of Michigan,1998.

[17] DESMIDT H A,WANG K W,SMITH E C. Coupled Torsion-Lateral Stability of a Shaft-Disk System Driven Through a Universal Joint[J]. Journal of Applied Mechanics,2002,69:261-273.

[18] DESMIDT H A,WANG K W,SMITH E C. Stability of a segmented supercritical driveline with non-constant velocity couplings subjected to misalignment and torque[J]. Journal of Sound and Vibration,2004,277:895-918.

[19] XU M,MARANGONI R D. Vibration Analysis of a Rotor-flexible Coupling-rotor System Subjected to Misalignment and Unbalance—Part I: Theoretical Model and Analysis

[J]. Journal of Sound and Vibration,1994,176(5):663-679.

[20] XU M, MARANGONI R D. Vibration Analysis of a Rotor—flexible Coupling-rotor System Subjected to Misalignment and Unbalance— Part II: Experimental and Validation[J]. Journal of Sound and Vibration,1994,176(5):681-691.

[21] 李东旭. 高等结构动力学[M]. 2 版. 北京:科学出版社,2010.

[22] JACKE M. Vibration Analysis of Large Rotor-bearing-foundation-systems Using a Modal Condensation for the Reduction of Unknowns[C]. Proceedings of the Second International Conference on Vibrations in Rotating Machinery, Institution of Mechanical Engineers,London,1980:195-202.

[23] SCHIEHLEN W O. Multibody System Handbook[M]. Berlin:Springer-Verlag,1990.

[24] SHABANA A A. Dynamics of Multibody Systems[M]. New Jersey:Wiley,1989.

[25] 王德石. 火炮振动理论[M]. 北京:兵器工业出版社,2015.

[26] SCHWAB A L,MEIJAARD J P. Small Vibrations Superimposed on a Prescribed Rigid Body Motion[J]. Multibody System Dynamics,2002,8:29-49.

4 万向铰驱动线的运动学与传递力矩

本章论述万向铰驱动线的运动学与力矩问题。一般来说，要求万向铰运动传递角度 $\varphi \leqslant 45°$，对于万向铰给定的一个严格角度 φ，上一章中已经给出了运动学答案，但是从动轴上的力矩波动尚未处理。现在我们在广义的万向铰驱动线上，继续讨论这些问题。我们需要知道，当万向铰的装配存在误差时，以及多根轴在万向铰连接下传递运动时，驱动轴和载荷所在的被驱动轴之间的运动关系是什么，驱动力矩传递至从动轴时，力矩变换关系又是什么。

工程设计上，随着轴系传递距离增大、传递转矩以及轴系转速的提高，以及使用指标的提高，轴的运动与强度校核须已知运动与力矩关系。例如，汽车从发动机发出的动力需要变方向传递，如果多次变方向后，最终车轮的转速不均匀，那么汽车的运动就不平稳。又如，直升机的发动机动力要通过轴系分流至主螺旋桨和平衡动量矩变化的尾部螺旋桨，轴在较长的距离上，需要不止一次地改变传递方向，有可能采用多个万向铰去驱动轴系，这就需要掌握运动传递关系和力矩的变化情况。运动波动和力矩波动不仅会导致直升机运动平稳和强度问题，而且过大的波动将导致其他严重后果，包括尾部断裂，停机坪上因流场不均匀产生姿态摇摆使得直升机降落困难，直升机振动噪声过大、磨损严重等。再如，机床轴的运动波动影响加工精度。因此，万向铰驱动线的运动学与传递力矩尽管是个冷门问题，但是却有着特殊的需求，而且是研究偏斜轴系振动激励力的基础。

下面针对轴系含有万向铰固有偏斜角度且存在实际偏斜误差的情形，考虑匀速转动与加速转动两种运动状态，介绍主动轴与从动轴的运动约束关系，推导万向铰引起的波动力矩表达式。以此为基础导出双万向铰和多万向铰系统的运动约束函数，通过仿真考察加速运动下和不同偏斜情形下轴系转速和驱动力矩的变化规律。

4.1 轴系的偏斜分类与运动坐标系

如图 4.1(a)所示，考虑偏斜旋转轴系，万向铰固有结构偏斜角为 φ，并且在两个方向上，存在角度为 α 和 β 的实际偏斜误差。可以看出，上一章的运动学是其特殊情形。

为了研究这种一般情形的万向铰运动学，首先要建立偏斜轴系固定坐标系。在驱动轴、无安装误差的理想从动轴与实际从动轴上，分别建立固连坐标系 $X_0Y_0Z_0$、$x_0y_0z_0$、xyz，如图 4.1(b)所示。同上一章类似，十字轴上的坐标系 $X_iY_iZ_i$ 平行于 $X_0Y_0Z_0$，坐标系 $x_iy_iz_i$ 平行于 $x_0y_0z_0$。坐标系 $X_iY_iZ_i$ 可由坐标系 $x_iy_iz_i$ 绕 x_i 轴旋转 φ 角得到；坐标系 xyz 可由坐标系 $x_0y_0z_0$ 先绕 x_0 轴旋转 α 角再绕 y_1 轴旋转 β 角而得到。坐标系 $X_0Y_0Z_0$、xyz 上坐标轴的单位向量分别用(I_0, J_0, K_0)和(i, j, k)表示。

各坐标系之间的坐标变换关系可由方向余弦矩阵表示为：

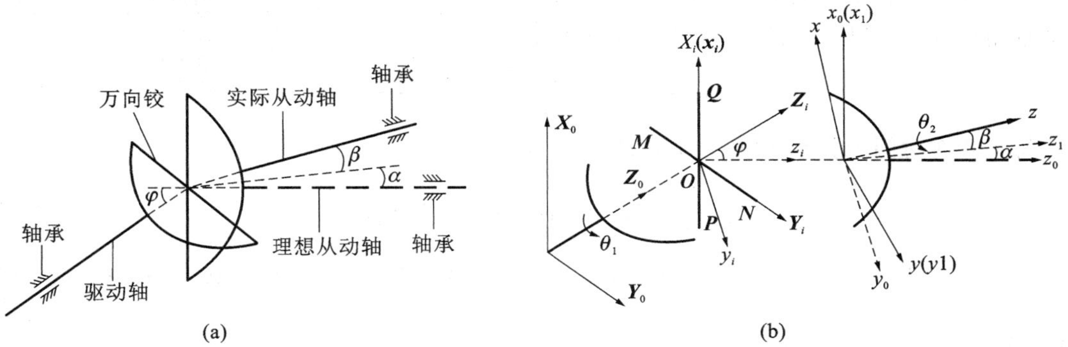

图 4.1　偏斜轴系及其运动坐标系

(a)含万向铰的偏斜轴系；(b) 坐标系

$$\begin{pmatrix} X_0 \\ Y_0 \\ Z_0 \end{pmatrix} = \boldsymbol{C}_\varphi \cdot \begin{pmatrix} x_0 \\ y_0 \\ z_0 \end{pmatrix}、\begin{pmatrix} x_1 \\ y_1 \\ z_1 \end{pmatrix} = \boldsymbol{C}_\alpha \cdot \begin{pmatrix} x_0 \\ y_0 \\ z_0 \end{pmatrix}、\begin{pmatrix} x \\ y \\ z \end{pmatrix} = \boldsymbol{C}_\beta \cdot \begin{pmatrix} x_1 \\ y_1 \\ z_1 \end{pmatrix}$$

其中，$\boldsymbol{C}_\varphi = \begin{pmatrix} 1 & 0 & 0 \\ 0 & \cos\varphi & \sin\varphi \\ 0 & -\sin\varphi & \cos\varphi \end{pmatrix}$、$\boldsymbol{C}_\alpha = \begin{pmatrix} 1 & 0 & 0 \\ 0 & \cos\alpha & \sin\alpha \\ 0 & -\sin\alpha & \cos\alpha \end{pmatrix}$、$\boldsymbol{C}_\beta = \begin{pmatrix} \cos\beta & 0 & -\sin\beta \\ 0 & 1 & 0 \\ \sin\beta & 0 & \cos\beta \end{pmatrix}$。

在进行运动学与传递力矩分析时，依据不同的偏斜情形，对含万向铰轴系作如下分类：

情形Ⅰ($\alpha=0,\beta=0,\varphi\neq0$)：此时轴系仅存在万向铰的固有结构偏斜，不存在实际误差偏斜。这是类似于单铰的情形。

情形Ⅱ($\alpha\neq0,\beta\neq0,\varphi=0$)：轴系仅存在实际误差偏斜，不存在万向铰的固有结构偏斜。这是类似于联轴器小角度结构偏斜的情形。

情形Ⅲ($\alpha\neq0,\beta\neq0,\varphi\neq0$)：轴系同时存在万向铰固有结构偏斜和实际误差偏斜。工程实际中含万向铰偏斜轴系均属于此种情形。这是大角度传动中存在小角度偏斜的一般情形。

4.2　万向铰偏斜轴系运动学分析

4.2.1　单万向铰偏斜轴系运动学分析

根据经典万向铰运动学理论，在万向铰驱动的偏斜轴系中，若$\overrightarrow{ON}$、$\overrightarrow{OQ}$为单位向量，当主动轴转过 θ_1 角时，实际从动轴的角位移为 θ_2，此时，根据坐标系 $X_0Y_0Z_0$、xyz、$x_0y_0z_0$ 之间的坐标变换关系，$\overrightarrow{ON}$、$\overrightarrow{OQ}$在坐标系 $x_0y_0z_0$ 中分别表示为：

$$\overrightarrow{ON}_{(x_0y_0z_0)} \equiv n(\theta_1) = \boldsymbol{C}_\varphi^{-1}\begin{pmatrix} -\sin\theta_1 \\ \cos\theta_1 \\ 0 \end{pmatrix} = \begin{pmatrix} -\sin\theta_1 \\ \cos\theta_1\cos\varphi \\ \cos\theta_1\sin\varphi \end{pmatrix} \tag{4.1}$$

$$\overrightarrow{OQ}_{(x_0y_0z_0)} \equiv q(\theta_2) = \boldsymbol{C}_\alpha^{-1}\boldsymbol{C}_\beta^{-1}\begin{pmatrix} \cos\theta_2 \\ \sin\theta_2 \\ 0 \end{pmatrix} = \begin{pmatrix} \cos\theta_2\cos\beta \\ \sin\theta_2\cos\alpha+\cos\theta_2\sin\alpha\sin\beta \\ \sin\theta_2\sin\alpha-\cos\theta_2\cos\alpha\sin\beta \end{pmatrix} \tag{4.2}$$

由于在万向铰运转过程中，ON 始终垂直于 OQ，即$\overrightarrow{ON}\cdot\overrightarrow{OQ}=0$。利用此关系化简，得到从动轴角位移 θ_2 与驱动轴转角 θ_1 关系的解析表达式：

$$\tan\theta_2=\frac{\tan\theta_1\cos\beta+\sin\beta\sin(\varphi-\alpha)}{\cos(\varphi-\alpha)} \tag{4.3}$$

将上式对时间 t 求导，得从动轴角速度：

$$\frac{\dot{\theta}_2}{\dot{\theta}_1}=\frac{2D}{1+A+B\cos2\theta_1+C\sin2\theta_1} \tag{4.4a}$$

$$\frac{\dot{\theta}_2}{\dot{\theta}_1}=2D[1-(A+B\cos2\theta_1+C\sin2\theta_1)+(A+B\cos2\theta_1+C\sin2\theta_1)^2+\cdots] \tag{4.4b}$$

其中：$A=\frac{1}{4}[1+\cos2\beta+\cos2(\varphi-\alpha)+\cos2\beta\cos2(\varphi-\alpha)]$，$C=\sin(\varphi-\alpha)\sin2\beta$，

$B=\frac{1}{4}[1-3\cos2\beta+\cos2(\varphi-\alpha)+\cos2\beta\cos2(\varphi-\alpha)]$，$D=\cos(\varphi-\alpha)\cos\beta$。

式(4.3)、式(4.4a)、式(4.4b)即为存在万向铰固有结构偏斜和实际误差偏斜时从动轴与驱动轴之间的运动学关系。由于偏斜现象的存在，从动轴与驱动轴之间转角、角速度并不同步，从动轴角速度相对于驱动轴角速度出现周期性波动，变化周期为主动轴周期的一半。对于式(4.4b)这种无限次多项式，可取一次多项式 $2D[1-(A+B\cos2\theta_1+C\sin2\theta_1)]$ 或二次多项式 $2D[1-(A+B\cos2\theta_1+C\sin2\theta_1)+(A+B\cos2\theta_1+C\sin2\theta_1)^2]$ 等对其进行近似，所取近似多项式次数不同，由其导致的系统非线性振动模型及稳定性也不完全相同，因此，式(4.4)，尤其是式(4.4b)给出了万向铰对偏斜轴系的非线性运动约束关系。

若驱动轴以匀角速度 ω 转动，则 $\theta_1=\omega t$、$\dot{\theta}_1=\omega$、$\ddot{\theta}_1=\dot{\omega}=0$，从动轴角速度波动周期为 $T=\pi/\omega$，从动轴角加速度为：

$$\frac{\ddot{\theta}_2}{\omega^2}=\frac{4D(B\sin2\theta_1-C\cos2\theta_1)}{(1+A+B\cos2\theta_1+C\sin2\theta_1)^2} \tag{4.5}$$

考虑偏斜轴系从初始静止状态经过加速达到匀速平稳运行这一过程，即研究偏斜轴系过渡过程动力学问题。此时主动轴存在加速度冲击，必须考虑主动轴的角加速度，这是研究偏斜轴系过渡过程动力学的基础，也是与研究偏斜轴系平稳运行时动力学问题的区别之处。令主动轴角加速度 $\ddot{\theta}_1=\dot{\omega}=\varepsilon_r$，则 $\theta_1=\theta_0+\frac{\varepsilon_r t^2}{2}$(起始转角为 θ_0)，在该加速过程中，从动轴与主动轴的转角关系、角速度关系仍然可用式(4.3)、式(4.4)表示，而从动轴角加速度可由式(4.4)推导而得：

$$\ddot{\theta}_2=\frac{2D}{1+A+B\cos2\theta_1+C\sin2\theta_1}\ddot{\theta}_1+\frac{4D(B\sin2\theta_1-C\cos2\theta_1)}{(1+A+B\cos2\theta_1+C\sin2\theta_1)^2}\dot{\theta}_1^2 \tag{4.6}$$

4.2.2 不同偏斜情形下的运动学特性与谐波函数拟合

下面分析轴系在不同偏斜情形下的运动学特性，主要考虑从动轴角速度、角加速度波动与主动轴转角之间的理论关系与近似关系。

情形Ⅰ($\alpha=0,\beta=0,\varphi\neq0$)：根据式(4.3)—式(4.5)，从动轴的角位移、角速度、角加速度分别表示为：

$$\theta_2=\arctan\frac{\tan\theta_1}{\cos\varphi} \tag{4.7}$$

$$\frac{\dot{\theta}_2}{\dot{\theta}_1}=\frac{2D}{1+A+B\cos 2\theta_1+C\sin 2\theta_1}=\frac{E}{1-F\cos 2\theta_1} \tag{4.8}$$

$$\frac{\ddot{\theta}_2}{\omega^2}=\frac{-2EF\sin 2\theta_1}{(1-F\cos 2\theta_1)^2} \tag{4.9}$$

其中：$E=\dfrac{4\cos\varphi}{3+\cos 2\varphi}$，$F=\dfrac{1-\cos 2\varphi}{3+\cos 2\varphi}$，一般情况下，$0<\varphi<\pi/4$，$0<F<\dfrac{1}{3}$。

为方便后续偏斜轴系的非线性振动分析，需要明确表示万向铰对偏斜轴系的非线性运动约束关系，同式(4.4b)一样，对式(4.8)进行泰勒级数展开：

$$\frac{\dot{\theta}_2}{\dot{\theta}_1}=\frac{E}{1-F\cos 2\theta_1}=E(1+F\cos 2\theta_1+F^2\cos^2 2\theta_1+F^3\cos^3 2\theta_1+\cdots) \tag{4.10a}$$

也可将式(4.8)化为与驱动轴转角 θ_1 有关的高次谐波函数：

$$\frac{\dot{\theta}_2}{\dot{\theta}_1}=E[W_0(F)+W_2(F)\cos 2\theta_1+W_4(F)\cos 4\theta_1+\cdots] \tag{4.10b}$$

其中：$W_0(F)=1+\dfrac{1}{2}F^2+\dfrac{3}{8}F^4+\dfrac{5}{16}F^6+\cdots$，$W_2(F)=F+\dfrac{3}{4}F^3+\dfrac{5}{8}F^5+\dfrac{35}{64}F^7+\cdots$，$W_4(F)=\dfrac{1}{2}F^2+\dfrac{1}{2}F^4+\dfrac{15}{32}F^6+\cdots$。

由式(4.10)可看出，从动轴速度波动与主动轴转角之间的关系可用多项式近似表示，多项式次数越高，二者之间的关系越接近精确值。或者，二者之间的关系可用与驱动轴转角 θ_1 有关的谐波函数近似表示，谐波次数越高，二者之间的关系越接近精确值。

情形Ⅱ($\alpha\neq 0,\beta\neq 0,\varphi=0$)：根据式(4.3)，从动轴的角位移表示为：

$$\theta_2=\arctan\frac{\tan\theta_1\cos\beta-\sin\beta\sin\alpha}{\cos\alpha} \tag{4.11}$$

从动轴角速度、角加速度表示分别与式(4.4)、式(4.5)相同，此时

$$A=\frac{1}{4}(1+\cos 2\beta+\cos 2\alpha+\cos 2\beta\cos 2\alpha)$$

$$B=\frac{1}{4}(1-3\cos 2\beta+\cos 2\alpha+\cos 2\beta\cos 2\alpha)$$

$$C=-\sin\alpha\sin 2\beta,\quad D=\cos\alpha\cos\beta$$

对于实际误差偏斜，可通过制造与安装工艺进行控制，偏斜角 α、β 可设为小角度，用 $\sin\alpha\approx\alpha$、$\cos\alpha\approx 1$、$\sin\beta\approx\beta$、$\cos\beta\approx 1$ 化简，代入式(4.4)，则得万向铰非线性运动约束关系，即从动轴速度波动与主动轴转角之间的近似关系：

$$\frac{\dot{\theta}_2}{\dot{\theta}_1}=\frac{2D}{1+A+B\cos 2\theta_1+C\sin 2\theta_1}=\frac{1}{1-\alpha\beta\sin 2\theta_1}=1+\alpha\beta\sin 2\theta_1+\alpha^2\beta^2\sin^2 2\theta_1+\cdots \tag{4.12a}$$

取一次近似：

$$\frac{\dot{\theta}_2}{\dot{\theta}_1}\approx 1+\alpha\beta\sin 2\theta_1 \tag{4.12b}$$

情形Ⅲ($\alpha\neq 0,\beta\neq 0,\varphi\neq 0$)：由于实际误差产生偏斜角 α、β 很小，仍用 $\sin\alpha\approx\alpha$、$\cos\alpha\approx 1$、$\sin\beta\approx\beta$、$\cos\beta\approx 1$ 来代替。根据式(4.3)、式(4.4)，从动轴的角位移、角速度、角加速度分别表示为：

$$\theta_2 = \arctan \frac{\tan\theta_1 + \beta(\sin\varphi - \alpha\cos\varphi)}{\cos\varphi - \alpha\sin\varphi} \tag{4.13}$$

$$\frac{\dot{\theta}_2}{\dot{\theta}_1} = \frac{2D}{1+A} \cdot \frac{1}{1+R\cos(2\theta_1 - U)} \tag{4.14}$$

$$\frac{\ddot{\theta}_2}{\omega^2} = \frac{4DR\sin(2\theta_1 - U)}{(1+A)[1+R\cos(2\theta_1 - U)]^2} \tag{4.15}$$

此时

$$A = (1+\cos2\varphi + 2\alpha\sin2\varphi)/2, \quad B = (\cos2\varphi + 2\alpha\sin2\varphi - 1)/2$$

$$C = 2\beta\sin\varphi - 2\alpha\beta\cos\varphi, \quad D = \cos\varphi + \alpha\sin\varphi$$

$$R = \frac{\sqrt{B^2 + C^2}}{1+A}, \quad \cos U = \frac{B}{\sqrt{B^2 + C^2}}$$

当万向铰固有结构偏斜夹角 φ 较大时($\varphi<\pi/4$)，根据式(4.14)，给出万向铰对偏斜轴系的非线性运动约束关系：

$$\frac{\dot{\theta}_2}{\dot{\theta}_1} = \frac{2D}{1+A}[1 - R\cos(2\theta_1 - U) + R^2\cos^2(2\theta_1 - U) - \cdots] \tag{4.16a}$$

式(4.14)也可化为与驱动轴转角 θ_1 有关的谐波函数：

$$\frac{\dot{\theta}_2}{\dot{\theta}_1} = \frac{2D}{1+A}[W_0(R) - W_2(R)\cos(2\theta_1 - U) + W_4(R)\cos(4\theta_1 - 2U) - \cdots] \tag{4.16b}$$

其中 $W_i(R)$ 与 $W_i(F)$ 表达式相同，$i=0,2,4$。

4.2.3 多万向铰偏斜轴系过渡过程运动学分析

加速与减速转动是机器的启动与停机过程，对于额定工况而言它们是过渡过程。后面我们将研究该过程的振动。注意在前面的振动分析中，过渡过程指的是振动响应中由于阻尼的作用，自由振动衰减的过程，是相对稳定振动响应而言的，是振动的过渡过程。这里所谓的过渡过程是相对于机器的额定工况而言的。后面在不引起混淆的情况下，我们使用过渡过程来代表轴系非匀速转动的工况。

首先分析双万向铰系统的运动学特性。设主动轴、中间轴和从动轴旋转的角位移分别为 θ_1、θ_2、θ_3，第一个万向铰处的结构偏斜和误差偏斜为 φ_1 和 α_1、β_1，第二个万向铰处的结构偏斜和误差偏斜为 φ_2 和 α_2、β_2。由于几何约束条件的不同会导致运动传递函数的不同，因此在分析双万向铰驱动线的运动特性时，在主动轴与从动轴所确定的平面内，万向铰节叉所处的相对位置很重要。不仅如此，第一个万向铰节叉的位置对于后续铰的传递关系很重要。下面我们只考虑第一个万向铰节叉位于主动轴与从动轴所确定的平面内的情况，万向铰节叉垂直于该平面的情形可另行处理，这里不做推导。

即使针对第一个万向铰节叉共面的情形，由于后续仍然有接着传递运动的万向铰，所以还需要进一步考虑后续安装于一根轴两端的万向铰节叉的相对位置。根据同一根轴的两端万向铰节叉不同的相对位置，其结构姿态可分为两种：一是中间轴两端的轴叉垂直；二是中间轴两端的轴叉共面。具体条件如下。

(a)中间轴两端的轴叉垂直时，第二个万向铰处的几何约束条件与第一个万向铰处相同，可得中间轴与主动轴、从动轴之间的运动传递关系分别如下：

$$\theta_2 = \arctan \frac{\tan\theta_1 \cos\beta_1 + \sin\beta_1 \sin(\varphi_1 - \alpha_1)}{\cos(\varphi_1 - \alpha_1)} \tag{4.17}$$

$$\theta_3 = \arctan \frac{\tan\theta_2 \cos\beta_2 + \sin\beta_2 \sin(\varphi_2 - \alpha_2)}{\cos(\varphi_2 - \alpha_2)} \tag{4.18}$$

将式(4.17)代入式(4.18),可得从动轴与主动轴之间的角位移传递关系:

$$\theta_3 = \arctan \frac{\tan\theta_1 \cos\beta_1 \cos\beta_2 + \sin\beta_1 \cos\beta_2 \sin(\varphi_1 - \alpha_1) + \sin\beta_2 \sin(\varphi_2 - \alpha_2) \cos(\varphi_1 - \alpha_1)}{\cos(\varphi_2 - \alpha_2) \cos(\varphi_1 - \alpha_1)} \tag{4.19}$$

(b)中间轴两端的轴叉共面时,第二个万向铰处的几何约束条件与第一个万向铰处相反,则从动轴与中间轴之间的运动传递约束关系如下:

$$\left(\boldsymbol{C}_{\varphi_2} \begin{pmatrix} \cos\theta_2 \\ \sin\theta_2 \\ 0 \end{pmatrix} \right) \left(\boldsymbol{C}_{\alpha_2}^{-1} \boldsymbol{C}_{\beta_2}^{-1} \begin{pmatrix} \cos\theta_3 \\ \sin\theta_3 \\ 0 \end{pmatrix} \right) = 0 \tag{4.20}$$

化简得:

$$\theta_3 = \operatorname{arccot} \frac{\cot\theta_2 \cos\beta_2 - \sin\beta_2 \sin(\varphi_2 - \alpha_2)}{\cos(\varphi_2 - \alpha_2)} \tag{4.21}$$

将式(4.17)代入式(4.21)可得从动轴与主动轴之间的角位移传递关系:

$$\theta_3 = \arctan \frac{\tan\theta_1 \cos\beta_1 \cos(\varphi_2 - \alpha_2) + \sin\beta_1 \sin(\varphi_1 - \alpha_1) \cos(\varphi_2 - \alpha_2)}{-\tan\theta_1 \cos\beta_1 \sin\beta_2 \sin(\varphi_2 - \alpha_2) + \cos(\varphi_1 - \alpha_1)\cos\beta_2 - \sin\beta_1 \sin\beta_2 \sin(\varphi_1 - \alpha_1) \sin(\varphi_2 - \alpha_2)} \tag{4.22}$$

同样地,可以对式(4.19)和式(4.22)求时间的一次和二次导数,得到中间轴两端的轴叉垂直和共面时双万向铰轴系的角速度和角加速度波动。

对于由多个万向铰串联组成的轴系,可根据上面的方法递推 n 个万向铰轴系的运动传递关系:

$$\theta_{n+1} = f(\alpha_1, \alpha_2, \cdots, \alpha_n, \beta_1, \beta_2, \cdots, \beta_n, \theta_1) \tag{4.23}$$

将式(4.23)对时间分别求一次导和二次导可得从动轴与主动轴角速度和角加速度之间的关系。由式(4.19)和式(4.22)可以看出,双万向铰系统的运动传递函数已经相当复杂,多万向铰轴系的运动传递解析表达式必然更加冗长,不便于求解,也不便于计算。为了分析多万向铰轴系的运动与动力学特性,往往求其数值解。

一般地,为了更加直观地表示多铰系统之间的运动传递关系,只考虑万向铰的固有偏斜,即令 $\alpha_1 = \alpha_2 = \cdots = \alpha_n = 0$、$\beta_1 = \beta_2 = \cdots = \beta_n = 0$。

当中间轴两端的轴叉垂直时有:

$$\tan\theta_2 = \frac{\tan\theta_1}{\cos\varphi_1}, \tan\theta_3 = \frac{\tan\theta_2}{\cos\varphi_2}, \cdots, \tan\theta_{n+1} = \frac{\tan\theta_n}{\cos\varphi_n}$$

$$\tan\theta_{n+1} = \frac{\tan\theta_1}{\cos\varphi_1 \cos\varphi_2 \cdots \cos\varphi_n} = i\tan\theta_1 \tag{4.24}$$

当中间轴两端的轴叉共面时有:

$$\tan\theta_2 = \frac{\tan\theta_1}{\cos\varphi_1}, \tan\theta_3 = \tan\theta_2 \cos\varphi_2, \cdots, \tan\theta_{2n} = \frac{\tan\theta_{2n-1}}{\cos\varphi_{2n-1}}, \tan\theta_{2n+1} = \tan\theta_{2n} \cos\varphi_{2n}$$

$$\tan\theta_{2n+1} = \frac{\cos\varphi_2 \cos\varphi_4 \cdots \cos\varphi_{2n}}{\cos\varphi_1 \cos\varphi_3 \cdots \cos\varphi_{2n-1}} \tan\theta_1 = i\tan\theta_1 \tag{4.25}$$

式中

$$i=\begin{cases}\dfrac{1}{\cos\varphi_1\cos\varphi_2\cdots\cos\varphi_n} & \text{（中间轴两端轴叉垂直）}\\[2ex] \dfrac{\cos\varphi_2\cos\varphi_4\cdots\cos\varphi_n}{\cos\varphi_1\cos\varphi_3\cdots\cos\varphi_{n-1}} & \text{（中间轴两端轴叉共面）}\end{cases}$$

可见，两种情况下角位移的波动表达式可以统一成相同的形式，只是常系数不同而已。根据式(4.24)可得多万向铰轴系角速度和角加速度波动的表达式：

$$\dot{\theta}_{n+1}=\dot{\theta}_1\frac{i}{1+(i^2-1)\sin^2\theta_1} \tag{4.26}$$

$$\ddot{\theta}_{n+1}=\frac{i}{1+(i^2-1)\sin^2\theta_1}\ddot{\theta}_1-\frac{i(i^2-1)\sin2\theta_1}{[1+(i^2-1)\sin^2\theta_1]^2}\dot{\theta}_1^2 \tag{4.27}$$

通过上述分析我们得知：要保证整个万向铰轴系的从动轴与主动轴转角同步、转速同步、角加速度也同步，只需在轴系的选择与安装过程中，合理选择各万向铰处的结构偏斜角，使 $i=1$。若每个中间轴两端的轴叉面都垂直，由式(4.24)知，要满足条件 $i=1$，只能使所有的万向铰处的偏斜角都为 0；而当每个中间轴两端的轴叉面都共面时，由式(4.25)知，通过合理选择各轴夹角，可以使 $\cos\varphi_1\cos\varphi_3\cdots\cos\varphi_{2n-1}=\cos\varphi_2\cos\varphi_4\cdots\cos\varphi_{2n}$，即满足 $i=1$。

4.3 万向铰的传递力矩分析

在含万向铰偏斜旋转轴系中，不考虑十字轴的质量，十字轴与轴叉之间无摩擦，则在静力学分析中，驱动轴通过轴叉作用于十字轴上的力矩，与十字轴通过轴叉作用在从动轴上的力矩相等，并且驱动轴作用于十字轴上的力矩不存在沿 MN 方向的分量，十字轴作用在从动轴上的力矩不存在沿 PQ 方向的分量。这样通过万向铰作用于从动轴上的力矩必须垂直于十字轴所在的平面 NOQ。图 4.2、图 4.3 分别为作用在从动轴上的力矩和驱动轴上的反作用力矩，$\boldsymbol{M}_{\theta2}$ 表示通过万向铰十字轴作用在从动轴上的力矩，$\boldsymbol{M}_{\theta1}$ 表示驱动轴受到的反作用力矩，其大小记为 M_0。当驱动轴转过 θ_1 时，从动轴转角为 θ_2，即有：

$$\boldsymbol{M}_{\theta2}=-\boldsymbol{M}_{\theta1}=M_0\cdot\overrightarrow{OQ}\times\overrightarrow{ON}=M_0q(\theta_2)\times n(\theta_1) \tag{4.28}$$

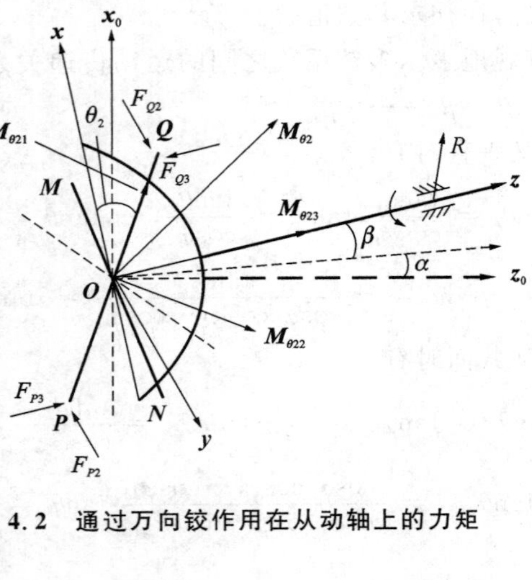

图 4.2 通过万向铰作用在从动轴上的力矩

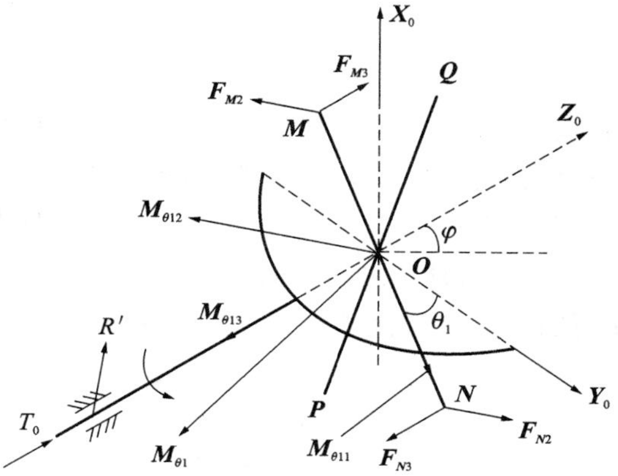

图 4.3　驱动轴上的反作用力矩

在图 4.2 中，$\boldsymbol{M}_{\theta 2}$ 可以分解为沿 OQ 方向的分量 $\boldsymbol{M}_{\theta 21}$、在 xOy 平面且与 OQ 方向正交的分量 $\boldsymbol{M}_{\theta 22}$ 以及沿实际从动轴方向的分量 $\boldsymbol{M}_{\theta 23}$，其中弯曲力矩 $\boldsymbol{M}_{\theta 22}$ 能引起从动轴的弯曲振动，扭矩 $\boldsymbol{M}_{\theta 23}$ 能引起从动轴的扭转振动。由式(4.1)与式(4.2)，三个分量在坐标系 $x_0y_0z_0$ 中可具体表示为：

$$\boldsymbol{M}_{\theta 21}=\boldsymbol{M}_{\theta 2}\cdot q(\theta_2)=[\boldsymbol{M}_0 q(\theta_2)\times n(\theta_1)]\cdot q(\theta_2)=0 \tag{4.29}$$

$$\boldsymbol{M}_{\theta 22}=\boldsymbol{M}_{\theta 2}\cdot q(\theta_2+\frac{\pi}{2})=M_0[\sin\theta_1\sin\beta-\cos\theta_1\cos\beta\sin(\varphi-\alpha)] \tag{4.30}$$

$$\boldsymbol{M}_{\theta 23}=\boldsymbol{M}_{\theta 2}\cdot k=\frac{M_0\cos\theta_1\cos(\varphi-\alpha)}{\cos\theta_2} \tag{4.31}$$

图 4.2 中，F_{P2}、F_{P3}、F_{Q2}、F_{Q3} 分别为从动轴轴叉 P、Q 两点处所受的外力，方向上均与 PQ 垂直，轴承力 R 则垂直于从动轴；作用于从动轴的万向铰传递力矩 $\boldsymbol{M}_{\theta 2}$，是由从动轴轴叉所受力和轴承力共同作用而产生的合力矩。

在图 4.3 中，$\boldsymbol{M}_{\theta 1}$ 可以分解为沿 ON 方向的分量 $\boldsymbol{M}_{\theta 11}$、在 X_0OZ_0 平面且与 ON 方向正交的分量 $\boldsymbol{M}_{\theta 12}$，以及沿驱动轴方向的分量 $\boldsymbol{M}_{\theta 13}$。由式(4.1)与式(4.2)，三个分量在坐标系 $x_0y_0z_0$ 中可具体表示为：

$$\boldsymbol{M}_{\theta 11}=\boldsymbol{M}_{\theta 1}\cdot n(\theta_1)=0 \tag{4.32}$$

$$\boldsymbol{M}_{\theta 12}=\boldsymbol{M}_{\theta 1}\cdot n\left(\theta_1+\frac{\pi}{2}\right)=M_0[\sin\theta_2\sin(\varphi-\alpha)+\cos\theta_2\sin\beta\cos(\varphi-\alpha)] \tag{4.33}$$

$$\boldsymbol{M}_{\theta 13}=\boldsymbol{M}_{\theta 1}\cdot(-K_0)=\frac{M_0\cos\theta_2\cos\beta}{\cos\theta_1} \tag{4.34}$$

图 4.2 中，F_{M2}、F_{M3}、F_{N2}、F_{N3} 分别为驱动轴轴叉 M、N 两点处所受的外力，方向上均与 MN 垂直，轴承力 R' 垂直于驱动轴，弯曲力矩 $\boldsymbol{M}_{\theta 12}$ 以及扭矩 $\boldsymbol{M}_{\theta 13}$ 是由驱动轴轴叉所受力和轴承力共同作用而产生的合力矩。

将 $n(\theta_1)\cdot q(\theta_2)=0$ 对时间 t 求导，并利用式(4.1)、式(4.2)、式(4.31)、式(4.34)，可得：

$$\frac{\mathrm{d}}{\mathrm{d}t}[n(\theta_1)\cdot q(\theta_2)]=\frac{\cos\theta_1\cos(\varphi-\alpha)}{\cos\theta_2}\dot{\theta}_2-\frac{\cos\theta_2\cos\beta}{\cos\theta_1}\dot{\theta}_1=\frac{\boldsymbol{M}_{\theta 23}\dot{\theta}_2-\boldsymbol{M}_{\theta 13}\dot{\theta}_1}{M_0}\equiv 0 \tag{4.35}$$

由上式可得以下两恒等式：

$$\dot{\theta}_2 = \frac{\dot{\theta}_1 \cos^2\theta_2 \cos\beta}{\cos^2\theta_1 \cos(\varphi - \alpha)} \tag{4.36}$$

$$\boldsymbol{M}_{\theta 13}\dot{\theta}_1 = \boldsymbol{M}_{\theta 23}\dot{\theta}_2 \tag{4.37}$$

式(4.36)给出了从动轴速度波动与驱动轴转角、从动轴转角之间的关系表达式，而式(4.37)左端 $\boldsymbol{M}_{\theta 13}\dot{\theta}_1$ 表示驱动轴对十字轴所做功在某一时刻 t 的瞬时功率，右端 $\boldsymbol{M}_{\theta 23}\dot{\theta}_2$ 表示十字轴对从动轴所做功在某一时刻 t 的瞬时功率，二者之间的恒等关系表明旋转轴系在运转过程中无能量损失，反映出在不考虑十字轴与轴叉之间摩擦条件下系统做功的定量关系。

若驱动轴在外扭矩 T_0 的作用下以匀角速度 ω 旋转，则驱动轴处于静平衡状态，应满足条件 $\boldsymbol{M}_{\theta 13} = T_0$，从而得到：

$$M_0 = \frac{T_0 \cos\theta_1}{\cos\theta_2 \cos\beta} \tag{4.38}$$

$$\boldsymbol{M}_{\theta 22} = \frac{T_0 \cos\theta_1 [\sin\theta_1 \sin\beta - \cos\theta_1 \cos\beta \sin(\varphi - \alpha)]}{\cos\theta_2 \cos\beta} \tag{4.39}$$

$$\boldsymbol{M}_{\theta 23} = \frac{T_0 \cos^2\theta_1 \cos(\varphi - \alpha)}{\cos^2\theta_2 \cos\beta} \tag{4.40}$$

式(4.39)、式(4.40)说明，从动轴弯曲力矩 $\boldsymbol{M}_{\theta 22}$ 和扭矩 $\boldsymbol{M}_{\theta 23}$ 与从动轴角速度一样，会产生力矩波动，而且作为从动轴受到的外激励，弯矩或扭矩分量会导致系统的弯曲振动、扭转振动甚至弯扭耦合振动。

4.4 运动学与力矩仿真计算与分析

通过数值仿真考察万向铰的运动学与受力，不仅可以以直观的方式进一步分析、掌握其中的变换规律，而且在振动分析中，可以作为运动和力矩的数值直接代入仿真程序中。

4.4.1 匀速转动状态下不同偏斜情形的运动学仿真

针对万向铰驱动的旋转轴系三种偏斜情形，对从动轴速度波动与主动轴转角之间的理论关系和近似拟合进行仿真比较。假设驱动轴以匀角速度 ω 转动，即 $\dot{\theta}_1 = \omega = 2000$ r/min，驱动轴起始转角 $\theta_0 = \frac{\pi}{2}$。

对于情形Ⅰ($\alpha = 0, \beta = 0, \varphi \neq 0$)，取驱动轴与从动轴夹角为 $\varphi = 30°$。此偏斜情形下从动轴角速度波动与主动轴转角的关系如图 4.4 所示，其中，细实线表示由式(4.4)得到的理论值，$\frac{\dot{\theta}_2}{\dot{\theta}_1}$ 的波动范围为 0.866～1.155，波动周期为 $T = \pi/\omega = 0.015$s，星号线表示由下式

$$\frac{\dot{\theta}_2}{\dot{\theta}_1} = E(1 + F\cos 2\theta_1) \tag{4.41}$$

得到的二者近似关系，其波动范围为 0.856～1.144。由图 4.4 可以看出，两曲线之间的相对误差很小，故利用式(4.41)能够对式(4.4)的曲线进行拟合，较精确地表达出从动轴速度波动与主动轴转角之间的谐波关系和两角速度之间的相对大小关系。

对于情形Ⅱ($\alpha \neq 0, \beta \neq 0, \varphi = 0$)，取实际误差偏斜角 $\alpha = \beta = 0.5°$，驱动轴与从动轴共线。此偏斜情形下从动轴速度波动与主动轴转角的关系如图 4.5 所示，其中，实线表示由式(4.4)得

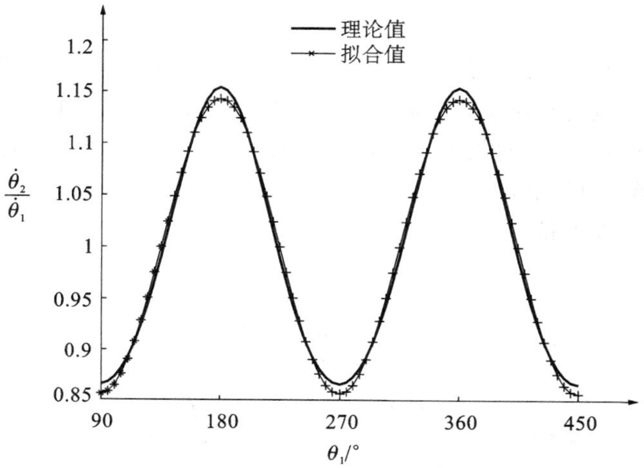

图 4.4　从动轴角速度波动与主动轴转角的关系($\varphi=30°,\alpha=\beta=0$)

到的理论值,星号线表示由式(4.12b)得到的拟合值。由图 4.5 可看出,两曲线之间的相对误差极小,故利用式(4.12b)能够对式(4.4)进行精确拟合,$\frac{\dot{\theta}_2}{\dot{\theta}_1}$的比值在 1 上下微幅波动。

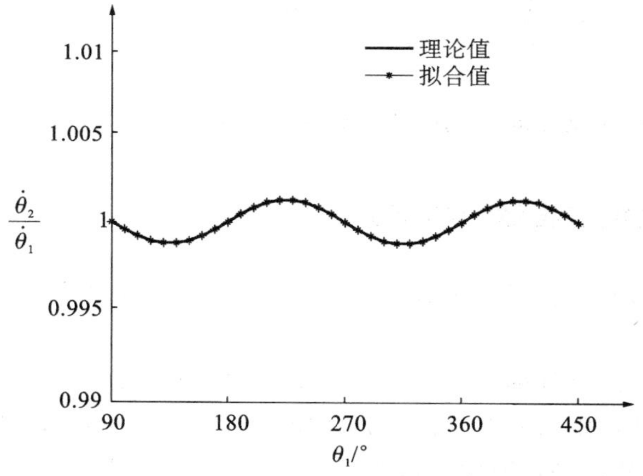

图 4.5　从动轴角速度波动与主动轴转角的关系($\varphi=0,\alpha=\beta=0.5°$)

前面提到,当存在实际误差偏斜且万向铰固有结构偏斜较小时,所得分析结果与情形Ⅱ完全一致,其速度比值也在 1 上下微幅波动。这说明当万向铰固有偏斜角度小至实际误差偏斜相当时,万向铰固有偏斜对轴系的运动学特性影响可以忽略,从而,由万向铰导致的运动非线性约束关系也仅由实际误差偏斜决定,与万向铰固有偏斜无关。

对于情形Ⅲ($\alpha\neq0,\beta\neq0,\varphi\neq0$),取驱动轴与从动轴夹角为 $\varphi=30°$,实际误差偏斜角 $\alpha=\beta=0.2°$。此偏斜情形下从动轴速度波动与主动轴转角的关系如图 4.6 所示,其中,实线表示由式(4.4)得到的理论值,$\frac{\dot{\theta}_2}{\dot{\theta}_1}$的波动范围为 0.868～1.152,波动周期为 $T=\pi/\omega=0.015\text{s}$;星号线表示由下式

$$\frac{\dot{\theta}_2}{\dot{\theta}_1}=\frac{2D}{1+A}[1-R\cos(2\theta_1-U)] \tag{4.42}$$

得到的二者之间的近似关系，其波动范围为 0.858～1.142。由图 4.6 可以看出，利用式(4.42)能够对式(4.4)进行精确拟合。将图 4.6 与图 4.4 相比较可知，其波动范围和波动周期与情形Ⅰ仿真结果基本一致。这说明当万向铰固有偏斜角度较大时，实际误差偏斜对万向铰轴系的运动学特性影响可以忽略，从而，由万向铰导致的运动非线性约束关系也由万向铰固有结构偏斜决定，与实际误差偏斜无关。

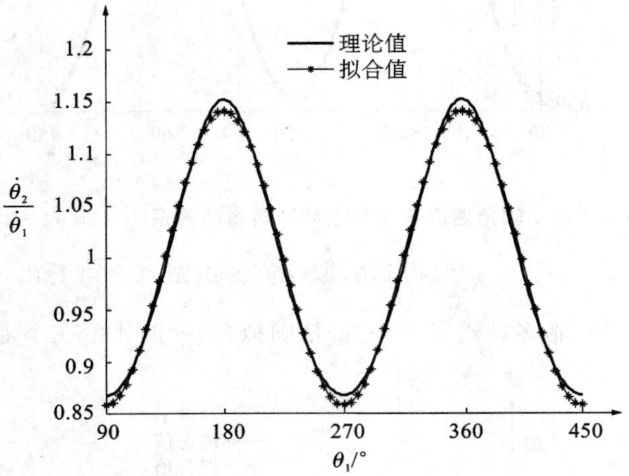

图 4.6 从动轴角速度波动与主动轴转角的关系（$\varphi=30°$，$\alpha=\beta=0.2°$）

4.4.2 单万向铰过渡过程运动学仿真

当给定一组偏斜角 φ、α、β 和主动轴的回转角加速度时，从动轴会出现变化的转动角速度和角加速度值。

取一组偏斜角度 φ、α、β 分别为 10°、2°、2°，当主动轴以角加速度 60 rad/s^2 匀加速转动时，从动轴角速度与角加速度随时间变化情况分别如图 4.7 和图 4.8 所示。从图中可以看出，当主动轴匀加速转动时，从动轴角速度和角加速度呈现一种“类似周期”的波动，具体描述这种特征就是，从动轴角速度依然在主动轴角速度上下波动，但此时从动轴的角速度是线性变化的，而且随着时间的增加从动轴的角速度波动幅值不变，频率变快；从动轴的角加速度在主动轴角加速度上下波动，但是波动幅值随时间增加而增大，频率随时间增加而变快。

下面考察万向铰固有偏斜角 φ 对万向铰运动波动的影响。令万向铰的误差偏斜角 α、β 均为 0°，偏斜角 φ 分别取 10°、15°、20°，从动轴与主动轴间角速度比值和角加速度的比值随时间变化情况分别如图 4.9 和图 4.10 所示。图 4.9 和图 4.10 表明，固有偏斜角对万向铰运动波动的影响与误差偏斜角类似，随着结构偏斜角的增大，角速度和角加速度的波动幅度增大，波动的起伏特性没有变化，即达到波动峰值的时刻不变。

过渡过程运动学需要考虑主动轴的输入角加速度，下面研究主动轴角加速度对万向铰运动波动的影响。

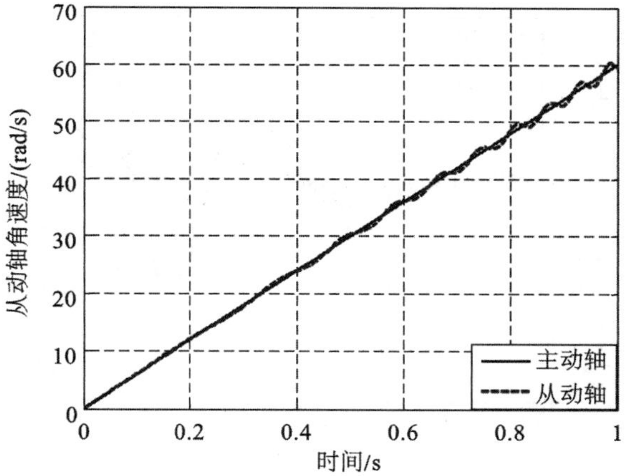

图 4.7 过渡过程从动轴角速度随时间的变化情况

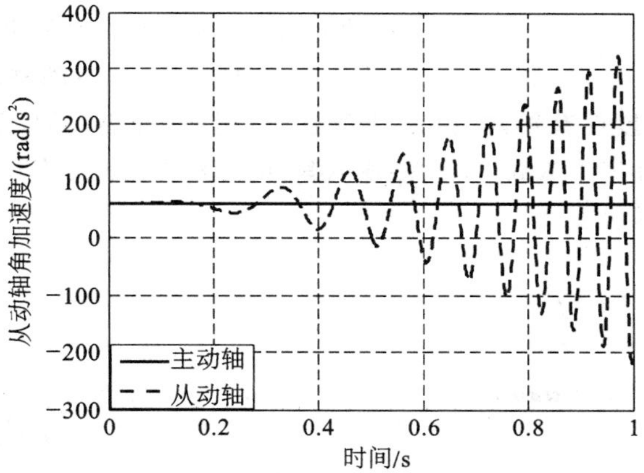

图 4.8 过渡过程从动轴角加速度随时间的变化情况

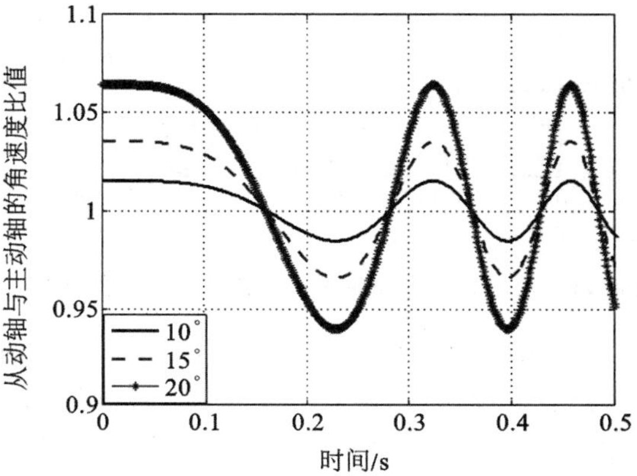

图 4.9 从动轴与主动轴角速度比值随时间的变化情况

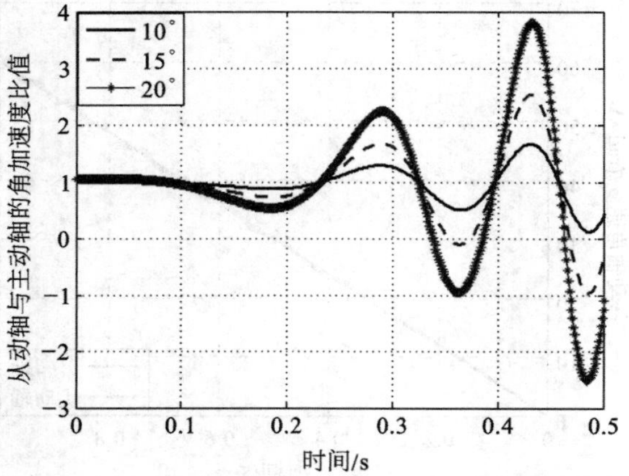

图 4.10　从动轴与主动轴角加速度比值随时间的变化情况

在万向铰开始传动的 0.5 s 时间内，偏斜角 φ、α、β 分别为 10°、2°、0°时，取主动轴输入角加速度为 30 rad/s²、60 rad/s²、90 rad/s² 三种情况，从动轴与主动轴角速度比值和角加速度比值分别如图 4.11、图 4.12 所示。图 4.11 和图 4.12 中曲线显示，**主动轴输入角加速度增大对于从动轴的角速度波动幅度没有影响，只是使其波动“周期”变小，即使波动达到峰值的时刻提前；而对于从动轴的角加速度来说，主动轴输入角加速度增大不仅使其波动达到峰值的时刻提前，同时还导致其波动幅度变大**。

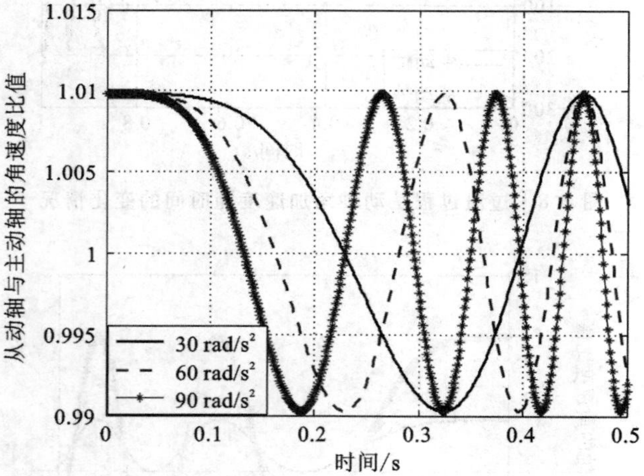

图 4.11　从动轴与主动轴角速度比值随时间的变化情况

分析式(4.4)和式(4.6)，并结合仿真所得到的规律可知，当结构偏斜和误差偏斜角均为 0°时，主动轴与从动轴间偏斜消失，此时从动轴与主动轴的角速度和角加速度比值均为 1，即引起的角速度和角加速度波动为 0，从动轴与主动轴同步转动。当结构偏斜角为 90°，误差偏斜为 0°时（误差偏斜不可能是大角度），主动轴与从动轴垂直，此时从动轴与主动轴的角速度和角加速度比值均为 0，从动轴自锁而不能转动。

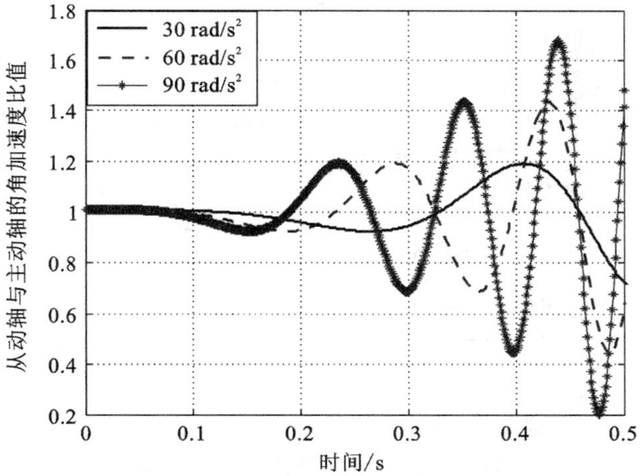

图 4.12　从动轴与主动轴角加速度比值随时间的变化情况

4.4.3　多万向铰过渡过程运动学仿真

对于多万向铰传动的偏斜轴系来说，当已知整个传动轴系串联的万向铰个数、每个万向铰处的轴夹角、系统主动轴的输入角加速度时，可由上面推导的理论公式编制程序，计算系统从动轴的输出运动特性。

例如，以由四个万向铰串联成的传动轴系为研究对象，研究机器启动 0.5 s 时间段内的过渡过程。取主动轴输入角加速度为 60 rad/s^2，四个万向铰的误差偏斜 α、β 均为 0°，结构偏斜角 φ 分别为 $\varphi_1=4°$、$\varphi_2=6°$、$\varphi_3=6°$、$\varphi_4=4°$，每个万向铰处的从动轴与主动轴角速度比值和角加速度比值随时间的变化情况如图 4.13 至图 4.16 所示。

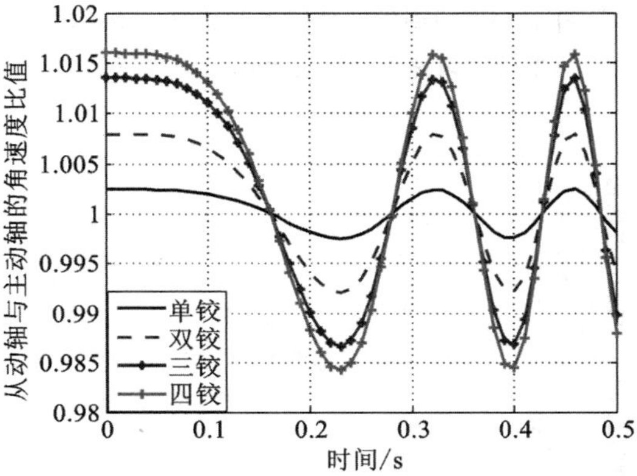

图 4.13　中间轴两端轴叉垂直时从动轴与主动轴角速度比值随时间的变化情况

图中表明：中间轴两端轴叉共面时，每个万向铰处的从动轴与主动轴角速度比值和角加速度比值达到峰值的时间是不同步的，而且每个万向铰偏斜角对前一个万向铰偏斜角在整个传动轴系上引起的运动波动具有抵消作用。中间轴两端轴叉垂直时，每个万向铰处的从动轴与

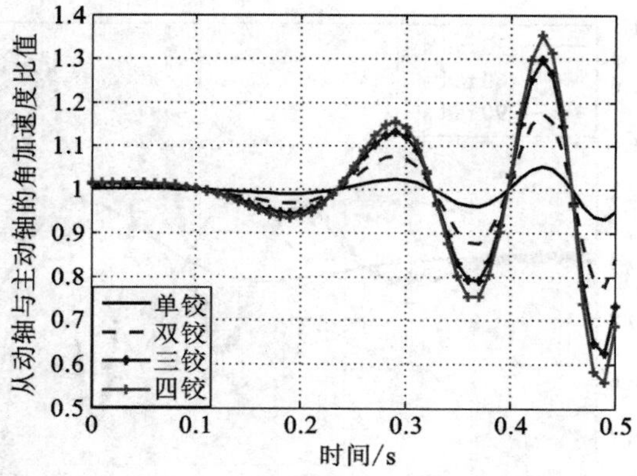

图 4.14 中间轴两端轴叉垂直时从动轴与主动轴角加速度比值随时间的变化情况

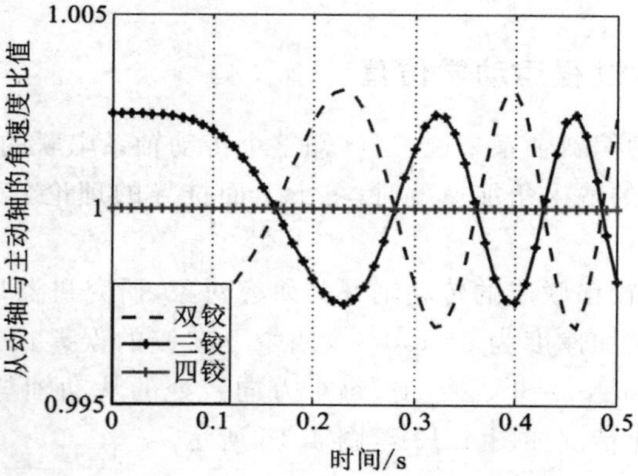

图 4.15 中间轴两端轴叉共面时从动轴与主动轴角速度比值随时间的变化情况

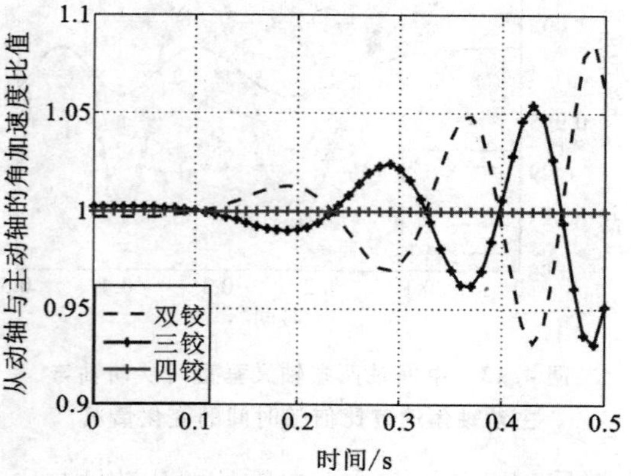

图 4.16 中间轴两端轴叉共面时从动轴与主动轴角加速度比值随时间的变化情况

主动轴角速度比值和角加速度比值分别同步达到波动峰值，只是运动波动的幅值随传动轴系中串联万向铰个数的增多而变大，即每个万向铰偏斜角对前一个万向铰偏斜角在整个传动轴系上引起的运动波动具有放大作用。

对比图4.13和图4.15、图4.14和图4.16还可以看出，除了单铰传动轴系外，中间轴两端轴叉共面时，每个万向铰从动轴与主动轴的角速度比值和角加速度比值都比中间轴两端轴叉垂直时波动幅度小。

4.4.4　匀速转动状态下不同偏斜情形的传递力矩仿真

设驱动轴处于匀速运动状态，角速度 $\omega=2000$ r/min，驱动轴所受外扭矩 $T_0=1700$ N·m，驱动轴起始转角为 $\theta_0=\frac{\pi}{2}$。与运动学分析偏斜情形相同，在情形Ⅰ($\varphi=30°$，$\alpha=\beta=0$)、情形Ⅱ($\varphi=0$，$\alpha=\beta=0.5°$)、情形Ⅲ($\varphi=30°$，$\alpha=\beta=0.2°$)三种不同条件下，分别对万向铰传递力矩的两个分量即弯曲力矩和扭矩分量进行仿真与分析。

图4.17给出了三种不同情形下从动轴所受弯曲力矩 $\boldsymbol{M}_{\theta22}$ 随时间的变化曲线，情形Ⅰ用星号表示，情形Ⅱ用粗实线表示，情形Ⅲ用虚线表示。三种情形下弯矩的变化周期均为0.015 s。

通过不同情形下 $\boldsymbol{M}_{\theta22}$ 的比较可看出：情形Ⅰ与情形Ⅲ的弯矩曲线基本一致，力矩波动范围均为851 N·m，只是两者之间的最大值、最小值稍有不同。情形Ⅱ的弯矩曲线与上述两曲线比较起来，力矩值较小，并且其力矩波动也较小，仅为34 N·m，这表明实际偏斜误差引起的弯曲力矩并不大。如果从强度校核与设计的角度考虑，当万向铰结构引起的偏斜角较大时，可以在计算时忽略实际误差偏斜对弯曲力矩的影响，但如果从弯曲振动的角度分析，尤其是当万向铰结构偏斜角较小时，由实际偏斜误差引起的弯曲力矩不可忽略。

图4.18给出了三种不同情形下从动轴所受扭矩 $\boldsymbol{M}_{\theta23}$ 随时间的变化曲线，情形Ⅰ用星号表示，情形Ⅱ用粗实线表示，情形Ⅲ用虚线表示。三种情形下扭矩的变化周期均为0.015 s。

通过不同情形下 $\boldsymbol{M}_{\theta23}$ 的比较可以看出，情形Ⅰ与情形Ⅲ的扭矩曲线变化规律基本相同，二者误差仅为3.7%。情形Ⅱ的扭矩在1700 N·m上下很小范围内变化，虽然产生的波动极小，但其波动频率会对系统的扭转振动产生影响。

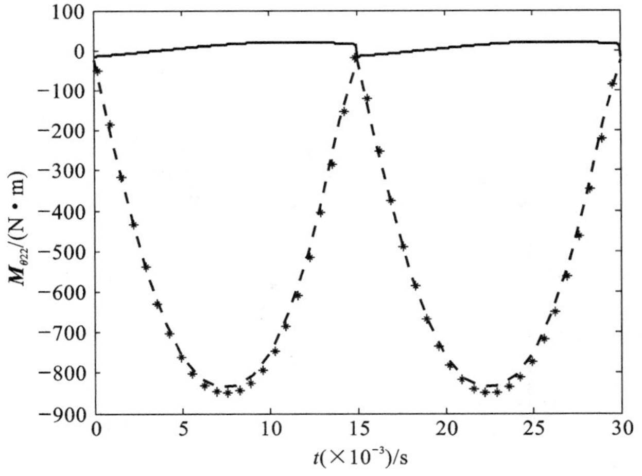

图4.17　三种不同情形下的弯矩 $\boldsymbol{M}_{\theta22}$ 随时间的变化曲线

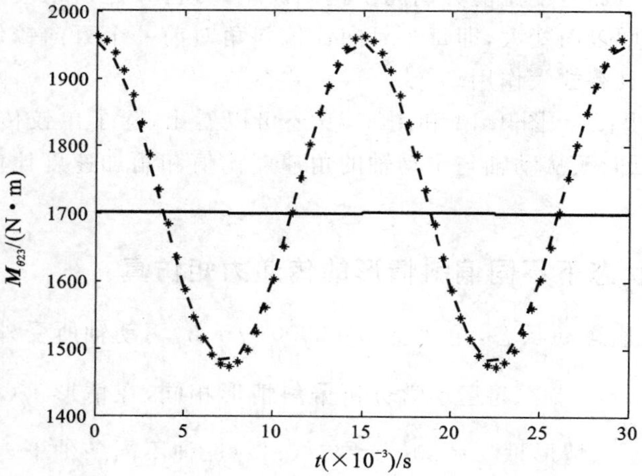

图 4.18　三种不同情形下的扭矩 $M_{\theta 23}$ 随时间的变化曲线

综上所述，在实际工况下，当万向铰结构引起的偏斜角较大时，根据对情形Ⅰ与情形Ⅲ进行分析，由于实际偏斜误差一般非常小，它对于万向铰传递力矩的影响因素可以忽略，此时从动轴受到的弯曲力矩和扭矩主要由万向铰结构偏斜角 φ 决定。而当万向铰结构引起的偏斜角较小时，与偏斜轴系运动学分析相类似，可将式(4.36)中的 $\varphi-\alpha$ 当作一个偏斜角，以 $\varphi=0$、α 仍当作实际误差偏斜角来处理，这样万向铰传递力矩可按情形Ⅱ分析，从动轴受到的弯曲力矩和扭矩主要由实际误差偏斜角 α、β 决定。

4.4.5　过渡过程中万向铰传递力矩仿真

下面考察偏斜误差角对于传递力矩波动的影响。令主动轴输入角加速度为 60 rad/s^2，万向铰结构偏斜角 φ 和误差偏斜角 β 均为 0°，误差偏斜角 α 分别取 2°、4°、8°，从动轴上传递力矩(弯矩)波动如图 4.19 所示。保持其他条件不变，令误差偏斜角 α、β 均为 0°，固有偏斜角 φ 分别取 10°、15°、20°得到从动轴上传递力矩(弯矩)波动如图 4.20 所示。

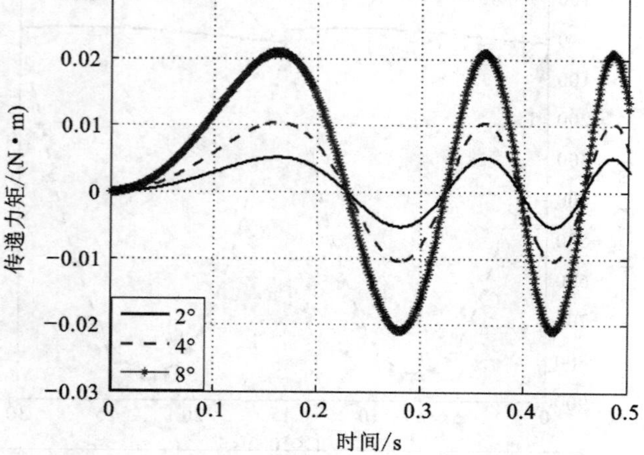

图 4.19　从动轴传递力矩(弯矩)波动(一)

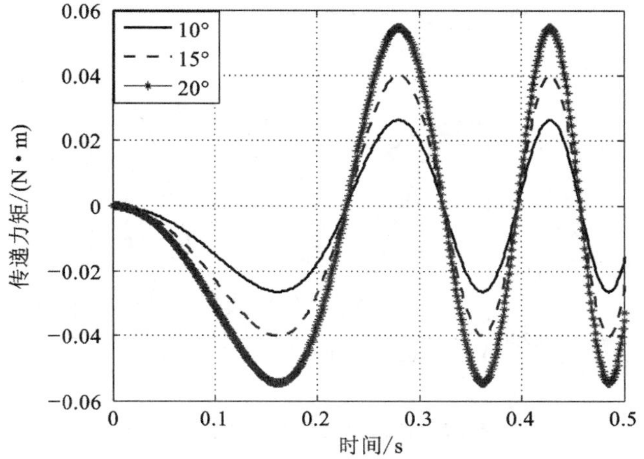

图 4.20 从动轴传递力矩(弯矩)波动(二)

图中曲线显示,结构偏斜角和误差偏斜角对传递力矩的影响是类似的,当偏斜角增大时,传递力矩波动幅值增大,但是波动频率不受影响,即传递力矩的峰值时刻不随偏斜角变化。

下面考察主动轴加速度对传递力矩的影响。图 4.21 和图 4.22 分别给出了偏斜角度 φ、α、β 为 10°、2°、2°时,弯矩和轴向力矩分量随主动轴角加速度变化的波动情况。

图 4.21 和图 4.22 表明:当主动轴角加速度增大时,传递力矩各分量的波动幅度几乎保持不变,但是达到波动峰值的时刻均相应提前。

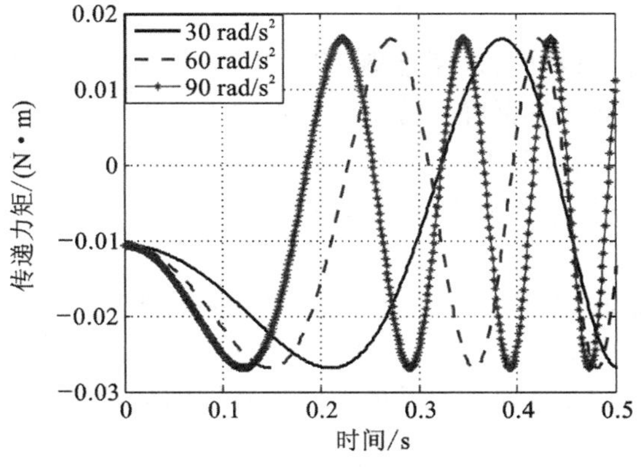

图 4.21 弯矩随时间的变化曲线

我们看到,无论万向铰轴系处于何种的组合和安装情况,也无论转动处于匀速状态还是过渡过程,都可以利用运动学和力矩公式,获得仿真数据,由此我们可以观察主动轴与从动轴在运动学和力矩方面的关系,并进行振动分析。从下一章开始,将陆续论述万向铰偏斜轴系的各种形式的振动及稳定性问题。

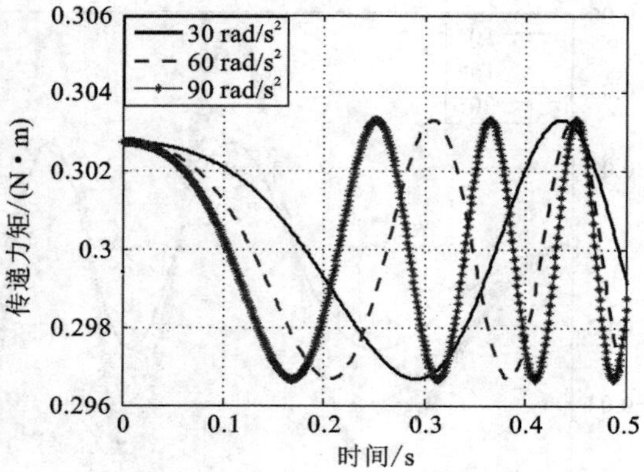

图 4.22 轴向力矩随时间的变化曲线

参考文献

[1] LAURENCE E J. Velocity and Acceleration Analysis of Universal Joints [J]. Machine Design,1942,14(11):93-94.

[2] 羊拯民.传动轴和万向节[M].北京:人民交通出版社,1986.

[3] 伍德荣,肖生发,陶健民.万向节和传动轴:分析、设计、应用[M].北京:北京理工大学出版社,1998.

[4] 施高义.联轴器、离合器与制动器:机械设计手册(第3卷)[M].北京:机械工业出版社,2004.

[5] 阮忠唐.联轴器、离合器设计与选用指南[M].北京:化学工业出版社,2006.

[6] 朱金榴,胡秉臣.双万向联轴器静力分析[J].吉林工业大学学报,1995,25(4):72-79.

[7] 李景贤.高速动力车传动万向轴运动分析[J].铁道学报,1997,19(3):37-41.

[8] 贾晓红,金德闻,张济川.滚动伸缩式万向传动轴的运动和受力分析[J].机械科学与技术,2001,20(2):244-247.

[9] 任少云,朱正礼,张建武.双十字轴万向节传动力学建模与仿真[J].上海交通大学学报,2004,38(11):1922-1927.

[10] 朱拥勇,冯昌林,王德石.万向铰驱动的偏斜旋转轴的运动学分析[J].机械传动,2010,34(8):6-9,12.

[11] 朱拥勇,王德石,冯昌林.万向铰驱动的偏斜旋转轴的传递力矩分析[J].海军工程大学学报,2010,22(5):5-9.

[12] 冯昌林,王德石,朱拥勇.变工况条件下多万向铰驱动轴系的运动特性分析[J].机械设计与制造,2011(4):185-187.

5 万向铰连接轴系的扭转振动及其稳定性

万向铰驱动线的力矩和运动波动必然使轴系振动，包括弯曲振动和扭转振动，以及弯扭耦合振动。前面陆陆续续介绍了偏斜轴系的基本振动模型和结果，例如第3章中介绍的Rosenberg的振动与稳定性分析工作。现在，在全面分析了万向铰驱动线在各种偏斜角度下的运动和力矩之后，就有条件进一步考虑这些运动关系和力矩关系，建立振动模型并分析各种类型的振动。让我们先从扭转振动开始，逐步论述轴系在相应偏斜情形下的各种振动与稳定性问题。

本章在考虑万向铰固有偏斜与实际偏斜误差时，介绍旋转轴系的非线性扭振模型及共振特性。首先建立偏斜轴系的扭转振动模型，利用多尺度方法导出系统的幅频特性与相频特性，获得系统主共振、超谐波共振特性随驱动轴转速的变化规律。然后运用李雅普诺夫第一近似稳定性理论，针对幅频、相频特性曲线，分析其平衡点的稳定性，以此分别确定主共振、超谐波共振振幅与相位随调谐参数变化的稳定区与不稳定区。

5.1 偏斜轴系扭转振动模型

为了建立偏斜轴系扭转振动模型，假设：(1)驱动轴与从动轴为无质量杆件；(2)支承驱动轴与从动轴的轴承足够长，系统弯曲振动可忽略；(3)不考虑万向铰十字轴的质量，且十字轴与轴叉之间无摩擦。

图5.1中，设驱动轴和从动轴的扭转刚度分别为S_1、S_2，驱动轴转动角速度ω为定值，万向铰两端的输入角以及输出角分别为θ_1、θ_2(即万向铰两端的驱动轴转角与从动轴转角)，实际从动轴上负载的转动惯量为J，黏性阻尼为$c(c>0)$，负载端的转角为ψ。

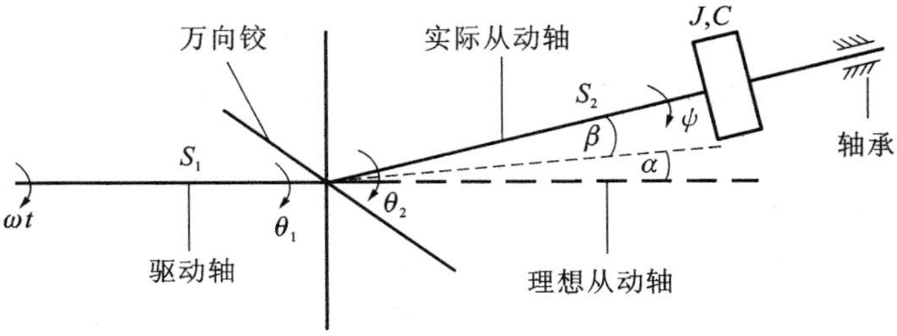

图5.1 偏斜轴系扭转振动模型

作用在惯性负载上的力矩有从动轴对负载产生的扭矩，以及负载受到的黏性阻尼扭矩，则惯性负载的动力学方程为：

$$J\ddot{\psi} + c\dot{\psi} = S_2(\theta_2 - \psi) \tag{5.1}$$

万向铰输入端所受力矩为 $S_1(\omega t-\theta_1)$，输出端产生的力矩为 $S_2(\theta_2-\psi)$。在假设万向铰传动过程中无摩擦的前提下，根据上一章的分析，驱动轴对万向铰所做功在某一时刻 t 的瞬时功率，应恒等于十字轴对从动轴所做功在该时刻的瞬时功率，即：

$$S_1(\omega t-\theta_1)\dot{\theta}_1=S_2(\theta_2-\psi)\dot{\theta}_2 \tag{5.2}$$

对于实际误差偏斜，由于可通过制造与安装工艺进行控制，所以偏斜角 α、β 可设为小角度。这里我们进一步考虑万向铰固有结构偏斜 φ 也较小的情况。将式(4.12b)代入式(5.2)中，并对时间 t 求导，得到：

$$\psi=\theta_2-\frac{S_1}{S_2}(\omega t-\theta_1)(1-\alpha\beta\sin 2\theta_1) \tag{5.3}$$

$$\dot{\psi}=\frac{\dot{\theta}_1}{1-\alpha\beta\sin 2\theta_1}-\frac{S_1}{S_2}(\omega-\dot{\theta}_1)(1-\alpha\beta\sin 2\theta_1)+\frac{S_1}{S_2}(\omega t-\theta_1)\cdot 2\alpha\beta\cos 2\theta_1\cdot\dot{\theta}_1 \tag{5.4}$$

$$\begin{aligned}\ddot{\psi}=&\frac{\ddot{\theta}_1}{1-\alpha\beta\sin 2\theta_1}+\frac{2\alpha\beta\cos 2\theta_1\cdot\dot{\theta}_1^2}{(1-\alpha\beta\sin 2\theta_1)^2}+\frac{S_1}{S_2}(1-\alpha\beta\sin 2\theta_1)\cdot\ddot{\theta}_1+\frac{S_1}{S_2}(\omega-\dot{\theta}_1)\cdot 2\alpha\beta\cos 2\theta_1\cdot\dot{\theta}_1\\&+\frac{S_1}{S_2}(\omega t-\theta_1)\cdot 2\alpha\beta\cos 2\theta_1\cdot\ddot{\theta}_1+\frac{S_1}{S_2}(\omega-\dot{\theta}_1)\cdot 2\alpha\beta\cos 2\theta_1\cdot\dot{\theta}_1-\frac{S_1}{S_2}(\omega t-\theta_1)\cdot 4\alpha\beta\sin 2\theta_1\cdot\dot{\theta}_1^2\end{aligned} \tag{5.5}$$

设 $x=\theta_1-\omega t$，表示驱动轴端的扭转振动，则 $\dot{x}=\dot{\theta}_1-\omega$，$\ddot{x}=\ddot{\theta}_1$，将式(5.3)至式(5.5)代入式(5.1)中，并令 $\alpha\beta=\varepsilon$，同时对方程作无量纲化处理，取

$$\text{参考频率 }\omega_0=\sqrt{\frac{S_1S_2}{J(S_1+S_2)}}\text{，扭转刚度系数比 }\rho=\frac{S_2}{S_1+S_2}\text{，}\frac{c}{J}=2\varepsilon\mu\omega_0$$

其中 c 表示扭转系统负载黏性阻尼，μ 为负载黏性阻尼系数，ε 为小参数量，经推导可得：

$$\begin{aligned}&\ddot{x}+\omega_0^2x+2\varepsilon\mu\rho\omega\omega_0\\&+\varepsilon\{2\rho\omega^2\cos(2x+2\omega t)+[4(1-\rho)\omega^2\sin(2x+2\omega t)-3\omega_0^2\sin(2x+2\omega t)]x\\&+2[\mu\omega_0+2(2\rho-1)\omega\cos(2x+2\omega t)]\dot{x}+(2\rho-3)\sin(2x+2\omega t)\ddot{x}+8(1-\rho)\omega\sin(2x\\&+2\omega t)x\dot{x}-2(1-\rho)\cos(2x+2\omega t)x\ddot{x}+2(3\rho-2)\cos(2x+2\omega t)\dot{x}^2\\&+4(1-\rho)\sin(2x+2\omega t)\cdot x\dot{x}^2\}+o(\varepsilon^2)=0\end{aligned} \tag{5.6}$$

这里只分析系统的一次近似周期解，因此可忽略常数项 $2\varepsilon\mu\rho\omega\omega_0$，并且 ε 的二阶小量均用 $o(\varepsilon^2)$ 表示。在 $x=0$ 处，将 $\cos(2x+2\omega t)$、$\sin(2x+2\omega t)$ 作如下三角函数展开：

$$\cos(2x+2\omega t)=\cos(2\omega t)-2x\sin(2\omega t)$$

$$\sin(2x+2\omega t)=\sin(2\omega t)+2x\cos(2\omega t)$$

代入式(5.6)，得到偏斜系统的一次近似非线性扭振模型：

$$\begin{aligned}&\ddot{x}+\omega_0^2x\\&+\varepsilon\{[2\rho\omega^2\cos(2\omega t)+(4\omega^2-3\omega_0^2-8\rho\omega^2)\sin(2\omega t)x+2(4\omega^2-3\omega_0^2-4\rho\omega^2)\cos(2\omega t)x^2]\\&+[2\mu\omega_0+4(2\rho-1)\omega\cos(2\omega t)-8(3\rho-2)\omega\sin(2\omega t)x-16(\rho-1)\omega\cos(2\omega t)x^2]\dot{x}\\&+[(2\rho-3)\sin(2\omega t)+2(3\rho-4)\cos(2\omega t)x-4(\rho-1)\sin(2\omega t)x^2]\ddot{x}\\&+[2(3\rho-2)\cos(2\omega t)-4(4\rho-3)\sin(2\omega t)x-8(\rho-1)\cos(2\omega t)x^2]\dot{x}^2\}=0\end{aligned} \tag{5.7}$$

由方程(5.7)可以看出，在固有偏斜与实际误差偏斜共同作用下，且万向铰固有偏斜角度较小时，万向铰偏斜轴系的扭转振动是形如 $\ddot{x}+\omega_0^2x+\varepsilon f(x,\dot{x},\ddot{x},t)=0$ 的非自治振动系统方程，$f(x,\dot{x},\ddot{x},t)$ 是非线性函数。由于 $\varepsilon\ll 1$，是微小摄动量，方程(5.7)为弱非线性振动方程，所以采用多尺度法可求得其近似解。方程(5.7)中，由于存在 $2\varepsilon\rho\omega^2\cos(2\omega t)$ 项，因此，该扭转振

动为非线性受迫振动系统。

5.2 偏斜轴系扭振模型的多尺度解

5.2.1 主共振情形($\omega=\omega_0$)

首先研究偏斜轴系主共振情形下的一次近似解。当 $\varepsilon=0$ 时,若式(5.7)所对应的派生系统的固有频率为 ω_0($\omega_0=\sqrt{\dfrac{S_1S_2}{J(S_1+S_2)}}$),令

$$\omega = \omega_0 + \varepsilon\sigma \tag{5.8}$$

调谐参数 σ 是 ω 和 ω_0 接近程度的定量描述。

按照多尺度法,引入表示不同尺度的时间变量 $T_0=t$、$T_1=\varepsilon t$,则方程(5.7)的解可表示为:

$$x(T_0,T_1) = x_0(T_0,T_1) + \varepsilon x_1(T_0,T_1) \tag{5.9}$$

将式(5.8)、式(5.9)代入式(5.7)中,并令 ε 的同次幂系数为 0,得到:

$$D_0^2x_0 + \omega_0^2x_0 = 0 \tag{5.10}$$

$$\begin{aligned}
&D_0^2x_1+\omega_0^2x_1+2D_0D_1x_0\\
&+\omega_0^2[2\rho\cos(2\omega T_0)-(8\rho-1)\sin(2\omega T_0)x_0-2(4\rho-1)\cos(2\omega T_0)x_0^2]\\
&+2\mu\omega_0D_0x_0+4\omega_0[(2\rho-1)\cos(2\omega T_0)-2(3\rho-2)\sin(2\omega T_0)x_0\\
&-4(\rho-1)\cos(2\omega T_0)x_0^2]D_0x_0+[(2\rho-3)\sin(2\omega T_0)+2(3\rho-4)\cos(2\omega T_0)x_0\\
&-4(\rho-1)\sin(2\omega T_0)x_0^2]D_0^2x_0+[2(3\rho-2)\cos(2\omega T_0)-4(4\rho-3)\sin(2\omega T_0)x_0\\
&-8(\rho-1)\cos(2\omega T_0)x_0^2](D_0x_0)^2=0
\end{aligned}\tag{5.11}$$

零阶近似偏微分方程(5.10)的解可设为:

$$x_0 = a\cos(\omega_0T_0+\varphi) \tag{5.12}$$

其中 $a=a(T_1)$,$\varphi=\varphi(T_1)$。将式(5.12)代入一次近似方程(5.11)中,得到:

$$\begin{aligned}
&D_0^2x_1+\omega_0^2x_1-2[a'\omega_0\sin(\omega_0T_0+\varphi)+a\omega_0\cos(\omega_0T_0+\varphi)\varphi']+2\rho\omega_0^2\cos(2\omega T_0)\\
&-2\mu a\omega_0^2\sin(\omega_0T_0+\varphi)+\omega_0^2[-(8\rho-1)\sin(2\omega T_0)x_0-2(4\rho-1)\cos(2\omega T_0)x_0^2]\\
&-4a\omega_0^2[(2\rho-1)\cos(2\omega T_0)-2(3\rho-2)\sin(2\omega T_0)x_0\\
&-4(\rho-1)\cos(2\omega T_0)x_0^2]\sin(\omega_0T_0+\varphi)-a\omega_0^2[(2\rho-3)\sin(2\omega T_0)\\
&+2(3\rho-4)\cos(2\omega T_0)x_0-4(\rho-1)\sin(2\omega T_0)x_0^2]\cos(\omega_0T_0+\varphi)\\
&+a^2\omega_0^2[2(3\rho-2)\cos(2\omega T_0)-4(4\rho-3)\sin(2\omega T_0)x_0\\
&-8(\rho-1)\cos(2\omega T_0)x_0^2]\sin^2(\omega_0T_0+\varphi)=0
\end{aligned}\tag{5.13}$$

其中,a'、φ' 表示对 T_1 求导。对式(5.13)进行三角函数计算与化简,由于 $\omega=\omega_0+\varepsilon\sigma$,注意到:

$$2\omega T_0 - \omega_0T_0 - \varphi = \omega_0T_0 + \varphi + (2\sigma T_1 - 2\varphi) \tag{5.14}$$

$$2\omega T_0 - 3\omega_0T_0 - 3\varphi = -[\omega_0T_0 + \varphi - (2\sigma T_1 - 2\varphi)] \tag{5.15}$$

为使 x_1 有周期解,将式(5.14)、式(5.15)代入式(5.13),消去久期项,得到以下条件:

$$a' = -\mu a\omega_0 - \frac{1}{2}a\omega_0[\rho + a^2(3\rho-2)]\cos(2\sigma T_1 - 2\varphi) \tag{5.16}$$

$$\varphi' = -\frac{1}{2}\omega_0[\rho + 2a^2(\rho-1)]\sin(2\sigma T_1 - 2\varphi) \tag{5.17}$$

令 $\gamma=\sigma T_1-\varphi$，上两式化为：

$$a'=-\mu a\omega_0-\frac{1}{2}a\omega_0[\rho+a^2(3\rho-2)]\cos 2\gamma \tag{5.18}$$

$$\gamma'=\sigma+\frac{1}{2}\omega_0[\rho+2a^2(\rho-1)]\sin 2\gamma \tag{5.19}$$

由式(5.18)和式(5.19)组成的一阶常微分方程组的非零常值解对应于系统的周期运动。令 $a'=\gamma'=0$，导出 a、γ 的常值解 a_s、γ_s 应满足条件：

$$2\mu+[\rho+a_s^2(3\rho-2)]\cos 2\gamma_s=0 \tag{5.20}$$

$$2\sigma+\omega_0[\rho+2a_s^2(\rho-1)]\sin 2\gamma_s=0 \tag{5.21}$$

在满足式(5.20)、式(5.21)的条件下，零阶近似方程(5.10)的周期解 x_0[式(5.12)]，再加上由式(5.13)消去久期项后求出的周期特解 x_1，即可得到扭振系统在主共振情形下的一阶近似周期解：

$$x_s(t)=x_0(t)+\varepsilon x_1(t) \tag{5.22}$$

5.2.2 超谐波共振情形($\omega=\omega_0/2$)

研究偏斜轴系超谐波共振情形下的一次近似解。令

$$\omega=\frac{1}{2}\omega_0+\varepsilon\sigma \tag{5.23}$$

即驱动轴转动角速度接近派生系统固有频率的1/2。

按照多尺度法，将式(5.9)、式(5.23)代入式(5.7)中，并令 ε 的同次幂系数为0，得到一次近似方程：

$$\begin{aligned}
&D_0^2x_1+\omega_0^2x_1+2D_0D_1x_0\\
&+\frac{1}{2}\omega_0^2[\rho\cos(2\omega T_0)-4(\rho+1)\sin(2\omega T_0)x_0-4(\rho+2)\cos(2\omega T_0)x_0^2]\\
&+2\mu\omega_0D_0x_0+2\omega_0[(2\rho-1)\cos(2\omega T_0)-2(3\rho-2)\sin(2\omega T_0)x_0\\
&-4(\rho-1)\cos(2\omega T_0)x_0^2]D_0x_0+[(2\rho-3)\sin(2\omega T_0)+2(3\rho-4)\cos(2\omega T_0)x_0\\
&-4(\rho-1)\sin(2\omega T_0)x_0^2]D_0^2x_0+[2(3\rho-2)\cos(2\omega T_0)-4(4\rho-3)\sin(2\omega T_0)x_0\\
&-8(\rho-1)\cos(2\omega T_0)x_0^2](D_0x_0)^2=0
\end{aligned} \tag{5.24}$$

将式(5.12)代入一次近似方程(5.24)中得：

$$\begin{aligned}
&D_0^2x_1+\omega_0^2x_1-2[a'\omega_0\sin(\omega_0T_0+\varphi)+a\omega_0\cos(\omega_0T_0+\varphi)\varphi']+\frac{1}{2}\rho\omega_0^2\cos(2\omega T_0)\\
&-2\mu a\omega_0^2\sin(\omega_0T_0+\varphi)-2\omega_0^2[(\rho+1)\sin(2\omega T_0)x_0+(\rho+2)\cos(2\omega T_0)x_0^2]\\
&-2a\omega_0^2[(2\rho-1)\cos(2\omega T_0)-2(3\rho-2)\sin(2\omega T_0)x_0\\
&-4(\rho-1)\cos(2\omega T_0)x_0^2]\sin(\omega_0T_0+\varphi)-a\omega_0^2[(2\rho-3)\sin(2\omega T_0)\\
&+2(3\rho-4)\cos(2\omega T_0)x_0-4(\rho-1)\sin(2\omega T_0)x_0^2]\cos(\omega_0T_0+\varphi)\\
&+a^2\omega_0^2[2(3\rho-2)\cos(2\omega T_0)-4(4\rho-3)\sin(2\omega T_0)x_0\\
&-8(\rho-1)\cos(2\omega T_0)x_0^2]\sin^2(\omega_0T_0+\varphi)=0
\end{aligned} \tag{5.25}$$

对式(5.25)进行三角函数计算与化简，由于 $\omega=\frac{1}{2}\omega_0+\varepsilon\sigma$，注意到：

$$2\omega T_0=\omega_0T_0+\varphi+(2\sigma T_1-\varphi) \tag{5.26}$$

$$2\omega T_0 - 2\omega_0 T_0 - 2\varphi = -[\omega_0 T_0 + \varphi - (2\sigma T_1 - \varphi)] \tag{5.27}$$

为使 x_1 有周期解，将式(5.26)、式(5.27)代入式(5.25)，消去久期项，得：

$$a' = -\mu a\omega_0 - \frac{1}{4}\{\rho\omega_0 - a^2\omega_0[\rho + 2a^2(\rho-1)]\}\sin(2\sigma T_1 - \varphi) \tag{5.28}$$

$$\varphi' = \frac{1}{4}\left\{\frac{\rho\omega_0}{a} - a\omega_0[3\rho + 2a^2(\rho-1)]\right\}\cos(2\sigma T_1 - \varphi) \tag{5.29}$$

令 $\gamma = 2\sigma T_1 - \varphi$，上两式化为：

$$a' = -\mu a\omega_0 - \frac{1}{4}\{\rho\omega_0 - a^2\omega_0[\rho + 2a^2(\rho-1)]\}\sin\gamma \tag{5.30}$$

$$\gamma' = 2\sigma - \frac{1}{4}\left\{\frac{\rho\omega_0}{a} - a\omega_0[3\rho + 2a^2(\rho-1)]\right\}\cos\gamma \tag{5.31}$$

由式(5.30)和式(5.31)组成的一阶常微分方程组的非零常值解对应于系统的周期运动。令 $a'=\gamma'=0$，导出 a、γ 的常值解 a_s、γ_s 应满足条件：

$$\mu a_s + \frac{1}{4}\{\rho - a_s^2[\rho + 2a_s^2(\rho-1)]\}\sin\gamma_s = 0 \tag{5.32}$$

$$2\sigma - \frac{\omega_0}{4a_s}\{\rho - a_s^2[3\rho + 2a_s^2(\rho-1)]\}\cos\gamma_s = 0 \tag{5.33}$$

在满足式(5.32)、式(5.33)条件下，零阶近似方程(5.10)的周期解 x_0[式(5.12)]，再加上由式(5.25)消去久期项后求出的周期特解 x_1，同样可得到非线性扭振模型在超谐波共振情形下的一阶近似周期解。

5.3　不同共振模式的幅频特性与相频特性

5.3.1　主共振的幅频特性与相频特性

由式(5.20)、式(5.21)，得到：

$$\sigma_1 = \sigma = \frac{\omega_0[\rho + 2a_s^2(\rho-1)]}{2}\sqrt{1 - \frac{4\mu^2}{[\rho + a_s^2(3\rho-2)]^2}} \tag{5.34a}$$

$$\sigma_2 = -\sigma = -\frac{\omega_0[\rho + 2a_s^2(\rho-1)]}{2}\sqrt{1 - \frac{4\mu^2}{[\rho + a_s^2(3\rho-2)]^2}} \tag{5.34b}$$

$$\sigma = -\frac{\omega_0}{2}\left[\frac{\rho^2}{3\rho-2} - \frac{4\mu(\rho-1)}{(3\rho-2)\cos2\gamma_s}\right]\sin2\gamma_s \tag{5.35}$$

上式即为非线性振动系统主共振情况下的幅频特性方程和相频特性方程，它们定量给出了系统主共振响应随驱动轴转速的变化规律。其中对于式(5.34a)和式(5.34b)，$a_s>0$，σ 为实数，须满足条件：

$$\left(a_s^2 + \frac{\rho-2\mu}{3\rho-2}\right)\left(a_s^2 + \frac{\rho+2\mu}{3\rho-2}\right) \geqslant 0 \tag{5.36}$$

根据式(5.36)，分析 ρ 的取值范围：

(1)当 $0<\rho<\frac{2}{3}$ 时，$a_s^2 \geqslant \frac{\rho+2\mu}{2-3\rho}$ 或者 $a_s^2 \leqslant \frac{\rho-2\mu}{2-3\rho}$；

(2)当 $\rho=\frac{2}{3}$ 时，$\cos2\gamma=-3\mu$，必有 $0<\mu\leqslant\frac{1}{3}$，显然 $\rho\geqslant2\mu$；

(3)当$\frac{2}{3}<\rho<1$时，$a_s^2 \geqslant \frac{2\mu-\rho}{3\rho-2}$。

针对ρ的不同取值范围，给出由方程(5.34)确定的典型幅频特性曲线，如图5.2、图5.3、图5.4所示。由于系统黏性阻尼较小，这里一般取$\frac{\mu}{\rho}<0.5$。

根据式(5.22)，在主共振情形下，由于ε为摄动量，系统共振振幅主要由零阶近似周期解x_0的振幅决定。图5.2、图5.3、图5.4分别给出了$\rho=0.5$、$\rho=\frac{2}{3}$、$\rho=0.9$三种情形下共振振幅a_s随调谐参数σ的变化关系，又考虑阻尼系数μ的不同取值，每个曲线图中给出$\frac{\mu}{\rho}=0.04$、$\frac{\mu}{\rho}=0.4$两种不同情况。这里研究其共振振幅、相位随频率的变化关系，因此在幅频曲线中主要分析位于$\sigma=0$两侧且离$\sigma=0$较近的区域($|\sigma|<10$)。

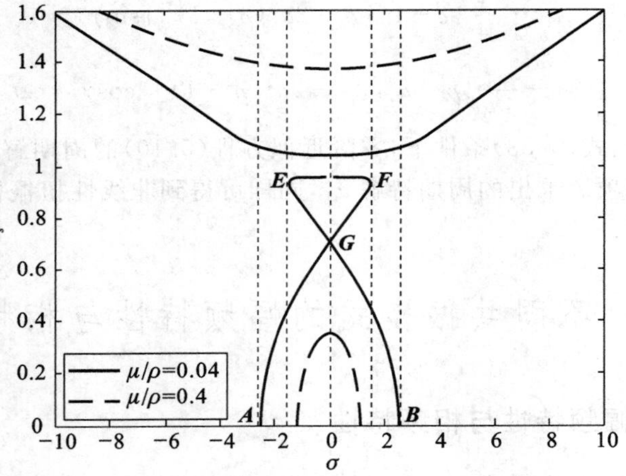

图5.2　幅频特性曲线($\rho=0.5$)

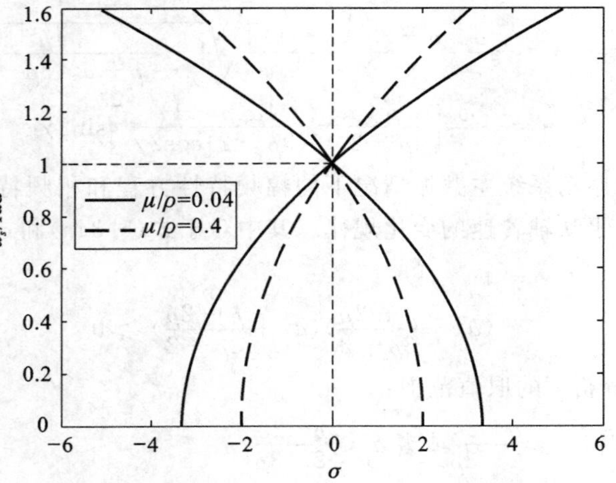

图5.3　幅频特性曲线($\rho=\frac{2}{3}$)

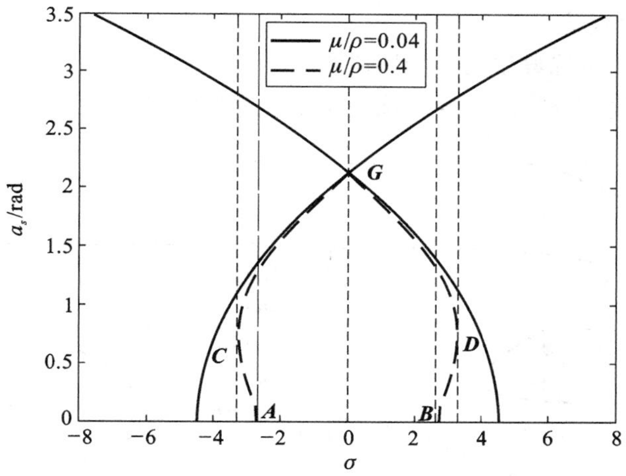

图 5.4 幅频特性曲线($\rho=0.9$)

在主共振情形下,对图 5.2—图 5.4 进行分析与比较,可知:

(1)共振振幅 a_s 与调谐参数 σ、扭转刚度比例系数 ρ、阻尼系数 μ 都有关,并且所有曲线都关于轴 $\sigma=0$ 即 $\omega=\omega_0$(派生系统固有频率)对称。

(2)在图 5.2 中,当 $0<\rho<\frac{2}{3}$ 时,幅频曲线出现两个解支,分为上下两部分。对于 $\frac{\mu}{\rho}=0.04$,当 $\sigma=0$,即外激励频率 ω 与派生系统固有频率 ω_0 相等时,出现对应的三个共振振幅值。从 $\sigma=0$ 开始,随着 σ 值的不断变化,其对应的共振振幅值由四个减为三个,再由三个减为两个,最后减为单值,曲线表现出了该扭振系统典型的非线性特征。同样,对于 $\frac{\mu}{\rho}=0.4$,当 $\sigma=0$ 时,出现对应的两个共振振幅值;随着 σ 值的不断变化,其对应的共振振幅值由三个减为两个,最后减为单值,也表现出典型的非线性特征。

(3)在图 5.3 中,当 $\rho=\frac{2}{3}$ 时,即从动轴扭转刚度为驱动轴的 2 倍时,在 $\sigma=0$ 处,其对应共振振幅值仅与比例系数 ρ 有关,不随阻尼系数 μ 变化;从 $\sigma=0$ 开始,随着 σ 值的不断变化,其对应共振振幅值的个数也产生变化,由两个减为单值,也表现出典型的非线性特征;特别地,由式(5.20),有 $\cos 2\gamma=-3\mu$,其相位仅与阻尼系数 μ 有关,不随调谐参数 σ 变化。

(4)在图 5.4 中,当 $\frac{2}{3}<\rho<1$ 时,在 $\sigma=0$ 处,其对应共振振幅值仅与比例系数 ρ 有关,不随阻尼系数 μ 变化;与 $0<\rho<\frac{2}{3}$、$\rho=\frac{2}{3}$ 不同之处在于,$\frac{\mu}{\rho}=0.04$ 与 $\frac{\mu}{\rho}=0.4$ 所对应的曲线在交点 G 以上的部分基本重合,并且,从 $\sigma=0$ 开始,随着 σ 值的不断变化,其对应共振振幅值个数先由两个增加为三个,再由三个减为两个,最后减为单值,同样呈现出典型的非线性特征。

(5)扭转刚度比例系数 ρ 对共振振幅的影响大于阻尼系数 μ 对振幅的影响。ρ 的取值决定了幅频特性曲线形式及解支个数:当 $0<\rho<\frac{2}{3}$ 时,曲线含有两个解支;当 $\frac{2}{3}\leqslant\rho<1$ 时,曲线

含有一个解支。当 ρ 一定，μ 取不同值时，解支个数不会产生变化，曲线形式基本相同，在同一 σ 值时仅振幅大小产生变化。

由式(5.35)确定的系统典型相频特性曲线如图 5.5 所示，其特性分析与幅频特性分析相类似，相频曲线出现了多个解支，体现出该扭振系统典型的非线性特征。

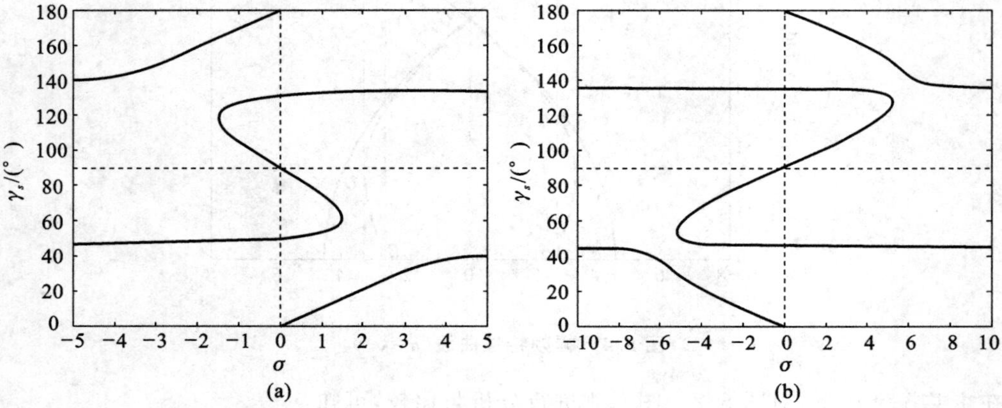

图 5.5　典型相频特性曲线

(a)$\rho=0.5$，$\frac{\mu}{\rho}=0.04$；(b)$\rho=0.9$，$\frac{\mu}{\rho}=0.04$

幅频特性曲线和相频特性曲线中，出现多个解支以及同一 σ 值对应多个振幅值的现象，说明主共振幅频、相频特性曲线上各平衡点(σ,a_s)或(σ,γ_s)既有稳定点，也有不稳定点。为确定幅频、相频特性曲线上的稳定区域与不稳定区域，须进一步分析主共振情形下系统周期解的稳定性。

5.3.2　超谐波共振的幅频特性

由式(5.25)、式(5.26)，得到：

$$\sigma_1=\sigma=\frac{[2(\rho-1)a_s^4+3\rho a_s^2-\rho]\omega_0}{8a_s}\sqrt{1-\left(\frac{4\mu a_s}{2(\rho-1)a_s^4+\rho a_s^2-\rho}\right)^2} \tag{5.37a}$$

$$\sigma_2=-\sigma=-\frac{[2(\rho-1)a_s^4+3\rho a_s^2-\rho]\omega_0}{8a_s}\sqrt{1-\left(\frac{4\mu a_s}{2(\rho-1)a_s^4+\rho a_s^2-\rho}\right)^2} \tag{5.37b}$$

$$\sigma=\frac{\omega_0}{8a_s}\{\rho-a_s^2[3\rho+2a_s^2(\rho-1)]\}\cos\gamma_s \tag{5.38}$$

上式即为非线性振动系统超谐波共振情况下的幅频特性方程和相频特性方程，它定量给出了系统超谐波共振响应随驱动轴转速的变化规律。其中对式(5.37a)和式(5.37b)，$a_s>0$，σ 为实数，须满足条件：

$$4\mu a_s\leqslant|2(\rho-1)a_s^4+\rho a_s^2-\rho| \tag{5.39}$$

由于系统黏性阻尼较小，这里一般取 $\frac{\mu}{\rho}<0.5$。根据式(5.22)，在超谐波共振情形下，由于 ε 为摄动量，系统共振振幅主要由零阶近似周期解 x_0 的振幅决定。图 5.6—图 5.9 分别给出了几种不同情形下的幅频特性曲线。其中，图 5.7 中 $a_s=0.707$ 与 $a_s=1$ 表示左右对称两曲线的交点所对应的纵坐标值，$a_s=0.8525$ 表示调谐参数 σ 关于 a_s 的导数为 0($\mathrm{d}\sigma/\mathrm{d}a_s=0$)时所对

应的纵坐标值；图 5.9 中 $a_s=0.95$ 表示调谐参数 σ 关于 a_s 的导数为 0（$d\sigma/da_s=0$）时所对应的纵坐标值。

在超谐波共振情形下，对图 5.6—图 5.9 进行分析与比较，可知：

（1）共振振幅 a_s 与调谐参数 σ、扭转刚度比例系数 ρ、阻尼系数 μ 均有关，并且所有曲线均关于轴 $\sigma=0$，即关于 $\omega=\frac{\omega_0}{2}$ 对称。

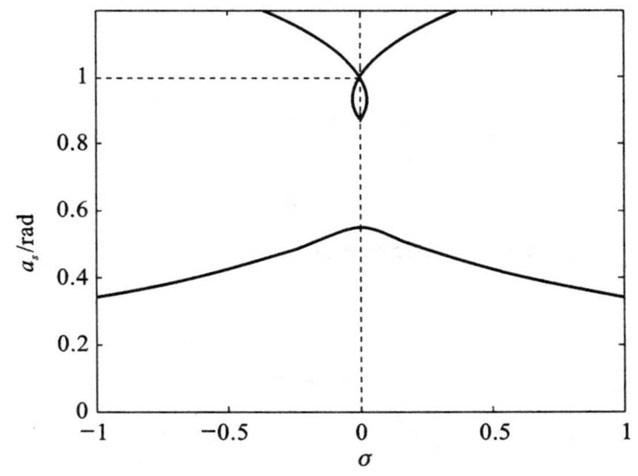

图 5.6　幅频特性曲线（$\rho=0.5$，$\mu/\rho=0.4$）

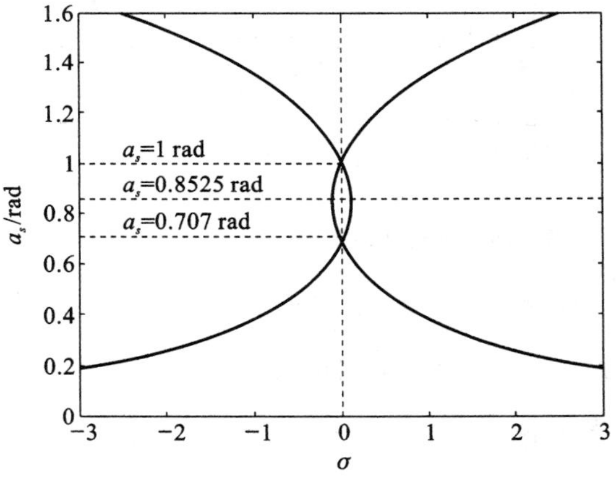

图 5.7　幅频特性曲线（$\rho=0.5$，$\mu/\rho=0.04$）

（2）在图 5.6、图 5.7 中，当 $\rho=0.5$ 时，幅频曲线出现两个解支。对于 $\frac{\mu}{\rho}=0.04$ 的情形，当 $\sigma=0$，即外激励频率 ω 等于派生系统固有频率 ω_0 的 1/2 时，出现对应的两个共振振幅值；从 $\sigma=0$ 开始，随着 σ 值的不断变化，其对应的共振振幅值由四个减为三个，再由三个减为两个，从曲线上表现出了该扭振系统典型的非线性特征。同样，对于 $\frac{\mu}{\rho}=0.4$ 的情形，当 $\sigma=0$ 时，出现对应的三个共振振幅值；随着 σ 值的不断变化，其对应的共振振幅值由四个减为三个，再减为两个，也表现出典型的非线性特征。

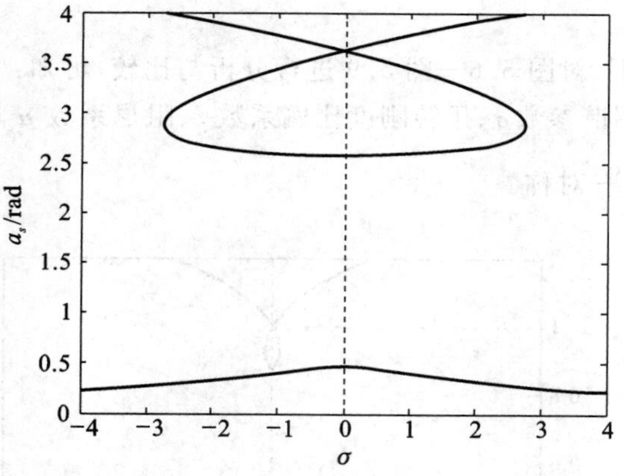

图 5.8 幅频特性曲线($\rho=0.9,\mu/\rho=0.4$)

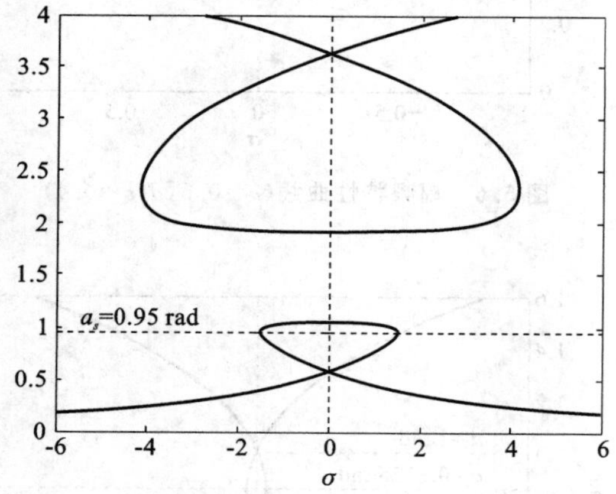

图 5.9 幅频特性曲线($\rho=0.9,\mu/\rho=0.04$)

(3)在图 5.8、图 5.9 中,当 $\rho=0.9$ 时,幅频曲线出现两个解支,其共振振幅个数随调谐参数 σ 值的变化规律基本与 $\rho=0.5$ 时相同,不同之处在于,当 $\frac{\mu}{\rho}=0.04$ 时,对于 $\sigma=0$,对应出现四个共振振幅值,随着 σ 值的不断变化,其对应的共振振幅值由六个减为五个,再依次减为四个、三个、两个。

(4)超谐波共振下,扭转刚度比例系数 ρ、阻尼系数 μ 对共振振幅的影响均较大,ρ 越大,$\frac{\mu}{\rho}$ 的比值越小,表现非线性特征的多值现象越明显,并且,当负载阻尼系数较大时,不论 ρ 取0.5、0.9 或其他值,对于幅频曲线的下半支,共振振幅 a_s 随调谐参数 σ 值的变化均呈现近似的线性关系。

同样,出现多个解支及同一 σ 值对应多个振幅值,说明超谐波共振幅频特性曲线上各平衡点(σ,a_s)或(σ,γ_s)既包括稳定点,也包括不稳定点,需要分析超谐波共振情形下系统周期解的稳定性。

5.4　偏斜轴系共振响应的稳定性分析

5.4.1　偏斜轴系主共振响应的稳定性

根据上面幅频、相频特性曲线的分析，系统主共振响应对应于同一激励频率 ω 出现多个幅值，而多值的出现说明系统存在稳定区与不稳定区，甚至可能产生跳跃现象。对系统主共振响应进行稳定性分析，确定幅频、相频特性曲线上的稳定区域与不稳定区域，也就是对系统周期解或者平衡点(σ,a_s)、(σ,γ_s)进行稳定性分析。

式(5.18)、式(5.19)可分别记为 $a'=f_1(a,\gamma)$、$\gamma'=f_2(a,\gamma)$。为判别该系统在主共振情形下的运动稳定性，对于周期解(a_s,γ_s)，引入扰动变量 $a_d=a-a_s$、$\gamma_d=\gamma-\gamma_s$，列出该非线性系统在稳态值附近的一阶近似扰动方程：

$$\begin{bmatrix} a'_d \\ \gamma'_d \end{bmatrix} = \boldsymbol{A}_{(a_s,\gamma_s)} \begin{bmatrix} a_d \\ \gamma_d \end{bmatrix} \tag{5.40}$$

其中系数矩阵 $\boldsymbol{A}=(a_{ij})(i,j=1,2)$表示在$(a_s,\gamma_s)$处函数 f_1、f_2 相对于(a,γ)的雅可比矩阵：

$$\left.\begin{aligned} a_{11} &= \left.\frac{\partial f_1}{\partial a}\right|_{a=a_s,\gamma=\gamma_s} \\ a_{12} &= \left.\frac{\partial f_1}{\partial \gamma}\right|_{a=a_s,\gamma=\gamma_s} \\ a_{21} &= \left.\frac{\partial f_2}{\partial a}\right|_{a=a_s,\gamma=\gamma_s} \\ a_{22} &= \left.\frac{\partial f_2}{\partial \gamma}\right|_{a=a_s,\gamma=\gamma_s} \end{aligned}\right\} \tag{5.41}$$

根据式(5.40)、式(5.41)可得：

$$\begin{bmatrix} a'_d \\ \gamma'_d \end{bmatrix} = \begin{bmatrix} -a_s^2\omega_0(3\rho-2)\cos 2\gamma_s & a_s\omega_0[\rho+a_s^2(3\rho-2)]\sin 2\gamma_s \\ 2a_s\omega_0(\rho-1)\sin 2\gamma_s & \omega_0[\rho+2a_s^2(\rho-1)]\cos 2\gamma_s \end{bmatrix} \begin{bmatrix} a_d \\ \gamma_d \end{bmatrix} \tag{5.42}$$

将式(5.20)、式(5.21)代入并化简，得此线性扰动方程的本征方程为：

$$\begin{vmatrix} \lambda+a_s^2\omega_0(3\rho-2)\cos 2\gamma_s & -a_s\omega_0[\rho+a_s^2(3\rho-2)]\sin 2\gamma_s \\ -2a_s\omega_0(\rho-1)\sin 2\gamma_s & \lambda-\omega_0[\rho+2a_s^2(\rho-1)]\cos 2\gamma_s \end{vmatrix} = \lambda^2+b\lambda+c=0 \tag{5.43}$$

其中：

$$b=-\frac{2\mu\omega_0\rho(a_s^2-1)}{\rho+a_s^2(3\rho-2)} \tag{5.44}$$

$$c=-a_s^2\omega_0^2\{[\rho+2a_s^2(\rho-1)](3\rho-2)\cos^2 2\gamma_s+2[\rho+a_s^2(3\rho-2)](\rho-1)\sin^2 2\gamma_s\} \tag{5.45}$$

根据式(5.34)，求 $\sigma_1=\sigma(a)$或 $\sigma_2=-\sigma(a)$在 $a=a_s$ 处的导数值：

$$\left.\frac{\mathrm{d}\sigma_1(a)}{\mathrm{d}a}\right|_{a=a_s} = \frac{a_s\omega_0\{[\rho+2a_s^2(\rho-1)](3\rho-2)\cos^2 2\gamma_s+2[\rho+a_s^2(3\rho-2)](\rho-1)\sin^2 2\gamma_s\}}{[\rho+a_s^2(3\rho-2)]\cdot|\sin 2\gamma_s|} \tag{5.46a}$$

$$\left.\frac{\mathrm{d}\sigma_2(a)}{\mathrm{d}a}\right|_{a=a_s} = -\frac{a_s\omega_0\{[\rho+2a_s^2(\rho-1)](3\rho-2)\cos^2 2\gamma_s+2[\rho+a_s^2(3\rho-2)](\rho-1)\sin^2 2\gamma_s\}}{[\rho+a_s^2(3\rho-2)]\cdot|\sin 2\gamma_s|} \tag{5.46b}$$

则式(5.45)可改写为：

$$c=-a_s\omega_0[\rho+a_s^2(3\rho-2)]\cdot|\sin 2\gamma_s|\left.\frac{\mathrm{d}\sigma_1(a)}{\mathrm{d}a}\right|_{a=a_s} \tag{5.47a}$$

$$c=a_s\omega_0[\rho+a_s^2(3\rho-2)]\cdot|\sin 2\gamma_s|\cdot\left.\frac{\mathrm{d}\sigma_2(a)}{\mathrm{d}a}\right|_{a=a_s} \tag{5.47b}$$

根据李雅普诺夫(Lyapunov)第一近似稳定性理论，如果奇点(a_s，γ_s)渐进稳定，则必有$b>0$且$c>0$，由式(5.44)、式(5.47)可得：

(1)当$0<\rho\leqslant\frac{1}{2}$时

①若$a_s<\sqrt{\frac{\rho}{2-3\rho}}$，则$\rho+a_s^2(3\rho-2)>0$，此时，对于$\sigma_1=\sigma(a_s)$曲线应有$\left.\frac{\mathrm{d}\sigma_1(a)}{\mathrm{d}a}\right|_{a=a_s}<0$；对于$\sigma_2=-\sigma(a)$曲线应有$\left.\frac{\mathrm{d}\sigma_2(a)}{\mathrm{d}a}\right|_{a=a_s}>0$。

②若$a_s>1$，则$\rho+a_s^2(3\rho-2)<0$，此时，对于$\sigma_1=\sigma(a_s)$曲线应有$\left.\frac{\mathrm{d}\sigma_1(a)}{\mathrm{d}a}\right|_{a=a_s}>0$；对于$\sigma_2=-\sigma(a)$曲线应有$\left.\frac{\mathrm{d}\sigma_2(a)}{\mathrm{d}a}\right|_{a=a_s}<0$。

(2)当$\frac{1}{2}<\rho<\frac{2}{3}$时

①若$a_s<1$，则$\rho+a_s^2(3\rho-2)>0$，此时，对于$\sigma_1=\sigma(a_s)$曲线应有$\left.\frac{\mathrm{d}\sigma_1(a)}{\mathrm{d}a}\right|_{a=a_s}<0$；对于$\sigma_2=-\sigma(a)$曲线应有$\left.\frac{\mathrm{d}\sigma_2(a)}{\mathrm{d}a}\right|_{a=a_s}>0$。

② 若$a_s>\sqrt{\frac{\rho}{2-3\rho}}$，则$\rho+a_s^2(3\rho-2)<0$，此时，对于$\sigma_1=\sigma(a_s)$曲线应有$\left.\frac{\mathrm{d}\sigma_1(a)}{\mathrm{d}a}\right|_{a=a_s}>0$；对于$\sigma_2=-\sigma(a)$曲线应有$\left.\frac{\mathrm{d}\sigma_2(a)}{\mathrm{d}a}\right|_{a=a_s}<0$。

(3)当$\frac{2}{3}\leqslant\rho<1$时，必有$a_s<1$，此时，对于$\sigma_1=\sigma(a_s)$曲线应有$\left.\frac{\mathrm{d}\sigma_1(a)}{\mathrm{d}a}\right|_{a=a_s}<0$；对于$\sigma_2=-\sigma(a)$曲线应有$\left.\frac{\mathrm{d}\sigma_2(a)}{\mathrm{d}a}\right|_{a=a_s}>0$。

根据以上讨论，在幅频特性曲线上可确定出系统周期解的稳定区与不稳定区，这里仍考虑$\rho=0.5$、$\frac{\mu}{\rho}=0.04$和$\rho=0.9$，$\mu/\rho=0.04$两种情况，分别如图5.10、图5.11所示。

在图5.10所示的幅频特性曲线中，实线AGF、BGE为系统周期解的稳定振幅区，虚线EF以上部分为周期解的不稳定区。若在稳定区上靠近点A处有一点P，随着调谐参数σ的不断增大，点P会沿着曲线AGF由A点经G点向F点运动，当调谐参数增大到点F所对应的σ值时，点P会从点F突然跳变到点D，此后再增大σ值，点P将从点D向点B运动。与此相同，若在稳定区上靠近点B处有一点P，随着调谐参数σ的不断减小，点P会沿着曲线BGE由点B经点G向点E运动，当调谐参数减小到点E所对应的σ值时，点P会从点E突然跳变到点C，此后再减小σ值，点P将从点C向点A运动。

由此可以看出，当驱动轴的旋转角速度接近其派生系统的固有频率时，即在主共振条件下，系统会产生突变（跳跃）现象，而且，与线性振动系统中最大共振振幅产生在中心频率处不同，在该非线性振动中，系统最大共振振幅并不产生在 $\omega=\omega_0$ 处。

由振动理论可知，对于具有正阻尼的线性强迫振动系统，稳态周期解与初始条件无关，但是，对于非线性振动受迫系统，周期解与初始条件有很大的关系。当存在多于一个稳定的周期解时，初始条件决定了系统在物理上可实现哪一个周期解。在图 5.10 上产生跳跃现象的区域中，同一调谐参数 σ 对应于稳定区 CGF、DGE 上的两个不同共振振幅 a_s，即对于同一驱动轴转速，仍然存在两个稳定的周期解。该现象表明：对于接近于固有频率 ω_0 的某一驱动轴角频率，其在稳定区 CGF、DGE 上仅对应一个稳定振幅，该振幅由系统初始条件所决定。

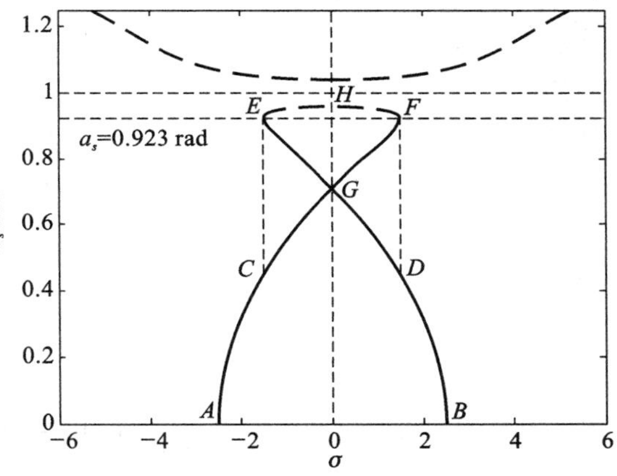

图 5.10　幅频特性曲线上的稳定区与不稳定区（$\rho=0.5$、$\mu/\rho=0.04$）

在图 5.11 所示的幅频特性曲线中，实线 AC、BD 为系统周期解的稳定区，虚线 CD 以上部分为周期解的不稳定区。

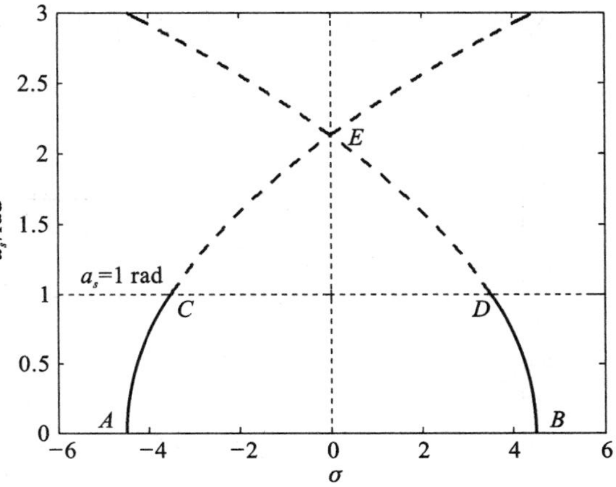

图 5.11　幅频特性曲线上的稳定区与不稳定区（$\rho=0.9$、$\mu/\rho=0.04$）

分析相频特性曲线上的稳定区与不稳定区。分析方法同幅频特性曲线，由式（5.34），求 $\sigma=\sigma(\gamma)$ 在 $\gamma=\gamma_s$ 处的导数值：

$$\left.\frac{\mathrm{d}\sigma(\gamma)}{\mathrm{d}\gamma}\right|_{\gamma=\gamma_s}=\frac{-\omega_0\left[\rho^2\cos^3 2\gamma_s-4\mu(\rho-1)\right]}{(3\rho-2)\cos^2 2\gamma_s}\tag{5.48}$$

根据式(5.20)、式(5.48)可分别将式(5.44)、式(5.45)改写为：

$$b=-\frac{2\omega_0\rho[(2\rho-1)\cos 2\gamma_s+\mu]}{3\rho-2} \tag{5.49}$$

$$c=-a_s^2\omega_0^2\frac{\rho^2\cos^3 2\gamma_s-4\mu(\rho-1)}{\cos 2\gamma_s}=a_s^2\omega_0(3\rho-2)\cos 2\gamma_s\cdot\left.\frac{\mathrm{d}\sigma(\gamma)}{\mathrm{d}\gamma}\right|_{\gamma=\gamma_s} \tag{5.50}$$

根据李雅普诺夫(Lyapunov)第一近似稳定性理论，如果奇点(a_s,γ_s)渐进稳定，则必有$b>0$且$c>0$，由式(5.49)、式(5.50)可得：

(1)当$0<\rho<\frac{1}{2}$时，$3\rho-2<0$

①若$0<\cos 2\gamma_s<\frac{\mu}{1-2\rho}$，则$\left.\frac{\mathrm{d}\sigma(\gamma)}{\mathrm{d}\gamma}\right|_{\gamma=\gamma_s}<0$；

②若$\cos 2\gamma_s<0$，则$\left.\frac{\mathrm{d}\sigma(\gamma)}{\mathrm{d}\gamma}\right|_{\gamma=\gamma_s}>0$。

(2)当$\rho=\frac{1}{2}$时，显然$b>0$，由于$3\rho-2<0$

①若$0<\cos 2\gamma_s\leqslant 1$，则$\left.\frac{\mathrm{d}\sigma(\gamma)}{\mathrm{d}\gamma}\right|_{\gamma=\gamma_s}<0$；

②若$\cos 2\gamma_s<0$，则$\left.\frac{\mathrm{d}\sigma(\gamma)}{\mathrm{d}\gamma}\right|_{\gamma=\gamma_s}>0$。

(3)当$\frac{1}{2}<\rho<\frac{2}{3}$时，由于$3\rho-2<0$，且$\cos 2\gamma_s>\frac{\mu}{2\rho-1}>0$，则$\left.\frac{\mathrm{d}\sigma(\gamma)}{\mathrm{d}\gamma}\right|_{\gamma=\gamma_s}<0$。

(4)当$\rho=\frac{2}{3}$时，由式(5.20)可知γ_s为定值，它不随调谐参数σ的变化而变化，这里不作讨论。

(5)当$\frac{2}{3}<\rho<1$时，由于$3\rho-2>0$，则有$\frac{-2\mu}{\rho}<\cos 2\gamma_s<-\frac{\mu}{2\rho-1}$，从而有$\left.\frac{\mathrm{d}\sigma(\gamma)}{\mathrm{d}\gamma}\right|_{\gamma=\gamma_s}<0$。

根据上述讨论，分别考虑$\rho=0.5$、$\mu/\rho=0.04$和$\rho=0.9$、$\mu/\rho=0.04$两种情况，在其相频特性曲线上可确定出系统周期解的稳定区与不稳定区，分别如图5.12、图5.13所示。

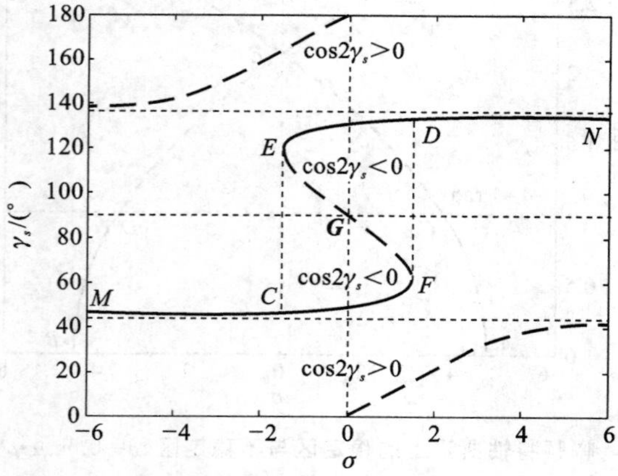

图5.12 相频特性曲线上的稳定区与不稳定区($\rho=0.5$、$\mu/\rho=0.04$)

在图5.12所示的相频特性曲线中，实线MCF、NDE为系统周期解的稳定相位区，其他虚线EGF等所示部分为周期解的不稳定相位区。

若在稳定区上靠近点 M 处有一点 P，随着调谐参数 σ 的不断增大，点 P 会沿着曲线 MCF 由点 M 向点 F 运动，当调谐参数增大到点 F 所对应的 σ 值时，点 P 会从点 F 突然上升，跳变到点 D，此后再增大 σ 值，点 P 将从点 D 向点 N 运动；与此相同，若在稳定区上靠近点 N 处有一点 P，随着调谐参数 σ 的不断减小，点 P 会沿着曲线 NDE 由点 N 向点 E 运动，当调谐参数减小到点 C 所对应的 σ 值时，点 P 会从点 E 突然下降，跳变到点 C，此后再减小 σ 值，点 P 将从点 C 向点 M 运动。

由此可以看出，**万向铰驱动的偏斜轴系扭转振动在主共振条件下会产生相位的跳跃与滞后现象**。

在图 5.12 的 $ECFD$ 区域中，根据滞后现象有关性质，相位 γ_s 是驱动轴角频率 ω 的多值函数，即对应于同一 ω 值，有三个不同的 γ_s 值。当 ω 变化时，γ_s 沿着曲线中最高曲线分支 CF 和最低曲线分支 BE 变化，而不可能沿中间曲线 BGC 变化，即曲线 BGC 对应的周期解是不稳定的，也是不可实现的，而根据李雅普诺夫第一近似稳定性理论所得结果也正好证明了这一点。至于对某一 ω 值，其在稳定区 BE、CF 上仅对应一个相位，该相位由系统初始条件所决定。

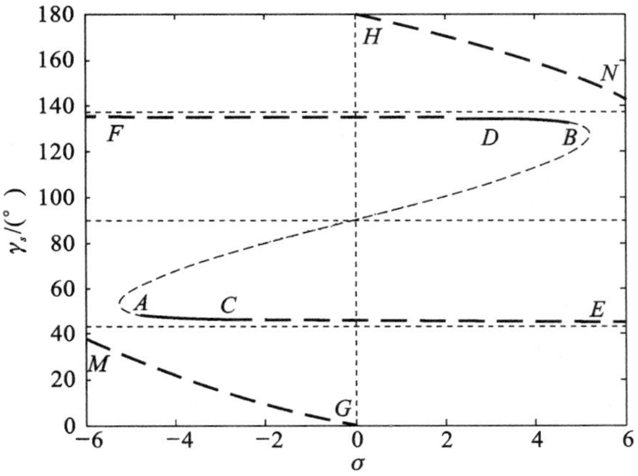

图 5.13　相频特性曲线上的稳定区与不稳定区($\rho=0.9$、$\mu/\rho=0.04$)

图 5.13 所示的相频特性曲线中，实线 AC、BD 为系统周期解的稳定相位区，其他虚线 CE、DF、GM、HN 所示部分为周期解的不稳定相位区。需要说明的是，当 $\rho>\dfrac{2}{3}$ 时，根据式(5.20)得到：

$$\cos 2\gamma_s=\frac{-2\mu}{\rho+a_s^2(3\rho-2)}\geqslant\frac{-2\mu}{\rho}$$

在图 5.13 中，满足 $\cos 2\gamma_s<\dfrac{-2\mu}{\rho}$ 条件的部分曲线段 AB 以细虚线画出，实际上 γ_s 并不能取到这些值。

5.4.2　偏斜轴系超谐波共振响应的稳定性

将式(5.30)、式(5.31)分别记为 $a'=f_1(a,\gamma)$、$\gamma'=f_2(a,\gamma)$。为判别该非线性系统在超谐波共振情形下的运动稳定性，采用与主共振稳定分析相同的方法，对于周期解(a_s,γ_s)，引入扰动变量 a_d、γ_d，列出该系统在稳态值附近的一阶近似扰动方程(5.40)，并由式(5.41)可得：

$$\begin{bmatrix} a'_d \\ \gamma'_d \end{bmatrix} = \begin{bmatrix} -\mu\omega_0 + \frac{1}{2}a_s\omega_0[\rho + 4a_s^2(\rho-1)]\sin\gamma_s & -\frac{1}{4}\{\rho\omega_0 - a_s^2\omega_0[\rho + 2a_s^2(\rho-1)]\}\cos\gamma_s \\ \frac{1}{4}\left\{\frac{\rho\omega_0}{a_s^2} + \omega_0[3\rho + 6a_s^2(\rho-1)]\right\}\cos\gamma_s & \frac{1}{4}\left\{\frac{\rho\omega_0}{a_s} - a_s\omega_0[3\rho + 2a_s^2(\rho-1)]\right\}\sin\gamma_s \end{bmatrix} \begin{bmatrix} a_d \\ \gamma_d \end{bmatrix} \tag{5.51}$$

将式(5.32)、式(5.33)代入并化简，得此线性扰动方程的本征方程为：

$$\begin{vmatrix} \lambda + \mu\omega_0 - \frac{1}{2}a_s\omega_0[\rho + 4a_s^2(\rho-1)]\sin\gamma_s & \frac{1}{4}\{\rho\omega_0 - a_s^2\omega_0[\rho + 2a_s^2(\rho-1)]\}\cos\gamma_s \\ -\frac{1}{4}\left\{\frac{\rho\omega_0}{a_s^2} + \omega_0[3\rho + 6a_s^2(\rho-1)]\right\}\cos\gamma_s & \lambda - \frac{1}{4}\left\{\frac{\rho\omega_0}{a_s} - a_s\omega_0[3\rho + 2a_s^2(\rho-1)]\right\}\sin\gamma_s \end{vmatrix}$$
$$= \lambda^2 + b\lambda + c = 0 \tag{5.52}$$

其中：

$$b = -\frac{2\mu\omega_0[2(\rho-1)a_s^4 - \rho a_s^2 + \rho]}{2a_s^4(\rho-1) + \rho a_s^2 - \rho} \tag{5.53}$$

$$c = -\frac{\omega_0^2}{16a_s^2}\{[2(\rho-1)a_s^4 + \rho a_s^2 - \rho][6(\rho-1)a_s^4 + 3\rho a_s^2 + \rho]\cos^2\gamma_s + [2(\rho-1)a_s^4 + 3a_s^2\rho - \rho][6(\rho-1)a_s^4 + \rho a_s^2 + \rho]\sin^2\gamma_s\} \tag{5.54}$$

又根据式(5.37a)和式(5.37b)，求 $\sigma_1=\sigma(a)$ 或 $\sigma_2=-\sigma(a)$ 在 $a=a_s$ 处的导数值：

$$\left.\frac{\mathrm{d}\sigma_1(a)}{\mathrm{d}a}\right|_{a=a_s} = \frac{\omega_0\sin\gamma_s}{32\mu a_s^3|\cos\gamma_s|}\{[2(\rho-1)a_s^4 + \rho a_s^2 - \rho][6(\rho-1)a_s^4 + 3\rho a_s^2 + \rho]\cos^2\gamma_s + [2(\rho-1)a_s^4 + 3\rho a_s^2 - \rho][6(\rho-1)a_s^4 + \rho a_s^2 + \rho]\sin^2\gamma_s\} \tag{5.55a}$$

$$\left.\frac{\mathrm{d}\sigma_2(a)}{\mathrm{d}a}\right|_{a=a_s} = -\frac{\omega_0\sin\gamma_s}{32\mu a_s^3|\cos\gamma_s|}\{[2(\rho-1)a_s^4 + \rho a_s^2 - \rho][6(\rho-1)a_s^4 + 3\rho a_s^2 + \rho]\cos^2\gamma_s + [2(\rho-1)a_s^4 + 3\rho a_s^2 - \rho][6(\rho-1)a_s^4 + \rho a_s^2 + \rho]\sin^2\gamma_s\} \tag{5.55b}$$

则式(5.54)可改写为：

$$c = -\frac{\omega_0}{2}[2(\rho-1)a_s^4 + \rho a_s^2 - \rho]|\cos\gamma_s|\left.\frac{\mathrm{d}\sigma_1(a)}{\mathrm{d}a}\right|_{a=a_s} \tag{5.56a}$$

$$c = \frac{\omega_0}{2}[2(\rho-1)a_s^4 + \rho a_s^2 - \rho]|\cos\gamma_s|\left.\frac{\mathrm{d}\sigma_2(a)}{\mathrm{d}a}\right|_{a=a_s} \tag{5.56b}$$

同样根据李雅普诺夫(Lyapunov)第一近似稳定性理论，如果奇点(a_s,γ_s)渐进稳定，则必有 $b>0$ 且 $c>0$，由式(5.53)、式(5.56)可做如下讨论：

(1)当 $0<\rho\leqslant\frac{8}{9}$ 时

由于 $2a_s^4(\rho-1)+\rho a_s^2-\rho\leqslant 0$，则 $2(\rho-1)a_s^4-\rho a_s^2+\rho>0$，并且，对于 $\sigma_1=\sigma(a_s)$ 曲线应有 $\left.\frac{\mathrm{d}\sigma_1(a)}{\mathrm{d}a}\right|_{a=a_s}>0$；对于 $\sigma_2=-\sigma(a)$ 曲线应有 $\left.\frac{\mathrm{d}\sigma_2(a)}{\mathrm{d}a}\right|_{a=a_s}<0$。

(2)当 $\frac{8}{9}<\rho<1$ 时

①如果 $2a_s^4(\rho-1)+\rho a_s^2-\rho>0$，则 $2(\rho-1)a_s^4-\rho a_s^2+\rho<0$，并且，对于 $\sigma_1=\sigma(a_s)$ 曲线应有 $\left.\frac{\mathrm{d}\sigma_1(a)}{\mathrm{d}a}\right|_{a=a_s}<0$；对于 $\sigma_2=-\sigma(a)$ 曲线应有 $\left.\frac{\mathrm{d}\sigma_2(a)}{\mathrm{d}a}\right|_{a=a_s}>0$。

②如果 $2a_s^4(\rho-1)+\rho a_s^2-\rho<0$，则 $2(\rho-1)a_s^4-\rho a_s^2+\rho>0$，并且，对于 $\sigma_1=\sigma(a_s)$ 曲线应有 $\left.\frac{\mathrm{d}\sigma_1(a)}{\mathrm{d}a}\right|_{a=a_s}>0$；对于 $\sigma_2=-\sigma(a)$ 曲线应有 $\left.\frac{\mathrm{d}\sigma_2(a)}{\mathrm{d}a}\right|_{a=a_s}<0$。

根据以上讨论，在幅频特性曲线上可确定出系统周期解的稳定区与不稳定区，这里仍考虑 $\rho=0.5$、$\mu/\rho=0.04$ 和 $\rho=0.9$、$\mu/\rho=0.04$ 两种情况，分别如图 5.14、图 5.15 所示。

在图 5.14 所示的幅频特性曲线中，实线 ACB 为系统周期解的稳定区，其稳定周期解的振幅均小于 0.707。虚线 $a_s=0.707$ 以上虚线部分为周期解的不稳定区。

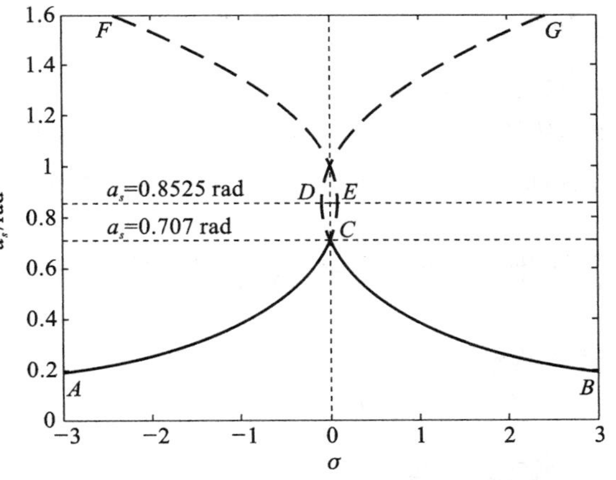

图 5.14　幅频特性曲线上的稳定区与不稳定区（$\rho=0.5$、$\mu/\rho=0.04$）

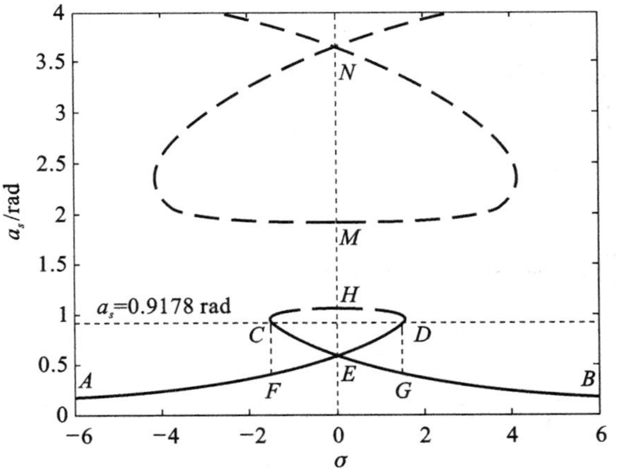

图 5.15　幅频特性曲线上的稳定区与不稳定区（$\rho=0.9$、$\mu/\rho=0.04$）

在图 5.15 所示的幅频特性曲线中，实线 AED、BEC 为系统周期解的稳定振幅区，其稳定周期解的振幅均小于 0.9178。虚线 $a_s=0.9178$ 以上虚线部分为周期解的不稳定区。

若在稳定区上靠近点 A 处有一点 P，随着调谐参数 σ 的不断增大，点 P 会沿着曲线 AED 由点 A 向点 D 运动，当调谐参数增大到点 D 所对应的 σ 值时，点 P 会从点 D 突然跳变到点 G，此后再增大 σ 值，点 P 将从点 G 向点 B 运动；与此相同，若在稳定区上靠近点 B 有一点 P，随着调谐参数 σ 的不断减小，点 P 会沿着曲线 BEC 由点 B 向点 C 运动，当调谐参数减小到点 C 所对应的 σ 值时，点 P 会从 C 点突然跳变到点 F，此后再减小 σ 值，点 P 将从点 F 向点 A 运动。由此可以看出，当驱动轴的旋转角速度接近其派生系统的固有频率的1/2时，即在超谐波共振条件下，系统会产生跳跃现象。而且与线性振动系统中最大共振振幅产生在中心频率不同，在该非线性振动中，系统最大共振振幅并不产生在$\omega=\frac{\omega_0}{2}$处。图5.14与图5.15不同，没有跳跃现象出现。

同图5.10一样，在图5.15上产生跳跃现象的区域中，同一调谐参数σ对应于稳定区CEG、DEF上两个不同共振振幅a_s，即对于同一驱动轴转速，仍然存在两个稳定的周期解。该现象同样表明：对于接近于中心频率$\frac{\omega_0}{2}$的某一驱动轴角频率，其在稳定区CEG、DEF上仅对应一个稳定振幅，该振幅由系统初始条件决定。

对于含万向铰偏斜轴系扭转振动的其他超谐波或亚谐波共振情形，利用多尺度求解幅频相频特性，以及稳定区与不稳定区的确定方法，对于一系列的分析过程同样适用，这里不再逐个分析。

5.5 不同初始条件下非线性扭转振动的仿真计算

为验证非线性扭振系统共振响应对不同初始条件的依赖性，分三种情形对系统进行仿真计算：

5.5.1 主共振情形下的幅频特性

利用式(5.18)、式(5.19)，对系统主共振振幅进行仿真计算。为了与图5.10相对应，取$\rho=0.5$、$\mu/\rho=0.04$、$\omega_0=10$ rad/s、$\sigma=1$。

(a)当初始条件为$a_0=0.8$、$\gamma_0=0.7$时，共振振幅如图5.16(a)所示，其稳定值与图5.10中$\sigma=1$时所对应的稳定状态下的a_s值基本一致。

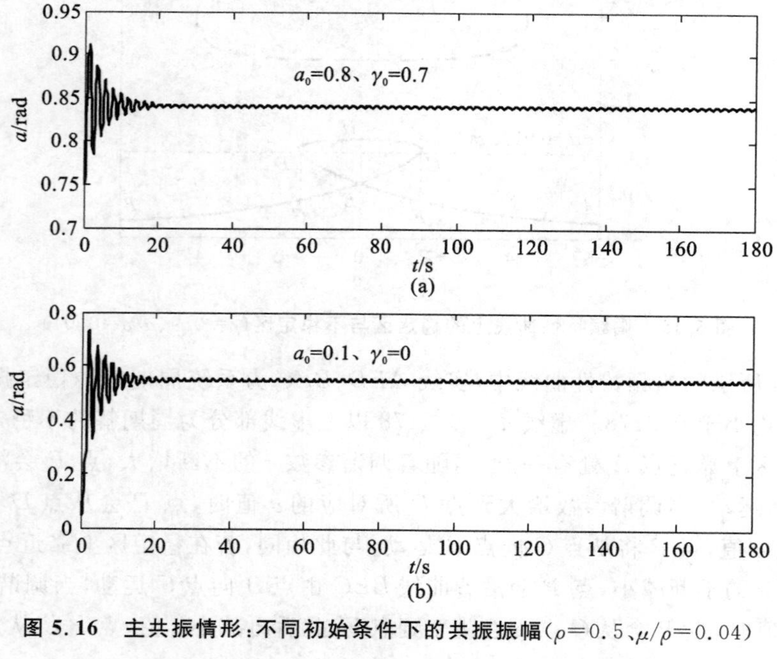

图5.16 主共振情形：不同初始条件下的共振振幅($\rho=0.5$、$\mu/\rho=0.04$)

(b)当初始条件为 $a_0=0.1$,$\gamma_0=0$ 时,共振振幅如图 5.16(b)所示,其稳定值与图 5.10 中 $\sigma=1$ 时所对应的另一稳定状态下的 a_s 值基本一致。

5.5.2　超谐波共振情形下的幅频特性

利用式(5.30)、式(5.31),对系统超谐波共振振幅进行仿真计算。为与图 5.15 相对应,取 $\rho=0.9$、$\mu/\rho=0.04$、$\omega_0=10$ rad/s、$\sigma=-1$。

(a)当初始条件为 $a_0=0.8$、$\gamma_0=0.5$ 时,共振振幅如图 5.17(a)所示,其稳定值与图 5.15 中 $\sigma=-1$ 时所对应的稳定状态下的 a_s 值基本一致。

(b)当初始条件为 $a_0=0.15$,$\gamma_0=0$ 时,共振振幅如图 5.17(b)所示,其稳定值与图 5.10 中 $\sigma=-1$ 时所对应的另一稳定状态下的 a_s 值基本一致。

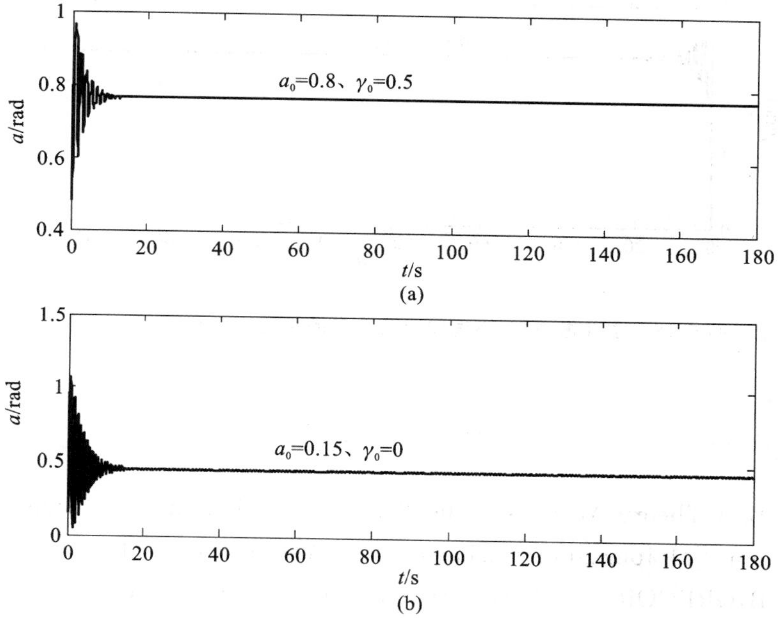

图 5.17　超谐波共振情形:不同初始条件下的共振振幅($\rho=0.9$、$\mu/\rho=0.04$)

5.5.3　主共振情形下的相频特性

(a)当初始条件为 $a_0=0.8$、$\gamma_0=0.7$ 时,共振振幅如图 5.18(a)所示,其稳定值与图 5.12 中 $\sigma=1$ 时所对应的稳定状态下的 a_s 值基本一致。

(b)当初始条件为 $a_0=0.1$,$\gamma_0=0$ 时,共振振幅如图 5.18(b)所示,其稳定值与图 5.12 中 $\sigma=1$ 时所对应的另一稳定状态下的 γ_s 值基本一致。

本章最后有几点要说明。一是前面建立的万向铰驱动轴的扭转振动模型,考虑了万向铰固有偏斜角度与实际的角度误差对运动和力矩的影响,根据第 4 章的运动与力矩分析,本质上它也可以处理直轴对接误差的情形。二是在共振响应求解以及稳定性分析等过程中,采用多尺度法获得主共振和超谐波共振,考察了 $\rho=0.5$、$\mu/\rho=0.04$ 或 $\rho=0.9$、$\mu/\rho=0.04$ 等多种情形,稳定振动的幅值始终处于较小数值范围内;利用 KBM 方法也可以获得共振响应及稳定区域,但是由于它们都与贝赛尔函数有关,会导致幅值偏大。三是本章给出的振动解是近似的解析解结果,也可以根据模型利用数值仿真获得扭转特征。

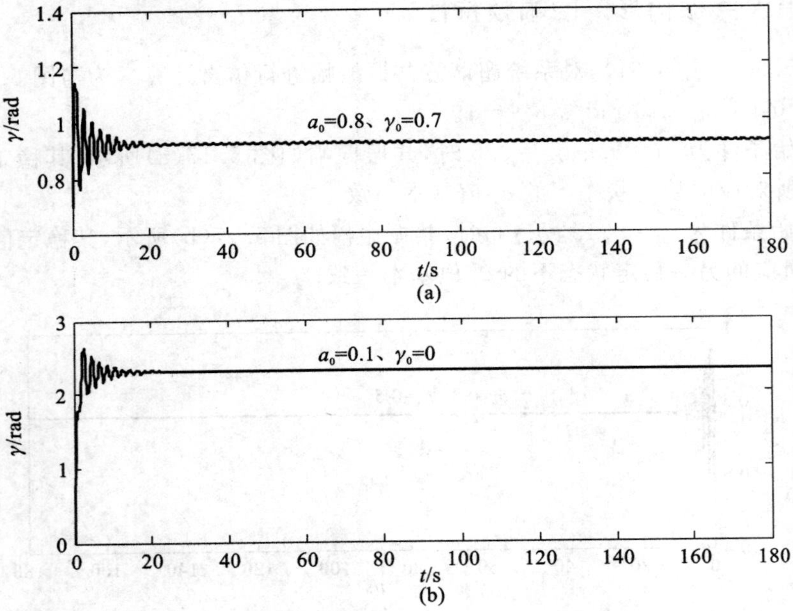

图 5.18 主共振情形:不同初始条件下的相位($\rho=0.5$、$\mu/\rho=0.04$)

参 考 文 献

[1] PORTER B. A Theory Analysis of the Torsional Oscillation of a System Incorporating a Hooke's Joint [J]. Journal of Mechanical Engineering Science, 1961, 3(4): 324-329.

[2] PORTER B, GREGORY R W. Nonlinear Torsional Oscillation of a System Incorporating a Hooke's joint [J]. Journal of Mechanical Engineering Science, 1963, 5(2): 191-200.

[3] ASOKANHAN S F, WANG X H. Characterization of Torsional Instabilities in a Hooke's Joint Driven System Via Maximal Lyapunove Exponents [J]. Journal of Sound and Vibration, 1996, 194(1): 83-91.

[4] ASOKANHAN S F, MEEHAN P A. Non-linear Vibration of a Torsional System Driven by a Hooke's Joint [J]. Journal of Sound and Vibration, 2000, 233(2): 297-310.

[5] MAZZEI A J. Dynamic Stability of a Flexible Spring Mounted Shafts Driven through a Universal Joint [D]. Michigan: the University of Michigan, 1998.

[6] CHANG S I. Torsional Instabilities and Nonlinear Oscillation of a System Incorporating a Hooke's joint [J]. Journal of Sound and Vibration, 2000, 229(4): 993-1002.

[7] 马建敏,韩平畴.柔性联轴器刚度非线性对扭转振动的影响[J].振动与冲击,2005,24(4):6-8,13.

[8] 华军,张玉莲,许庆余.叠片联轴器联结的转子系统扭转振动计算和动力修改分析[J].机

械强度,2000,22(2):86-88.

[9] 李和言,马彪,马洪文.弹性联轴器对车辆动力传动系统扭振特性影响研究[J].机械强度,2003,25(6):596-603.

[10] 朱拥勇.万向铰驱动下偏斜轴系非线性振动及其稳定性研究[D].武汉:海军工程大学,2011.

6 万向铰驱动线的横向振动及其稳定性

按照第1章和第3章的定义,万向铰连接的轴系也称为万向铰驱动轴或万向铰驱动线,其运动与力矩波动不仅会引起轴系的扭转振动,同样会引起轴的横向振动。横向振动有两种情况:一种是万向铰连接刚性轴,此时轴的弹性不予考虑,从动轴则在弹性支撑条件下产生振动。由于轴系是偏斜的,所以从动轴的波动速度和波动力矩形成了振动系统的激励力,并且作为振体的从动轴相当于一个不在惯性主轴上的陀螺。这看起来有点像转子系统中圆盘带有偏角的情形,但是研究的重点并不相同,后者往往关注惯性陀螺力矩如何使得系统固有频率随转速变化,并且要确定指定转速下系统的固有频率[1],而万向铰驱动下从动轴的横向振动除了要考虑轴的偏斜导致的陀螺力矩外,还要考虑偏斜导致的偏心惯性力与力矩的波动,故无论是动力学方程还是振动激励都不同。另一种振动是进一步考虑轴的弹性,则轴的横向振动实则为弹性支撑条件下轴的弯曲振动,即横向振动不仅包含从动轴在支撑弹性下的刚性位移,还包含弯曲形变。当然,它也是横向振动,是横向弯曲。也因为如此,针对刚性轴的情形,我们考虑使用万向铰驱动线的术语来描述轴系的刚性运动。万向铰驱动轴的横向弯曲振动在下一章论述。

本章暂不考虑偏斜轴系的柔性,将旋转轴处理为刚性的长轴,讨论万向铰偏斜轴系的横向振动及稳定性问题。逐步介绍偏斜旋转轴的基本方程与受力情况、横向振动模型与多尺度法求解,以及共振模式及其稳定性等内容,并分析驱动线的和型与差型组合共振、主共振、超谐波共振的稳定性条件,分析相应的横向振动响应,最后简洁地评述相关的研究工作。

6.1 偏斜旋转轴的角速度及角加速度

只考虑存在万向铰固有结构偏斜时,驱动轴与从动轴处于同一平面内,且两轴之间的夹角用 φ 表示。将旋转轴作为刚性轴处理,当驱动轴转动时,在万向铰的作用下,从动轴产生横向振动,如图6.1所示,用广义坐标(角位移)α_L、β_L 描述从动轴的横向振动。

如图6.2所示,在驱动轴、从动轴初始位置以及产生横向振动的从动轴上分别建立坐标系 $X_0Y_0Z_0$、$x_0y_0z_0$、$x_2y_2z_2$,其中,坐标系 $X_0Y_0Z_0$、$x_0y_0z_0$ 为固定坐标系,$x_2y_2z_2$ 为固连于从动轴但不随从动轴一起转动的运动坐标系,所有坐标系的原点均为 O 点。坐标系 $X_0Y_0Z_0$ 可由坐标系 $x_0y_0z_0$ 绕 x_0 轴旋转 φ 角得到;坐标系 $x_2y_2z_2$ 可由坐标系 $x_0y_0z_0$ 先绕 x_0 轴旋转 α_L 角再绕 y_1 轴旋转 β_L 角而得到。坐标系 $X_0Y_0Z_0$、$x_0y_0z_0$、$x_2y_2z_2$ 上相应坐标轴的单位向量分别用 $(\boldsymbol{I}_0,\boldsymbol{J}_0,\boldsymbol{K}_0)$、$(\boldsymbol{i}_0,\boldsymbol{j}_0,\boldsymbol{k}_0)$ 和 $(\boldsymbol{i}_2,\boldsymbol{j}_2,\boldsymbol{k}_2)$ 表示。各坐标系之间的坐标变换关系可由相应的方向余弦矩阵 $\boldsymbol{C}_\varphi$、$\boldsymbol{C}_{\alpha L}$、$\boldsymbol{C}_{\beta L}$ 表示,这样,可得到:

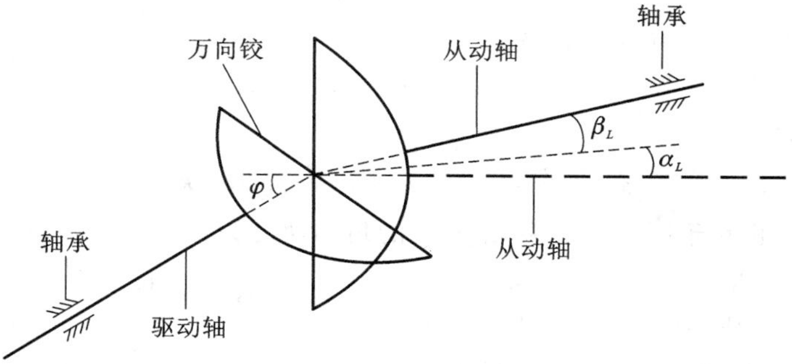

图 6.1 偏斜旋转轴横向振动的广义坐标

$$\begin{bmatrix} X_0 \\ Y_0 \\ Z_0 \end{bmatrix} = \boldsymbol{C}_\varphi \cdot \begin{bmatrix} x_0 \\ y_0 \\ z_0 \end{bmatrix} = \begin{bmatrix} 1 & 0 & 0 \\ 0 & \cos\varphi & \sin\varphi \\ 0 & -\sin\varphi & \cos\varphi \end{bmatrix} \begin{bmatrix} x_0 \\ y_0 \\ z_0 \end{bmatrix} \tag{6.1}$$

$$\begin{bmatrix} x_2 \\ y_2 \\ z_2 \end{bmatrix} = \boldsymbol{C}_{\beta L} \cdot \boldsymbol{C}_{\alpha L} \cdot \begin{bmatrix} x_0 \\ y_0 \\ z_0 \end{bmatrix} = \begin{bmatrix} \cos\beta_L & 0 & -\sin\beta_L \\ 0 & 1 & 0 \\ \sin\beta_L & 0 & \cos\beta_L \end{bmatrix} \begin{bmatrix} 1 & 0 & 0 \\ 0 & \cos\alpha_L & \sin\alpha_L \\ 0 & -\sin\alpha_L & \cos\alpha_L \end{bmatrix} \begin{bmatrix} x_0 \\ y_0 \\ z_0 \end{bmatrix} \tag{6.2}$$

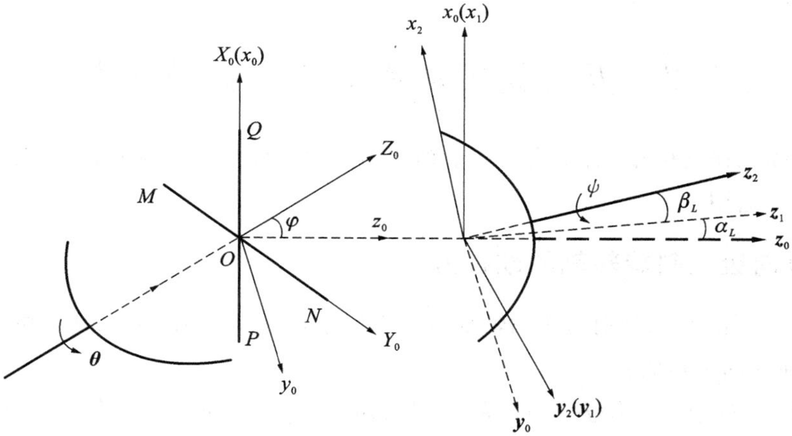

图 6.2 偏斜轴系横向振动的运动坐标系

若只考虑由万向铰结构引起的偏斜，根据式(4.8)，从动轴的角速度可表示为：

$$\frac{\dot\theta_2}{\dot\theta_1} = \frac{E}{1 - F\cos 2\theta_1} = E(1 + F\cos 2\theta_1 + F^2\cos^2 2\theta_1 + F^3\cos^3 2\theta_1 + \cdots)$$

假设驱动轴以匀角速度 ω 转动，即 $\dot\theta_1 = \omega$，则：

$$\dot\theta_2 \approx E(1 + F\cos 2\theta_1)\omega \equiv \omega p(\theta_1) \tag{6.3}$$

其中 $p(\theta_1) = E(1 + F\cos 2\theta_1)$。

令运动坐标系 $x_2y_2z_2$ 相对于固定坐标系 $x_0y_0z_0$ 的转动角速度矢量为 $\boldsymbol{\omega}_2$，其在运动坐标系 $x_2y_2z_2$ 中的三个分量分别为 ω_{x2}、ω_{y2}、ω_{z2}，则该角速度可表示为：

$$\boldsymbol{\omega}_2 = \omega_{x2}\boldsymbol{i}_2 + \omega_{y2}\boldsymbol{j}_2 + \omega_{z2}\boldsymbol{k}_2 \tag{6.4}$$

同时，根据图 6.2 中的坐标系旋转关系，可得到：

$$\boldsymbol{\omega}_2 = \dot{\alpha}_L \boldsymbol{i}_0 + \dot{\beta}_L \boldsymbol{j}_2 \tag{6.5}$$

而向量 $\boldsymbol{i}_0$ 在坐标系 $x_2y_2z_2$ 中可表示为：

$$\boldsymbol{i}_0 = \cos\beta_L \boldsymbol{i}_2 + \sin\beta_L \boldsymbol{k}_2 \tag{6.6}$$

则由式(6.5)可得：

$$\boldsymbol{\omega}_2 = \dot{\alpha}_L \cos\beta_L \boldsymbol{i}_2 + \dot{\beta}_L \boldsymbol{j}_2 + \dot{\alpha}_L \sin\beta_L \boldsymbol{k}_2 \tag{6.7}$$

运动坐标系 $x_2y_2z_2$ 相对于固定坐标系 $x_0y_0z_0$ 的角加速度为：

$$\begin{aligned}\dot{\boldsymbol{\omega}}_2 &= \frac{\mathrm{d}\boldsymbol{\omega}_2}{\mathrm{d}t}_{(\text{固定坐标系})} = \frac{\mathrm{d}\boldsymbol{\omega}_2}{\mathrm{d}t}_{(\text{运动坐标系})} + \boldsymbol{\omega}_2 \times \boldsymbol{\omega}_2 = \frac{\mathrm{d}\boldsymbol{\omega}_2}{\mathrm{d}t}_{(\text{运动坐标系})} \\ &= (\ddot{\alpha}_L \cos\beta_L - \dot{\alpha}_L \dot{\beta}_L \sin\beta_L)\boldsymbol{i}_2 + \ddot{\beta}_L \boldsymbol{j}_2 + (\ddot{\alpha}_L \sin\beta_L + \dot{\alpha}_L \dot{\beta}_L \cos\beta_L)\boldsymbol{k}_2\end{aligned} \tag{6.8}$$

令从动轴相对于固定坐标系 $x_0y_0z_0$ 的转动角速度为 $\boldsymbol{\omega}_d$，其在运动坐标系 $x_2y_2z_2$ 中的三个分量分别为 ω_{dx2}、ω_{dy2}、ω_{dz2}，则该角速度 $\boldsymbol{\omega}_d$ 可表示为：

$$\boldsymbol{\omega}_d = \omega_{dx2} \boldsymbol{i}_2 + \omega_{dy2} \boldsymbol{j}_2 + \omega_{dz2} \boldsymbol{k}_2 \tag{6.9}$$

由于从动轴自转不影响运动坐标系的运动，所以有：

$$\left.\begin{aligned}\omega_{dx2} &= \omega_{x2} \\ \omega_{dy2} &= \omega_{y2} \\ \omega_{dz2} &= \omega_{z2} + \dot{\theta}_2\end{aligned}\right\} \tag{6.10}$$

其中 $\dot{\theta}_2$ 为从动轴的角速度。

6.2　万向铰驱动线的横向振动模型

为了获得横向振动模型，需要确定从动轴的动力学方程中的力与力矩，这对于第 3 章中的有限元分析同样适用。

6.2.1　含万向铰偏斜旋转轴的欧拉方程

假定 $J_{x2,O}$、$J_{y2,O}$、$J_{z2,O}$ 分别为从动轴绕运动坐标系 $O\text{-}x_2y_2z_2$ 中 Ox_2、Oy_2 和 Oz_2 轴的转动惯量，则从动轴的动量矩为：

$$\begin{aligned}\boldsymbol{H}_d &= H_{x2}\boldsymbol{i}_2 + H_{y2}\boldsymbol{j}_2 + H_{z2}\boldsymbol{k}_2 = J_{x2,O}\omega_{dx2}\boldsymbol{i}_2 + J_{y2,O}\omega_{dy2}\boldsymbol{j}_2 + J_{z2,O}\omega_{dz2}\boldsymbol{k}_2 \\ &= J_{x2,O}\omega_{x2}\boldsymbol{i}_2 + J_{y2,O}\omega_{y2}\boldsymbol{j}_2 + J_{z2,O}(\omega_{z2} + \dot{\theta}_2)\boldsymbol{k}_2\end{aligned} \tag{6.11}$$

而作用在从动轴上的外力矩在运动坐标系 $O\text{-}x_2y_2z_2$ 中可表示为：

$$\boldsymbol{M} = M_{x2,O}\boldsymbol{i}_2 + M_{y2,O}\boldsymbol{j}_2 + M_{z2,O}\boldsymbol{k}_2 \tag{6.12}$$

其中 $M_{x2,O}$、$M_{y2,O}$、$M_{z2,O}$ 分别表示 Ox_2、Oy_2 和 Oz_2 轴方向上相对于原点 O 的力矩。

从动轴绕原点 O 转动的普遍运动微分方程，即欧拉方程为：

$$\frac{\mathrm{d}\boldsymbol{H}_d}{\mathrm{d}t} + \boldsymbol{\omega}_2 \times \boldsymbol{H}_d = \boldsymbol{M} \tag{6.13}$$

这里主要研究从动轴的横向振动，可暂不考虑沿 Oz_2 轴方向的分量，故将上式写成分量形式：

$$J_{x2,O}\dot{\omega}_{x2} + J_{z2,O}\dot{\psi}\omega_{y2} + (J_{z2,O} - J_{y2,O})\omega_{y2}\omega_{z2} = M_{x2,O} \tag{6.14}$$

$$J_{y2,O}\dot{\omega}_{y2} - J_{z2,O}\dot{\psi}\omega_{x2} + (J_{x2,O} - J_{z2,O})\omega_{x2}\omega_{z2} = M_{y2,O} \tag{6.15}$$

式(6.14)、式(6.15)即为万向铰驱动线的横向振动模型。

6.2.2 从动轴上的力矩

作用于从动轴的外力矩由两部分组成：第一部分为万向铰作用于从动轴上的力矩，该力矩是由驱动力矩引起的；第二部分为轴承力矩，是由从动轴的支撑轴承产生的。

(1)万向铰作用于从动轴上的力矩

若驱动轴在外扭矩 T_0 的作用下以匀角速度 ω 旋转，令万向铰作用于从动轴上的力矩为 $\boldsymbol{T}=(T_{x2},T_{y2},T_{z2})^{\mathrm{T}}$，其中 T_{x2}，T_{y2}，T_{z2} 表示力矩在坐标系 $O\text{-}x_2y_2z_2$ 中沿三个坐标轴的分量。若不考虑万向铰的质量、转动惯量以及各种摩擦，力矩 $\boldsymbol{T}$ 的方向必与万向铰十字轴平面垂直，令该方向的单位向量为 $\boldsymbol{e}_n$，当主动轴转动 θ 时，可得到单位向量 $\boldsymbol{e}_n$ 在坐标系 $O\text{-}x_2y_2z_2$ 中的具体表达式：

令

$$\boldsymbol{e}_1\equiv\begin{bmatrix}e_{1x2}\\e_{1y2}\\e_{1z2}\end{bmatrix}=\boldsymbol{C}_{\beta L}\boldsymbol{C}_{\alpha L}\boldsymbol{C}_{-\varphi}\begin{bmatrix}\cos\theta_1\\\sin\theta_1\\0\end{bmatrix}$$

$$=\begin{bmatrix}\cos\theta_1\cos\beta_L-(\sin\theta_1\sin\varphi\cos\alpha_L-\sin\theta_1\cos\varphi\sin\alpha_L)\sin\beta_L\\\sin\theta_1\cos\varphi\cos\alpha_L+\sin\theta_1\sin\varphi\sin\alpha_L\\\cos\theta_1\sin\beta_L+(\sin\theta_1\sin\varphi\cos\alpha_L-\sin\theta_1\cos\varphi\sin\alpha_L)\cos\beta_L\end{bmatrix}\tag{6.16}$$

$$\boldsymbol{e}_2\equiv\frac{\boldsymbol{k}_2\times\boldsymbol{e}_1}{|\boldsymbol{k}_2\times\boldsymbol{e}_1|}=\frac{1}{\sqrt{e_{1x2}^2+e_{1y2}^2}}\begin{bmatrix}-e_{1y2}\\e_{1x2}\\0\end{bmatrix}$$

$$=\begin{bmatrix}-\sin\theta_1\cos\varphi\cos\alpha_L-\sin\theta_1\sin\varphi\sin\alpha_L\\\cos\theta_1\cos\beta_L-(\sin\theta_1\sin\varphi\cos\alpha_L-\sin\theta_1\cos\varphi\sin\alpha_L)\sin\beta_L\\0\end{bmatrix}\tag{6.17}$$

则

$$\boldsymbol{e}_n\equiv\frac{\boldsymbol{e}_1\times\boldsymbol{e}_2}{|\boldsymbol{e}_1\times\boldsymbol{e}_2|}=\begin{bmatrix}e_{nx2}\\e_{ny2}\\e_{nz2}\end{bmatrix}=\frac{1}{\sqrt{e_{1x2}^2+e_{1y2}^2}}\begin{bmatrix}-e_{1x2}e_{1z2}\\-e_{1y2}e_{1z2}\\e_{1x2}^2+e_{1y2}^2\end{bmatrix}\tag{6.18}$$

从而万向铰作用于从动轴上的力矩 $\boldsymbol{T}=T\boldsymbol{e}_n$，且其与驱动扭矩 T_0 的关系为：

$$T_0=\boldsymbol{T}\cdot\boldsymbol{K}_0=T\boldsymbol{e}_n\cdot\boldsymbol{K}_0\tag{6.19}$$

其中在坐标系 $x_2y_2z_2$ 中向量 $\boldsymbol{K}_0$ 表示为：

$$\boldsymbol{K}_0=\begin{bmatrix}-\sin\beta_L(\sin\varphi\sin\alpha_L+\cos\varphi\cos\alpha_L)\\-\sin\varphi\cos\alpha_L+\cos\varphi\sin\alpha_L\\\cos\beta_L(\sin\varphi\sin\alpha_L+\cos\varphi\cos\alpha_L)\end{bmatrix}\tag{6.20}$$

利用式(6.18)、式(6.19)即可求得万向铰作用于从动轴上的力矩 $\boldsymbol{T}$ 及其分量 T_{x2}、T_{y2}、T_{z2}。

(2)轴承力矩

如图 6.1 所示，从动轴一端与万向铰相连，另一端由轴承支撑。将轴承处理为互相垂直的两对弹簧与阻尼器，如图 6.3 所示，其中沿 x_2 轴方向弹簧刚度系数为 K_{x2}、阻尼器阻尼系数为 C_{x2}，沿 y_2 轴方向弹簧刚度系数为 K_{y2}、阻尼器阻尼系数为 C_{y2}。这样，轴承力矩就转化为由弹力与阻尼力产生的力矩，而由弹力与阻尼力产生的力矩主要取决于从动轴末端的位移，即从动轴的变形。

令万向铰中心点 O 至轴承中心点 A 的距离为 l，如图 6.4 所示，未变形时，向量$\overrightarrow{OA}$为：

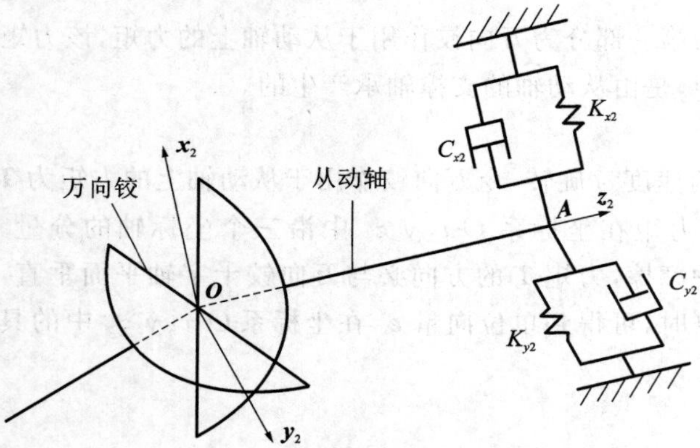

图 6.3　轴承的弹簧-阻尼器模型

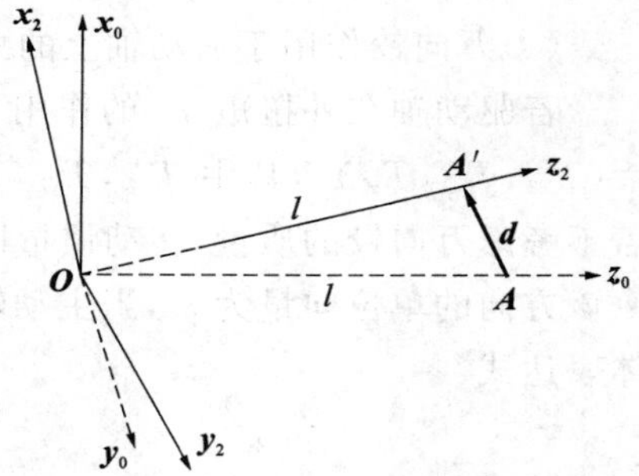

图 6.4　从动轴的形变

$$\overrightarrow{OA} = l\boldsymbol{k}_0 \tag{6.21}$$

产生横向振动时，从动轴形变引起向量$\overrightarrow{OA}$变化，此时：

$$\overrightarrow{OA'} = l\boldsymbol{k}_2 \tag{6.22}$$

则形变 $\boldsymbol{d}$ 为：

$$\boldsymbol{d} = \overrightarrow{OA'} - \overrightarrow{OA} \tag{6.23}$$

向量 $\boldsymbol{k}_0$ 在坐标系 $x_2y_2z_2$ 中可表示为：

$$\boldsymbol{k}_0 = -\cos\alpha_L\sin\beta_L\boldsymbol{i}_2 + \sin\alpha_L\boldsymbol{j}_2 + \cos\alpha_L\cos\beta_L\boldsymbol{k}_2 \tag{6.24}$$

则根据式(6.21)至式(6.24)，有：

$$\boldsymbol{d} = d_{x2}\boldsymbol{i}_2 + d_{y2}\boldsymbol{j}_2 + d_{z2}\boldsymbol{k}_2 = l[\cos\alpha_L\sin\beta_L\boldsymbol{i}_2 - \sin\alpha_L\boldsymbol{j}_2 + (1-\cos\alpha_L\cos\beta_L)\boldsymbol{k}_2] \tag{6.25}$$

由于

$$\frac{\mathrm{d}\boldsymbol{i}_2}{\mathrm{d}t} = \boldsymbol{\omega}_2 \times \boldsymbol{i}_2 = \dot{\alpha}_L\sin\beta_L\boldsymbol{j}_2 - \dot{\beta}_L\boldsymbol{k}_2$$

$$\frac{\mathrm{d}\boldsymbol{j}_2}{\mathrm{d}t} = \boldsymbol{\omega}_2 \times \boldsymbol{j}_2 = -\dot{\alpha}_L\sin\beta_L\boldsymbol{i}_2 + \dot{\alpha}_L\cos\beta_L\boldsymbol{k}_2$$

$$\frac{\mathrm{d}\boldsymbol{k}_2}{\mathrm{d}t} = \boldsymbol{\omega}_2 \times \boldsymbol{k}_2 = \dot{\beta}_L\boldsymbol{i}_2 - \dot{\alpha}_L\cos\beta_L\boldsymbol{j}_2$$

对式(6.25)中的 $\boldsymbol{d}$ 关于时间 t 求导并化简可得：

$$\dot{\boldsymbol{d}} = \dot{d}_{x2}\boldsymbol{i}_2 + \dot{d}_{y2}\boldsymbol{j}_2 + \dot{d}_{z2}\boldsymbol{k}_2 = l\dot{\beta}_L\boldsymbol{i}_2 - l\dot{\alpha}_L\cos\beta_L\boldsymbol{j}_2 \tag{6.26}$$

令从动轴受到的轴承弹力为 $\boldsymbol{F}_s = -K\boldsymbol{d}$，从动轴受到的阻尼力 $\boldsymbol{F}_d = -C\dot{\boldsymbol{d}}$，根据式(6.25)、式(6.26)，在坐标系 $x_2y_2z_2$ 中，各弹力分量、阻尼力分量分别为：

$$\boldsymbol{F}_s = \begin{bmatrix} F_{sx2} \\ F_{sy2} \\ F_{sz2} \end{bmatrix} = \begin{bmatrix} -K_{x2}d_{x2} \\ -K_{y2}d_{y2} \\ 0 \end{bmatrix} = \begin{bmatrix} -K_{x2}l\cos\alpha_L\sin\beta_L \\ K_{y2}l\sin\alpha_L \\ 0 \end{bmatrix} \tag{6.27}$$

$$\boldsymbol{F}_d = -C\dot{\boldsymbol{d}} = \begin{bmatrix} F_{dx2} \\ F_{dy2} \\ F_{dz2} \end{bmatrix} = \begin{bmatrix} -C_{x2}l\dot{\beta}_L \\ C_{y2}l\dot{\alpha}_L\cos\beta_L \\ 0 \end{bmatrix} \tag{6.28}$$

从动轴受到的轴承力矩，即弹力与阻尼力相对于万向铰中心点 O 的力矩 $\boldsymbol{M}_{s,O}$、$\boldsymbol{M}_{d,O}$ 分别为：

$$\boldsymbol{M}_{s,O}=\overrightarrow{OA}\times\boldsymbol{F}_s=(M_{sx2},M_{sy2},M_{sz2})^{\mathrm{T}}=-K_{y2}l^2\sin\alpha_L\boldsymbol{i}_2-K_{x2}l^2\cos\alpha_L\sin\beta_L\boldsymbol{j}_2 \quad (6.29)$$

$$\boldsymbol{M}_{d,O}=\overrightarrow{OA}\times\boldsymbol{F}_d=(M_{dx2},M_{dy2},M_{dz2})^{\mathrm{T}}=-C_{y2}l^2\dot{\alpha}_L\cos\beta_L\boldsymbol{i}_2-C_{x2}l^2\dot{\beta}_L\boldsymbol{j}_2 \quad (6.30)$$

6.2.3 模型化简与分析

根据以上分析，万向铰驱动的偏斜旋转轴的横向振动模型可表示为：

$$J_{x2,O}\dot{\omega}_{x2}+J_{z2,O}\dot{\psi}\omega_{y2}+(J_{z2,O}-J_{y2,O})\omega_{y2}\omega_{z2}=T_{x2}+M_{sx2}+M_{dx2} \quad (6.31)$$

$$J_{y2,O}\dot{\omega}_{y2}-J_{z2,O}\dot{\psi}\omega_{x2}+(J_{x2,O}-J_{z2,O})\omega_{x2}\omega_{z2}=T_{y2}+M_{sy2}+M_{dy2} \quad (6.32)$$

将式(6.7)、式(6.8)、式(6.19)、式(6.29)、式(6.30)代入上式中，即可得到横向振动模型的非线性常微分方程。考虑到实际工程中从动轴产生横向振动的角位移较小，则可以用近似式 $\cos\alpha_L\approx1$、$\sin\alpha_L\approx\alpha_L$、$\cos\beta_L\approx1$、$\sin\beta_L\approx\beta_L$ 替换，并在化简过程中略去高次项，可得如下结果：

$$\left.\begin{aligned}\omega_{x2}&\approx\dot{\alpha}_L\\ \omega_{y2}&\approx\dot{\beta}_L\\ \omega_{z2}&\approx0\end{aligned}\right\} \quad (6.33)$$

$$\dot{\boldsymbol{\omega}}_2\approx\ddot{\alpha}_L\boldsymbol{i}_2+\ddot{\beta}_L\boldsymbol{j}_2 \quad (6.34)$$

$$\boldsymbol{e}_n=\begin{bmatrix}e_{nx2}\\ e_{ny2}\\ e_{nz2}\end{bmatrix}=\frac{1}{4\chi_{en}}\begin{bmatrix}2\alpha_L\sin2\theta_1\cos\varphi+\beta_L(\cos2\theta_1\cos2\varphi-3\cos2\theta_1-\cos2\varphi-1)-2\sin2\theta_1\sin\varphi\\ 2\alpha_L\cos2\varphi(1-\cos2\theta_1)-2\beta_L\sin2\theta_1\cos\varphi-(1-\cos2\theta_1)\sin2\varphi\\ 4\chi_{en}^2\end{bmatrix} \quad (6.35)$$

其中 $\chi_{en}=\sqrt{2\alpha_L\sin^2\theta_1\cos\varphi\sin\varphi-\beta_L\sin2\theta_1\sin\varphi+\sin^2\theta_1\cos^2\varphi+\cos^2\theta_1}$。

$$\boldsymbol{K}_0\approx\begin{bmatrix}-\beta_L\cos\varphi\\ -\sin\varphi+\alpha_L\cos\varphi\\ \alpha_L\sin\varphi+\cos\varphi\end{bmatrix} \quad (6.36)$$

$$T\approx\frac{T_0}{\alpha_L\sin\varphi+\cos\varphi} \quad (6.37)$$

$$\boldsymbol{M}_{s,O}\approx-K_{y2}l^2\alpha_L\boldsymbol{i}_2-K_{x2}l^2\beta_L\boldsymbol{j}_2 \quad (6.38)$$

$$\boldsymbol{M}_{d,O}\approx-C_{y2}l^2\dot{\alpha}_L\boldsymbol{i}_2-C_{x2}l^2\dot{\beta}_L\boldsymbol{j}_2 \quad (6.39)$$

令 $J_{x2,O}=J_{y2,O}=J_0$、$J_{z2,O}=\kappa J_0$（κ 为常数），将式(6.33)—式(6.39)代入式(6.31)、式(6.32)中，经线性化处理，可得到横向振动模型：

$$\begin{aligned}&\ddot{\alpha}_L+\kappa\dot{\theta}_2\dot{\beta}_L+\frac{K_{y2}l^2}{J_0}\alpha_L+\frac{C_{y2}l^2}{J_0}\dot{\alpha}_L-\frac{T_0}{2J_0}\sin2\theta_1\cdot\alpha_L\\ &+\frac{T_0\csc\varphi(\cos2\varphi+1)}{4J_0}\beta_L+\frac{T_0\csc\varphi(3-\cos2\varphi)}{4J_0}\cos2\theta_1\cdot\beta_L=-\frac{T_0\tan\varphi}{2J_0}\sin2\theta_1\end{aligned} \quad (6.40)$$

$$\begin{aligned}&\ddot{\beta}_L-\kappa\dot{\theta}_2\dot{\alpha}_L+\frac{K_{x2}l^2}{J_0}\beta_L+\frac{C_{x2}l^2}{J_0}\dot{\beta}_L+\frac{T_0}{2J_0}\sin2\theta_1\cdot\beta_L\\ &-\frac{T_0\cos2\varphi\csc\varphi}{2J_0}\alpha_L+\frac{T_0\cos2\varphi\csc\varphi}{2J_0}\cos2\theta_1\cdot\alpha_L=-\frac{T_0\sin\varphi}{2J_0}(1-\cos2\theta_1)\end{aligned} \quad (6.41)$$

式(6.40)、式(6.41)即为存在万向铰结构偏斜（$\varphi\neq0$）时旋转轴的横向振动方程，若万向较不偏斜，取 $\varphi=0$，所得横向振动方程即为理想情况下旋转轴的横向振动模型。

令系统参考频率 $\omega_0=\sqrt{(K_{x2}+K_{y2})l^2/2J_0}$，且 $\nu=\omega/\omega_0$，根据式(6.3)可知，$\dot{\theta}_2/\omega_0=\nu p(\theta_1)$，对式(6.40)、式(6.41)进行无量纲化简，记 $\tau=\omega t=\theta_1$，则有：

$$\dot{\alpha}_L=\omega\frac{\mathrm{d}\alpha_L}{\mathrm{d}\tau}=\nu\omega_0\frac{\mathrm{d}\alpha_L}{\mathrm{d}\tau}\qquad \dot{\beta}_L=\omega\frac{\mathrm{d}\beta_L}{\mathrm{d}\tau}=\nu\omega_0\frac{\mathrm{d}\beta_L}{\mathrm{d}\tau}$$

$$\ddot{\alpha}_L=\omega^2\frac{\mathrm{d}^2\alpha_L}{\mathrm{d}\tau^2}=\nu^2\omega_0^2\frac{\mathrm{d}^2\alpha_L}{\mathrm{d}\tau^2}\qquad \ddot{\beta}_L=\omega^2\frac{\mathrm{d}^2\beta_L}{\mathrm{d}\tau^2}=\nu^2\omega_0^2\frac{\mathrm{d}^2\beta_L}{\mathrm{d}\tau^2}$$

代入式(6.40)、式(6.41)，得到：

$$\begin{aligned}&\nu^2\frac{\mathrm{d}^2\alpha_L}{\mathrm{d}\tau^2}+\kappa p(\tau)\nu^2\frac{\mathrm{d}\beta_L}{\mathrm{d}\tau}+\frac{K_{y2}l^2}{J_0\omega_0^2}\alpha_L+\frac{C_{y2}l^2}{J_0\omega_0}\nu\frac{\mathrm{d}\alpha_L}{\mathrm{d}\tau}-\frac{T_0}{2J_0\omega_0^2}\sin2\tau\cdot\alpha_L\\&+\frac{T_0\csc\varphi(\cos2\varphi+1)}{4J_0\omega_0^2}\beta_L+\frac{T_0\csc\varphi(3-\cos2\varphi)}{4J_0\omega_0^2}\cos2\tau\cdot\beta_L=-\frac{T_0\tan\varphi}{2J_0\omega_0^2}\sin2\tau\end{aligned}\tag{6.42}$$

$$\begin{aligned}&\nu^2\frac{\mathrm{d}^2\beta_L}{\mathrm{d}\tau^2}-\kappa p(\tau)\nu^2\frac{\mathrm{d}\alpha_L}{\mathrm{d}\tau}+\frac{K_{x2}l^2}{J_0\omega_0^2}\beta_L+\frac{C_{x2}l^2}{J_0\omega_0}\nu\frac{\mathrm{d}\beta_L}{\mathrm{d}\tau}+\frac{T_0}{2J_0\omega_0^2}\sin2\tau\cdot\beta_L\\&-\frac{T_0\cos2\varphi\csc\varphi}{2J_0\omega_0^2}\alpha_L+\frac{T_0\cos2\varphi\csc\varphi}{2J_0\omega_0^2}\cos2\tau\cdot\alpha_L=-\frac{T_0\sin\varphi}{2J_0\omega_0^2}(1-\cos2\tau)\end{aligned}\tag{6.43}$$

令：

$$\left.\begin{aligned}&\Gamma=\frac{T_0}{2J_0\omega_0^2}\\&K_{11}=\frac{K_{y2}l^2}{J_0\omega_0^2}=\frac{2K_{y2}}{K_{x2}+K_{y2}}\\&K_{22}=\frac{K_{x2}l^2}{J_0\omega_0^2}=\frac{2K_{x2}}{K_{x2}+K_{y2}}\\&C_{11}=\frac{C_{y2}l^2}{J_0\omega_0}\\&C_{22}=\frac{C_{x2}l^2}{J_0\omega_0}\\&C_{12}=-C_{21}=\kappa\nu p(\tau)\end{aligned}\right\}\tag{6.44}$$

将式(6.42)、式(6.43)写成矩阵形式：

$$\begin{aligned}&\nu^2\begin{bmatrix}\alpha''_L\\\beta''_L\end{bmatrix}+\nu\begin{bmatrix}C_{11}&C_{12}\\C_{21}&C_{22}\end{bmatrix}\begin{bmatrix}\alpha'_L\\\beta'_L\end{bmatrix}+\begin{bmatrix}K_{11}&0\\0&K_{22}\end{bmatrix}\begin{bmatrix}\alpha_L\\\beta_L\end{bmatrix}+\Gamma\sin2\tau\begin{bmatrix}-1&0\\0&1\end{bmatrix}\begin{bmatrix}\alpha_L\\\beta_L\end{bmatrix}\\&+\Gamma\cos2\tau\begin{bmatrix}0&\dfrac{3-\cos2\varphi}{2\cos\varphi}\\\dfrac{\cos2\varphi}{\cos\varphi}&0\end{bmatrix}\begin{bmatrix}\alpha_L\\\beta_L\end{bmatrix}+\Gamma\begin{bmatrix}0&\dfrac{\cos2\varphi+1}{2\cos\varphi}\\-\dfrac{\cos2\varphi}{\cos\varphi}&0\end{bmatrix}\begin{bmatrix}\alpha_L\\\beta_L\end{bmatrix}\\&=-\Gamma\begin{bmatrix}\sin2\tau\dfrac{\sin\varphi}{\cos\varphi}\\(1-\cos2\tau)\sin\varphi\end{bmatrix}\end{aligned}\tag{6.45}$$

其中 α'_L、α''_L、β'_L、β''_L 分别表示 α_L、β_L 对 τ 求一阶、二阶导数。

令阻尼矩阵 $\boldsymbol{C}=\begin{bmatrix}C_{11}&C_{12}\\C_{21}&C_{22}\end{bmatrix}$、刚度矩阵 $\boldsymbol{K}=\begin{bmatrix}K_{11}&0\\0&K_{22}\end{bmatrix}$、$\boldsymbol{E}_0=\begin{bmatrix}-1&0\\0&1\end{bmatrix}$、$\boldsymbol{E}_1=$

$$\begin{bmatrix} 0 & \dfrac{3-\cos2\varphi}{2\cos\varphi} \\ \dfrac{\cos2\varphi}{\cos\varphi} & 0 \end{bmatrix}、\boldsymbol{E}_2=\begin{bmatrix} 0 & \dfrac{\cos2\varphi+1}{2\cos\varphi} \\ -\dfrac{\cos2\varphi}{\cos\varphi} & 0 \end{bmatrix}、\boldsymbol{D}_0=\begin{bmatrix} \sin2\tau\dfrac{\sin\varphi}{\cos\varphi} \\ (1-\cos2\tau)\sin\varphi \end{bmatrix},$$

则式(6.45)简写为：

$$\nu^2\begin{bmatrix}\alpha''_L\\ \beta''_L\end{bmatrix}+\nu\boldsymbol{C}\begin{bmatrix}\alpha'_L\\ \beta'_L\end{bmatrix}+\boldsymbol{K}\begin{bmatrix}\alpha_L\\ \beta_L\end{bmatrix}+\Gamma\boldsymbol{E}_0\begin{bmatrix}\alpha_L\\ \beta_L\end{bmatrix}\sin2\tau+\Gamma\boldsymbol{E}_1\begin{bmatrix}\alpha_L\\ \beta_L\end{bmatrix}\cos2\tau+\Gamma\boldsymbol{E}_2\begin{bmatrix}\alpha_L\\ \beta_L\end{bmatrix}=-\Gamma\boldsymbol{D}_0 \quad (6.46)$$

在方程(6.46)中，左边第四、五、六项及右边项表示从动轴受到的弯曲力矩，它们均与驱动力矩 T_0 有关，是对于万向铰传递力矩引起的从动轴横向振动的定量描述，而且万向铰固有偏斜角度直接影响其弯曲力矩的大小。上式左边第四项中 $\Gamma\boldsymbol{E}_0$、第五项中 $\Gamma\boldsymbol{E}_1$ 含有无量纲时间 τ 的正弦、余弦函数，作为参数激励，将引起系统的参数共振；左边第六项中 $\Gamma\boldsymbol{E}_2$ 不含无量纲时间 τ 的函数，仅与横向振动本身有关，故它能引起系统的自激振动；右边项 $-\Gamma\boldsymbol{D}_0$ 为强迫振动项，是由万向铰的固有偏斜产生的，它将引起系统的强迫共振，故对于万向铰驱动线的横向振动问题，万向铰传递力矩将激励多种性质的振动。

6.3 偏斜旋转轴横向振动的多尺度解

万向铰固有偏斜角度一般在45°以下，这里考虑其偏斜角度 φ 较小的情况，取近似 $\cos\varphi\approx1$、$\sin\varphi\approx\varphi$。根据式(6.3)，则有 $p(\theta)=p(\tau)\approx1$，同时由式(6.44)可得 $C_{12}=-C_{21}=\kappa\nu$、$\boldsymbol{E}_1\approx\begin{bmatrix}0&1\\1&0\end{bmatrix}$、$\boldsymbol{E}_2\approx\begin{bmatrix}0&1\\-1&0\end{bmatrix}$、$\boldsymbol{D}_0\approx\begin{bmatrix}\sin2\omega t\\1-\cos2\omega t\end{bmatrix}\varphi$，则式(6.46)变为：

$$\begin{bmatrix}\ddot{\alpha}_L\\ \ddot{\beta}_L\end{bmatrix}+\begin{bmatrix}\dfrac{C_{y2}l^2}{J_0} & \kappa\nu\omega_0\\ -\kappa\nu\omega_0 & \dfrac{C_{x2}l^2}{J_0}\end{bmatrix}\begin{bmatrix}\dot{\alpha}_L\\ \dot{\beta}_L\end{bmatrix}+\begin{bmatrix}\dfrac{K_{y2}l^2}{J_0} & 0\\ 0 & \dfrac{K_{x2}l^2}{J_0}\end{bmatrix}\begin{bmatrix}\alpha_L\\ \beta_L\end{bmatrix}+\frac{T_0}{2J_0}\begin{bmatrix}-1&0\\0&1\end{bmatrix}\begin{bmatrix}\alpha_L\\ \beta_L\end{bmatrix}\sin2\omega t$$

$$+\frac{T_0}{2J_0}\begin{bmatrix}0&1\\1&0\end{bmatrix}\begin{bmatrix}\alpha_L\\ \beta_L\end{bmatrix}\cos2\omega t+\frac{T_0}{2J_0}\begin{bmatrix}0&1\\-1&0\end{bmatrix}\begin{bmatrix}\alpha_L\\ \beta_L\end{bmatrix}=-\frac{T_0\varphi}{2J_0}\begin{bmatrix}\sin2\omega t\\1-\cos2\omega t\end{bmatrix} \quad (6.47)$$

或者

$$\begin{bmatrix}\ddot{\alpha}_L\\ \ddot{\beta}_L\end{bmatrix}+\omega_0\boldsymbol{C}\begin{bmatrix}\dot{\alpha}_L\\ \dot{\beta}_L\end{bmatrix}+\omega_0^2\boldsymbol{K}\begin{bmatrix}\alpha_L\\ \beta_L\end{bmatrix}+\Gamma\omega_0^2(\boldsymbol{E}_0\sin2\omega t+\boldsymbol{E}_1\cos2\omega t+\boldsymbol{E}_2)\begin{bmatrix}\alpha_L\\ \beta_L\end{bmatrix}=-\Gamma\omega_0^2\boldsymbol{D}_0 \quad (6.48)$$

令上式中 $T_0=\varepsilon T'_0$、$\Gamma=\varepsilon\Gamma'$、$C_{x2}=\varepsilon C'_{x2}$、$C_{y2}=\varepsilon C'_{y2}$、$\kappa=\varepsilon\kappa'$，则式(6.48)变为：

$$\begin{bmatrix}\ddot{\alpha}_L\\ \ddot{\beta}_L\end{bmatrix}+\omega_0^2\boldsymbol{K}\begin{bmatrix}\alpha_L\\ \beta_L\end{bmatrix}=\varepsilon\left[-\Gamma'\omega_0^2\boldsymbol{D}_0-\omega_0\boldsymbol{C}'\begin{bmatrix}\dot{\alpha}_L\\ \dot{\beta}_L\end{bmatrix}+\Gamma'\omega_0^2(\boldsymbol{E}_0\sin2\omega t+\boldsymbol{E}_1\cos2\omega t+\boldsymbol{E}_2)\begin{bmatrix}\alpha_L\\ \beta_L\end{bmatrix}\right] \quad (6.49)$$

其中 $\boldsymbol{C}=\varepsilon\boldsymbol{C}'=\varepsilon\begin{bmatrix}\dfrac{C'_{x2}l^2}{J_0\omega_0} & -\kappa'\nu\\ -\kappa'\nu & \dfrac{C'_{y2}l^2}{J_0\omega_0}\end{bmatrix}$。

记 $\omega_{10}^2=\omega_0^2K_{11}=\dfrac{K_{y2}l^2}{J_0}$，$\omega_{20}^2=\omega_0^2K_{22}=\dfrac{K_{x2}l^2}{J_0}$，令

$$\begin{bmatrix}\alpha_L\\ \beta_L\end{bmatrix}=\begin{bmatrix}\alpha_{L0}(T_0,T_1)+\varepsilon\alpha_{L1}(T_0,T_1)\\ \beta_{L0}(T_0,T_1)+\varepsilon\beta_{L1}(T_0,T_1)\end{bmatrix}$$

利用多尺度法，对式(6.49)求解并化简可得：

$$\begin{bmatrix}D_0^2\alpha_{L0}+\omega_0^2K_{11}\alpha_{L0}+\varepsilon\omega_0^2K_{11}\alpha_{L1}+\varepsilon D_0^2\alpha_{L1}+2\varepsilon D_0D_1\alpha_{L0}\\ D_0^2\beta_{L0}+\omega_0^2K_{22}\beta_{L0}+\varepsilon\omega_0^2K_{22}\beta_{L1}+\varepsilon D_0^2\beta_{L1}+2\varepsilon D_0D_1\beta_{L0}\end{bmatrix}$$

$$=\varepsilon\Gamma'\omega_0^2\begin{bmatrix}-\varphi\sin2\omega T_0-\alpha_{L0}\sin2\omega T_0+\beta_{L0}(\cos2\omega T_0+1)\\ -\varphi(1-\cos2\omega T_0)+(\cos2\omega T_0-1)\alpha_{L0}+\beta_{L0}\sin2\omega T_0\end{bmatrix}+\varepsilon\begin{bmatrix}-\dfrac{C'_{x2}l^2}{J_0}D_0\alpha_{L0}+\kappa'\nu\omega_0D_0\beta_{L0}\\ \kappa'\nu\omega_0D_0\alpha_{L0}-\dfrac{C'_{y2}l^2}{J_0}D_0\beta_{L0}\end{bmatrix} \tag{6.50}$$

展开后令 ε 的同次幂的系数为零，得到各阶近似的线性偏微分方程组：

$$D_0^2\alpha_{L0}+\omega_0^2K_{11}\alpha_{L0}=D_0^2\alpha_{L0}+\omega_{10}^2\alpha_{L0}=0 \tag{6.51}$$

$$D_0^2\beta_{L0}+\omega_0^2K_{22}\beta_{L0}=D_0^2\beta_{L0}+\omega_{20}^2\beta_{L0}=0 \tag{6.52}$$

$$D_0^2\alpha_{L1}+\omega_0^2K_{11}\alpha_{L1}=D_0^2\alpha_{L1}+\omega_{10}^2\alpha_{L1}=-2D_0D_1\alpha_{L0}-\frac{C'_{x2}l^2}{J_0}D_0\alpha_{L0}+\kappa'\nu\omega_0D_0\beta_{L0}$$
$$-\Gamma'\omega_0^2\varphi\sin2\omega T_0-\Gamma'\omega_0^2\alpha_{L0}\sin2\omega T_0+\Gamma'\omega_0^2\beta_{L0}(\cos2\omega T_0+1) \tag{6.53}$$

$$D_0^2\beta_{L1}+\omega_0^2K_{22}\beta_{L1}=D_0^2\beta_{L1}+\omega_{20}^2\beta_{L1}=-2D_0D_1\beta_{L0}+\kappa'\nu\omega_0D_0\alpha_{L0}-\frac{C'_{y2}l^2}{J_0}D_0\beta_{L0}$$
$$-\Gamma'\omega_0^2\varphi(1-\cos2\omega T_0)+\Gamma'\omega_0^2\alpha_{L0}(\cos2\omega T_0-1)+\Gamma'\omega_0^2\beta_{L0}\sin2\omega T_0 \tag{6.54}$$

零次近似方程(6.51)、方程(6.52)的解为：

$$\alpha_{L0}=A_\alpha(T_1)e^{j\omega_{10}T_0}+c\quad(c\text{ 为常数}) \tag{6.55}$$

$$\beta_{L0}=A_\beta(T_1)e^{j\omega_{20}T_0}+c \tag{6.56}$$

将零次近似解式(6.55)、式(6.56)代入一次近似方程(6.53)、方程(6.54)的右边，$\cos2\omega t$ 以 $\dfrac{e^{j2\omega T_0}+e^{-j2\omega T_0}}{2}$、$\sin2\omega t$ 以 $\dfrac{e^{j2\omega T_0}-e^{-j2\omega T_0}}{2}j$，导出：

$$D_0^2\alpha_{L1}+\omega_{10}^2\alpha_{L1}=-2j\omega_{10}D_1A_\alpha e^{j\omega_{10}T_0}-j\omega_{10}\frac{C'_{x2}l^2}{J_0}A_\alpha e^{j\omega_{10}T_0}+j\omega_{20}\kappa'\nu\omega_0A_\beta e^{j\omega_{20}T_0}$$
$$+\Gamma'\omega_0^2A_\beta e^{j\omega_{20}T_0}-\frac{1}{2j}\Gamma'\omega_0^2\varphi e^{j2\omega T_0}+\frac{1}{2j}\Gamma'\omega_0^2\varphi e^{-j2\omega T_0}-\frac{1}{2j}\Gamma'\omega_0^2A_\alpha e^{j(2\omega+\omega_{10})T_0}$$
$$+\frac{1}{2j}\Gamma'\omega_0^2\overline{A}_\alpha e^{j(2\omega-\omega_{10})T_0}+\frac{1}{2}\Gamma'\omega_0^2A_\beta e^{j(2\omega+\omega_{20})T_0}+\frac{1}{2}\Gamma'\omega_0^2\overline{A}_\beta e^{j(2\omega-\omega_{20})T_0} \tag{6.57}$$

$$D_0^2\beta_{L1}+\omega_{20}^2\beta_{L1}=-2j\omega_{20}D_1A_\beta e^{j\omega_{20}T_0}+j\omega_{10}\kappa'\nu\omega_0A_\alpha e^{j\omega_{10}T_0}-j\omega_{20}\frac{C'_{y2}l^2}{J_0}A_\beta e^{j\omega_{20}T_0}$$
$$-\Gamma'\omega_0^2A_\alpha e^{j\omega_{10}T_0}-\Gamma'\omega_0^2\varphi+\frac{1}{2}\Gamma'\omega_0^2\varphi e^{j2\omega T_0}+\frac{1}{2}\Gamma'\omega_0^2\varphi e^{-j2\omega T_0}+\frac{1}{2}\Gamma'\omega_0^2A_\alpha e^{j(2\omega+\omega_{10})T_0}$$
$$+\frac{1}{2}\Gamma'\omega_0^2\overline{A}_\alpha e^{j(2\omega-\omega_{10})T_0}+\frac{1}{2j}\Gamma'\omega_0^2A_\beta e^{j(2\omega+\omega_{20})T_0}-\frac{1}{2j}\Gamma'\omega_0^2\overline{A}_\beta e^{j(2\omega-\omega_{20})T_0} \tag{6.58}$$

在一次近似方程(6.57)、方程(6.58)中，当 $\omega_{20}\pm2\omega=\omega_{10}$，或者 $\omega_{10}\pm2\omega=\omega_{20}$，即 $\omega=\dfrac{\omega_{i0}\pm\omega_{j0}}{2}(i,j=1,2$ 且 $i\neq j)$时，均可使系统产生共振而出现久期项，这表明该系统有多个组合共振频率，$\omega=\dfrac{\omega_{10}+\omega_{20}}{2}$频率的共振为和型组合共振，$\omega=\dfrac{\omega_{10}-\omega_{20}}{2}(\omega_{10}>\omega_{20})$频率的共振为差型

组合共振。同时,该系统还会产生与固有频率 ω_{10}、ω_{20} 有关的主共振以及超谐波共振。

6.4　不同共振模式的稳定性条件

6.4.1　和型组合共振的稳定性

下面分析偏斜旋转轴横向振动产生和型组合共振($\omega=\dfrac{\omega_{10}+\omega_{20}}{2}$)时的稳定性条件。

一般情况下,支撑轴承阻尼较小,为重点研究轴承刚度对系统共振及稳定性边界的影响,假设从动轴支撑轴承无阻尼存在,即 $C_{x2}=0$、$C_{y2}=0$。令

$$2\omega=\omega_{10}+\omega_{20}+\varepsilon\sigma \tag{6.59}$$

将上式代入一次近似方程(6.57)、方程(6.58)的右边,将 εT_0 以 T_1 代替,可得:

$$D_0^2\alpha_{L1}+\omega_{10}^2\alpha_{L1}=(-2\mathrm{j}\omega_{10}D_1A_\alpha+\frac{1}{2}\Gamma'\omega_0^2\overline{A}_\beta\mathrm{e}^{\mathrm{j}\sigma T_1})\mathrm{e}^{\mathrm{j}\omega_{10}T_0}+\cdots \tag{6.60}$$

$$D_0^2\beta_{L1}+\omega_{20}^2\beta_{L1}=(-2\mathrm{j}\omega_{20}D_1A_\beta+\frac{1}{2}\Gamma'\omega_0^2\overline{A}_\alpha\mathrm{e}^{\mathrm{j}\sigma T_1})\mathrm{e}^{\mathrm{j}\omega_{20}T_0}+\cdots \tag{6.61}$$

其中省略号表示其他频率的周期分量。为避免久期项出现,复振幅 A_α、A_β 必须满足:

$$D_1A_\alpha+\frac{\mathrm{j}}{4\omega_{10}}\Gamma'\omega_0^2\overline{A}_\beta\mathrm{e}^{\mathrm{j}\sigma T_1}=0 \tag{6.62}$$

$$D_1A_\beta+\frac{\mathrm{j}}{4\omega_{20}}\Gamma'\omega_0^2\overline{A}_\alpha\mathrm{e}^{\mathrm{j}\sigma T_1}=0 \tag{6.63}$$

将复振幅 A_α、A_β 写为指数形式:

$$A_\alpha=a_1\mathrm{e}^{-\mathrm{j}\lambda T_1},A_\beta=a_2\mathrm{e}^{\mathrm{j}(\lambda+\sigma)T_1} \tag{6.64}$$

代入方程(6.62)、式(6.63)中,有:

$$\begin{aligned}&\lambda a_1-\frac{\Gamma'\omega_0^2}{4\omega_{10}}a_2=0\\&\frac{\Gamma'\omega_0^2}{4\omega_{20}}a_1+(\lambda+\sigma)a_2=0\end{aligned} \tag{6.65}$$

此方程组的非零解条件为:

$$\begin{vmatrix}\lambda & -\dfrac{\Gamma'\omega_0^2}{4\omega_{10}}\\ \dfrac{\Gamma'\omega_0^2}{4\omega_{20}} & \lambda+\sigma\end{vmatrix}=\lambda^2+\sigma\lambda+\frac{\Gamma'^2\omega_0^4}{16\omega_{10}\omega_{20}}=0 \tag{6.66}$$

解出的 λ 两个根为:

$$\lambda_{1,2}=-\frac{1}{2}\left(\sigma\pm\sqrt{\sigma^2-\frac{\Gamma'^2\omega_0^4}{4\omega_{10}\omega_{20}}}\right) \tag{6.67}$$

当 λ_1、λ_2 满足 $\mathrm{lm}(\lambda_i)=0$,即 λ_1、λ_2 为实根时,方程(6.62)、方程(6.63)的零解稳定,此时,式(6.67)应满足:

$$\sigma^2>\frac{\Gamma'^2\omega_0^4}{4\omega_{10}\omega_{20}}\ 或者\ |\sigma|>\frac{\Gamma'\omega_0^2}{2\sqrt{\omega_{10}\omega_{20}}} \tag{6.68}$$

将 $\omega_0=\sqrt{\dfrac{(K_{x2}+K_{y2})l^2}{2J_0}}$、$\omega_{10}^2=\omega_0^2K_{11}=\dfrac{K_{y2}l^2}{J_0}$、$\omega_{20}^2=\omega_0^2K_{22}=\dfrac{K_{x2}l^2}{J_0}$、$\Gamma'=\dfrac{T'_0}{2J_0\omega_0^2}$、$K_{11}=\dfrac{K_{y2}l^2}{J_0\omega_0^2}=\dfrac{2K_{y2}}{K_{x2}+K_{y2}}$、$K_{22}=\dfrac{K_{x2}l^2}{J_0\omega_0^2}=\dfrac{2K_{x2}}{K_{x2}+K_{y2}}$代入上式，可得

$$|\sigma|>\frac{T'_0}{2l^2\sqrt{K_{x2}K_{y2}}} \tag{6.69}$$

由于 $\sigma=\pm\dfrac{T'_0}{2l^2\sqrt{K_{x2}K_{y2}}}$ 对应于稳定与不稳定之间的临界状况，因此可代入式(6.59)以确定(ω,ε)参数平面内的稳定性条件：

$$\omega\pm\varepsilon\frac{T'_0}{4l^2\sqrt{K_{x2}K_{y2}}}=\frac{\omega_{10}+\omega_{20}}{2} \tag{6.70}$$

此近似的稳定性边界由两条直线组成，如图 6.5 所示，参数共振在不稳定区内产生。

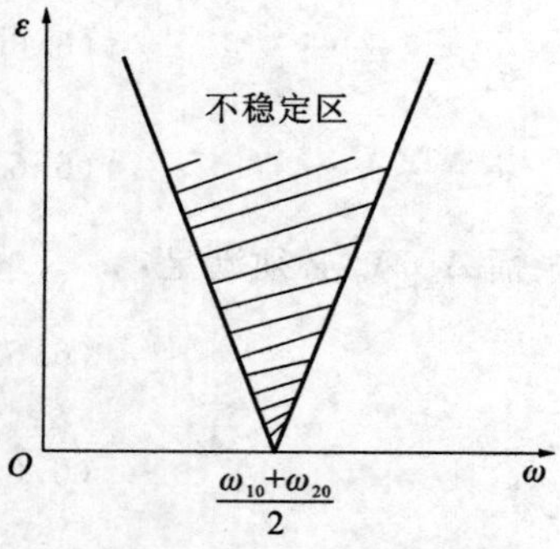

图 6.5　和型组合共振的稳定性

由以上分析可知，当驱动轴旋转角速度接近$\dfrac{\omega_{10}+\omega_{20}}{2}$时，系统产生和型组合共振。根据稳定性条件式(6.70)，产生和型组合共振时，调谐参数 σ 与输入扭矩 T_0、支撑轴承安装位置 l 以及轴承刚度 K_{x2}、K_{y2} 有关。若输入扭矩 T_0 一定，当轴承安装位置距万向铰中心较近或者轴承弹簧刚度系数较小时，系统在频率$\dfrac{\omega_{10}+\omega_{20}}{2}$附近产生和型组合共振的区域窄，稳定区域大；反之，若轴承安装位置距万向铰中心较远或者轴承弹簧刚度系数较大时，系统在频率$\dfrac{\omega_{10}+\omega_{20}}{2}$附近产生和型组合共振的区域增宽，稳定区域小。

6.4.2　差型组合共振的稳定性

下面分析偏差型组合共振$\left(\omega=\dfrac{\omega_{10}-\omega_{20}}{2},\omega_{10}>\omega_{20}\right)$时的稳定性条件。令

$$2\omega=\omega_{10}-\omega_{20}+\varepsilon\sigma \tag{6.71}$$

将上式代入一次近似方程(6.57)、方程(6.58)的右边，将 εT_0 以 T_1 代替，可得：

$$D_0^2\alpha_{L1}+\omega_{10}^2\alpha_{L1}=\left(-2\mathrm{j}\omega_{10}D_1A_\alpha+\frac{1}{2}\Gamma'\omega_0^2A_\beta\mathrm{e}^{\mathrm{j}\sigma T_1}\right)\mathrm{e}^{\mathrm{j}\omega_{10}T_0}+\cdots \tag{6.72}$$

$$D_0^2\beta_{L1}+\omega_{20}^2\beta_{L1}=\left(-2\mathrm{j}\omega_{20}D_1A_\beta+\frac{1}{2}\Gamma'\omega_0^2A_\alpha\mathrm{e}^{-\mathrm{j}\sigma T_1}\right)\mathrm{e}^{\mathrm{j}\omega_{20}T_0}+\cdots \tag{6.73}$$

其中省略号表示其他频率的周期分量。为避免久期项出现，复振幅 A_α、A_β 必须满足：

$$D_1A_\alpha+\frac{\mathrm{j}}{4\omega_{10}}\Gamma'\omega_0^2A_\beta\mathrm{e}^{\mathrm{j}\sigma T_1}=0 \tag{6.74}$$

$$D_1A_\beta+\frac{\mathrm{j}}{4\omega_{20}}\Gamma'\omega_0^2A_\alpha\mathrm{e}^{-\mathrm{j}\sigma T_1}=0 \tag{6.75}$$

将复振幅 A_α、A_β 写为指数形式：

$$A_\alpha=a_1\mathrm{e}^{\mathrm{j}\lambda T_1},A_\beta=a_2\mathrm{e}^{\mathrm{j}(\lambda-\sigma)T_1} \tag{6.76}$$

代入式(6.74)、式(6.75)中，有：

$$\left.\begin{aligned}\lambda a_1+\frac{\Gamma'\omega_0^2}{4\omega_{10}}a_2=0\\ \frac{\Gamma'\omega_0^2}{4\omega_{20}}a_1+(\lambda-\sigma)a_2=0\end{aligned}\right\}\tag{6.77}$$

此方程组的非零解条件为：

$$\begin{vmatrix}\lambda & \dfrac{\Gamma'\omega_0^2}{4\omega_{10}}\\ \dfrac{\Gamma'\omega_0^2}{4\omega_{20}} & \lambda-\sigma\end{vmatrix}=\lambda^2-\sigma\lambda-\frac{\Gamma'^2\omega_0^4}{16\omega_{10}\omega_{20}}=0\tag{6.78}$$

解出的 λ 两个根为：

$$\lambda_{1,2}=\frac{1}{2}\left(\sigma\pm\sqrt{\sigma^2+\frac{\Gamma'^2\omega_0^4}{4\omega_{10}\omega_{20}}}\right)\tag{6.79}$$

由式(6.79)决定的根 λ_1、λ_2 恒有 $\mathrm{lm}(\lambda_i)=0$，满足实根条件，这说明在频率$\frac{\omega_{10}-\omega_{20}}{2}$附近无论驱动轴转速如何变化，系统总是稳定的，不会产生差型组合共振。

6.4.3 主共振的稳定性

为了获得主共振稳定性条件，采用希尔无限行列式方法进行主共振稳定性分析。将方程(6.46)对应的齐次方程组中的三角函数表示成复数形式：

$$\nu^2\begin{bmatrix}\alpha''_L\\ \beta''_L\end{bmatrix}+\nu\boldsymbol{C}\begin{bmatrix}\alpha'_L\\ \beta'_L\end{bmatrix}+\boldsymbol{K}\begin{bmatrix}\alpha_L\\ \beta_L\end{bmatrix}+\Gamma(\boldsymbol{E}'_0\mathrm{e}^{-\mathrm{j}2\tau}+\boldsymbol{E}'_1\mathrm{e}^{\mathrm{j}2\tau}+\boldsymbol{E}_2)\begin{bmatrix}\alpha_L\\ \beta_L\end{bmatrix}=0\tag{6.80}$$

其中 $\boldsymbol{E}'_0=\frac{1}{2}\begin{bmatrix}-\mathrm{j} & 1\\ 1 & \mathrm{j}\end{bmatrix}$，$\boldsymbol{E}'_1=\frac{1}{2}\begin{bmatrix}\mathrm{j} & 1\\ 1 & -\mathrm{j}\end{bmatrix}$。

由于式(6.46)或式(6.47)中三角函数的周期 $T^*=\pi$，设方程(6.80)的解的形式为：

$$\begin{bmatrix}\alpha_L\\ \beta_L\end{bmatrix}=\boldsymbol{Q}(\tau)e^{jz\tau}=\begin{bmatrix}q_1(\tau)\\ q_2(\tau)\end{bmatrix}\mathrm{e}^{\mathrm{j}z\tau}\tag{6.81}$$

这里 $\boldsymbol{Q}(\tau)=(q_1(\tau),q_2(\tau))^{\mathrm{T}}$ 为复周期函数，其周期为 T^* 或 $2T^*$，由此，可将 $\boldsymbol{Q}(\tau)$ 展开为傅里叶级数形式：

$$\boldsymbol{Q}(\tau)=\sum_{i=-\infty}^{\infty}\boldsymbol{q}_i\mathrm{e}^{\mathrm{j}i\tau}\tag{6.82}$$

此处，向量 $\boldsymbol{q}_i=(q_{i1},q_{i2})^{\mathrm{T}}$，当其周期为 T^* 时，有 $\boldsymbol{q}_i=\boldsymbol{O}(i=\pm1,\pm3,\pm5,\cdots)$。方程(6.80)的解可表示为：

$$\begin{bmatrix}\alpha_L\\ \beta_L\end{bmatrix}=\mathrm{e}^{\mathrm{j}z\tau}\sum_{i=-\infty}^{\infty}\boldsymbol{q}_i\mathrm{e}^{\mathrm{j}i\tau}\tag{6.83}$$

将式(6.83)代入方程(6.80)中，得到如下两个关系式：

$$S_1\cdot\begin{bmatrix}\vdots\\ \boldsymbol{q}_{-5}\\ \boldsymbol{q}_{-3}\\ \boldsymbol{q}_{-1}\\ \boldsymbol{q}_{1}\\ \boldsymbol{q}_{3}\\ \boldsymbol{q}_{5}\\ \vdots\end{bmatrix}=\begin{bmatrix} & & & \cdots & & & & \\ & F_{-5} & \Gamma E'_0 & 0 & 0 & 0 & 0 & \\ & \Gamma E'_1 & F_{-3} & \Gamma E'_0 & 0 & 0 & 0 & \\ \vdots & 0 & \Gamma E'_1 & F_{-1} & \Gamma E'_0 & 0 & 0 & \vdots \\ & 0 & 0 & \Gamma E'_1 & F_1 & \Gamma E'_0 & 0 & \\ & 0 & 0 & 0 & \Gamma E'_1 & F_3 & \Gamma E'_0 & \\ & 0 & 0 & 0 & 0 & \Gamma E'_1 & F_5 & \\ & & & \cdots & & & & \end{bmatrix}\begin{bmatrix}\vdots\\ \boldsymbol{q}_{-5}\\ \boldsymbol{q}_{-3}\\ \boldsymbol{q}_{-1}\\ \boldsymbol{q}_{1}\\ \boldsymbol{q}_{3}\\ \boldsymbol{q}_{5}\\ \vdots\end{bmatrix}=0 \tag{6.84}$$

$$S_2\cdot\begin{bmatrix}\vdots\\ \boldsymbol{q}_{-4}\\ \boldsymbol{q}_{-2}\\ \boldsymbol{q}_{0}\\ \boldsymbol{q}_{2}\\ \boldsymbol{q}_{4}\\ \boldsymbol{q}_{6}\\ \vdots\end{bmatrix}=\begin{bmatrix} & & & \cdots & & & & \\ & F_{-4} & \Gamma E'_0 & 0 & 0 & 0 & 0 & \\ & \Gamma E'_1 & F_{-2} & \Gamma E'_0 & 0 & 0 & 0 & \\ \vdots & 0 & \Gamma E'_1 & F_{0} & \Gamma E'_0 & 0 & 0 & \vdots \\ & 0 & 0 & \Gamma E'_1 & F_2 & \Gamma E'_0 & 0 & \\ & 0 & 0 & 0 & \Gamma E'_1 & F_4 & \Gamma E'_0 & \\ & 0 & 0 & 0 & 0 & \Gamma E'_1 & F_6 & \\ & & & \cdots & & & & \end{bmatrix}\begin{bmatrix}\vdots\\ \boldsymbol{q}_{-4}\\ \boldsymbol{q}_{-2}\\ \boldsymbol{q}_{0}\\ \boldsymbol{q}_{2}\\ \boldsymbol{q}_{4}\\ \boldsymbol{q}_{6}\\ \vdots\end{bmatrix}=0 \tag{6.85}$$

其中 $\boldsymbol{F}_i(z)=-\nu^2(z+i)^2\boldsymbol{I}+\mathrm{j}(z+i)\nu\boldsymbol{C}+\boldsymbol{K}+\Gamma\boldsymbol{E}_2(i=0,\pm1,\pm2,\pm3,\pm4,\pm5,\pm6,\cdots)$，$\boldsymbol{S}_1$、$\boldsymbol{S}_2$ 为无穷阶矩阵。则方程(6.80)的解为非零解的充要条件为：

$$f_1(z)=\det(\boldsymbol{S}_1)=|\boldsymbol{S}_1|=0 \tag{6.86}$$

$$f_2(z)=\det(\boldsymbol{S}_2)=|\boldsymbol{S}_2|=0 \tag{6.87}$$

即方程(6.80)存在非零解时必须满足矩阵 $\boldsymbol{S}_1$、$\boldsymbol{S}_2$ 的行列式均为零。由于 $f_2(z)=f_1(z+1)$，说明式(6.86)、式(6.87)是等价的，分析系统稳定性，只需对式(6.86)或者式(6.87)进行稳定性分析即可。由于式(6.86)中既含有参数振动项 $\boldsymbol{E}'_0$、$\boldsymbol{E}'_1$，又含有自激振动项 $\boldsymbol{E}_2$，因此，式(6.86)可同时给出参数激励与自激振动共同作用时的稳定性条件。

为便于计算，可将无穷维矩阵 $\boldsymbol{S}_1$ 近似为有限维 n 阶矩阵进行稳定性分析，阶数越高，则所得稳定性结果与理论结果越相近。这里取 2 阶矩阵，当驱动轴旋转角频率 ω 接近主共振频率 ω_{10} 时，无穷维矩阵 $\boldsymbol{S}_1$ 近似为 2 阶矩阵，其相应的行列式写为：

$$\begin{vmatrix} 2\dfrac{\omega_{10}}{\omega_0}\left(\dfrac{\omega_{10}}{\omega_0}+z\nu-\nu\right)+\mathrm{j}(z\nu-\nu)C_{11} & -\mathrm{j}\dfrac{\Gamma}{2} \\ \mathrm{j}\dfrac{\Gamma}{2} & 2\dfrac{\omega_{10}}{\omega_0}\left(\dfrac{\omega_{10}}{\omega_0}-z\nu-\nu\right)+\mathrm{j}(z\nu+\nu)C_{11} \end{vmatrix}=0 \tag{6.88}$$

由式(6.81)中解的稳定性条件 $\mathrm{lm}(z)>0$(虚部大于 0)，求解方程(6.88)可得系统主共振(产生在固有频率 ω_{10} 处)时的稳定性条件：

$$\Gamma<2\sqrt{C_{11}^2\nu^2+4\frac{\omega_{10}^2}{\omega_0^2}\left(\frac{\omega_{10}}{\omega_0}-\nu\right)^2} \tag{6.89}$$

或者

$$T_0<4l\sqrt{C_{y2}^2l^2\omega^2+4J_0K_{y2}(\omega_{10}-\omega)^2} \tag{6.90}$$

从式(6.89)、式(6.90)可以看出，主共振稳定性条件不仅与输入扭矩 T_0、支撑轴承安装位置 l

以及轴承刚度 K_{y2} 有关，还与阻尼系数 C_{y2} 以及从动轴转动惯量 J_0 等因素有关，通过合理选取系统参数，可以减小系统的不稳定区。

若不考虑轴承阻尼，则有：

$$\Gamma < 4\,\frac{\omega_{10}}{\omega_0}\left(\frac{\omega_{10}}{\omega_0}-\nu\right) \quad \text{或者} \quad T_0 < 8l\,\sqrt{J_0 K_{y2}}(\omega_{10}-\omega) \tag{6.91}$$

当驱动轴旋转角频率 ω 接近主共振频率 ω_{20} 时，其相应的行列式写为：

$$\begin{vmatrix} 2\,\frac{\omega_{20}}{\omega_0}\left(\frac{\omega_{20}}{\omega_0}+z\nu-\nu\right)+\mathrm{j}(z\nu-\nu)C_{22} & \mathrm{j}\,\frac{\Gamma}{2} \\ -\mathrm{j}\,\frac{\Gamma}{2} & 2\,\frac{\omega_{20}}{\omega_0}\left(\frac{\omega_{20}}{\omega_0}-z\nu-\nu\right)+\mathrm{j}(z\nu+\nu)C_{22} \end{vmatrix}=0 \tag{6.92}$$

同样，由式(6.81)中解的稳定性条件 $\mathrm{lm}(z)>0$(虚部大于0)，求解方程(6.92)可得系统主共振(产生在固有频率 ω_{20} 处)时的稳定性条件：

$$\Gamma < 2\sqrt{C_{22}^2\nu^2+4\,\frac{\omega_{20}^2}{\omega_0^2}\left(\frac{\omega_{20}}{\omega_0}-\nu\right)^2} \tag{6.93}$$

或者

$$T_0 < 4l\,\sqrt{C_{x2}^2 l^2\omega^2+4J_0K_{x2}(\omega_{20}-\omega)^2} \tag{6.94}$$

若不考虑轴承阻尼，则

$$\Gamma < 4\,\frac{\omega_{20}}{\omega_0}\left(\frac{\omega_{20}}{\omega_0}-\nu\right) \quad \text{或者} \quad T_0 < 8l\,\sqrt{J_0 K_{x2}}(\omega_{20}-\omega) \tag{6.95}$$

若 $K_{y2}>K_{x2}$，取 $\frac{\omega_{10}}{\omega_0}=1.5$，$\frac{\omega_{20}}{\omega_0}=0.5$，$C_{11}=C_{22}=0.03$，则根据式(6.89)、式(6.93)可得到系统产生主共振时的稳定性边界，如图 6.6 所示；若不考虑轴承阻尼，根据式(6.91)、式(6.95)可得如图 6.7 所示的稳定性边界。

图 6.6 中存在两个不稳定区，点画线所围的区域表示以固有频率 ω_{20}($\omega_{20}/\omega_0=0.5$)为中心频率的系统主共振不稳定区，实线所围的区域表示以固有频率 ω_{10}($\omega_{10}/\omega_0=1.5$)为中心频率的系统主共振不稳定区，当驱动轴旋转角频率 ω 接近固有频率 ω_{10} 或者 ω_{20} 时，在输入扭矩的作用下系统就可能产生主共振。

现在分析系统参数对主共振稳定性边界的影响。以固有频率 ω_{10} 作为中心频率时，根据式(6.90)可知，若输入扭矩 T_0 一定，增大支撑轴承弹簧刚度系数 K_{y2}、增大轴承安装位置与万向铰中心的距离 l，均可使主共振的不稳定区变宽，这与和型共振的变化规律相同。除此之外，从动轴的转动惯量 J_0 与阻尼系数 C_{y2} 也影响稳定边界，其中增大从动轴的转动惯量 J_0 也同样使不稳定区变宽，而阻尼系数 C_{y2} 则通过改变边界曲线的形状尤其是提升曲线的顶点，扩大稳定区间，如图 6.6 至图 6.9 所示。

同样地，以固有频率 ω_{20} 作为中心频率时，由式(6.94)可知，若输入扭矩 T_0 一定，主共振稳定边界与轴承位置、支撑刚度以及从动轴转动惯量 J_0 的关系，与 ω_{10} 处有一样的规律。

不考虑轴承阻尼时，所对应的图 6.7 也存在两个不稳定区，它与图 6.6 的区别之处在于，图 6.6 中稳定区与不稳定区的边界为曲线，而图 6.7 中稳定区与不稳定区的边界为直线，说明阻尼在共振点起到了镇定的作用。

若轴承具有均匀性，即支撑是各向同性的，则 $K_{x2}=K_{y2}$，此时有 $\omega_{10}=\omega_{20}=\omega_0$，同样取 $C_{11}=C_{22}=0.3$，则根据式(6.89)或式(6.93)可得到系统产生主共振时的稳定性条件，如图 6.8 所示，此时，由于两固有频率相同，系统主共振时只存在一个不稳定区，其中心频率为 ω_0；若不考虑轴承阻尼,其稳定性边界如图 6.9 所示。在 $\omega_{10}=\omega_{20}$ 时,由前面研究可知,系统产生和型组合共振时,其中心频率为$(\omega_{10}+\omega_{20})/2=\omega_0$,这说明系统在 $K_{x2}=K_{y2}$时产生的主共振即为系统的和型组合共振,其稳定性条件形式应相同,而在不考虑轴承阻尼时,图 6.5 与图 6.9 所给出的一致的稳定性形式也证明了这一点。这说明,各向异性支撑导致了和型组合共振。

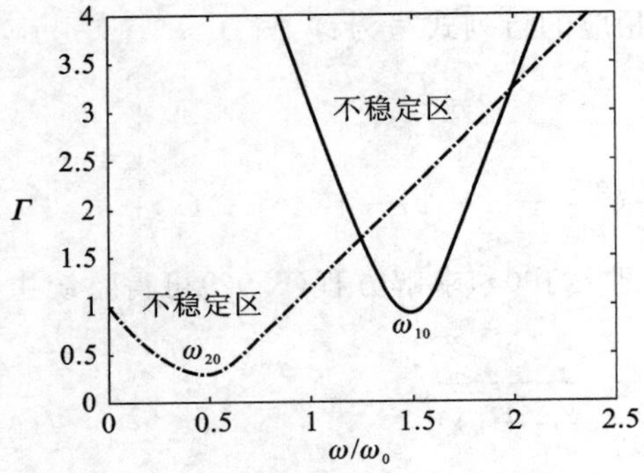

图 6.6 系统主共振稳定性(有阻尼情形)

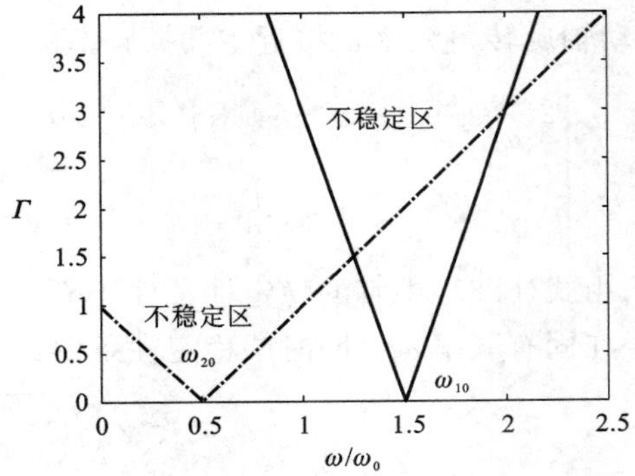

图 6.7 系统主共振稳定性(无阻尼情形)

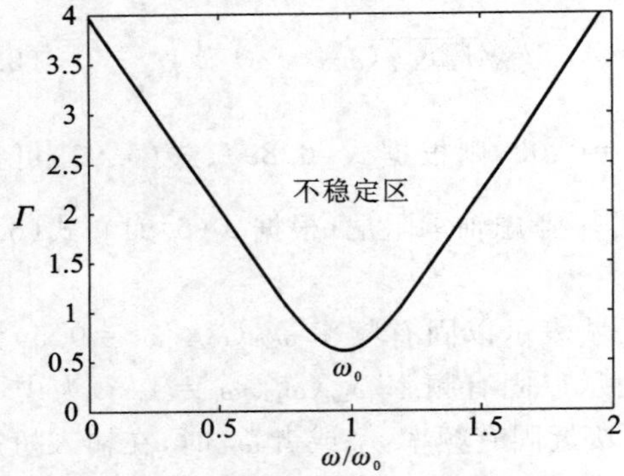

图 6.8 各向同性支撑主共振稳定性
(有阻尼且 $K_{x2}=K_{y2}$)

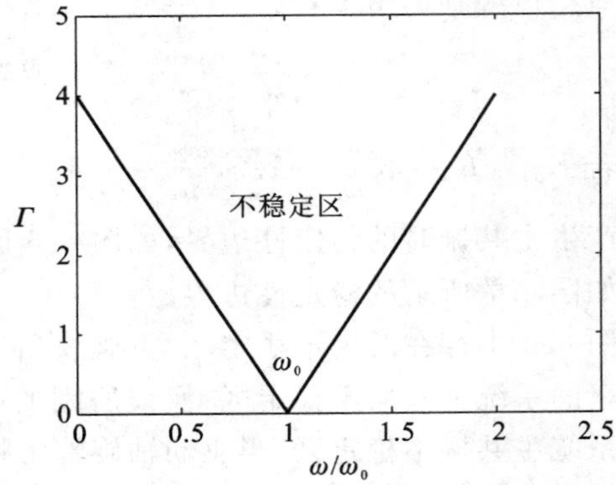

图 6.9 各向同性支撑主共振稳定性
(无阻尼且 $K_{x2}=K_{y2}$)

6.4.4 超谐波共振的稳定性

采用与主共振稳定性分析相同的方法研究超谐波共振情形。当驱动轴旋转角频率 ω 接近超谐波共振频率$\frac{\omega_{10}}{2}$时,将无穷维矩阵 $\boldsymbol{S}_1$ 近似为 2 阶矩阵,其相应的行列式为:

$$\begin{vmatrix} 2\frac{\omega_{10}}{\omega_0}\left(\frac{\omega_{10}}{\omega_0}+z\nu-2\nu\right)+\mathrm{j}(z\nu-2\nu)C_{11} & \frac{\Gamma}{2} \\ \frac{\Gamma}{2} & 2\frac{\omega_{10}}{\omega_0}\left(\frac{\omega_{10}}{\omega_0}-z\nu-2\nu\right)+\mathrm{j}(z\nu+2\nu)C_{11} \end{vmatrix}=0 \tag{6.96}$$

从而得到,系统超谐波共振的稳定性条件为:

$$\Gamma<4\sqrt{C_{11}^2\nu^2+\frac{\omega_{10}^2}{\omega_0^2}\left(\frac{\omega_{10}}{\omega_0}-2\nu\right)^2} \quad 或者 \quad T_0<8l\sqrt{C_{y2}^2l^2\omega^2+J_0K_{y2}(\omega_{10}-2\omega)^2} \tag{6.97}$$

同理，当驱动轴旋转角频率 ω 接近$\frac{\omega_{20}}{2}$时，系统超谐波共振的稳定性条件为：

$$\Gamma < 4\sqrt{C_{22}^2\nu^2 + \frac{\omega_{20}^2}{\omega_0^2}\left(\frac{\omega_{20}}{\omega_0} - 2\nu\right)^2} \text{ 或者 } T_0 < 8l\sqrt{C_{x2}^2 l^2\omega^2 + J_0 K_{x2}(\omega_{20} - 2\omega)^2} \quad (6.98)$$

同样地，若 $K_{y2} > K_{x2}$，取$\frac{\omega_{10}}{\omega_0}=1.5$、$\frac{\omega_{20}}{\omega_0}=0.5$、$C_{11}=C_{22}=0.03$，则根据式(6.97)、式(6.98)可得到系统产生超谐波共振时的稳定性，如图 6.10 所示。

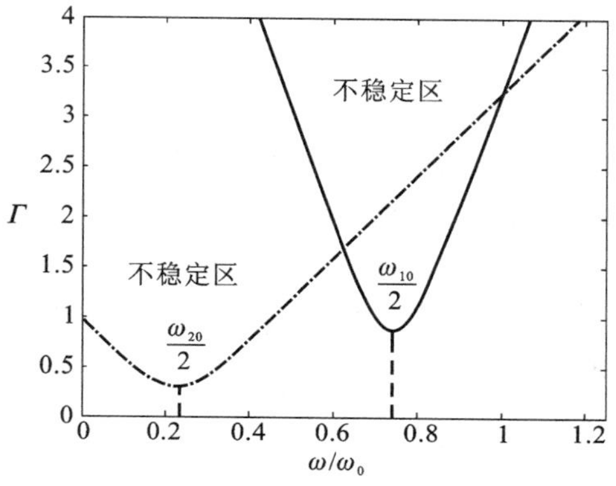

图 6.10　系统超谐波共振的稳定性

图 6.10 中存在两个不稳定区，点画线所围的区域表示以固有频率$\frac{\omega_{20}}{2}\left(\frac{\omega_{20}}{\omega_0}=0.5\right)$为中心频率的系统超谐波共振不稳定区，实线所围的区域表示以固有频率$\frac{\omega_{10}}{2}\left(\frac{\omega_{10}}{\omega_0}=1.5\right)$为中心频率的系统超谐波共振不稳定区，当驱动轴旋转角频率 ω 接近$\frac{\omega_{10}}{2}$或者$\frac{\omega_{20}}{2}$时，在输入扭矩的作用下系统即有可能产生超谐波共振。

分析系统参数对超谐波共振稳定性边界的影响。以固有频率$\frac{\omega_{10}}{2}$与$\frac{\omega_{20}}{2}$作为中心频率时，即超谐波共振时，根据式(6.97)与式(6.98)可知，若输入扭矩 T_0 一定，各个参数，例如轴承弹簧 K_{y2}、J_0、轴承安装距离 l 以及与阻尼系数 C_{y2}，与稳定性边界或稳定性区域大小的变化关系与主共振的情形时一样。

6.5　驱动线横向振动响应仿真与分析

利用龙格-库塔法求解方程(6.47)，可得到偏斜旋转轴横向振动的时间响应。这里，为与前述稳定性分析结果相对应，考虑 $K_{x2}=K_{y2}$ 及 $K_{x2}<K_{y2}$ 两种情形，分别对横向振动的主共振、超谐波共振及和型组合共振进行数值计算与仿真，检验上节所得的稳定性分析结果，同时进行相应的振动分析。

取 $\varphi=5°=0.0873$ rad，$l=0.46$ m，从动轴密度 $\rho=7.83\times10^3$ kg/m^3，从动轴横截面半径 $R=2.40\times10^{-3}$ m，$\kappa=3.96\times10^{-5}$，$T_0=0.3$ N·m，$C_{x2}=C_{y2}=1\times10^{-3}$ N/(m/s)。

第一种情形：当 $K_{x2}=K_{y2}=7.740$ N/m 时，有：$J_0=\dfrac{\pi\rho R^2 l^3}{3}=4.597\times10^3$ kg·m²，$\omega_0^2=3.563\times10^2(\text{rad/s})^2$，$\Gamma=9.160\times10^{-2}$，$K_{11}=1$，$K_{22}=1$，$C_{11}=C_{22}=0.0024$，$\omega_{10}^2=\omega_{20}^2=3.563\times10^2(\text{rad/s})^2$。

第二种情形：当 $K_{x2}=7.740$ N/m、$K_{y2}=23.220$ N/m 时，有 $J_0=4.597\times10^3$ kg·m²，$\omega_0^2=7.125\times10^2(\text{rad/s})^2$，$\Gamma=4.580\times10^{-2}$，$K_{11}=1.5$，$K_{22}=0.5$，$C_{11}=C_{22}=0.0017$，$\omega_{10}^2=1.069\times10^3(\text{rad/s})^2$，$\omega_{20}^2=3.563\times10^2(\text{rad/s})^2$。

6.5.1 主共振响应

(1)当 $K_{x2}=K_{y2}=7.74$ N/m 时，$\omega_{10}=\omega_{20}=\omega_0=18.876$ rad/s，若 $\omega=21.8$ rad/s，根据稳定性判别条件式(6.89)或式(6.93)，可知系统产生主共振，其对应的横向振动响应 α_L、β_L 如图6.11所示，其中，α_L、β_L 的单位为弧度(rad)，时间 t 的单位为秒(s)，以下所有图示中的单位均与此相同。

若 $\omega=29.8$ rad/s，根据稳定性判别条件式(6.89)或式(6.93)，可知不产生主共振，系统是稳定的，其对应的横向振动响应如图6.12所示。

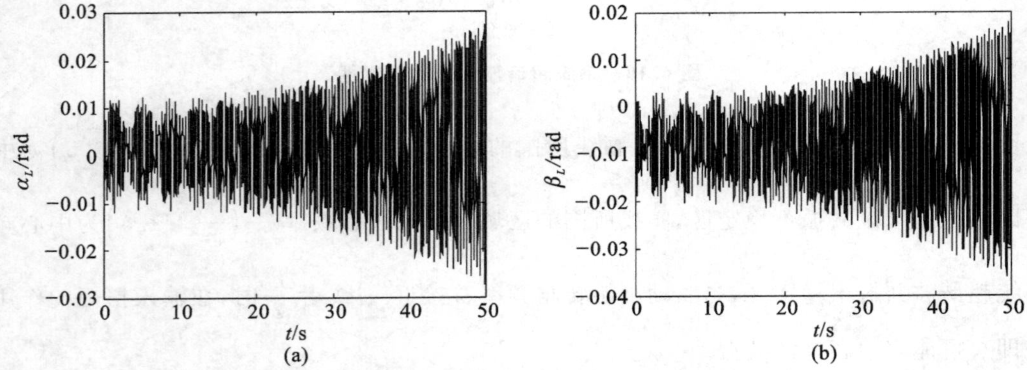

图6.11 主共振对应的横向振动响应($K_{x2}=K_{y2}=7.74$N/m，$\omega=21.8$rad/s)

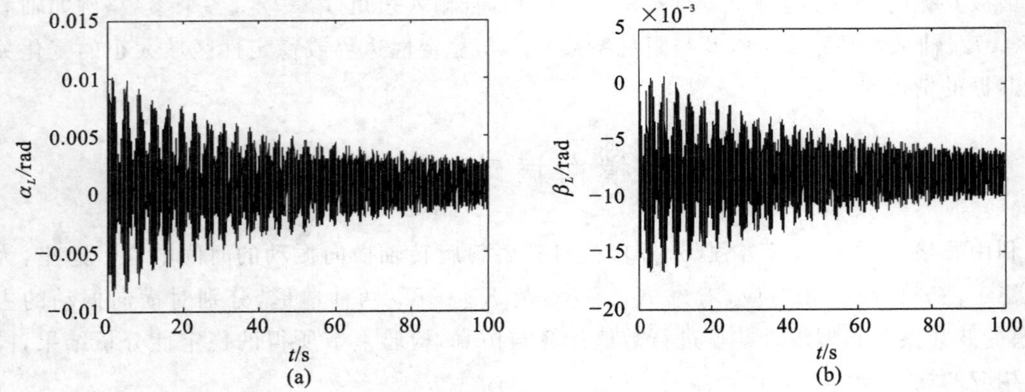

图6.12 横向振动响应($K_{x2}=K_{y2}=7.74$ N/m，$\omega=29.8$ rad/s)

(2)当 $K_{x2}=7.74\ \text{N/m}$、$K_{y2}=23.22\ \text{N/m}$ 时，$\omega_{10}=32.692\ \text{rad/s}$、$\omega_{20}=18.876\ \text{rad/s}$，若 $\omega=32.9\ \text{rad/s}$，根据稳定性判别条件式(6.89)或式(6.93)，可知系统产生主共振，其对应的横向振动响应如图 6.13 所示。

若 $\omega=35.2\text{rad/s}$，根据稳定性判别条件式(6.89)或式(6.93)，可知系统未产生主共振，系统是稳定的，其对应的横向振动响应如图 6.14 所示。

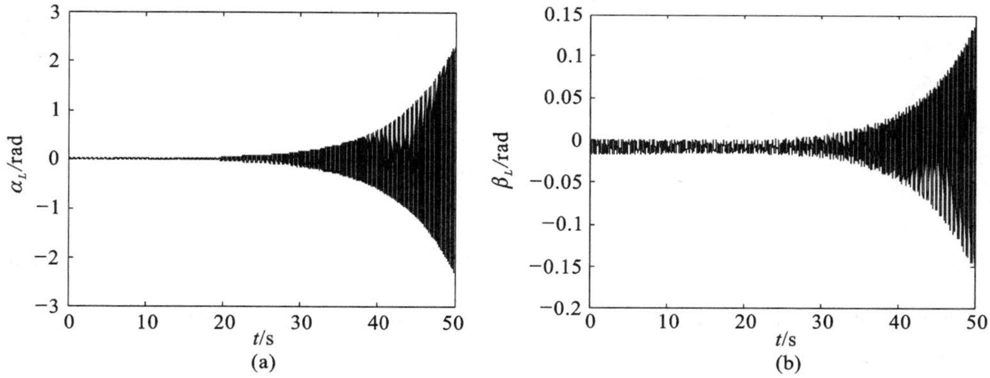

图 6.13　主共振对应的横向振动响应($K_{x2}\neq K_{y2}$，$\omega=32.9\text{rad/s}$)

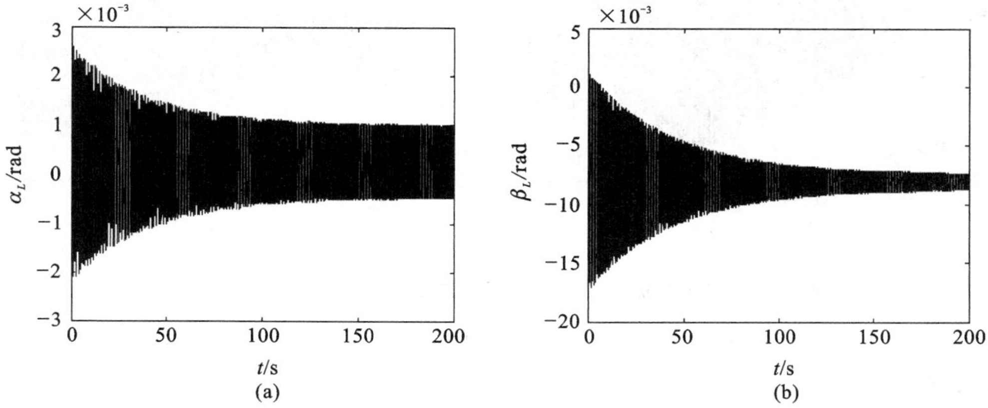

图 6.14　系统对应的横向振动响应($K_{x2}\neq K_{y2}$，$\omega=35.2\text{rad/s}$)

6.5.2　超谐波共振响应

由式(6.57)、式(6.58)可知，当驱动轴转速接近固有角频率的 1/2，即 $\frac{\omega_{10}}{2}$ 或 $\frac{\omega_{20}}{2}$ 时，系统产生超谐波共振。

(1)当 $K_{x2}=K_{y2}=7.74\text{N/m}$ 时，$\omega_{10}=\omega_{20}=\omega_0=18.876\text{rad/s}$，则 $\frac{\omega_{10}}{2}=\frac{\omega_{20}}{2}=9.438\text{rad/s}$，取 $\omega=9.5\text{rad/s}$，根据稳定性判别条件式(6.97)，可知系统产生超谐波共振，其对应的横向振动响应如图 6.15 所示。

(2)当 $K_{x2}=7.74\ \text{N/m}$、$K_{y2}=23.22\ \text{N/m}$ 时，$\omega_{10}=32.692\ \text{rad/s}$，$\omega_{20}=18.876\ \text{rad/s}$，由于

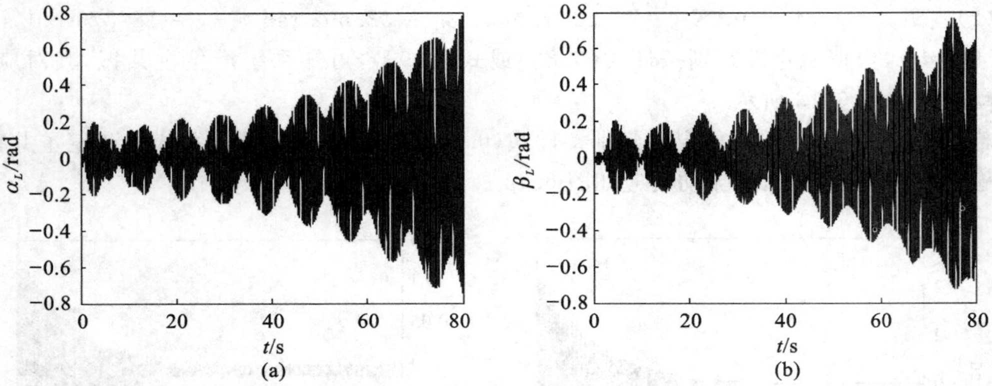

图 6.15　超谐波共振对应的横向振动响应($K_{x2}=K_{y2}=7.74\mathrm{N/m}$,$\omega=9.5\mathrm{rad/s}$)

$\frac{\omega_{10}}{2}=16.346$ rad/s,若 $\omega=16.3$ rad/s,根据稳定性判别条件式(6.97),可知系统产生超谐波共振,其对应的横向振动响应如图 6.16 所示,此时 α_L 的振幅达到了 0.4rad,角度约为 15°。

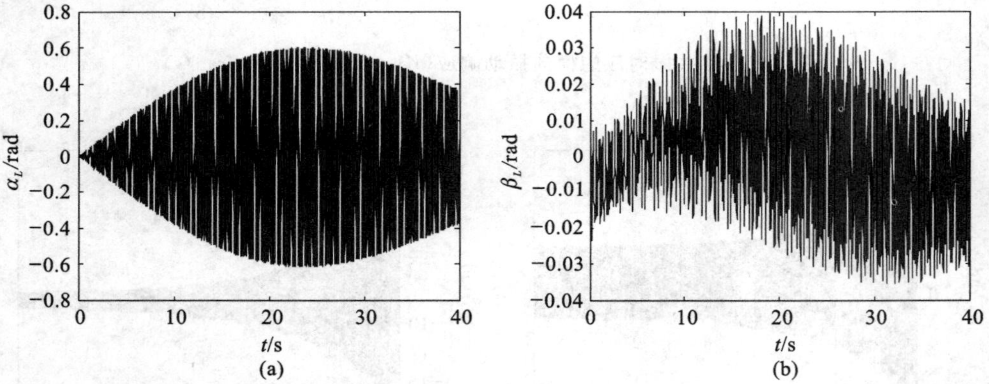

图 6.16　超谐波共振对应的横向振动响应($K_{x2}\neq K_{y2}$,$\omega=16.3\mathrm{rad/s}$)

若 $\omega=36.8$rad/s,其对应的横向振动响应如图 6.17 所示,此时系统是稳定的,不会产生超谐波共振。

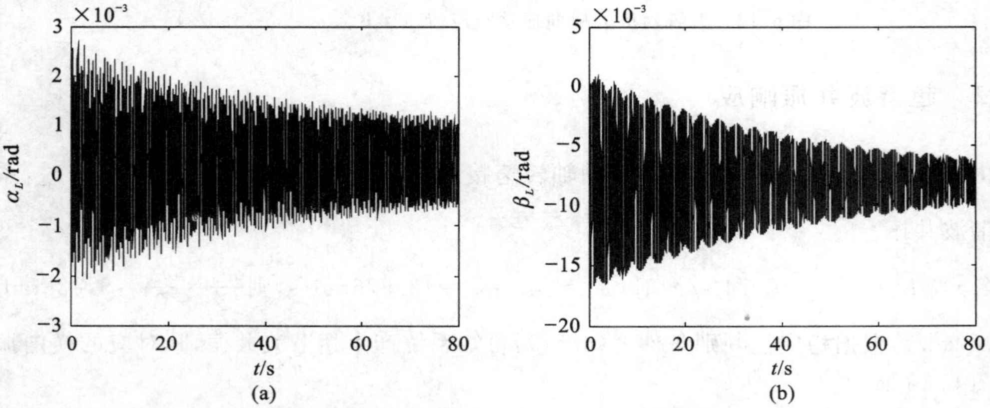

图 6.17　系统对应的横向振动响应($K_{x2}\neq K_{y2}$,$\omega=36.8\mathrm{rad/s}$)

6.5.3　和型组合共振响应

(1)当 $K_{x2}=K_{y2}=7.74$ N/m 时，由前述分析可知，其和型组合共振即为系统主共振，因此，其组合共振响应与系统主共振响应相同。

(2)当 $K_{x2}=7.74$ N/m、$K_{y2}=23.22$ N/m 时，$\omega_{10}=32.692$ rad/s，$\omega_{20}=18.876$ rad/s，则 $\frac{\omega_{10}+\omega_{20}}{2}=25.784$ rad/s，若 $\omega=25.9$rad/s，其对应的横向振动响应如图 6.18 所示，系统产生和型组合共振。

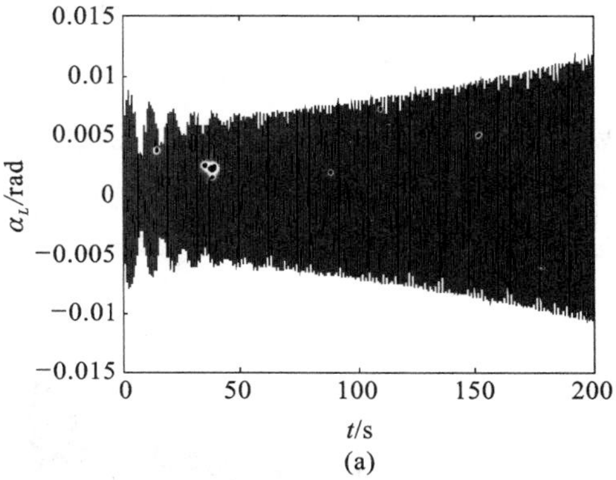

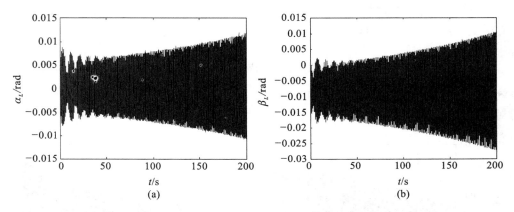

图 6.18　和型组合共振对应的横向振动响应($K_{x2}\neq K_{y2}$，$\omega=25.9$rad/s)

若 $\omega=26.2$rad/s，其对应的横向振动响应如图 6.19 所示，α_L、β_L 的振动幅值较小，说明系统未产生和型组合共振。

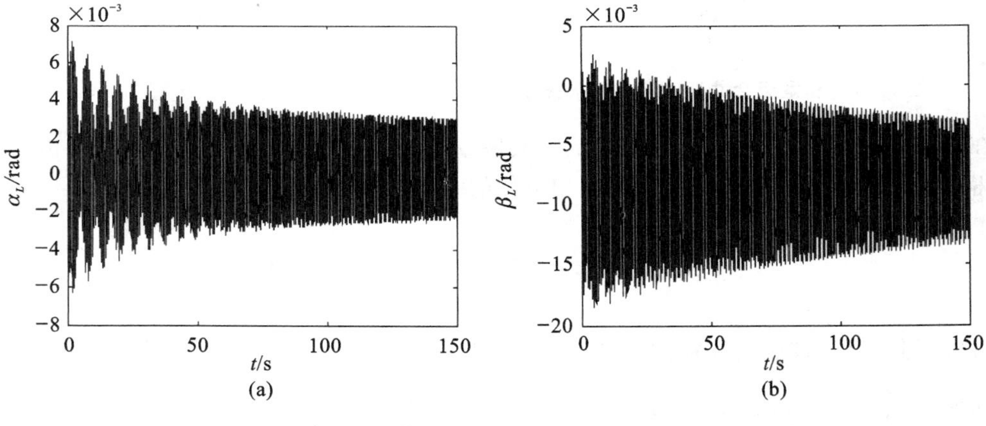

图 6.19　系统对应的横向振动响应($K_{x2}\neq K_{y2}$，$\omega=26.2$rad/s)

若不考虑支撑轴承阻尼，即 $C_{x2}=C_{y2}=0$，$\frac{\omega_{10}+\omega_{20}}{2}=25.784$ rad/s，若 $\omega=25.9$ rad/s，根据稳定性判别条件式(6.68)、式(6.69)，可知系统产生和型组合共振，其对应的横向振动响应 α_L、β_L 如图 6.20 所示。

若不考虑支撑轴承阻尼，同样取 $\omega=26.2$rad/s，根据稳定性判别条件式(6.68)、式(6.69)，可

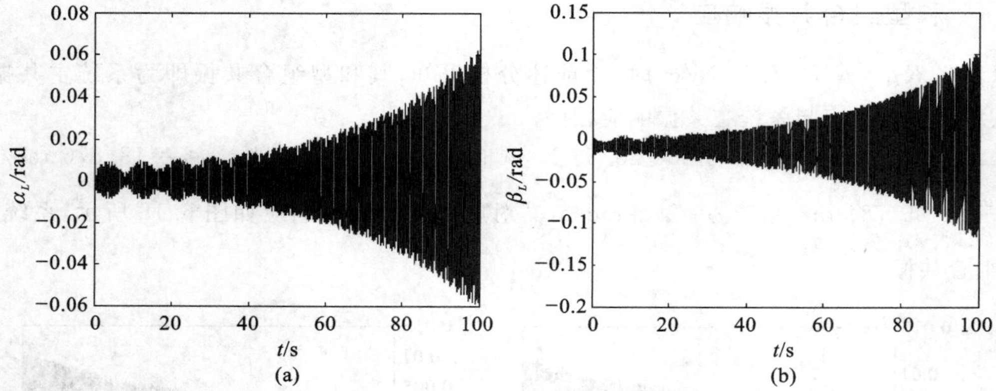

图 6.20　和型组合共振对应的横向振动响应($K_{x2}\neq K_{y2}$，$C_{x2}=C_{y2}=0$，$\omega=25.9$ rad/s)

知系统此时仍然是不稳定的，会产生和型组合共振，其对应的横向振动响应如图 6.21 所示，而此时对于存在轴承阻尼的情形，系统是稳定的。

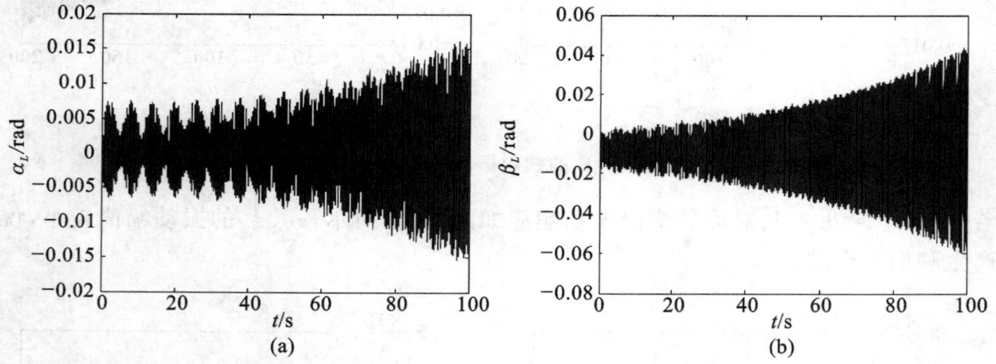

图 6.21　和型组合共振对应的横向振动响应($K_{x2}\neq K_{y2}$，$C_{x2}=C_{y2}=0$，$\omega=26.2$rad/s)

在不考虑轴承阻尼的情形下，对系统主共振、超谐波共振响应进行数值计算与仿真，同样可以得到与无阻尼时和型组合共振响应相类似的结论，这里不再赘述。

6.6　总结与相关文献评述

可以看到，万向铰驱动线横向振动有多种共振模式，在不同驱动轴角速度下可能产生和型组合共振$\frac{\omega_{10}+\omega_{20}}{2}$、主共振 ω_{10} 与 ω_{20}，以及超谐波共振$\frac{\omega_{10}}{2}$或者$\frac{\omega_{20}}{2}$，而不会产生差型组合共振$\frac{|\omega_{10}-\omega_{20}|}{2}$。

在给定输入扭矩 T_0 的条件下，阻尼系数 C_{y2} 通过提高稳定性曲线的极值点来改变稳定域的区间。各种共振模式下，稳定性边界都由轴承弹簧刚度系数 K_{y2} 轴承安装位置与万向铰中心的距离 l 等参数决定。除此之外，与和型组合共振情形不一样，主共振与超谐波共振的稳定性边界还受从动轴转动惯量 J_0 影响，J_0 越大，不稳定域越宽，稳定域越窄，容易产生共振。

关于各个共振情形的分析方法，读者可以参见非线性振动理论，例如文献[1-3]。第3章中简单介绍过万向铰驱动线动力学的起源以及现代需求与研究工作。这里结合本章及后续两章内容，进一步统计一下相关研究工作。

前面知道，早在1958年（早至1952年的美国应用力学会议上），Rosenberg就曾对万向铰驱动的旋转轴的横向振动稳定性进行过研究[4]，采取的模型是具有集中转子质量的均匀无质量弹性轴，忽略万向铰产生的弯曲力矩，仅考虑定常输入力矩的弯曲分量作为激励，得到了偏斜角导致的亚临界失稳条件，成为该领域的经典理论结果。该结果表明，振动的稳定性依赖于传递力矩的幅度。由于定常力矩无论对于扭转还是横向振动，都是振动激励的一种特例，所以1961年，Porter研究了含有万向铰系统的扭转振动，由简化模型的稳定性指出，系统存在无限个整数倍的共振转速，且偶数倍转速下，扭振幅度更大[5]；我们在第4章已经全面推广了类似的工作。Porter在1963年进一步用三级数法（KBM）研究了非线性响应以及阻尼的作用，且指出，万向铰驱动模型可以用于齿轮传递系统，运动波动使两种振动模式共存，小阻尼时系统有极限环振动[6]。Rosenberg与Porter的研究工作在万向铰驱动轴的弹性、惯性、耦合、载荷以及万向铰的非线性关系等处理上，尽管利用了简化的万向铰模型，但是理论上可以求解，从中可以理解代表一类轴系偏斜的动力学属性。之后，由于机械设计中制定了万向铰驱动的轴系设计与使用规范，限制了转速使用范围并提高了轴系设计刚度，使振动研究需求得以减缓。

但在沉寂了二十余年之后，由于汽车工业的竞争，日本机械工程师学会（JSME）自20世纪80年代率先发起了实验与理论研究。1983年，日本机械动力学专家T. Iwatsubo在振动与冲击刊物上，论述了转子系统稳定性的基本问题与研究概况[7]，继而与M. Saigo一起，于1984年发表了万向铰驱动轴系横向振动的研究成果[8]。其研究工作的特点为，考虑弹性支撑下的刚性轴并考虑非跟随力矩（non-follower）的作用，将几何约束处理为零偏斜角度，即类似于直轴，同时考虑万向铰约束下的运动波动，给出了力矩表达式，发现了参数失稳和颤振型（flutter type）失稳，在广义坐标的选择方法上，给出了万向铰驱动轴横向振动的Euler坐标描述方法；与此同时，在JSME的公告上（1984年、1985年），日本学者H. Ota、M. Kato与H. Sugita等，发表了两部研究报告[9,10]，在国际会议论文集上也发表了相关成果，导出了万向铰约束中的波动力（力矩），研究了约束激励下的横向强迫振动机理与规律，给出了特征参数的实验研究结果。1990年，又进一步考虑了摩擦[11]，将轴系中的从动轴考虑为无质量、偏心且对称的转子，将轴柔性处理为集中刚度，研究了参数共振问题，得到主轴转速接近于扭转，或者横向固有频率的偶数倍时，发生参数共振。1997年M. Saigo等进一步研究了多刚性轴、多铰系统，忽略了角速度波动，而注重考察摩擦，研究指出，诸多铰中一个铰的摩擦就能导致不稳定运动[12]；该研究在数学模型上避开了系统的时变特性，故无法处理参数激励的稳定性问题。日本学者的上述工作分别展示了参数振动、颤振，以及强迫振动等多种失稳形式，但其研究对象主要为万向铰驱动的刚性轴，在稳定性条件中，考虑的是非跟随力矩，即参数振动仅仅由速度波动引起，在文献[12]中忽略了速度波动，在文献[8]中忽略了几何偏斜角度。然而即使这样，其研究成果也受到了后续研究者的重视，尤其是1984年T. Iwatsubo的工作[8]与1958年Rosenberg的工作[4]，已经成为研究万向铰驱动轴系稳定性的经典成果。

在1963年至1994年的三十余年中，除了Burdess[13]在1974年在国际力学会议上发表了万向铰轴系横向振动的研究工作以及Porat的受力分析工作之外[14]，关于该方面振动的研究基本上没有什么进展。Porat在文中忽略了惯性与弹性作用，只分析了含有万向铰轴系的静态受力,导出了考虑摩擦时万向铰中的约束力与约束力矩,指出垂直于轴线方向上的力矩是不可避免的。该工作可以视为导出了迫使轴系振动的一个外周期激励,即一次近似的波动约束力矩,故也从一个侧面反映了万向铰在振动中的重要性。至1994年,由于航空界对轴系结构轻与细的要求,美国重新开始了对含有偏斜角度的轴系尤其是万向铰驱动轴系的研究工作,随之加拿大甚至韩国、中国台湾也加入了研究行列。M. Xu与R. D. Marangoni等在1994年进一步研究了类似于Kato与Ota在文献[11]中所涉及的问题,考虑了偏斜角度,使用有限元方法并利用模态综合简化计算,分析了由力矩激起的偶数倍共振谐波成分,并相应地进行了实验研究[15,16],我们在第3章中已经以其为例介绍过有限元分析的主要过程。有限元分析采用的是机构离散后的数值计算法,可以揭示偏斜角度情况下各种可能的共振响应。1996年中国台湾的A. C. Lee等人采用有限元方法对双铰轴系的动力学问题进行分析[17],通过坐标的选取并考虑利用双铰驱动,避开了大偏斜角度的影响,本质上给出的就是转子系统有限元分析结果。同年S. F. Asokanhan等人利用非线性分析方法重新考虑了万向铰驱动轴系经典的扭转振动,结果与同本章一样,也给出了和型组合共振存在,而差型组合共振不存在的结论,并指出阻尼可以用于镇定亚谐情况下的系统,但是阻尼会破坏和型组合共振情形下系统的稳定性[18],随之又于2000年系统研究了混沌运动[19]。1998年原密歇根大学机械系博士生A. J. Mazzei在R. A. Scott教授指导下,利用计算机推导了约束力矩的一次近似表达式,并全面研究了定工况下轴系的刚弹耦合振动问题,详细分析了轴系的参数激励共振条件以及外激励共振条件,计算了振动幅度的稳定性边界[20],并随后发表了数篇研究论文。A. L. Schwab与J. P. Meijaard也利用多体系统动力学的方法研究偏斜轴系的建模与振动问题,给出了简单情形的振动规律[21],事实上,Bellomo与Matanari于1976年就用多体系统建立了偏斜轴的模型[22]。第3章说过,其意义是为研究偏斜轴系振动问题提供了另类途径。2002—2004年,宾州州立大学机械系振动与噪声中心H. A. DeSmidt与K. W. Wang等针对偏斜角引起的耦合振动以及多铰驱动的柔性轴系振动进行了系列研究[23,24],发现了新的稳定性形式,并分析了端部载荷对于稳定性的影响。国内的相关研究工作已经在2.1节中进行了介绍,这里不再做进一步介绍[25-28]。上述文献工作可以作为本章的内容补充,供读者参阅。

参 考 文 献

[1] 钟一谔,何衍宗,王正,等.转子动力学[M].北京:清华大学出版社,1987.

[2] 陈予恕.非线性振动[M].天津:天津科技出版社,1983.

[3] NAYFEH A H,MOOK D T. Nonlinear Oscillations[M]. New York:John Wily & Sons,1979.

[4] ROSENBERG R M,OHIO T. On the Dynamical Behavior of Rotating Shafts Driven by Universal (Hooke) Couplings[J]. ASME Journal of Applied Mechanics,1958,25(1):47-51.

[5] PORTER B. A Theory Analysis of the Torsional Oscillation of a System Incorporating a Hooke's Joint[J]. Journal of Mechanical Engineering Science,1961,3(4):324-329.

[6] PORTER B,GREGORY R W. Nonlinear Torsional Oscillation of a System Incorporating a Hooke's joint[J]. Journal of Mechanical Engineering Science,1963,5(2):191-200.

[7] IWATSUBO T. Stability Problems of Rotor Systems[J]. The Shock and Vibration Digest,1983,15(8):13-24.
[8] IWATSUBO T,SAIGO M. Transverse Vibration of a Rotor System Driven by a Cardan Joint[J]. Journal of Sound and Vibration,1984,95(1):9-18.
[9] OTA H,KATO M. Lateral Vibration of a Rotating Shaft Driven by a Universal Joint—1st Report[J]. Bulletin of JSME,1984,27:2002-2007.
[10] OTA H,KATO M,SUGITA H. Lateral Vibration of a Rotating Shaft Driven by a Universal Joint—2nd Report[J]. Bulletin of JSME,1985,28:1749-1755.
[11] KATO M,OTA H. Lateral Excitation of a Rotating Shaft Driven by a Universal Joint with Friction[J]. Journal of Vibration and Acoustics,1990,112:298-303.
[12] SAIGO M,OKADA Y,ONO K. Self-excited Vibration Caused by Internal Friction in Universal Joints and Its Stability Method[J]. Journal of Vibration and Acoustics,1997,119:221-229.
[13] BURDESS J S. The Vibration and Stability of Laterally Flexible Shafts Driven and Supported by Hooke's Joints[C]. Proceedings of the 1974 Congress of the International Union of Theoretical and Applied Mechanics,Lyngby,Denmark,Germany,1975:103-127.
[14] PORAT I. Moment Transmission by a Universal Joint[J]. Mechanism and Machine Theory,1980,15:245-254.
[15] XU M,MARANGONI R D. Vibration Analysis of a Rotor-flexible Coupling-rotor System Subjected to Misalignment and Unbalance—Part I: Theoretical Model and Analysis [J]. Journal of Sound and Vibration,1994,176(5):663-679.
[16] XU M,MARANGONI R D. Vibration Analysis of a Rotor-flexible Coupling-rotor System Subjected to Misalignment and Unbalance—Part II:Experimental and Validation [J]. Journal of Sound and Vibration,1994,176(5):681-691.
[17] SHEU P P,CHENG W H,LEE A C. Modeling and Analysis of the Intermediate Shaft between Two Universal Joints[J]. Journal of Vibration and Acoustics,1996,118:88-99.
[18] ASOKANHAN S F, WANG X H. Characterization of Torsional Instabilities in a Hooke's Joint Driven System Via Maximal Lyapunove Exponents[J]. Journal of Sound and Vibration,1996,194(1):83-91.
[19] ASOKANHAN S F,MEEHAN P A. Non-linear Vibration of a Torsional System Driven by a Hooke's Joint[J]. Journal of Sound and Vibration,2000,233(2):297-310.
[20] MAZZEI A J. Dynamic Stability of a Flexible Spring Mounted Shafts Driven through a Universal Joint[D]. Michigan:The University of Michigan,1998.
[21] SCHWAB A L,MEIJAARD J P. Small Vibrations Superimposed on a Prescribed Rigid Body Motion[J]. Multibody System Dynamics,2002,8:29-49.
[22] BELLOMO N,MATANARI P. The General Theory of the Mechanics of a Large Class of Multi-bodied Systems of Constant Velocity Transmission between Intersecting Axes [J]. Mechanism and Machine Theory,1976,13(3):361-368.
[23] DESMIDT H A, WANG K W, SMITH E C. Coupled Torsion-Lateral Stability of a

Shaft-Disk System Driven Through a Universal Joint[J]. Journal of Applied Mechanics, 2002,69:261-273.

[24] DESMIDT H A,WANG K W,SMITH E C. Stability of a Segmented Supercritical Driveline with Non-constant Velocity Couplings Subjected to Misalignment and Torque[J]. Journal of Sound and Vibration,2004,277:895-918.

[25] 朱拥勇. 万向铰驱动下偏斜轴系非线性振动及其稳定性研究[D]. 武汉:海军工程大学,2011.

[26] 付波,周建中,彭兵,等. 固定式刚性联轴器不对中弯扭耦合振动特性[J]. 华中科技大学学报(自然科学版),2007,35(4):96-99.

[27] 安学利,周建中,向秀桥,等. 刚性联接平行不对中转子系统振动特性[J]. 中国电机工程学报,2008,28(11):77-81.

[28] 顾致平,孟光. 非线性多转子-支承系统的偏置同步响应[J]. 振动工程学报,1998,11(3):322-327.

7 万向铰驱动的柔性轴系的弯曲振动

在分析弯曲振动之前，首先让我们看看什么是柔性轴或弹性轴，为什么要研究弹性轴的弯曲振动。物理上的直观解释是，现代旋转机械轴越来越细长，重量越来越轻，而轴承载的负荷却越来越大，转速越来越高。在第1章，我们根据 Jeffcott 转子的自动对心原理定义了什么是刚性轴，什么是弹性轴。针对各向同性支撑的偏心质量系统仅仅存在一个固有频率 ω_0 的事实，利用转速与该固有频率的关系 λ，揭示了轴的弹性本质，当轴的工作转速低于临界转速，即 $\Omega<\omega_0,\lambda<1$ 时，转轴为刚性轴；当轴转速高于临界转速时，即 $\Omega>\omega_0,\lambda>1$ 时，转轴为柔性轴。并且说明，只有柔性轴才可以实现自动对心。由于在对心之前，轴的转速必须超过临界转速，因此转子动力学关注的重点就是柔性轴或转子的弯曲振动。当考虑轴的弹性时，轴就是一个连续变形体，则轴的柔性形变使得振动在空间和时间上演化，理论上振型是空间坐标的函数，且振动系统的固有频率有无穷多个。由此带来两个问题，其一是柔性轴振动系统除了含有有限个广义坐标描述的运动之外，还含有无限个弹性体的振型函数，即包含无限个广义模态坐标。此时采用何种力学原理建模，假定何种形式的形变函数，截取多少阶模态坐标，都影响振动分析的复杂程度和结果的精度。其二是轴的柔性会给动力学系统带来更加丰富的固有频率和共振情况。这些问题进一步被万向铰或轴系的偏斜复杂化了，所以需要考察轴的弹性究竟带来了哪些振动特征，它与上一章讨论的刚性轴振动特征又有什么样的区别与联系。

本章介绍万向铰偏斜柔性轴系的弯曲振动与稳定性问题，揭示柔性轴的横向振动特征[1,2]。考虑万向铰驱动线中的从动轴的弹性，将从动轴简化为一端铰支一端弹性支撑的欧拉-伯努利(Euler-Bernoulli)梁；同时考虑从动轴支撑轴承的外阻尼和轴的内部黏性阻尼，以及万向铰传递力矩和负载产生的跟随力矩，分析所选取微元轴段上的受力；运用欧拉方程建立轴系偏斜情况下的横向振动偏微分方程。用伽辽金(Galerkin)法分离时空变量，将轴系振动问题转化为模态坐标表示的常微分方程组。分别应用劳斯-赫尔维茨(Routh-Hurwitz)稳定性判据和希尔(Hill)无限行列式，分析轴系的一阶近似的颤振和二阶近似下参数激励振动的稳定性。

7.1 轴系的基本假设

类似于图6.1，考虑万向铰传动的柔性偏斜轴系。系统包括一根刚性主动轴，一根柔性从动轴以及一个忽略质量和惯性的万向铰十字轴。根据弹性体理论，假设轴连续、质量分布均匀且各向同性，并且轴的变形满足胡克定律。另外，考虑到当轴的长径比大于10时可以忽略剪切变形，因此用伯努利梁描述从动轴。

假定从动轴的万向铰为铰支端支撑，另一端是包含刚度和阻尼的轴承支撑，将轴承处的阻尼视为作用在轴上的阻尼力。如此将从动轴简化为一端铰支一端弹性支撑的梁，作用在梁上的力与力矩则是由万向铰提供的弯曲力矩和扭矩。忽略扭转变形，分析从动轴柔性对于偏斜轴系横向振动的影响。

如同图 6.2 的刚性轴情形，令万向铰处结构偏斜角为 φ，误差偏斜角为 α、β，主动轴上的固定坐标系 $X_0Y_0Z_0$，十字轴上的固定坐标系 XYZ，理想从动轴上的固定坐标系 $x_0y_0z_0$ 和实际从动轴上的固定坐标系 xyz 分别如第 4 章的定义；在从动轴上建立振动后的运动坐标系 $x_3y_3z_3$，该坐标系固连在所取的微元轴段上，原点在轴段的中心，z_3 轴平行于弯轴的切线正方向。

轴的各个物理参数表示如下：从动轴长 l（万向铰中心至轴承中心点的距离）、密度 ρ、横截面半径 R、横截面面积 A、横截面惯性矩 I、杨氏弹性模量 E。

7.2 万向铰柔性轴系弯曲振动方程

7.2.1 柔性变形及运动特性

如图 7.1 所示，从动轴相对于固定坐标系 xyz 存在柔性弯曲，弯曲轴为 z'，其在 xz 平面和 yz 平面上的投影分别为 z'_{xz} 和 z'_{yz}，从动轴的弹性变形量 x 和 y 分别定义为 z'_{xz} 轴、z'_{yz} 轴到 z 轴的距离。

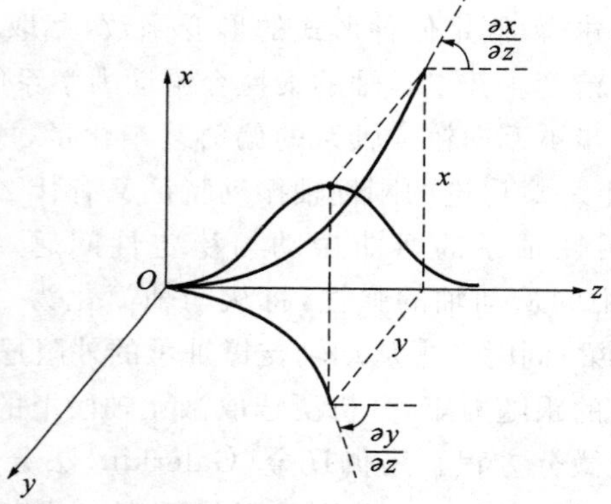

图 7.1 从动轴的柔性变形

根据梁的理论，可以把所取的微元段当作刚性圆盘处理，这样，该圆盘的半径就是轴的截面半径，面积就是轴的截面面积，厚度就是微元段的长度。则该圆盘的转动角速度在坐标系 xyz 中表示为：

$$\omega_{d(xyz)} = [\omega_{dx} \quad \omega_{dy} \quad \omega_{dz}]^{\mathrm{T}} = \left[-\frac{\partial^2 y}{\partial z \partial t} \quad \frac{\partial^2 x}{\partial z \partial t} \quad \omega_2\right]^{\mathrm{T}} \tag{7.1}$$

固连在圆盘上的动坐标系 $x_3y_3z_3$ 的转动角速度在 xyz 坐标系中表示为：

$$\omega_{3(xyz)} = [\omega_{3x} \quad \omega_{3y} \quad \omega_{3z}]^{\mathrm{T}} = \left[-\frac{\partial^2 y}{\partial z \partial t} \quad \frac{\partial^2 x}{\partial z \partial t} \quad 0\right]^{\mathrm{T}} \tag{7.2}$$

其中 ω_2 是从动轴沿轴线方向的角速度（$\dot{\theta}_2 = \omega_2$）。当主动轴角速度为 ω 时，二者之间的关系如下：

$$\frac{\dot{\theta}_2}{\dot{\theta}_1}=\frac{\omega_2}{\omega}=\frac{2D}{1+A+B\cos 2\theta_1+C\sin 2\theta_1}$$

可记为：

$$\omega_2=\omega f_1(\theta_1) \tag{7.3}$$

7.2.2　微元体受力分析

从动轴微元段上受到的力有内部剪切力 Q_x、Q_y，外阻尼力 $F_{edx}\mathrm{d}z$、$F_{edy}\mathrm{d}z$，内阻尼力 $F_{idx}\mathrm{d}z$、$F_{idy}\mathrm{d}z$；受到的力矩有内部弯曲力矩 M_{ix}、M_{iy}，传递弯曲力矩 $m_{jx}\mathrm{d}z$、$m_{jy}\mathrm{d}z$，以及轴向力矩。轴向力矩的特殊情形是扭矩 T，它是由驱动轴经过万向铰传递过来的波动变化的扭矩。当需要时，也可以把载荷产生的跟随力矩考虑在轴向力矩之内，在该一般情形下，跟随力矩除了产生负载扭矩之外，还产生另外两个正交轴上的力矩分量。受力分析示意如图 7.2 所示。其中 F_{edx}、F_{edy} 和 F_{idx}、F_{idy} 分别是单位轴段上受到的外阻尼力和内阻尼力，m_{jx}、m_{jy} 是单位轴段上受到的传递弯曲力矩。

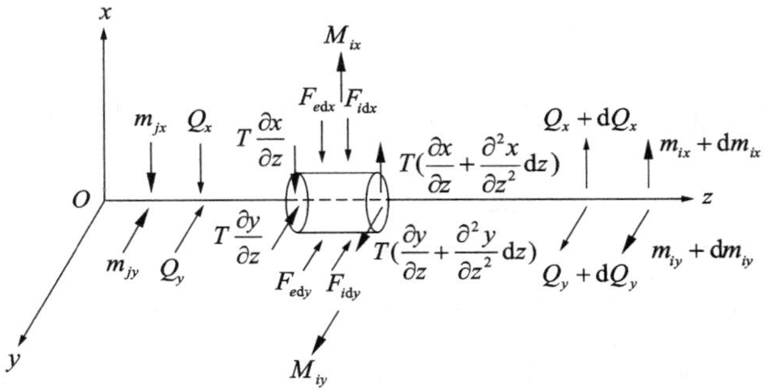

图 7.2　微元体受力图

(1)外阻尼力

将从动轴尾端轴承处的阻尼视作作用在从动轴上的外阻尼力，该阻尼力作用在从动轴尾部(即 $z=l$ 处)，设 x 和 y 方向的阻尼系数分别为 C_{ex}、C_{ey}，用 δ 函数(Dirac delta 函数)将该集中力表示成分布力的形式，得到单位轴段上的外阻尼力：

$$F_{edx}=C_{ex}\left.\frac{\partial x}{\partial t}\right|_{z=l}\delta(z-l) \tag{7.4}$$

$$F_{edy}=C_{ey}\left.\frac{\partial y}{\partial t}\right|_{z=l}\delta(z-l) \tag{7.5}$$

(2)内阻尼力

考虑从动轴内部的黏性阻尼，阻尼系数为 C_{iv}，则单位轴段上的内阻尼力为：

$$F_{idx}=C_{iv}\frac{\partial x}{\partial t}+C_{iv}\omega_2 y \tag{7.6}$$

$$F_{idy}=C_{iv}\frac{\partial y}{\partial t}-C_{iv}\omega_2 x \tag{7.7}$$

(3)传递弯曲力矩和轴向力矩

主动轴的驱动力矩通过万向铰作用在从动轴上，传递力矩存在三个方向的分量，其中 x

和 y 方向的分量就是从动轴受到的传递弯曲力矩，z 方向的分量是作用于从动轴的轴向力矩，作用在从动轴上的传递弯矩和轴向力矩分别为[1]：

$$M_{jx} = \frac{T_0 - J_1\varepsilon_r}{2}[\alpha\sin 2\theta_1 - \beta(1+\cos 2\theta_1) - \varphi\sin 2\theta_1] \tag{7.8}$$

$$M_{jy} = \frac{T_0 - J_1\varepsilon_r}{2}[\alpha(1-\cos 2\theta_1) - \beta\sin 2\theta_1 - \varphi(1-\cos 2\theta_1)] \tag{7.9}$$

$$T = \frac{T_0 - J_1\varepsilon_r}{2(\alpha\sin\varphi + \cos\varphi)}[(\cos^2\varphi + \alpha\sin 2\varphi)(1-\cos 2\theta_1) + (1+\cos 2\theta_1) - 2\beta\sin\varphi\sin 2\theta_1] \tag{7.10}$$

其中 J_1 表示主动轴的极转动惯量，ε_r 表示主动轴角加速度，T_0 表示输入转矩，θ_1 表示主动轴角位移。

考虑柔性变形的影响，传递弯曲力矩为[1]：

$$\begin{aligned} M_{jx} &= \frac{T_0 - J_1\varepsilon_r}{2}\left[\left(\alpha - \left.\frac{\partial y}{\partial z}\right|_{z=0}\right)\sin 2\theta_1 - \left(\beta + \left.\frac{\partial x}{\partial z}\right|_{z=0}\right)(1+\cos 2\theta_1) - \varphi\sin 2\theta_1\right] \\ &= (T_0 - J_1\varepsilon_r) f_2(\theta_1) \end{aligned} \tag{7.11}$$

$$\begin{aligned} M_{jy} &= \frac{T_0 - J_1\varepsilon_r}{2}\left[\left(\alpha - \left.\frac{\partial y}{\partial z}\right|_{z=0}\right)(1-\cos 2\theta_1) - \left(\beta + \left.\frac{\partial x}{\partial z}\right|_{z=0}\right)\sin 2\theta_1 - \varphi(1-\cos 2\theta_1)\right] \\ &= (T_0 - J_1\varepsilon_r) f_3(\theta_1) \end{aligned} \tag{7.12}$$

$f_2(\theta_1)$、$f_3(\theta_1)$分别由(7.11)与式(7.12)定义。同样可用 δ 函数得到单位轴段上的传递弯曲力矩：

$$m_{jx} = M_{jx}\delta(z) = (T_0 - J_1\varepsilon_r) f_2(\theta_1)\delta(z) \tag{7.13}$$

$$m_{jy} = M_{jy}\delta(z) = (T_0 - J_1\varepsilon_r) f_3(\theta_1)\delta(z) \tag{7.14}$$

若在从动轴上轴向力矩中考虑跟随力矩，则轴向跟随力矩在 x 轴和 y 轴方向也有力矩，使得在从动轴上多了一种载荷弯曲力矩。图 7.2 中，$T\frac{\partial x}{\partial z}$、$T(\frac{\partial x}{\partial z} + \frac{\partial^2 x}{\partial z^2}\mathrm{d}z)$ 和 $T\frac{\partial y}{\partial z}$、$T(\frac{\partial y}{\partial z} + \frac{\partial^2 y}{\partial z^2}\mathrm{d}z)$就表示了轴向跟随力矩对于弯曲力矩的贡献。

将式(7.10)改写为：

$$T = (T_0 - J_1\varepsilon_r) f_4(\theta_1)$$

$f_4(\theta_1)$由式(7.10)定义。根据达朗贝尔原理，写出圆盘（微元段）的平衡方程，有：

$$-Q_x + (Q_x + \mathrm{d}Q_x) - F_{edx}\mathrm{d}z - F_{idx}\mathrm{d}z = \rho A\mathrm{d}z\frac{\partial^2 x}{\partial t^2} \tag{7.15}$$

$$-Q_y + (Q_y + \mathrm{d}Q_y) - F_{edy}\mathrm{d}z - F_{idy}\mathrm{d}z = \rho A\mathrm{d}z\frac{\partial^2 y}{\partial t^2} \tag{7.16}$$

化简可得：

$$\frac{\mathrm{d}Q_x}{\mathrm{d}z} = F_{edx} + F_{idx} + \rho A\frac{\partial^2 x}{\partial t^2} \tag{7.17}$$

$$\frac{\mathrm{d}Q_y}{\mathrm{d}z} = F_{edy} + F_{idy} + \rho A\frac{\partial^2 y}{\partial t^2} \tag{7.18}$$

各力对圆盘（微元段）中间点的力矩之和为：

$$\sum M_x = -M_{ix} + (M_{ix} + \mathrm{d}M_{ix}) - Q_y\frac{\mathrm{d}z}{2} - (Q_y + \mathrm{d}Q_y)\frac{\mathrm{d}z}{2} + m_{jx}\mathrm{d}z - T\frac{\partial x}{\partial z} + T\left(\frac{\partial x}{\partial z} + \frac{\partial^2 x}{\partial z^2}\mathrm{d}z\right) \tag{7.19}$$

$$\sum M_y = -M_{iy} + (M_{iy} + \mathrm{d}M_{iy}) - Q_x \frac{\mathrm{d}z}{2} - (Q_x + \mathrm{d}Q_x)\frac{\mathrm{d}z}{2} + m_{jy}\mathrm{d}z - T\frac{\partial y}{\partial z} + T(\frac{\partial y}{\partial z} + \frac{\partial^2 y}{\partial z^2}\mathrm{d}z) \tag{7.20}$$

化简后得：

$$\sum M_x = \mathrm{d}M_{ix} - Q_y\mathrm{d}z - \mathrm{d}Q_y\frac{\mathrm{d}z}{2} + m_{jx}\mathrm{d}z + T\frac{\partial^2 x}{\partial z^2}\mathrm{d}z \tag{7.21}$$

$$\sum M_y = \mathrm{d}M_{iy} - Q_x\mathrm{d}z - \mathrm{d}Q_x\frac{\mathrm{d}z}{2} + m_{jy}\mathrm{d}z + T\frac{\partial^2 y}{\partial z^2}\mathrm{d}z \tag{7.22}$$

7.2.3　弯曲振动方程

运用欧拉方程建立系统的运动模型：

$$\sum M_x = J_{x_3}\dot{\omega}_{x_3} - (J_{y_3} - J_{z_3})\omega_{y_3}\omega_{z_3} + J_{z_3}\omega_2\omega_{y_3} \tag{7.23}$$

$$\sum M_y = J_{y_3}\dot{\omega}_{y_3} - (J_{z_3} - J_{x_3})\omega_{z_3}\omega_{x_3} - J_{z_3}\omega_2\omega_{x_3} \tag{7.24}$$

式中

$$J_{z_3} = \frac{1}{2}\rho AR^2\mathrm{d}z, J_{x_3} = J_{y_3} = \frac{1}{4}\rho AR^2\mathrm{d}z \tag{7.25}$$

将式(7.1)、式(7.2)、式(7.17)、式(7.18)、式(7.21)、式(7.22)、式(7.25)代入式(7.23)、式(7.24)得：

$$EI\frac{\partial^4 x}{\partial z^4} + \rho A\frac{\partial^2 x}{\partial t^2} + F_{\mathrm{ed}x} + F_{\mathrm{id}x} + \frac{\mathrm{d}m_{jy}}{\mathrm{d}z} + T\frac{\partial^3 y}{\partial z^3} = \frac{1}{4}\rho AR^2(\frac{\partial^4 x}{\partial z^2\partial t^2} + 2\omega_2\frac{\partial^3 y}{\partial z^2\partial t}) \tag{7.26}$$

$$EI\frac{\partial^4 y}{\partial z^4} + \rho A\frac{\partial^2 y}{\partial t^2} + F_{\mathrm{ed}y} + F_{\mathrm{id}y} - \frac{\mathrm{d}m_{jx}}{\mathrm{d}z} - T\frac{\partial^3 x}{\partial z^3} = \frac{1}{4}\rho AR^2(\frac{\partial^4 y}{\partial z^2\partial t^2} - 2\omega_2\frac{\partial^3 x}{\partial z^2\partial t}) \tag{7.27}$$

将式(7.3)至式(7.7)以及式(7.10)、式(7.13)、式(7.14)代入式(7.26)与式(7.27)中，并令 $\overline{T}_0 = T_0 - J_1\varepsilon_r$，得：

$$EI\frac{\partial^4 x}{\partial z^4} + \rho A\frac{\partial^2 x}{\partial t^2} + C_{ex}\frac{\partial x}{\partial t}\bigg|_{z=l}\delta(z-l) + C_{iv}\frac{\partial x}{\partial t} + C_{iv}\omega f_1(\theta_1)y + \overline{T}_0 f_3(\theta_1)\frac{\mathrm{d}(\delta(z))}{\mathrm{d}z} + \overline{T}_0 f_4(\theta_1)\frac{\partial^3 y}{\partial z^3}$$
$$= \frac{1}{4}\rho AR^2(\frac{\partial^4 x}{\partial z^2\partial t^2} + 2\omega f_1(\theta_1)\frac{\partial^3 y}{\partial z^2\partial t}) \tag{7.28}$$

$$EI\frac{\partial^4 y}{\partial z^4} + \rho A\frac{\partial^2 y}{\partial t^2} + C_{ey}\frac{\partial y}{\partial t}\bigg|_{z=l}\delta(z-l) + C_{iv}\frac{\partial y}{\partial t} - C_{iv}\omega f_1(\theta_1)x - \overline{T}_0 f_2(\theta_1)\frac{\mathrm{d}(\delta(z))}{\mathrm{d}z} - \overline{T}_0 f_4(\theta_1)\frac{\partial^3 x}{\partial z^3}$$
$$= \frac{1}{4}\rho AR^2(\frac{\partial^4 y}{\partial z^2\partial t^2} - 2\omega f_1(\theta_1)\frac{\partial^3 x}{\partial z^2\partial t}) \tag{7.29}$$

设 K_x、K_y 分别表示轴承支撑端在 x 和 y 方向的弹簧刚度，则方程(7.28)和方程(7.29)的边界条件和初始条件分别为：

$$\left.\begin{aligned} x|_{z=0} = 0, \frac{\partial^2 x}{\partial z^2}\bigg|_{z=0} = 0, \frac{\partial^2 x}{\partial z^2}\bigg|_{z=l} = 0, EI\frac{\partial^3 x}{\partial z^3}\bigg|_{z=l} = K_x x|_{z=l} \\ y|_{z=0} = 0, \frac{\partial^2 y}{\partial z^2}\bigg|_{z=0} = 0, \frac{\partial^2 y}{\partial z^2}\bigg|_{z=l} = 0, EI\frac{\partial^3 y}{\partial z^3}\bigg|_{z=l} = K_y y|_{z=l} \end{aligned}\right\} \tag{7.30}$$

$$\left.\begin{aligned} x|_{t=0} = 0, \frac{\partial x}{\partial t}\bigg|_{t=0} = 0 \\ y|_{t=0} = 0, \frac{\partial y}{\partial t}\bigg|_{t=0} = 0 \end{aligned}\right\} \tag{7.31}$$

设主动轴做匀加速运动，转动角加速度为 ε_r，初始转动速度为 Ω_0，则 $\omega=\Omega_0+\varepsilon_r t$。令 $\omega_0=\dfrac{\pi^2}{l^2}\sqrt{\dfrac{EI}{\rho A}}$，$X=\dfrac{x}{l}$，$Y=\dfrac{y}{l}$，$Z=\dfrac{z}{l}$，$\delta(Z)=l\delta(z)$，$s=\dfrac{\varepsilon_r}{\omega_0^2}$，$\nu=\dfrac{\Omega_0}{\omega_0}$，匀速转动时 $\nu=\lambda$。记 $\tau=\omega_0 t$，并且忽略转速波动，只考虑力矩的波动，得到方程(7.28)、方程(7.29)的无量纲化方程：

$$B_1\frac{\partial^4 X}{\partial Z^4}+s^2\frac{\partial^2 X}{\partial \tau^2}+D_1 s\frac{\partial X}{\partial \tau}\bigg|_{Z=1}\bar{\delta}(Z-1)+D_3 s\left(\frac{\partial X}{\partial \tau}+f_1(\tau)Y\right)+\Gamma_2 f_3(\tau)\frac{\mathrm{d}\bar{\delta}(Z)}{\mathrm{d}Z}+\Gamma_2 f_4(\tau)\frac{\partial^3 Y}{\partial Z^3}$$
$$=B_2 s^2\left(\frac{\partial^4 X}{\partial Z^2\partial \tau^2}+2f_1(\tau)\frac{\partial^3 Y}{\partial Z^2\partial \tau}\right)\tag{7.32}$$

$$B_1\frac{\partial^4 Y}{\partial Z^4}+s^2\frac{\partial^2 Y}{\partial \tau^2}+D_2 s\frac{\partial Y}{\partial \tau}\bigg|_{Z=1}\bar{\delta}(Z-1)+D_3 s\left(\frac{\partial Y}{\partial \tau}-f_1(\tau)X\right)-\Gamma_2 f_2(\tau)\frac{\mathrm{d}\bar{\delta}(Z)}{\mathrm{d}Z}-\Gamma_2 f_4(\tau)\frac{\partial^3 X}{\partial Z^3}$$
$$=B_2 s^2\left(\frac{\partial^4 Y}{\partial Z^2\partial \tau^2}-2f_1(\tau)\frac{\partial^3 X}{\partial Z^2\partial \tau}\right)\tag{7.33}$$

式中

$$B_1=\frac{EI}{\rho A\omega_0^2 l^4},B_2=\frac{R^2}{4l^2},D_1=\frac{C_{ex}}{\rho A\omega_0 l},D_2=\frac{C_{ey}}{\rho A\omega_0 l},D_3=\frac{C_{iv}}{\rho A\omega_0},\Gamma_2=\frac{T_0-J_1\varepsilon_r}{\rho A\omega_0^2 l^3}$$

方程中含有位移对空间的偏导、位移对时间的偏导以及位移对空间和时间的混合偏导。下面用伽辽金法进行时空分离，即消去对空间的偏导，使方程满足空间上的独立性。设方程的解为：

$$X=\sum_{i=1}^{\infty}\Phi_{xi}(Z)Q_{xi}(\tau)\tag{7.34}$$

$$Y=\sum_{i=1}^{\infty}\Phi_{yi}(Z)Q_{yi}(\tau)\tag{7.35}$$

其中，$Q_{xi}(\tau)$、$Q_{yi}(\tau)$是第 i 阶模态坐标；$\Phi_{xi}(Z)$、$\Phi_{yi}(Z)$是第 i 阶振型函数的伽辽金试探函数(形函数)。选择铰支加弹性支撑的伯努利梁的振型函数作为试探函数

$$\Phi_{xi}(Z)=\mathrm{sh}(\beta_{xi}Z)+\frac{\mathrm{sh}(\beta_{xi})}{\sin(\beta_{xi})}\sin(\beta_{xi}Z)\tag{7.36}$$

$$\Phi_{yi}(Z)=\mathrm{sh}(\beta_{yi}Z)+\frac{\mathrm{sh}(\beta_{yi})}{\sin(\beta_{yi})}\sin(\beta_{yi}Z)\tag{7.37}$$

可以验证，这种形式的形函数满足方程的边界条件(7.30)。其中 β_{xi}、β_{yi} 分别是下列超越特征方程的正的特征根：

$$\frac{K_x l^3}{EI}=\beta_x^3\frac{\mathrm{ch}(\beta_x)\sin(\beta_x)-\mathrm{sh}(\beta_x)\cos(\beta_x)}{2\mathrm{sh}(\beta_x)\sin(\beta_x)}\tag{7.38}$$

$$\frac{K_y l^3}{EI}=\beta_y^3\frac{\mathrm{ch}(\beta_y)\sin(\beta_y)-\mathrm{sh}(\beta_y)\cos(\beta_y)}{2\mathrm{sh}(\beta_y)\sin(\beta_y)}\tag{7.39}$$

由于形函数是一种试探函数，所以有不同的近似选取方法。例如，在伽辽金法中，式(7.34)与式(7.35)只截断至一阶形函数时，考虑梁的静力变形函数作为形函数就是一种常用的方法，称为静力更正形函数[2,3]。

将式(7.34)、式(7.35)代入方程(7.32)、方程(7.33)并应用伽辽金法变换后得到：

$$\sum_{i=1}^{\infty}\left\{\begin{aligned}&B_1\chi_{1in}Q_{xi}+\kappa_{1in}Q''_{xi}+D_1\xi_{1in}Q'_{xi}+D_3\kappa_{1in}Q'_{xi}+D_3(s\tau+\nu)f_1(\tau)\kappa_{3in}Q_{yi}+\Gamma_2\varsigma_{1in}Q_{xi}\sin2\theta_1\\&+\Gamma_2\varsigma_{3in}Q_{yi}(1-\cos2\theta_1)+\Gamma_2 f_4(\tau)\zeta_{1in}Q_{yi}-B_2\lambda_{1in}Q''_{xi}-2B_2(s\tau+\nu)f_1(\tau)\lambda_{3in}Q'_{yi}\end{aligned}\right\}$$

$$= \frac{\Gamma_2}{2}\vartheta_{1n}[-\alpha(1-\cos 2\theta_1)+\beta\sin 2\theta_1+\varphi(1-\cos 2\theta_1)] \tag{7.40}$$

$$\sum_{i=1}^{\infty}\left\{\begin{aligned}&B_1\chi_{2in}Q_{yi}+\kappa_{2in}Q''_{yi}+D_2\xi_{2in}Q'_{yi}+D_3 s\kappa_{2in}Q'_{yi}-D_3(s\tau+\nu)f_1(\tau)\kappa_{4in}Q_{xi}-\Gamma_2\varsigma_{2in}Q_{yi}\sin 2\theta_1\\&-\Gamma_2\varsigma_{4in}Q_{xi}(1+\cos 2\theta_1)-\Gamma_2 f_4(\tau)\zeta_{2in}Q_{xi}-B_2\lambda_{2in}Q''_{yi}+2B_2(s\tau+\nu)f_1(\tau)\lambda_{4in}Q'_{xi}\end{aligned}\right\}$$

$$= \frac{\Gamma_2}{2}\vartheta_{2n}[-\beta(1+\cos 2\theta_1)+\alpha\sin 2\theta_1-\varphi\sin 2\theta_1] \tag{7.41}$$

式中 $\theta_1=\frac{1}{2}s\tau^2+\nu\tau$，其他各参数定义如下：

$$\int_0^1 \frac{\mathrm{d}^4\Phi_{xi}}{\mathrm{d}Z^4}(Z)\Phi_{xn}(Z)\mathrm{d}Z=\chi_{1in} \tag{7.42}$$

$$\int_0^1 \frac{\mathrm{d}^4\Phi_{yi}}{\mathrm{d}Z^4}(Z)\Phi_{yn}(Z)\mathrm{d}Z=\chi_{2in} \tag{7.43}$$

$$\int_0^1 \Phi_{xi}(Z)\Phi_{xn}(Z)\mathrm{d}Z=\kappa_{1in} \tag{7.44}$$

$$\int_0^1 \Phi_{yi}(Z)\Phi_{yn}(Z)\mathrm{d}Z=\kappa_{2in} \tag{7.45}$$

$$\int_0^1 \Phi_{yi}(Z)\Phi_{xn}(Z)\mathrm{d}Z=\kappa_{3in} \tag{7.46}$$

$$\int_0^1 \Phi_{xi}(Z)\Phi_{yn}(Z)\mathrm{d}Z=\kappa_{4in} \tag{7.47}$$

$$\int_0^1 \Phi_{xi}(Z)\big|_{Z=1}\Phi_{xn}(Z)\bar{\delta}(Z-1)\mathrm{d}Z=\Phi_{xi}(Z)\big|_{Z=1}\Phi_{xn}(Z)\big|_{Z=1}=\xi_{1in} \tag{7.48}$$

$$\int_0^1 \Phi_{yi}(Z)\big|_{Z=1}\Phi_{yn}(Z)\bar{\delta}(Z-1)\mathrm{d}Z=\Phi_{yi}(Z)\big|_{Z=1}\Phi_{yn}(Z)\big|_{Z=1}=\xi_{2in} \tag{7.49}$$

$$\int_0^1 \left.\frac{\mathrm{d}\Phi_{xi}(Z)}{\mathrm{d}Z}\right|_{Z=1}\Phi_{xn}(Z)\frac{\mathrm{d}\bar{\delta}(Z)}{\mathrm{d}Z}\mathrm{d}Z=-\left.\frac{\mathrm{d}\Phi_{xi}(Z)}{\mathrm{d}Z}\right|_{Z=0}\left.\frac{\mathrm{d}\Phi_{xn}(Z)}{\mathrm{d}Z}\right|_{Z=0}=-2\varsigma_{1in} \tag{7.50}$$

$$\int_0^1 \left.\frac{\mathrm{d}\Phi_{yi}(Z)}{\mathrm{d}Z}\right|_{Z=1}\Phi_{yn}(Z)\frac{\mathrm{d}\bar{\delta}(Z)}{\mathrm{d}Z}\mathrm{d}Z=-\left.\frac{\mathrm{d}\Phi_{yi}(Z)}{\mathrm{d}Z}\right|_{Z=0}\left.\frac{\mathrm{d}\Phi_{yn}(Z)}{\mathrm{d}Z}\right|_{Z=0}=-2\varsigma_{2in} \tag{7.51}$$

$$\int_0^1 \left.\frac{\mathrm{d}\Phi_{yi}(Z)}{\mathrm{d}Z}\right|_{Z=1}\Phi_{xn}(Z)\frac{\mathrm{d}\bar{\delta}(Z)}{\mathrm{d}Z}\mathrm{d}Z=-\left.\frac{\mathrm{d}\Phi_{yi}(Z)}{\mathrm{d}Z}\right|_{Z=0}\left.\frac{\mathrm{d}\Phi_{xn}(Z)}{\mathrm{d}Z}\right|_{Z=0}=-2\varsigma_{3in} \tag{7.52}$$

$$\int_0^1 \left.\frac{\mathrm{d}\Phi_{xi}(Z)}{\mathrm{d}Z}\right|_{Z=1}\Phi_{yn}(Z)\frac{\mathrm{d}\bar{\delta}(Z)}{\mathrm{d}Z}\mathrm{d}Z=-\left.\frac{\mathrm{d}\Phi_{xi}(Z)}{\mathrm{d}Z}\right|_{Z=0}\left.\frac{\mathrm{d}\Phi_{yn}(Z)}{\mathrm{d}Z}\right|_{Z=0}=-2\varsigma_{4in} \tag{7.53}$$

$$\int_0^1 \frac{\mathrm{d}^3\Phi_{yi}}{\mathrm{d}Z^3}(Z)\Phi_{xn}(Z)\mathrm{d}Z=\zeta_{1in} \tag{7.54}$$

$$\int_0^1 \frac{\mathrm{d}^3\Phi_{xi}}{\mathrm{d}Z^3}(Z)\Phi_{yn}(Z)\mathrm{d}Z=\zeta_{2in} \tag{7.55}$$

$$\int_0^1 \frac{\mathrm{d}^2\Phi_{xi}}{\mathrm{d}Z^2}(Z)\Phi_{xn}(Z)\mathrm{d}Z=\lambda_{1in} \tag{7.56}$$

$$\int_0^1 \frac{\mathrm{d}^2\Phi_{yi}}{\mathrm{d}Z^2}(Z)\Phi_{yn}(Z)\mathrm{d}Z=\lambda_{2in} \tag{7.57}$$

$$\int_0^1 \frac{\mathrm{d}^2\Phi_{yi}}{\mathrm{d}Z^2}(Z)\Phi_{xn}(Z)\mathrm{d}Z=\lambda_{3in} \tag{7.58}$$

$$\int_0^1 \frac{\mathrm{d}^2 \Phi_{xi}}{\mathrm{d}Z^2}(Z)\Phi_{yn}(Z)\mathrm{d}Z = \lambda_{4in} \tag{7.59}$$

$$\int_0^1 \Phi_{xn}(Z)\frac{\mathrm{d}\bar{\delta}(Z)}{\mathrm{d}Z}\mathrm{d}Z = -\left.\frac{\mathrm{d}\Phi_{xn}(Z)}{\mathrm{d}Z}\right|_{Z=0} = -\vartheta_{1n} \tag{7.60}$$

$$\int_0^1 \Phi_{yn}(Z)\frac{\mathrm{d}\bar{\delta}(Z)}{\mathrm{d}Z}\mathrm{d}Z = -\left.\frac{\mathrm{d}\Phi_{yn}(Z)}{\mathrm{d}Z}\right|_{Z=0} = -\vartheta_{2n} \tag{7.61}$$

将方程写成矩阵形式如下：

$$\boldsymbol{M}\boldsymbol{Q}'' + \boldsymbol{C}\boldsymbol{Q}' + \boldsymbol{K}\boldsymbol{Q} + \Gamma_2(\boldsymbol{E}_1 + \boldsymbol{E}_2\sin 2\theta_1 + \boldsymbol{E}_3\cos 2\theta_1)\boldsymbol{Q} = \Gamma_2(\boldsymbol{D}_1 + \boldsymbol{D}_2) \tag{7.62}$$

式中

$$\boldsymbol{Q} = \begin{bmatrix} Q_{xi} \\ Q_{yi} \end{bmatrix}, \quad \boldsymbol{M} = \begin{bmatrix} \boldsymbol{\kappa}_{1in}{}^{\mathrm{T}} - B_2\boldsymbol{\lambda}_{1in}{}^{\mathrm{T}} & \boldsymbol{O} \\ \boldsymbol{O} & \boldsymbol{\kappa}_{2in}{}^{\mathrm{T}} - B_2\boldsymbol{\lambda}_{2in}{}^{\mathrm{T}} \end{bmatrix},$$

$$\boldsymbol{C} = \begin{bmatrix} D_1\boldsymbol{\xi}_{1in}{}^{\mathrm{T}} + D_3\boldsymbol{\kappa}_{1in}{}^{\mathrm{T}} & -2(s\tau+\nu)f_1(\tau)B_2\boldsymbol{\lambda}_{3in}{}^{\mathrm{T}} \\ 2(s\tau+\nu)f_1(\tau)B_2\boldsymbol{\lambda}_{4in}{}^{\mathrm{T}} & D_2\boldsymbol{\xi}_{2in}{}^{\mathrm{T}} + D_3\boldsymbol{\kappa}_{2in}{}^{\mathrm{T}} \end{bmatrix},$$

$$\boldsymbol{K} = \begin{bmatrix} B_1\boldsymbol{\chi}_{1in}{}^{\mathrm{T}} & (s\tau+\nu)f_1(\tau)D_3\boldsymbol{\kappa}_{3in}{}^{\mathrm{T}} \\ -(s\tau+\nu)f_1(\tau)D_3\boldsymbol{\kappa}_{4in}{}^{\mathrm{T}} & B_1\boldsymbol{\chi}_{2in}{}^{\mathrm{T}} \end{bmatrix},$$

$$\boldsymbol{E}_1 = \begin{bmatrix} \boldsymbol{O} & \boldsymbol{\varsigma}_{3in}{}^{\mathrm{T}} + f_4(\tau)\boldsymbol{\zeta}_{1in}{}^{\mathrm{T}} \\ -\boldsymbol{\varsigma}_{4in}{}^{\mathrm{T}} - f_4(\tau)\boldsymbol{\zeta}_{2in}{}^{\mathrm{T}} & \boldsymbol{O} \end{bmatrix},$$

$$\boldsymbol{E}_2 = \begin{bmatrix} \boldsymbol{\varsigma}_{1in}{}^{\mathrm{T}} & \boldsymbol{O} \\ \boldsymbol{O} & -\boldsymbol{\varsigma}_{2in}{}^{\mathrm{T}} \end{bmatrix}, E_3 = \begin{bmatrix} \boldsymbol{O} & -\boldsymbol{\varsigma}_{3in}{}^{\mathrm{T}} \\ -\boldsymbol{\varsigma}_{4in}{}^{\mathrm{T}} & \boldsymbol{O} \end{bmatrix},$$

$$\boldsymbol{D}_1 = \begin{bmatrix} \frac{1}{2}(\alpha(1-\cos 2\theta_1) - \beta\sin 2\theta_1)(\vartheta_{1n}) \\ \frac{1}{2}(\beta(1+\cos 2\theta_1) - \alpha\sin 2\theta_1)(\vartheta_{2n}) \end{bmatrix}, \boldsymbol{D}_1 = \begin{bmatrix} -\frac{1}{2}\varphi(1-\cos 2\theta_1)(\vartheta_{1n}) \\ \frac{1}{2}\varphi\sin 2\theta_1(\vartheta_{2n}) \end{bmatrix}$$

可见，方程是一组含时变系数的二阶非齐次常微分方程组，方程组由 $2N$ 个相互耦合的方程组成。方程左边总共含有六项系数矩阵，方程右边含有两项力矢量矩阵。分析如下：

(1)第一项的系数矩阵是质量矩阵。质量矩阵是常数矩阵，只与从动轴的几何参数有关。第二项的系数矩阵为阻尼矩阵。阻尼矩阵中的元素有的是常数，由系统参数决定，有的是与无量纲时间 τ 有关的变量。第三项的系数矩阵为刚度矩阵。刚度矩阵中的元素有的是常数，由系统参数决定，有的是变量，与无量纲时间 τ 有关，时变参数是考虑从动轴内阻尼的条件下产生的。

(2)第四项分 $\Gamma_2\boldsymbol{E}_1$ 可以为两部分。一部分为不含无量纲时间 τ 的函数，仅与横向振动本身有关，故能引起弹性轴的自激振动，当自激振动幅值较小时弹性轴产生颤振；另一部分与无量纲时间 τ 有关，是从动轴受到的轴向跟随力矩引起的，会导致参激共振。

(3)第五项和第六项 $\Gamma_2(\boldsymbol{E}_2\sin 2\theta_1 + \boldsymbol{E}_3\cos 2\theta_1)$ 含有无量纲时间 τ 的正弦、余弦函数，作为参数激励，能引起系统的参激共振。

(4)方程左边第四、五、六项及右边项都含有从动轴受到的弯曲力矩，它们均与主动轴输入力矩和主动轴转动加速度有关，是对由万向铰传递力矩引起轴横向振动的定量描述，可见万向铰传递力矩同样能引起系统的自激振动和参激振动。

(5)方程右边为强迫振动项，它能引起系统的强迫共振。其中右边第一项是由万向铰固有偏斜引起的，右边第二项表示万向铰的安装等误差偏斜引起的强迫激励。

轴的柔性使振动方程组由 2 个耦合微分方程变成了 $2N$ 个相互耦合的方程，系统固有频率 ω_{i0} 的个数由 2 个增加到 $2N$ 个，固有频率的个数取决于伽辽金近似的阶数 N，也就是模态截断的阶数。只取一阶伽辽金近似（$N=1$）时，是一阶模态截断。例如，将梁的静力变形取为一阶振型函数，则获得的方程与刚性轴的振动方程有完全一致的形式，但是刚度矩阵的系数不同，此时轴系固有频率是由一阶振型函数对应的“刚性”模态决定的，为了论述方便，后面就将一阶模态截断近似地称为刚性模态截断。

由于一阶模态截断或形函数截断对应了两个自由度振动，所以系统有两个固有频率 ω_{10} 与 ω_{20}。若取二阶伽辽金近似（$i=n=N=2$）或进行二阶模态截断，则对应地取梁的二阶振型函数作为形函数，则横向振动模型为由四个微分方程组成的方程组，所以二阶模态截断的系统包含四个模态坐标，有四个固有频率，即增加了 ω_{30} 与 ω_{40}，对应于振动系统的一至四阶振动。这里需注意模态截断的阶数与振动阶数的不同含义。此时，前两个固有频率对应于一阶模态截断的两个模态坐标，近似地用于表示一阶模态截断后即前面所谓的刚性模态情况下的一阶、二阶振动；后两个固有频率对应于二阶模态截断后的两个模态坐标，为了论述方便，对应于刚性模态的定义，我们将后面两个模态坐标称为柔性模态，它近似地表示二阶形函数截断下系统的三阶、四阶振动。模态截断后，由模态坐标表示的各个方程也仍然相互耦合，为了分析与编程计算的方便，把方程组的惯性矩阵 $\boldsymbol{M}$ 化成单位矩阵的形式，即惯性解耦，具体表达式见附录。

角加速度在柔性模型中的作用与刚性模型中类似，不仅影响传动弯曲力矩的大小，更重要的是使得主轴转速不再是定常值，而成为时间的函数，由此导致激励项的频率也不再固定，而变成了时间的函数，因此只能通过数值积分仿真来考察轴系在加速转动下的过渡过程的振动特性。

7.3 万向铰柔性轴系弯曲振动稳定性分析

令主动轴转动加速度 $\varepsilon_r=0$，研究主动轴匀速运动时万向铰偏斜轴系横向振动的稳定性，此时频率比 $\nu=\lambda$。方程组包含 $2N$ 个相互耦合的方程，解析分析会很复杂。这里在式(7.34)与(7.35)中取一阶振型为伽辽金近似式，它相当于只考虑轴的静态变形即一阶振型的振动。由于考虑了弹性轴的静挠度变化，所以一阶模态截断的情形类似于但不同于刚性轴振动，原因在于系统的刚度发生了变化。进一步考虑在小偏斜和小变形的条件下，忽略二次以上的高阶项，$f_1(\tau)\approx f_4(\tau)\approx 1$，即只考虑万向铰的偏斜带来的力矩变化，而忽略从动轴的转速波动，则方程可写成如下形式：

$$\begin{bmatrix}\kappa_1-B_2\lambda_1 & 0\\ 0 & \kappa_2-B_2\lambda_2\end{bmatrix}\begin{bmatrix}Q''_{x1}\\ Q''_{y1}\end{bmatrix}+\begin{bmatrix}D_1\xi_1+D_3\kappa_1 & -2\nu B_2\lambda_3\\ 2\nu B_2\lambda_4 & D_2\xi_2+D_3\kappa_2\end{bmatrix}\begin{bmatrix}Q'_{x1}\\ Q'_{y1}\end{bmatrix}$$
$$+\begin{bmatrix}B_1\chi_1 & \nu D_3\kappa_3\\ -\nu D_3\kappa_4 & B_1\chi_2\end{bmatrix}\begin{bmatrix}Q_{x1}\\ Q_{y1}\end{bmatrix}+\Gamma_2\begin{bmatrix}0 & \varsigma_3+\zeta_1\\ -\varsigma_4-\zeta_2 & 0\end{bmatrix}\begin{bmatrix}Q_{x1}\\ Q_{y1}\end{bmatrix}$$
$$+\Gamma_2\sin 2\nu\tau\begin{bmatrix}\varsigma_1 & 0\\ 0 & -\varsigma_2\end{bmatrix}\begin{bmatrix}Q_{x1}\\ Q_{y1}\end{bmatrix}+\Gamma_2\cos 2\nu\tau\begin{bmatrix}0 & -\varsigma_3\\ -\varsigma_4 & 0\end{bmatrix}\begin{bmatrix}Q_{x1}\\ Q_{y1}\end{bmatrix}$$

$$= \Gamma_2 \begin{bmatrix} \frac{1}{2}(\alpha(1-\cos 2\nu\tau) - \beta\sin 2\theta_1)\vartheta_1 \\ \frac{1}{2}(\beta(1+\cos 2\nu\tau) - \alpha\sin 2\theta_1)\vartheta_2 \end{bmatrix} + \Gamma_2 \begin{bmatrix} -\frac{1}{2}\varphi(1-\cos 2\nu\tau)\vartheta_1 \\ \frac{1}{2}\varphi\sin(2\nu\tau)\vartheta_2 \end{bmatrix} \tag{7.63}$$

或者写成：

$$\boldsymbol{MQ}'' + \boldsymbol{CQ}' + \boldsymbol{KQ} + \Gamma_2(\boldsymbol{E}_1 + \boldsymbol{E}_2\sin 2\nu\tau + \boldsymbol{E}_3\cos 2\nu\tau)\boldsymbol{Q} = \Gamma_2(\boldsymbol{D}_1 + \boldsymbol{D}_2) \tag{7.64}$$

式中各系数矩阵可对照式(7.63)，在式(7.42)至式(7.61)中令系数矩阵中各个元素 $i=n=1$ 得到。

为了进行万向铰柔性轴系横向振动稳定性的数值分析，给定如下模型参数：从动轴长度 $l=0.46\text{m}$，从动轴密度 $\rho=7.83\times10^3\text{kg/m}^3$，从动轴横截面半径 $R=2.40\times10^{-3}\text{m}$，杨氏弹性模量 $E=2.07\times10^{11}\text{N/m}^2$，从动轴支撑轴承的刚度 $K_x=25.17\text{N/m}$，$K_y=7.74\text{N/m}$，截面惯性矩 $I=\pi R^4/4=2.53\times10^{-11}\text{m}^4$，从动轴支撑轴承的阻尼 $C_{ex}=C_{ey}=1\times10^{-3}\text{N/(m}\cdot\text{s}^{-1})$，主动轴输入扭矩 $T_0=0.3\text{N}\cdot\text{m}$，则 $J_L=\pi\rho R^2 l^3/3=4.597\times10^3\text{kg}\cdot\text{m}^2$。

7.3.1 自激颤振的稳定性

下面取一阶伽辽金近似，考察柔性轴一阶振型产生的颤振特性。颤振即轴的小振幅的振动。由于假设轴是小变形的，所以轴的振动必须是小振幅的振动。采用劳斯-赫尔维茨稳定判据[4]分析颤振稳定性，忽略与时间相关的系数，得到方程(7.64)的齐次方程形式如下：

$$\boldsymbol{MQ}'' + \boldsymbol{CQ}' + (\boldsymbol{K} + \Gamma_2\boldsymbol{E}_1)\boldsymbol{Q} = 0 \tag{7.65}$$

可得到一元四次特征方程 $a_0q^4+a_1q^3+a_2q^2+a_3q+a_4=0$，$q$ 是特征值，各项系数 a_0、a_1、a_2、a_3、a_4 分别为：

$$a_0 = (\kappa_1 - B_2\lambda_1)(\kappa_2 - B_2\lambda_2)$$

$$a_1 = (\kappa_1 - B_2\lambda_1)(D_2\xi_2 + D_3\kappa_2) + (\kappa_2 - B_2\lambda_2)(D_1\xi_1 + D_3\kappa_1)$$

$$a_2 = B_1\chi_2(\kappa_1 - B_2\lambda_1) + B_1\chi_1(\kappa_2 - B_2\lambda_2) + (D_1\xi_1 + D_3\kappa_1)(D_2\xi_2 + D_3\kappa_2) + 4\nu^2B_2^2\lambda_3\lambda_4$$

$$\begin{aligned} a_3 = & B_1\chi_2(D_1\xi_1 + D_3\kappa_1) + B_1\chi_1(D_2\xi_2 + D_3\kappa_2) \\ & - 2\nu B_2[\lambda_3(\nu D_3\kappa_4 + \Gamma_2\varsigma_4 + \Gamma_2\varsigma_2) + \lambda_4(\nu D_3\kappa_3 + \Gamma_2\varsigma_3 + \Gamma_2\zeta_1)] \end{aligned}$$

$$a_4 = B_1^2\chi_1\chi_2 + (\nu D_3\kappa_4 + \Gamma_2\varsigma_4 + \Gamma_2\zeta_2)(\nu D_3\kappa_3 + \Gamma_2\varsigma_3 + \Gamma_2\zeta_1)$$

颤振稳定性条件为：

$$\begin{aligned} & 4s^2B_2^2\lambda_3\lambda_4[(\kappa_1 - B_2\lambda_1)(D_2\xi_2 + D_3\kappa_2) + (\kappa_2 - B_2\lambda_2)(D_1\xi_1 + D_3\kappa_1)] \\ & + (\kappa_1 - B_2\lambda_1)(D_1\xi_1 + D_3\kappa_1)(D_2\xi_2 + D_3\kappa_2)^2 \\ & + (\kappa_2 - B_2\lambda_2)(D_1\xi_1 + D_3\kappa_1)^2(D_2\xi_2 + D_3\kappa_2) \\ & + 2s^2B_2D_3(\lambda_3\kappa_4 + \lambda_4\kappa_3)(\kappa_1 - B_2\lambda_1)(\kappa_2 - B_2\lambda_2) \\ & + B_1\chi_2(\kappa_1 - B_2\lambda_1)^2(D_2\xi_2 + D_3\kappa_2) + B_1\chi_1(\kappa_2 - B_2\lambda_2)^2(D_1\xi_1 + D_3\kappa_1) \\ & > -2sB_2(\kappa_1 - B_2\lambda_1)(\kappa_2 - B_2\lambda_2)[\lambda_3(\varsigma_4 + \zeta_2) + \lambda_4(\varsigma_3 + \zeta_1)]\Gamma_2 \end{aligned} \tag{7.66}$$

并且

$$\frac{b_2 + \sqrt{b_2^2 + b_1b_3}}{b_1} > \Gamma_1 \tag{7.67}$$

式中：

$$b_1 = s^6[(\kappa_1 - B_2\lambda_1)(D_2\xi_2 + D_3\kappa_2) + (\kappa_2 - B_2\lambda_2)(D_1\xi_1 + D_3\kappa_1)]^2(\varsigma_3 + \zeta_1)(\varsigma_4 + \zeta_2)$$

$$
\begin{aligned}
&+4s^3 B_2^2(\kappa_1-B_2\lambda_1)(\kappa_2-B_2\lambda_2)[\lambda_3(\varsigma_4+\zeta_2)+\lambda_4(\varsigma_3+\zeta_1)]^2\\
b_2 =&-s^2 B_2[\lambda_3(\varsigma_4+\zeta_2)+\lambda_4(\varsigma_3+\zeta_1)][4s^2 B_2^2\lambda_3\lambda_4(\kappa_1-B_2\lambda_1)(D_2\xi_2+D_3\kappa_2)\\
&+4s^2 B_2^2\lambda_3\lambda_4(\kappa_2-B_2\lambda_2)(D_1\xi_1+D_3\kappa_1)+(\kappa_1-B_2\lambda_1)(D_1\xi_1+D_3\kappa_1)(D_2\xi_2+D_3\kappa_2)^2\\
&+(\kappa_2-B_2\lambda_2)(D_1\xi_1+D_3\kappa_1)^2(D_2\xi_2+D_3\kappa_2)+2s^2 B_2 D_3(\lambda_3\kappa_4+\lambda_4\kappa_3)(\kappa_1-B_2\lambda_1)(\kappa_2-B_2\lambda_2)\\
&+B_1\chi_2(\kappa_1-B_2\lambda_1)^2(D_2\xi_2+D_3\kappa_2)+B_1\chi_1(\kappa_2-B_2\lambda_2)^2(D_1\xi_1+D_3\kappa_1)]\\
&+sB_2(\kappa_1-B_2\lambda_1)(\kappa_2-B_2\lambda_2)[\lambda_3(\varsigma_4+\zeta_2)+\lambda_4(\varsigma_3+\zeta_1)][sB_1\chi_2(D_1\xi_1+D_3\kappa_1)\\
&+sB_1\chi_1(D_2\xi_2+D_3\kappa_2)-2s^3 B_2 D_3(\lambda_3\kappa_4+\lambda_4\kappa_3)]\\
&-s^7 D_3[(\kappa_1-B_2\lambda_1)(D_2\xi_2+D_3\kappa_2)+(\kappa_2-B_2\lambda_2)(D_1\xi_1+D_3\kappa_1)]^2[\kappa_4(\varsigma_3+\zeta_1)\kappa_3(\varsigma_4+\zeta_2)]/2\\
b_3 =&[4s^2 B_2^2\lambda_3\lambda_4(\kappa_1-B_2\lambda_1)(D_2\xi_2+D_3\kappa_2)+4s^2 B_2^2\lambda_3\lambda_4(\kappa_2-B_2\lambda_2)(D_1\xi_1+D_3\kappa_1)\\
&+(\kappa_1-B_2\lambda_1)(D_1\xi_1+D_3\kappa_1)(D_2\xi_2+D_3\kappa_2)^2+(\kappa_2-B_2\lambda_2)(D_1\xi_1+D_3\kappa_1)^2(D_2\xi_2+D_3\kappa_2)\\
&+2s^2 B_2 D_3(\lambda_3\kappa_4+\lambda_4\kappa_3)(\kappa_1-B_2\lambda_1)(\kappa_2-B_2\lambda_2)+B_1\chi_2(\kappa_1-B_2\lambda_1)^2(D_2\xi_2+D_3\kappa_2)\\
&+B_1\chi_1(\kappa_2-B_2\lambda_2)^2(D_1\xi_1+D_3\kappa_1)][sB_1\chi_2(D_1\xi_1+D_3\kappa_1)+sB_1\chi_1(D_2\xi_2+D_3\kappa_2)\\
&-2s^3 B_2 D_3(\lambda_3\kappa_4+\lambda_4\kappa_3)]\\
&-s^6[(\kappa_1-B_2\lambda_1)(D_2\xi_2+D_3\kappa_2)+(\kappa_2-B_2\lambda_2)(D_1\xi_1+D_3\kappa_1)]^2[B_2^2\chi_1\chi_2+s^2 D_3^2\kappa_3\kappa_4]
\end{aligned}
$$

由式(7.66)和式(7.67)可知，与刚性轴的振动稳定性一样，柔性轴系颤振稳定性只与轴系刚度、阻尼和转动惯量比等系统参数有关。由于式(7.66)和式(7.67)比较复杂，所以难以求得稳定性边界的分析式。但是，当系统所有的阻尼都为零时，即 $D_1=D_2=D_3=0$($C_{ex2}=C_{ey}=C_{iv}=0$)，颤振稳定性条件永不满足，则自激颤振不稳定，继而由小振幅的自激颤振发展为强烈的自激振动。因此，阻尼对于抑制自激振动很重要。

在仅仅忽略内阻即 $C_{iv}=0$ 的条件下，可通过仿真得到颤振失稳边界，如图 7.3 所示。此时，结合具体的计算条件，分析图中的稳定性边界，可知：在轴系转速 $v<2$ 和转矩 $\Gamma_2<0.02$ 的工况下，柔性轴系颤振处于稳定状态；只有当轴系处于高转速或者大转矩工况下，颤振型失稳才会发生。因此，柔性使轴系自激振动的稳定性变差，颤振失稳只在高转速或者大转矩的运行工况下才会发生；输入转矩对系统自激振动稳定性有破坏作用，增大转矩导致颤振失稳区域变大。

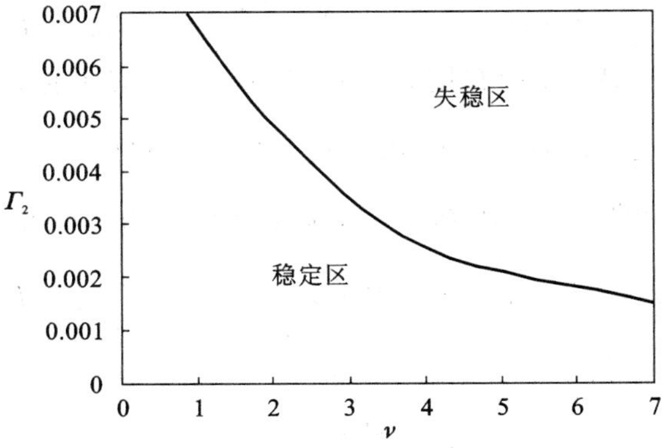

图 7.3　$C_{iv}=0$ 时颤振失稳边界

7.3.2 参数激励振动的稳定性

下面分析参数激励振动特性。对于参数变化系统，可以采用希尔无限行列式法分析振动的稳定性。为了获得参数激励振动系统，我们在方程(7.64)中保留所有左边的项，略去方程右边的强迫激励项，得到的参数激励振动方程如下：

$$\boldsymbol{MQ}''+\boldsymbol{CQ}'+\boldsymbol{KQ}+\Gamma_2(\boldsymbol{E}_1+\boldsymbol{E}_2\sin 2\nu\tau+\boldsymbol{E}_3\cos 2\nu\tau)\boldsymbol{Q}=0 \tag{7.68}$$

把对应的三角函数化成复数形式：

$$\boldsymbol{MQ}''+\boldsymbol{CQ}'+\boldsymbol{KQ}+\Gamma_2(\boldsymbol{E}_1+\boldsymbol{E}'_2\mathrm{e}^{\mathrm{j}2\nu\tau}+\boldsymbol{E}'_3\mathrm{e}^{-\mathrm{j}2\nu\tau})\boldsymbol{Q}=0 \tag{7.69}$$

式中 $\boldsymbol{M}$、$\boldsymbol{C}$、$\boldsymbol{K}$、$\boldsymbol{E}_1$、$\boldsymbol{Q}$ 同式(7.63)，而

$$\boldsymbol{E}'_2=\frac{1}{2}(\boldsymbol{E}_3-\mathrm{j}\boldsymbol{E}_2)=\frac{1}{2}\begin{bmatrix}-\mathrm{j}\varsigma_1 & -\varsigma_3\\ -\varsigma_4 & \mathrm{j}\varsigma_2\end{bmatrix},\boldsymbol{E}'_3=\frac{1}{2}(\boldsymbol{E}_3+\mathrm{j}\boldsymbol{E}_2)=\frac{1}{2}\begin{bmatrix}\mathrm{j}\varsigma_1 & -\varsigma_3\\ -\varsigma_4 & -\mathrm{j}\varsigma_2\end{bmatrix}$$

针对一阶截断，可以得到分析参数激励振动稳定性条件的 4×4 近似方程：

$$\begin{vmatrix}\boldsymbol{K}+\Gamma_2\boldsymbol{E}_1-(z-\nu)^2\boldsymbol{M}+\mathrm{j}(z-\nu)\boldsymbol{C} & \Gamma_2\boldsymbol{E}'_3\\ \Gamma_2\boldsymbol{E}'_2 & \boldsymbol{K}+\Gamma_2\boldsymbol{E}_1-(z+\nu)^2\boldsymbol{M}+\mathrm{j}(z+\nu)\boldsymbol{C}\end{vmatrix}=0 \tag{7.70}$$

对于二阶截断，参数激励振动稳定性由 8×8 近似方程决定：

$$\begin{vmatrix}\boldsymbol{K}+\Gamma_2\boldsymbol{E}_1-(z-3\nu)^2\boldsymbol{M}+\mathrm{j}(z-3\nu)\boldsymbol{C} & \Gamma_2\boldsymbol{E}'_3 & 0 & 0\\ \Gamma_2\boldsymbol{E}'_2 & \boldsymbol{K}+\Gamma_2\boldsymbol{E}_1-(z-\nu)^2\boldsymbol{M}+\mathrm{j}(z-\nu)\boldsymbol{C} & \Gamma_2\boldsymbol{E}'_3 & 0\\ 0 & \Gamma_2\boldsymbol{E}'_2 & \boldsymbol{K}+\Gamma_2\boldsymbol{E}_1-(z+\nu)^2\boldsymbol{M}+\mathrm{j}(z+\nu)\boldsymbol{C} & \Gamma_2\boldsymbol{E}'_3\\ 0 & 0 & \Gamma_2\boldsymbol{E}'_2 & \boldsymbol{K}+\Gamma_2\boldsymbol{E}_1-(z+3\nu)^2\boldsymbol{M}+\mathrm{j}(z+3\nu)\boldsymbol{C}\end{vmatrix}=0 \tag{7.71}$$

先来看看一阶截断时的参数激励共振情形。当主动轴转速 ω 接近固有频率 ω_{10} 时，轴系产生一阶主共振，其稳定性条件为：

$$\Gamma_2<\frac{2}{\varsigma_1}\sqrt{[B_1\chi_1-\nu^2(\kappa_1-B_2\lambda_2)]^2+\nu^2(D_1\xi_1+D_3\kappa_1)^2} \tag{7.72}$$

当主动轴转速 ω 接近另一个固有频率 ω_{20} 时，轴系产生二阶共振，其相应的稳定性条件为：

$$\Gamma_2<\frac{2}{\varsigma_2}\sqrt{[B_1\chi_2-\nu^2(\kappa_2-B_2\lambda_2)]^2+\nu^2(D_2\xi_2+D_3\kappa_2)^2} \tag{7.73}$$

当主动轴转速 ω 接近 $\frac{\omega_{10}+\omega_{20}}{2}$ 时，轴系产生和型共振，其相应的特征行列式为：

$$\begin{vmatrix}B_1\chi_2-(z-\nu)^2(\kappa_2-B_2\lambda_2)+\mathrm{j}(z-\nu)(D_2\xi_2+D_3\kappa_2) & \dfrac{-\Gamma_2\varsigma_3}{2}\\ \dfrac{-\Gamma_2\varsigma_4}{2} & B_1\chi_1-(z+\nu)^2(\kappa_1-B_2\lambda_1)+\mathrm{j}(z+\nu)(D_1\xi_1+D_3\kappa_1)\end{vmatrix}=0 \tag{7.74}$$

由式(7.74)，同样也可以确定和型参数激励共振的稳定性。

接着考察二阶伽辽金近似下的参数激励振动。二阶模态截断时，可以获得包括一阶形函数与二阶形函数在内的颤振近似方程，此时轴系将具有 4 个固有频率。对于含有固有频率 ω_{i0} ($i=1,2,3,4$)的参数激励振动，稳定性条件应采用 8×8 的近似特征方程。稳定性边界同样需要通过数值计算来确定。

将指定的模型参数代入式(7.70)，通过计算确定的轴系参数振动的稳定性边界曲线如图 7.4 所示。

从图 7.4 中可以看到，柔性轴振动的二阶伽辽金近似给出了更多的共振模式。包括：

(1)一阶截断的“刚性”模态下的主共振(ω_{10}与ω_{20})及其组合共振。它们分别位于 $\nu=\nu_{n1}=0.066$、$\nu=\nu_{n2}=0.12$、$\nu=(\nu_{n1}+\nu_{n2})/2=0.093$ 处。

(2)二阶截断下的柔性变形主共振区(ω_{30}与ω_{40})。这些区域位于 $\nu=\nu_{n3}=1.564$、$\nu=\nu_{n4}=1.568$ 附近。

(3)一阶刚性模态与二阶柔性模态组合共振区。它们位于 $\nu=(\nu_{n3}-\nu_{n2})/2=0.722$、$\nu=(\nu_{n3}-\nu_{n1})/2=0.749$、$\nu=(\nu_{n4}+\nu_{n1})/2=0.817$、$\nu=(\nu_{n4}+\nu_{n2})/2=0.844$ 附近。

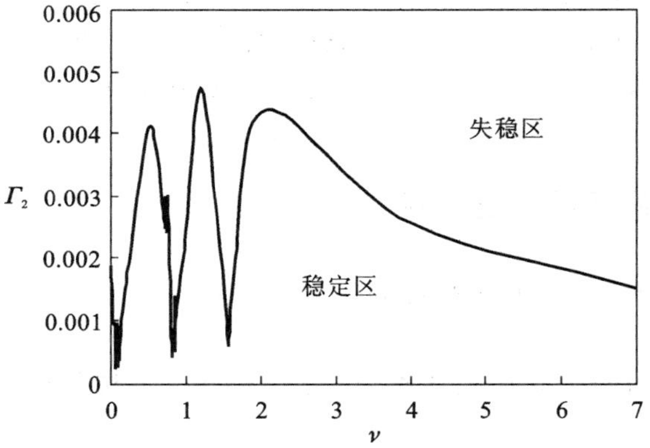

图 7.4 轴系参数振动的稳定性边界曲线

(二阶模态截断的振动系统)

除此之外，将图 7.4 与图 7.3 对比可以看出，利用二阶柔性模态截断计算的颤振失稳区域中，包括了由一阶模态截断获得的一阶振型的振动稳定性边界，并且二者的稳定结果相吻合。这不仅说明了二阶近似的精度，而且也说明一阶模态截断下的不含时间的自激颤振稳定性中，时间项对稳定性结果没有影响，从侧面验证了自激颤振的稳定性分析结果。

下面分析二阶柔性模态(ω_{30}与ω_{40})的主共振、组合共振以及一阶刚性模态与二阶柔性模态的组合共振特性。

二阶模态的两阶主共振频率分别为 $\nu_{n3}=1.564$、$\nu_{n4}=1.568$，组合共振频率为$\dfrac{\nu_{n3}+\nu_{n4}}{2}=1.566$。由于三者非常接近，它们几乎处于同一个共振区，将刚柔耦合的联合共振区放大，如图 7.5 所示，图中稳定性区域表明：

在 $\nu=(\nu_{n4}+\nu_{n1})/2=0.817$，$\nu=(\nu_{n4}+\nu_{n2})/2=0.844$ 处，发生和型共振，失稳曲线形状类似于刚性轴情形下的参数振动失稳边界；并且在 $\nu=(\nu_{n3}-\nu_{n2})/2=0.722$、$\nu=(\nu_{n3}-\nu_{n1})/2=0.749$处，由图 7.5 可知，不存在柔性模态的差型共振。

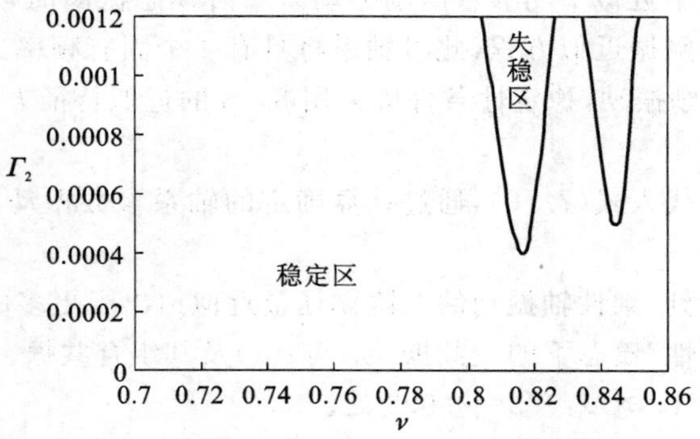

图 7.5 柔性轴系组合共振的稳定性(放大图)

支撑轴承的刚度和阻尼二者均对柔性轴系参数振动有稳定作用。可见,柔性对轴系参数稳定性的影响很大,柔性模型中会出现刚性模型中没有的失稳类型。柔性模型中,主共振失稳区的数目与模态截断阶数有关,由于考虑轴的弹性,使得轴振动系统有无限多个固有频率,截断阶数越高,失稳区域越多。一般地,低阶模态的振动幅值比高阶模态的幅值大,并且随着模态截断阶数的提高,振动方程复杂到无法分析的地步,所以一般取二至三阶模态即可。

7.3.3 轴向力矩作用下的强迫共振

算例中,柔性轴系可发生强迫共振的频率是 $\nu=\dfrac{\nu_{n1}}{2}=0.033$、$\nu=\dfrac{\nu_{n2}}{2}=0.060$、$\nu=\dfrac{\nu_{n3}}{2}=0.782$ 和 $\nu=\dfrac{\nu_{n4}}{2}=0.784$,其中前两个共振频率由一阶模态决定,后两个共振频率由二阶模态决定。这也说明:

(1)在不考虑转速波动惯性力而只考虑力矩波动的情况下,柔性轴产生偶数分频(1/2)的强迫共振条件。

(2)Rosenberg 在考虑无质量弹性轴的共振时,考虑运动波动时,给出的强迫共振条件是各向同性转子固有频率的奇数分频强迫共振条件。同时,在考虑力矩中的扭矩波动时,给出的是 1/2 亚谐波共振条件。

由于万向铰和轴系的偏斜角都将导致从动轴的转速波动和传递力矩波动,并且考虑载荷跟随力和力矩时激励成分更丰富,所以偏斜轴系通过强迫激励和参数激励,将产生各种可能的横向振动谐波成分,包括分频、倍频及其组合。下一节将结合系统强迫振动响应仿真来分析强迫振动。

7.3.4 内阻尼对稳定性的影响

前面的研究都没有考虑轴系材料内阻尼的影响,下面研究内阻尼对柔性轴系横向振动稳定性的影响规律。令内阻尼 $C_{iv}=0.01\text{N}/(\text{m}\cdot\text{s}^{-1})$ 和 $C_{iv}=0.04\text{N}/(\text{m}\cdot\text{s}^{-1})$,得到其稳定性边界如图 7.6 所示,图示表明:

(1)内阻尼由 0 增大到 0.01 时,参数振动失稳区域和颤振失稳区域都减小。

(2)当内阻尼由 0.01 增大到 0.04 时,参数振动失稳区域仍然减小,但颤振失稳区域不再一直减小,其变化情况随转速不同而不同。低转速时颤振失稳区域增大,高转速时颤振失稳区域减小。

(3)内阻尼增大使轴系参数稳定性变好,相对小的内阻尼才会使系统产生参数失稳,内阻尼增大到一定程度时参数失稳将不会在实际运行工况下发生。

(4)内阻尼增大对颤振稳定性的影响比较复杂,内阻尼小时,内阻尼增大对系统的颤振失稳有镇定作用,内阻尼大到某个临界值时,其对颤振稳定性的影响随轴系转速比升高而变化。系统低于临界转速情况下(低于轴系一阶固有频率)内阻尼增大导致颤振失稳区域减小;系统高于临界转速情况下,内阻尼增大使颤振失稳区域变大,使得轴系颤振稳定性变差。

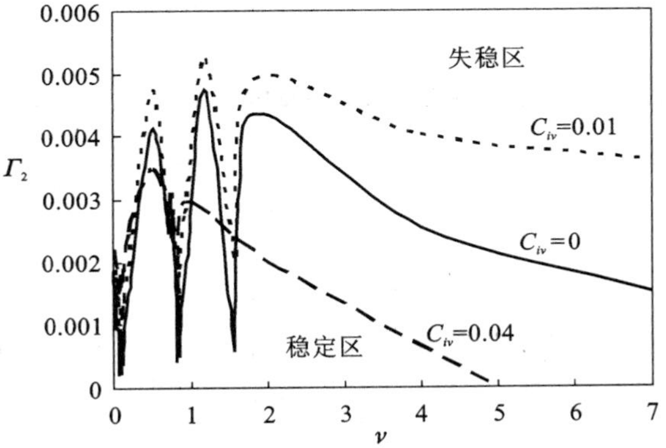

图 7.6 内阻尼对柔性轴系振动稳定性的影响

7.4 万向铰偏斜柔性轴系横向振动响应

为了验证万向铰传动柔性轴系稳定性分析的有关结论,根据上面给出的模型参数值代入振动方程,采用数值积分的方法直接对振动微分方程求解,得到参数平面上不同点对应的横向振动响应。由于两个方向上的横向振动响应 X 和 Y 特性在各向同性的假设下是一致的,因此只针对横向振动响应 X 进行分析讨论。需要注意的是,万向铰传动柔性轴系横向振动响应分析,一般来说都是关注从动轴中间点处($Z=1/2$)的弹性变形 $X(\tau,1/2)$。

首先研究颤振稳定区和不稳定区内对应点的自激振动响应。取某轴系实际运行工况所对应的最大转矩和最大转速,即 $\nu=2$,$\Gamma_2=0.002$,由图 7.3 可知,该点处于自激振动的稳定区内,其对应的轴系自激振动响应如图 7.7 所示,表明此时系统自激振动稳定。进一步增大转矩,取 $\nu=2$,$\Gamma_2=0.0045$,由图 7.3 可知,该点处于自激振动的非稳定区(颤振失稳)内,其对应的轴系自激振动响应如图 7.8 所示,振动响应随时间快速增大,系统失稳。响应与颤振稳定性分析的结论一致。

再来考察一阶模态截断的参数激励振动与稳定性。由上一节的分析可知,轴系的前两阶固有频率是由转轴的一阶形函数引起的,下面研究轴转速在一阶刚性模态固有频率附近的主共振响应以及由刚性模态引起的和型和差型组合共振响应。

第一阶固有频率附近的稳定点($\nu=\nu_{n1}=0.066$,$\Gamma_2=0.0002$)和失稳点($\nu=\nu_{n1}=0.066$,

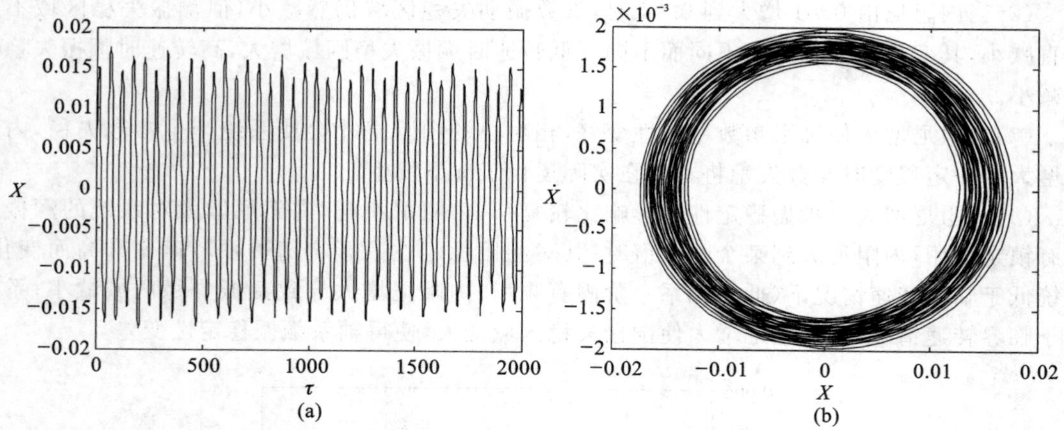

图 7.7　柔性轴稳定的自激弯曲振动($\nu=2,\Gamma_2=0.002$)

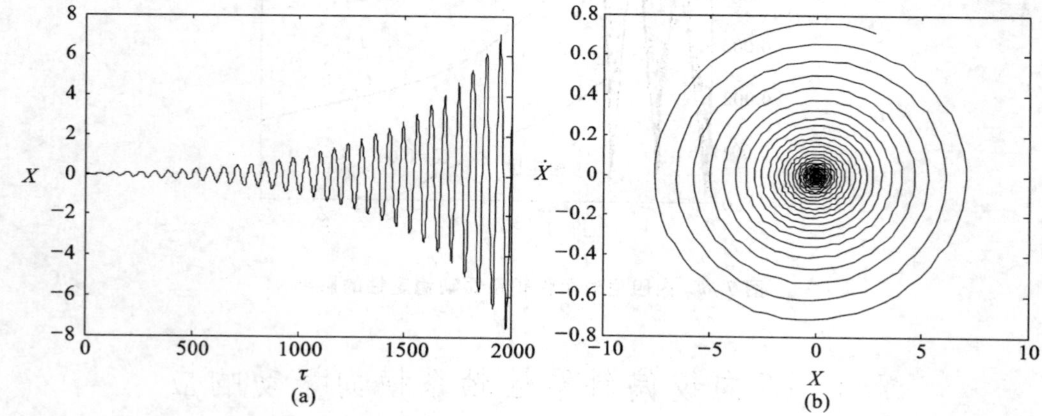

图 7.8　柔性轴的自激弯曲振动失稳($\nu=2,\Gamma_2=0.0045$)

$\Gamma_2=0.00035$)对应的参数激励振动响应分别如图 7.9 和图 7.10 所示。

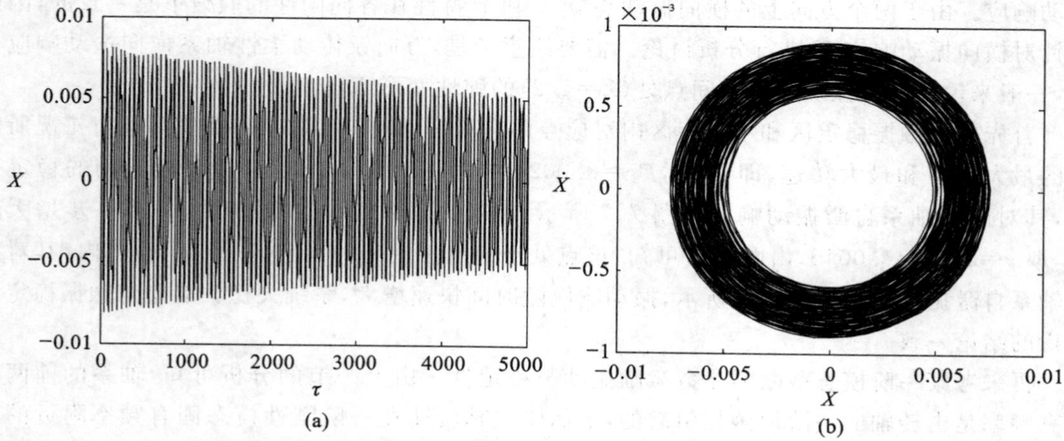

图 7.9　柔性轴稳定的参数激励主共振($\nu=0.066,\Gamma_2=0.0002$)

第二阶固有频率附近的稳定点($\nu=\nu_{n2}=0.12,\Gamma_2=0.0002$)和失稳点($\nu=\nu_{n2}=0.12,\Gamma_2=$

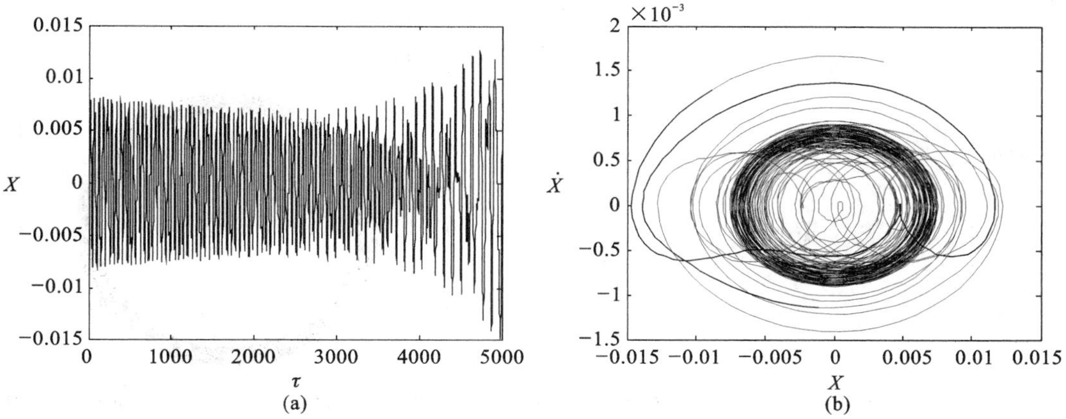

图 7.10　柔性轴在失稳边界附近的参数激励振动($\nu=0.066$，$\Gamma_2=0.00035$)

0.0005)对应的参激振动响应分别如图 7.11 和图 7.12 所示。

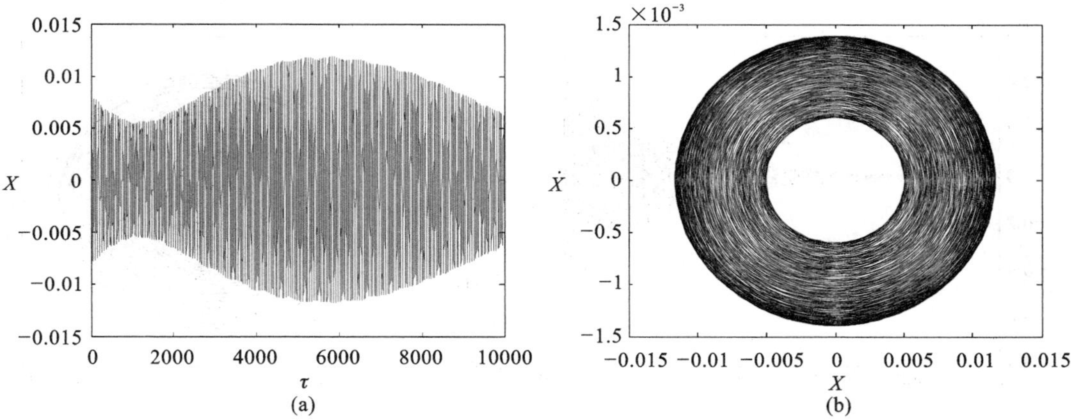

图 7.11　第二阶固有频率处稳定的参数激励振动($\nu=0.12$，$\Gamma_2=0.0002$)

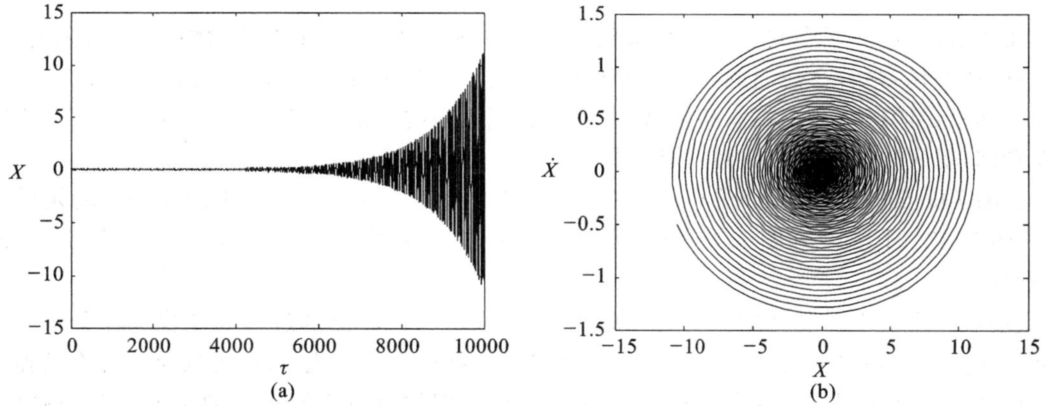

图 7.12　第二阶固有频率向参数激励共振失稳($\nu=0.12$，$\Gamma_2=0.0005$)

和型共振频率附近的稳定点处，参数激励振动响应如图 7.13 所示，失稳振动如图 7.14

所示。

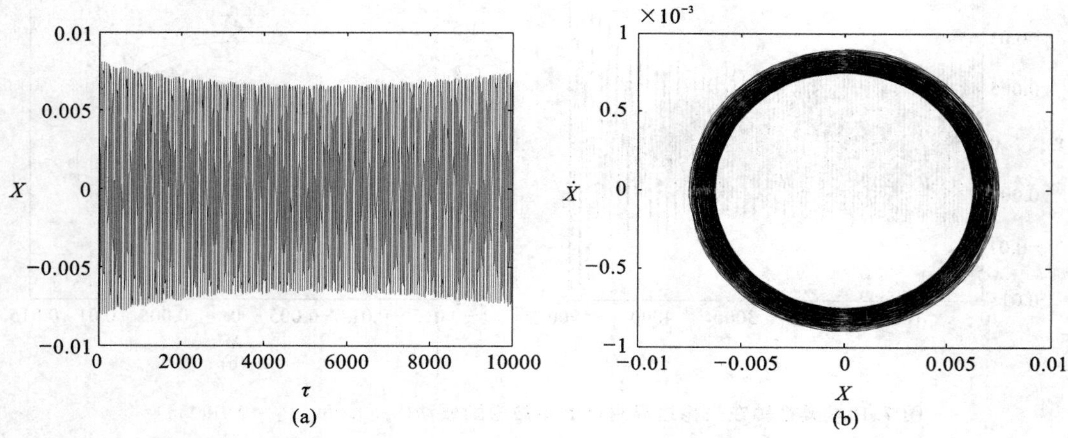

图 7.13 和型频率附近的稳定参数激励振动($\nu=0.093, \Gamma_2=0.0002$)

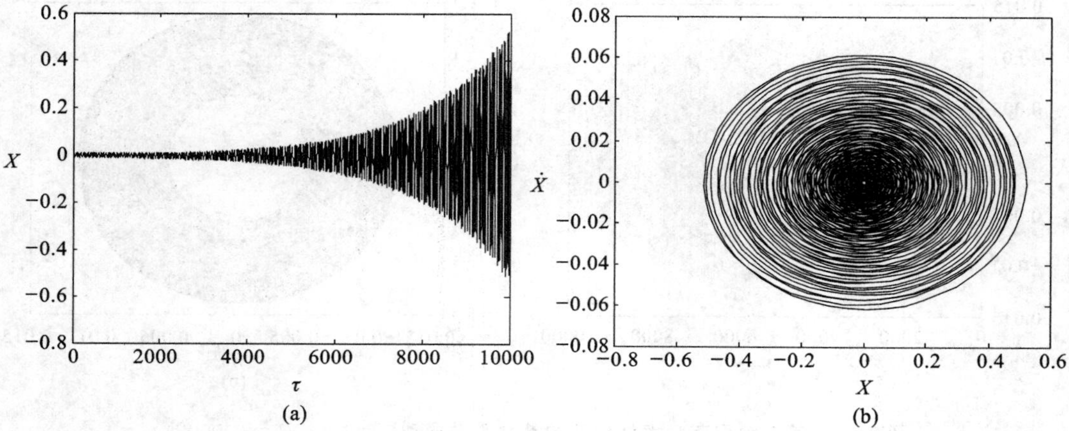

图 7.14 和型共振频率附近的参数激励共振失稳($\nu=0.093, \Gamma_2=0.0005$)

在数值仿真中,观察到了差型共振现象,在差型频率上,有稳定参数激励振动,且随着力矩增大,振动失稳,尽管在前面的稳定性分析中,忽略了该频率,但是它们应该对应于图 7.4 中低频处。其稳定的振动是振幅不断衰减的过程,直至很小的振幅,如图 7.15 所示。在图 7.16 中可以看到,增大转矩也可以导致振动失稳。

从图 7.9 至图 7.16 可以看出,图 7.9、图 7.11、图 7.13 和图 7.15 中的振动是稳定的,图 7.10、图 7.12、图 7.14 和图 7.16 中的振动是发散的,不稳定的,它们与图 7.4 的稳定性分析结果相符。

最后,考察一下二阶截断情况的共振情形,可采用同样的仿真过程验证稳定性分析结论,如果有共振产生,则稳定性会发生变化,或者我们通过稳定性变化,可以考察是否存在共振。

首先取计算模型承受的最大转矩 $\Gamma_2=0.002$,分别仿真对应转速下的系统参数激励振动响应时间历程和相平面轨迹。

由柔性模态引起的第三阶和第四阶主共振情形($\nu=\nu_{n3}=1.564$ 和 $\nu=\nu_{n4}=1.568$)中,第三

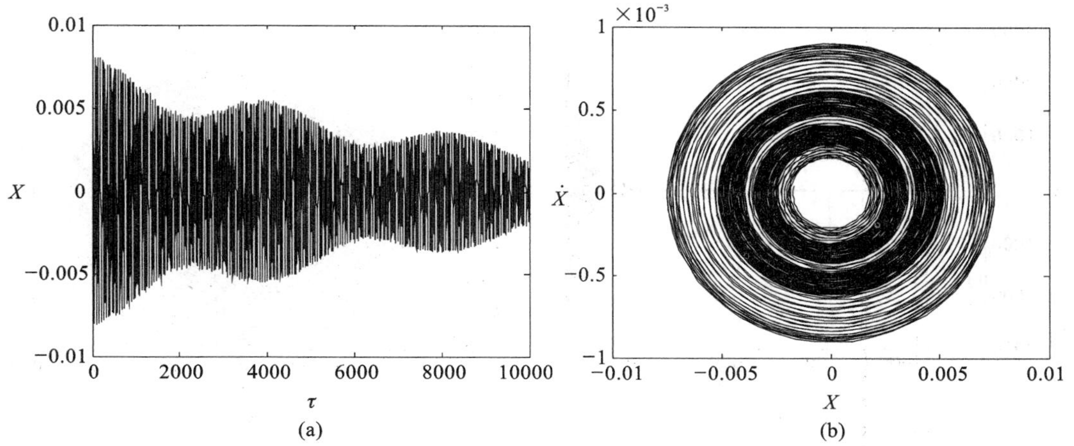

图 7.15 差型频率的参数激励振动响应($\nu=0.027,\Gamma_2=0.0002$)

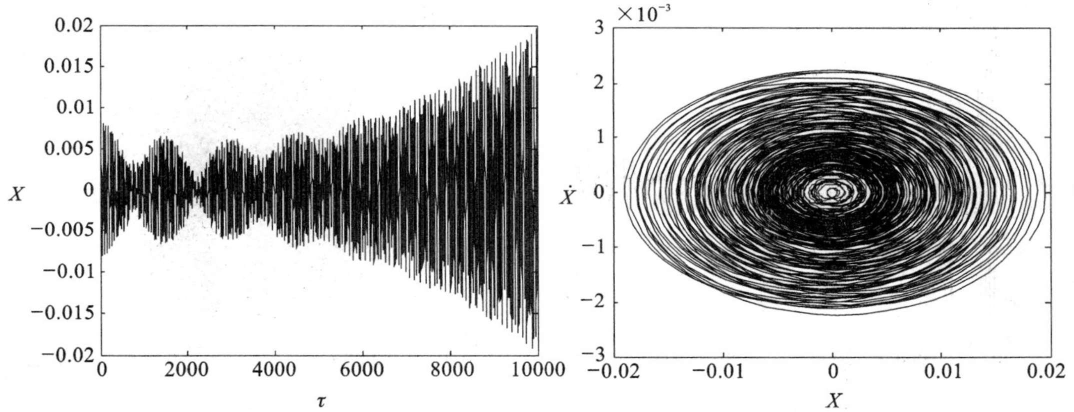

图 7.16 差型共振频率附近的振动失稳($\nu=0.027,\Gamma_2=0.0007$)

阶和第四阶固有频率十分接近，几乎重合，因此只分析其中一个固有频率附近的振动特性。第三阶主共振振动响应如图 7.17 所示。在刚柔组合共振情形中，差型振动($\nu=\dfrac{\nu_{n3}-\nu_{n2}}{2}=0.722$、$\nu=\dfrac{\nu_{n3}-\nu_{n1}}{2}=0.749$)振动响应如图 7.18 与图 7.19 所示，和型共振($\nu=\dfrac{\nu_{n4}+\nu_{n1}}{2}=0.817$ 和 $\nu=\dfrac{\nu_{n4}+\nu_{n2}}{2}=0.844$)振动响应如图 7.20 与图 7.21 所示。

如图 7.17 至图 7.21 所示，可见柔性模态主共振以及和型刚柔模态组合共振是可能发生失稳的，差型组合振动或者衰减，或者不存在失稳，因而无共振产生。

进一步研究在指定的小转矩工况下，柔性模态主共振和刚柔耦合的和型组合共振是否依然存在。取 $\Gamma_1=0.0004(T_0=0.3\text{N})$，振动响应时间历程和相平面轨迹如图 7.22 至图 7.24 所示。从图中可以看出，$\nu=0.817$ 和 $\nu=0.844$ 时，振动仍然是不稳定的，而 $\nu=1.564$ 时振动响应是有界的，系统趋向稳定。因此在小转矩工况下，刚柔耦合的和型组合共振仍然存在。

对于万向铰传动柔性偏斜轴系横向振动，当转轴转速接近轴系固有频率的 1/2 时会发生

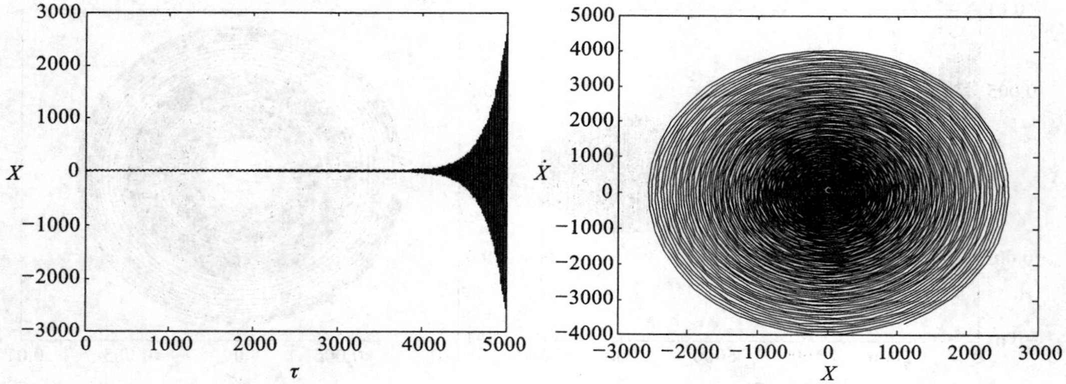

(a) (b)

图 7.17 第三阶主共振参数激励振动失稳(ν=1.564,Γ_2=0.002)

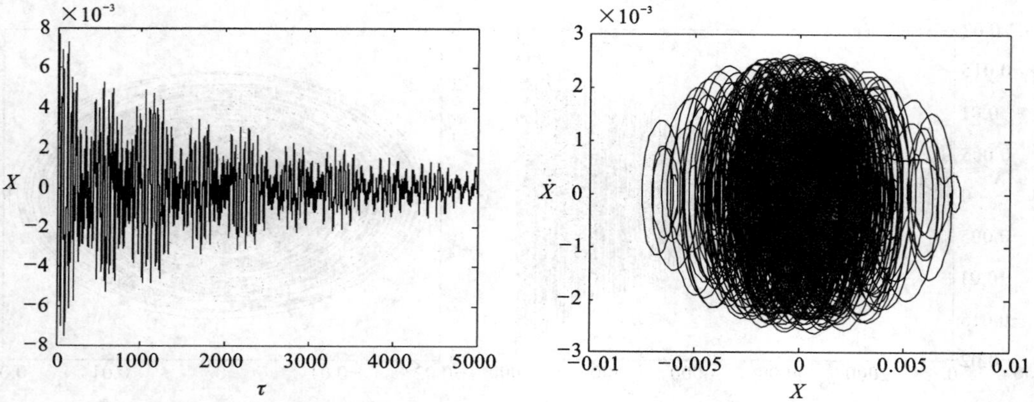

(a) (b)

图 7.18 刚柔第一种差型组合参数激励振动的衰减(ν=0.722,Γ_2=0.002)

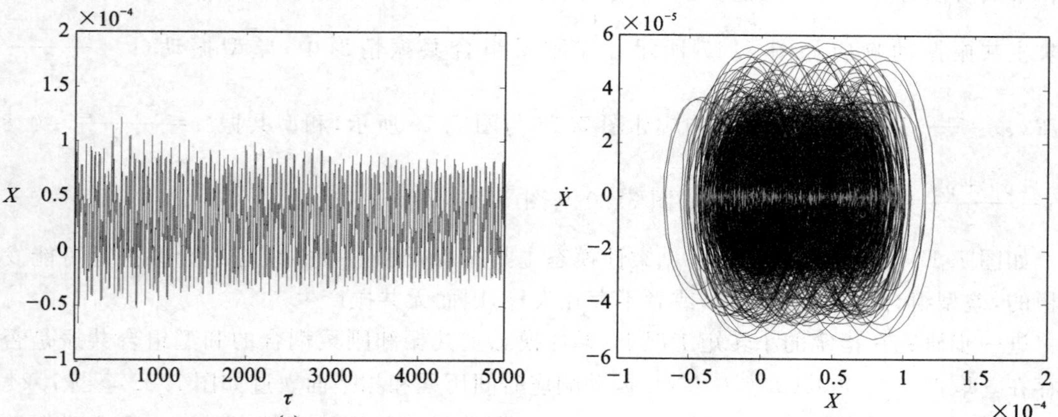

(a) (b)

图 7.19 刚柔第二种差型组合参数激励振动(ν=0.749,Γ_2=0.002)

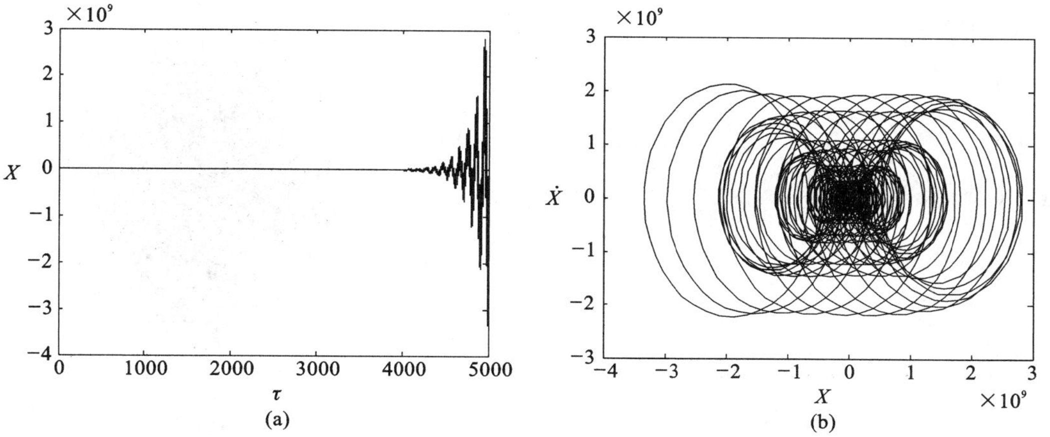

图 7.20　刚柔第一种和型组合参数激励共振的失稳($\nu=0.817$，$\Gamma_2=0.002$)

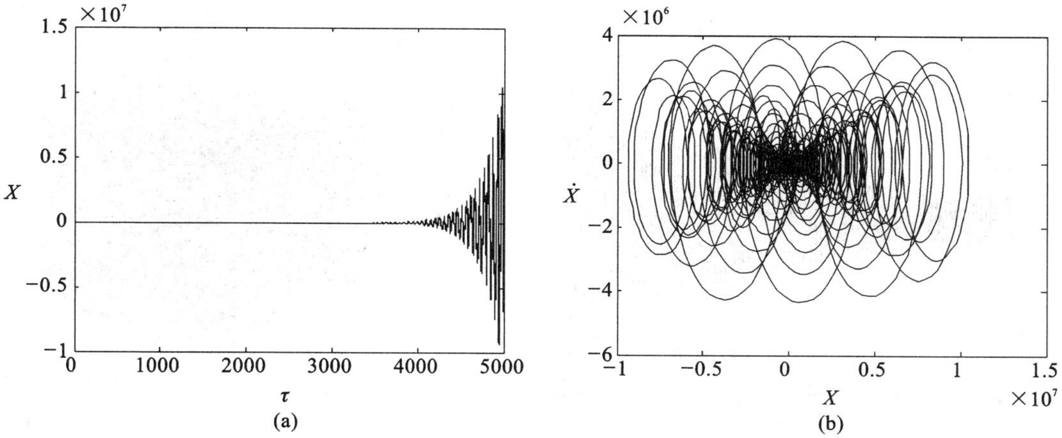

图 7.21　刚柔第二种和型组合参数激励共振的失稳($\nu=0.844$，$\Gamma_2=0.002$)

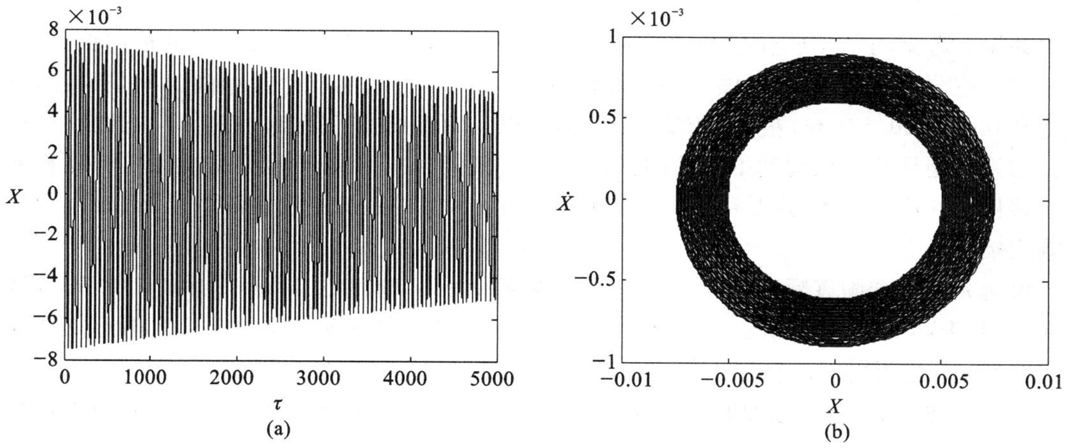

图 7.22　第四阶参数激励振动的稳定响应($\nu=1.564$，$\Gamma_2=0.0004$)

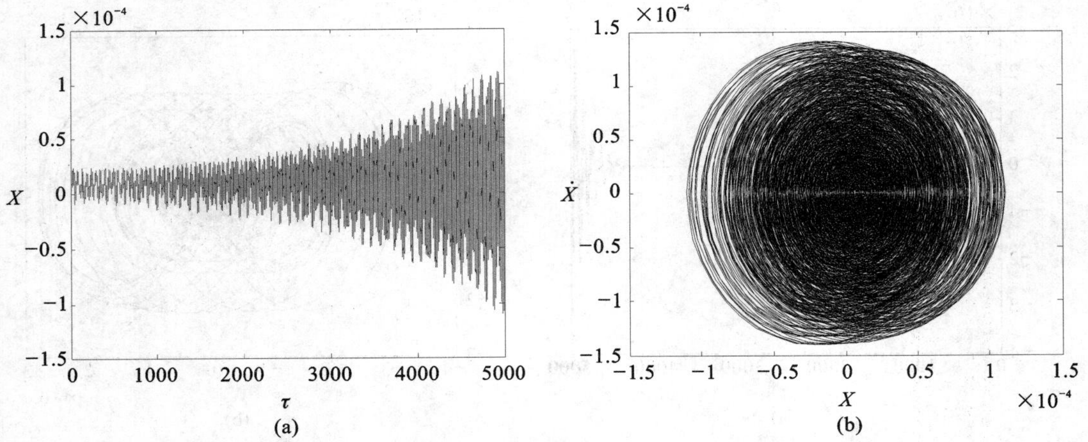

图 7.23 刚柔第一种和型组合参数激励共振的失稳(ν=0.817,Γ_2=0.0004)

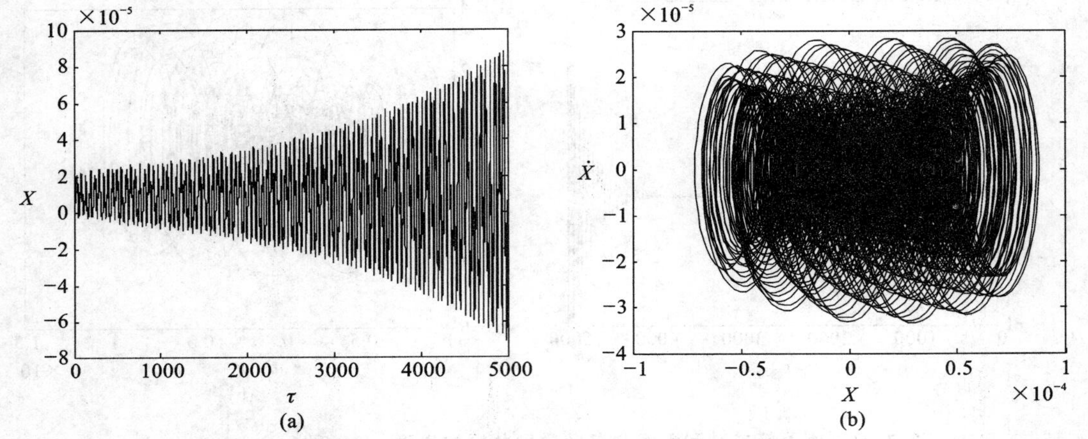

图 7.24 刚柔第二种和型组合参数激励共振的失稳(ν=0.844,Γ_2=0.0004)

强迫共振。考察两个参数点(ν=0.06,Γ_2=0.0004)和(ν=0.06,Γ_2=0.002)的横向振动响应,其振动响应分别如图 7.25 和图 7.26 所示。图 7.25 中,振动响应值开始随时间呈线性增长,当达到 0.0015(0.69mm)左右开始趋于稳定,可以认为此点是稳定点。在同样参数条件下,用刚性轴系模型计算得从动轴中点处的横向振动位移仅为 0.28mm[2],可见柔性模型计算的振动位移比刚性模型的大,这是由于考虑了转轴的柔性,使得系统刚度矩阵的系数减小,导致振动响应幅值变大。

再研究另一个固有频率 1/2 处的两个参数点(ν=0.033,Γ_2=0.0004)和(ν=0.033,Γ_2=0.002),其振动响应分别如图 7.27 和图 7.28 所示。图中结果表明,ν=0.033 附近的振动特性与 ν=0.06 附近的振动特性类似。

综合上述情况,当考虑轴的柔性时,只要转矩足够大,在所有固有频率的 1/2 附近都会发生强迫共振。

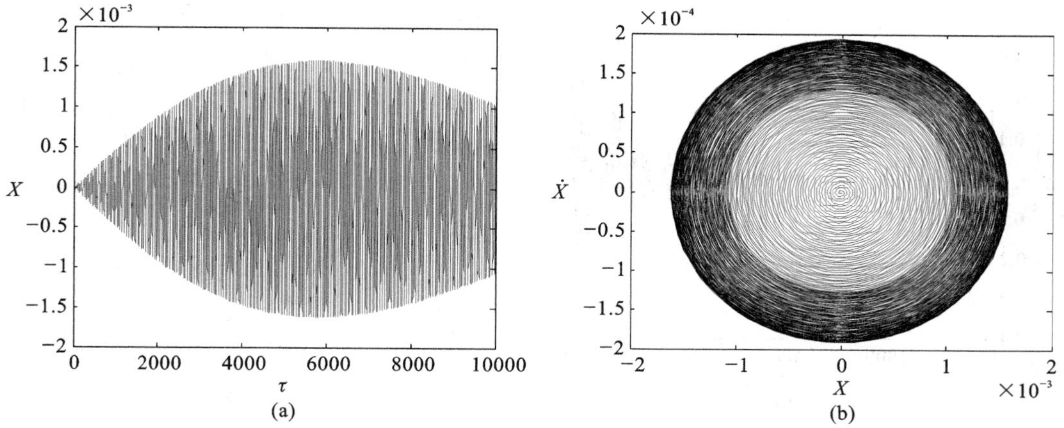

图 7.25　万向铰驱动轴的弯曲强迫振动($\nu=0.06, \Gamma_2=0.0004$)

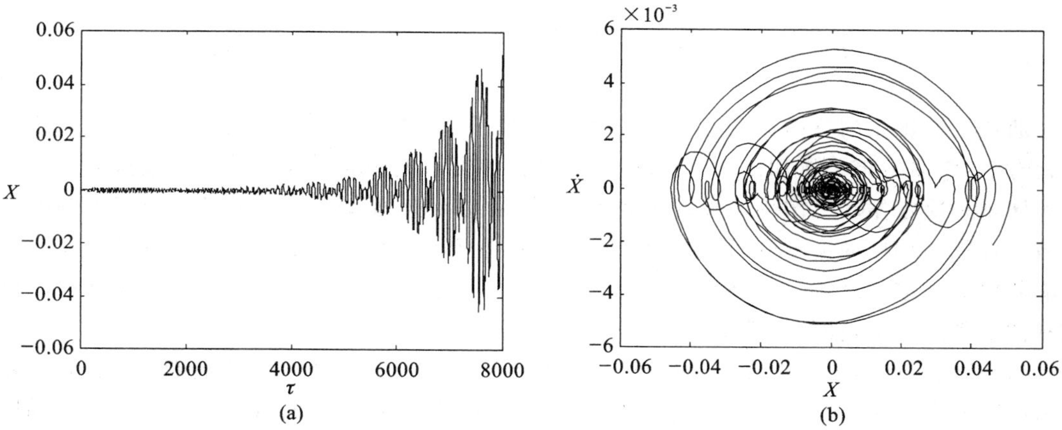

图 7.26　万向铰驱动轴的弯曲强迫振动($\nu=0.06, \Gamma_2=0.002$)

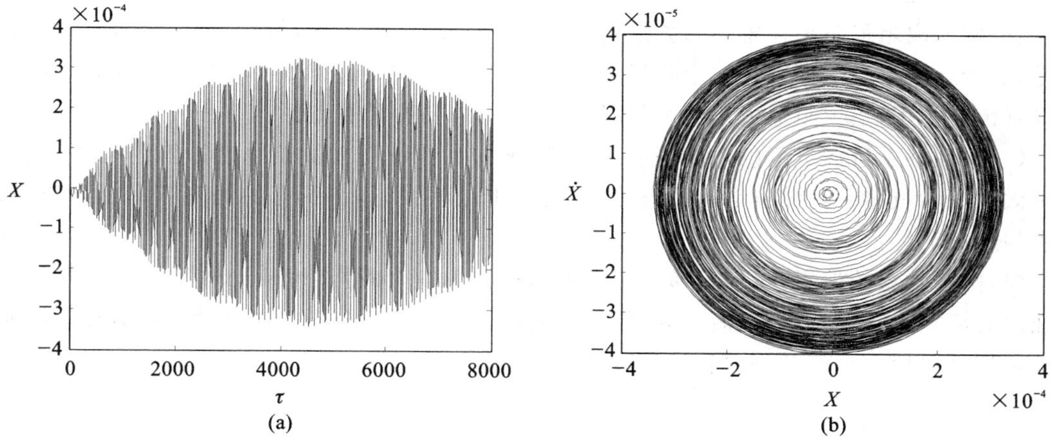

图 7.27　柔性模型横向强迫振动($\nu=0.033, \Gamma_2=0.0004$)

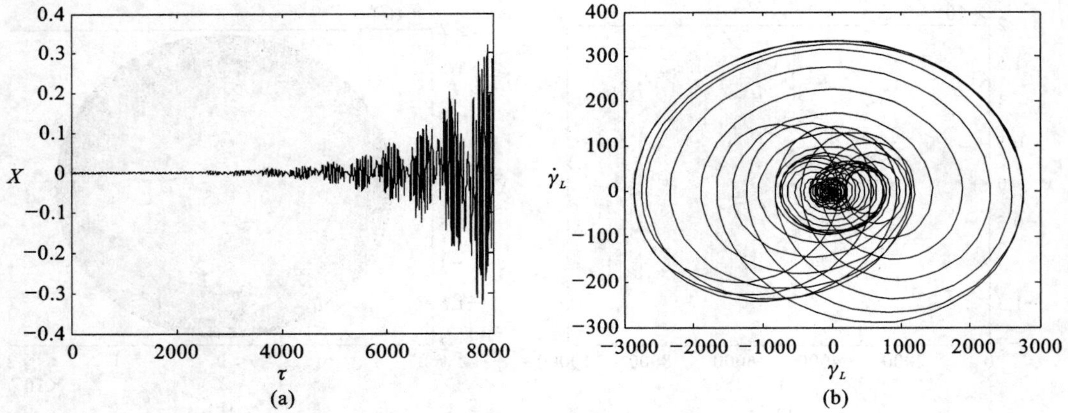

图 7.28 柔性模型横向强迫振动(ν=0.033,Γ_2=0.002)

7.5 偏斜柔性轴系的弯曲振动特征

通过柔性轴系的弯曲振动与稳定性分析,可以看到,柔性轴系在万向铰或偏斜因素的驱动下,会产生弯曲力矩矢量和复杂的振动激励,并产生复杂的组合共振条件和谐波振动,阻尼、转速和转矩是决定振动稳定性边界的主要因素,其中高转速、驱动力矩与载荷力矩将扩展不稳定区域。在刚性轴横向振动分析中,我们看到,轴承位置与万向铰中心的距离以及轴承弹簧刚度影响共振的稳定性区域,并且和型共振的稳定性边界还受到从动轴的转动惯量的影响。相比于刚性轴系的振动,轴的弹性增加了如下振动特征:

(1)轴的柔性增加了振动失稳区域。我们看到,仅取 2 阶以上伽辽金近似时,增加了柔性模态产生的主共振失稳区和刚柔耦合的组合共振失稳区。可以推断,取更高阶伽辽金近似时,会看到更多数目的共振失稳区。这说明在偏斜因素与轴系的弹性共同作用下,轴的弯曲振动谐波有多种可能的组合。

(2)增大内阻尼对柔性轴系参数激励振动具有镇定作用,内阻尼越大,参数失稳区域越小。但是,对于轴系自激颤振存在一个临界阻尼值,当内阻尼低于这个值时,增大内阻尼对自激振动具有镇定作用;当内阻尼大于这个值时,反而会破坏颤振的稳定性。

(3)柔性轴系过渡过程的振动响应表明,转轴的柔性使得无量纲刚度矩阵的系数变小,产生更大的振动位移。且数值案例调查显示,当转矩足够大时,在所有的固有频率 1/2 处,都会发生强迫振动。

(4)由于轴系的偏斜,包括传递力矩在内的轴向力矩,使得柔性从动轴发生 1/2 等偶数分频强迫共振,并产生 1/2 亚谐波共振;转速波动使其发生奇数分频强迫振动。偏斜轴系的横向振动响应将包括各种倍频、分频、组合频率的谐波成分。

参考文献

[1] 冯昌林.加速度冲击下万向铰轴系的过渡过程动力学特性研究[D].武汉:海军工程大

学,2011.
[2] 陆佑方,王彬.多柔体系统动力学[M].北京:高等教育出版社,1994.
[3] IWATSUBO T. Stability Problems of Rotor Systems[J]. The Shock and Vibration Digest,1983,15(8):13-24.
[4] MAZZEI A J. Dynamic Stability of a Flexible Spring Mounted Shafts Driven through a Universal Joint[D]. Michigan:the University of Michigan,1998.
[5]BURDESS J S. The Vibration and Stability of Laterally Flexible Shafts Driven and Supported by Hooke's Joints[C]. Proceedings of the 1974 Congress of the International Union of Theoretical and Applied Mechanics,Lyngby,Denmark,1975:103-127.
[6] 章璟璇.柔性转子动平衡及转子动力特性的研究[D].南京:南京航空航天大学,2005.
[7] 邓旺群.航空发动机柔性转子动力特性及高速动平衡试验研究[D].南京:南京航空航天大学,2006.
[8] CHILDS D W. A Simulation Model for Flexible Rotating Equipment[J]. Journal of Engineering for Industry,1972(2):201-209.
[9] KIRK R G,GUNTER E J. The Effect of Support Flexibility and Damping On the Synchronous Response of a Single-Mass Flexible Rotor[J]. Journal of Engineering for Industry,1972(2):221-232.
[10] 张伟,陈予恕.含有参数激励非线性动力系统的现代理论的发展[J].力学进展,1998,128(1):1-14.
[11] LUND J W,ORCUTT F K. Calculations and Experiments on the Unbalance of a Flexible Rotor[J]. Journal of Engineering for Industry,1967,89(4):785-796.

8 万向铰驱动轴的扭转弯曲耦合振动特性

万向铰驱动线中，主动轴的力矩通过偏斜角度给从动轴施加三个方向的力矩分量，沿着轴线的分量为扭矩，其他两个分量将直接使轴产生弯曲。不仅如此，当轴末端诸如螺旋桨一类负载变化时，或者承受流体等外力冲击的作用时，跟随力矩也在从动轴上施加三个方向上的力矩。除此之外，轴在加速或减速的过渡工况下，由于轴系偏斜的作用，运动及其波动将通过惯性轴或质量圆盘在各个方向上产生惯性力和惯性力矩，这也说明转动与弯曲之间会存在耦合关系。事实上，我们已经意识到，即使是万向铰传递的扭矩发生变化，也能激励起轴的弯曲振动，扭转振动系统与横向弯曲振动系统在固有特性方面存在耦合关系，例如，当转轴的扭转固有频率和横向固有频率接近时，扭转振动与横向振动将相互激发共振。因而，偏斜轴系的弯曲与扭转耦合振动，需要一起考虑。

在单纯的扭转或弯曲振动中，我们看到了振动模型和分析过程的复杂性，现在将它们耦合起来考虑，情况更难分析。因此，采用数值计算的方式求解耦合振动特性是必然的选择。在前面的几章中，我们讨论过过渡工况的动力学模型，但是在共振和稳定性分析中，我们又不得不进行简化，所以分析的都是假定匀速转动的振动情形。耦合系统动力学模型本身比较复杂，可考虑利用数值方法同时考察耦合系统在过渡工况和匀速转动时的振动特性。轴系振动研究中，考虑机器运转的过渡过程有特殊的意义，这是因为转子的动平衡等需要测试机器启动和停机过程的振动数据，以掌握全转速的振动规律。将横向振动与扭转振动耦合起来考虑，也有技术意义，这是因为它让人们可以从联合振动特征的角度判别机器的状况。

本章分析过渡过程中万向铰传动轴系的横扭耦合振动特性。将传动系统从动轴视为弯曲刚性、扭转柔性的轴，用一对投影平面上的动态偏斜角表示从动轴的横向振动，考虑从动轴圆盘处的扭转，用拉格朗日法推导偏斜轴系过渡过程的耦合振动方程。通过数值仿真分析加速条件下轴系的耦合振动特性随参数的变化规律。

8.1 万向铰轴系横扭耦合振动物理模型

考虑万向铰轴系的横扭耦合振动，如图 8.1 所示，假定：

(1)主动轴弯曲和扭转都是刚性的，从动轴具有弯曲刚性和扭转柔性，二者通过万向铰十字轴铰接在一起。

(2)从动轴中间带一圆盘，末端以轴承支撑，轴向的跟随负载转矩为 T_L，从动轴对称的横向转动惯量为 J_{Ls}，极向转动惯量为 J_{Ps}。

(3)圆盘的横向转动惯量为 J_{Ld}，极向转动惯量为 J_{Pd}。

(4)主动轴转角为 θ_1，从动轴转角为 θ_2。用主动轴和从动轴间的轴夹角在相互垂直的两个平面上的投影表示万向铰的静态偏斜，分别用 δ 和 υ 表示；同样用一对动态的投影角 δ_L 和 υ_L 表示从动轴的横向振动位移。

图 8.1 和图 8.2 分别给出了上述假设条件下万向铰轴系的横扭耦合振动物理模型在两个平面上的投影。其中振体的惯性为圆盘转动惯量以及轴系本身的等价转动惯量之和；弹性主要来源于轴的扭转刚度和支撑轴承处弹簧的横向刚度。阻尼则包含了轴系材料的内阻、载荷的阻力等复杂因素，通常情况下，材料的横向内阻可以忽略，而载荷的阻力中，仅考虑支撑轴系的轴承阻力形成的横向黏性阻尼，因此系统阻尼由支撑轴承的横向黏性阻尼和轴系材料的扭转内阻尼组成。

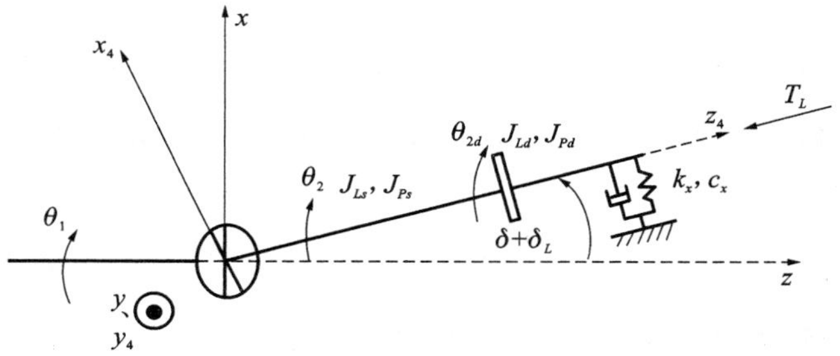

图 8.1 从动轴的 xz 平面投影

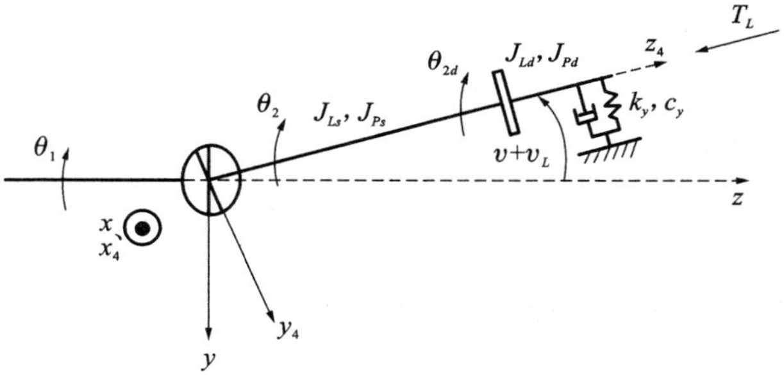

图 8.2 从动轴的 yz 平面投影

横扭耦合振动系统是三自由度的振动系统，三个独立的广义坐标分别选为横向振动投影角 δ_L、υ_L 以及扭转角 ϕ_d。进一步考虑主动轴角加速度，建立加速度冲击下万向铰轴系的横扭耦合振动数学模型，并由此模型研究系统过渡过程的横扭耦合振动特性。

8.2 万向铰轴系过渡过程横扭耦合振动微分方程

横向振动将引起万向铰处的动态偏斜，从而影响轴系的总体偏斜程度；而偏斜通过运动波动引起轴的扭转振动，这是轴系表现出横扭耦合振动的原因。用 δ_L 和 υ_L 表示横向振动引起的动态偏斜，用 δ 和 υ 表示万向铰静态偏斜，则根据第 4 章的运动分析，从动轴与主动轴之间有如下运动约束关系：

$$\theta_2 = \theta_1 + \frac{\sin 2\theta_1}{4}[(\delta+\delta_L)^2 - (\upsilon+\upsilon_L)^2] - \frac{\cos 2\theta_1}{2}(\delta+\delta_L)(\upsilon+\upsilon_L) + \frac{1}{2}(\upsilon\delta_L + \delta\upsilon_L) \tag{8.1}$$

在考虑主动轴加速转动的条件下，对运动约束方程求导得到由万向铰偏斜（静态偏斜和动态偏斜）表示的角速度和角加速度的约束关系如下：

$$\begin{aligned}\dot\theta_2 =& \dot\theta_1 + \frac{\dot\theta_1}{2}\cos 2\theta_1[(\delta+\delta_L)^2 - (\upsilon+\upsilon_L)^2] + \dot\theta_1\sin 2\theta_1(\delta+\delta_L)(\upsilon+\upsilon_L) + \frac{1}{2}(\upsilon\dot\delta_L - \delta\dot\upsilon_L)\\ &+ \frac{\sin 2\theta_1}{2}[(\delta+\delta_L)\dot\delta_L - (\upsilon+\upsilon_L)\dot\upsilon_L] - \frac{\cos 2\theta_1}{2}[(\upsilon+\upsilon_L)\dot\delta_L + (\delta+\delta_L)\dot\upsilon_L]\end{aligned} \tag{8.2}$$

$$\begin{aligned}\ddot\theta_2 =& \ddot\theta_1 + \ddot\theta_1\frac{\cos 2\theta_1}{2}(\delta^2 - \upsilon^2 + 2\delta\delta_L - 2\upsilon\upsilon_L) + \ddot\theta_1\sin 2\theta_1(\upsilon\delta + \upsilon\delta_L + \delta\upsilon_L)\\ &- \dot\theta_1^2\sin 2\theta_1(\delta^2 - \upsilon^2 + 2\delta\delta_L - 2\upsilon\upsilon_L) + \dot\theta_1^2 2\cos 2\theta_1(\upsilon\delta + \upsilon\delta_L + \delta\upsilon_L)\\ &+ \dot\theta_1 2\cos 2\theta_1(\delta\dot\delta_L - \upsilon\dot\upsilon_L) + \dot\theta_1 2\sin 2\theta_1(\upsilon\dot\delta_L + \delta\dot\upsilon_L)\\ &+ \frac{1}{2}(\upsilon\ddot\delta_L - \delta\ddot\upsilon_L) + \frac{\sin 2\theta_1}{2}(\delta\ddot\delta_L - \upsilon\ddot\upsilon_L) - \frac{\cos 2\theta_1}{2}(\upsilon\ddot\delta_L + \delta\ddot\upsilon_L)\end{aligned} \tag{8.3}$$

由于圆盘的极向转动惯量远大于轴的极向转动惯量，所以认为轴系的扭转变形只在圆盘处发生。用 ϕ_{2d} 表示圆盘处的扭转角，此扭转角由两部分组成，一是负载力矩导致的静态扭转角，二是振动导致的动态扭转角，即有 $\phi_{2d}=\frac{T_L}{k_\phi}+\phi_d$，其中 k_ϕ 表示从动轴与圆盘组成的系统的扭转刚度，则圆盘处的转角为：

$$\theta_{2d} = \theta_2(\theta_1, \upsilon_L, \delta_L, \upsilon, \delta) + \phi_{2d} \tag{8.4}$$

转动速度和加速度分别为：

$$\dot\theta_{2d} = \dot\theta_2(\theta_1, \upsilon_L, \delta_L, \upsilon, \delta) + \dot\varphi_{2d} \tag{8.5}$$

$$\ddot\theta_{2d} = \ddot\theta_2(\theta_1, \upsilon_L, \delta_L, \upsilon, \delta) + \ddot\varphi_{2d} \tag{8.6}$$

圆盘处的绝对转动速度在 $x_4y_4z_4$ 坐标系上可表示为：

$$\boldsymbol{\omega}_d = [\dot\theta_{2d} + \frac{1}{2}(\dot\delta_L\upsilon_L - \dot\upsilon_L\delta_L)]\boldsymbol{x}_4 + (\dot\delta_L\sin\theta_{2d} - \dot\upsilon_L\cos\theta_{2d})\boldsymbol{y}_4 + (\dot\upsilon_L\sin\theta_{2d} + \dot\delta_L\cos\theta_{2d})\boldsymbol{z}_4 \tag{8.7}$$

下面应用 Lagrange 方程建立系统的微分方程。以从动轴和圆盘为对象，系统的动能为：

$$T = \frac{J_L}{2}(\dot\delta_L^2 + \dot\upsilon_L^2) + \frac{J_P}{2}[\dot\theta_{2d}^2 + \dot\theta_{2d}(\upsilon_L\dot\delta_L - \dot\upsilon_L\delta_L)] \tag{8.8}$$

式中，$J_L=J_{Ls}+J_{Ld}+m_dL_d^2$，$J_P=J_{Ps}+J_{Pd}$，$J_{Ls}$、$J_{Ps}$ 和 J_{Ld}、J_{Pd} 分别表示从动轴和圆盘的横向、极向转动惯量。

在横扭耦合系统中，同样将轴承处理为互相垂直的两对弹簧与阻尼器，如图 8.1、图 8.2 所示，其中沿 x_4 轴方向弹簧刚度系数为 k_x、阻尼器阻尼系数为 c_x，沿 y_4 轴方向弹簧刚度系数为 k_y、阻尼器阻尼系数为 c_y；将横扭耦合系统扭转内阻尼系数记为 c_ϕ。

系统势能等于支撑轴承弹簧的弹性势能与轴系的扭转弹性势能之和，选取系统静平衡位置为零势能点，则系统势能为：

$$U=\frac{k_\phi}{2}\phi_{2d}^2+\frac{k_xL^2}{2}\delta_L^2+\frac{k_yL^2}{2}\upsilon_L^2 \tag{8.9}$$

系统所受的非保守力主要是广义阻尼力和负载力矩产生的广义力，其中阻尼力包括支撑轴承的阻尼以及轴系的扭转阻尼，用瑞利（Rayleigh）耗散函数表示阻尼产生的系统能量耗散：

$$D=\frac{1}{2}(c_xL^2\dot{\delta}_L^2+c_yL^2\dot{\upsilon}_L^2+c_\phi\dot{\phi}_{2d}^2) \tag{8.10}$$

负载力矩产生的广义力则为：

$$Q_{T_L}=-T_L\frac{\partial(\boldsymbol{\omega}_d\cdot\boldsymbol{x}_4)}{\partial\dot{\boldsymbol{q}}} \tag{8.11}$$

式中

$$\boldsymbol{q}=[\delta_L\quad \upsilon_L\quad \phi_{2d}]^{\mathrm{T}} \tag{8.12}$$

描述系统同时具有保守力和非保守力的一般形式的 Lagrange 方程为：

$$\frac{\mathrm{d}}{\mathrm{d}t}\left(\frac{\partial T}{\partial\dot{q}_j}\right)-\frac{\partial T}{\partial q_j}+\frac{\partial U}{\partial q_j}+\frac{\partial D}{\partial\dot{q}_j}=Q_{T_L},j=1,2,3 \tag{8.13}$$

则由 Lagrange 方程得到系统运动方程如下：

$$\begin{bmatrix}J_L&0&0\\0&J_L&0\\0&0&0\end{bmatrix}\ddot{\boldsymbol{q}}+\begin{bmatrix}c_xL^2&J_P\dot{\theta}_{2d}&0\\-J_P\dot{\theta}_{2d}&c_yL^2&0\\0&0&c_\phi\end{bmatrix}\dot{\boldsymbol{q}}+\begin{bmatrix}k_xL^2&0&0\\0&k_yL^2&0\\0&0&k_\phi\end{bmatrix}\boldsymbol{q}$$

$$+(J_L\ddot{\theta}_{2d}+T_L)\begin{bmatrix}\dfrac{\partial\dot{\theta}_{2d}}{\partial\dot{\upsilon}_L}+\dfrac{\upsilon_L}{2}\\\dfrac{\partial\dot{\theta}_{2d}}{\partial\dot{\delta}_L}-\dfrac{\delta_L}{2}\\1\end{bmatrix}+\frac{J_L}{2}(\upsilon_L\ddot{\delta}_L-\ddot{\upsilon}_L\delta_L)\begin{bmatrix}\dfrac{\partial\dot{\theta}_{2d}}{\partial\dot{\delta}_L}\\\dfrac{\partial\dot{\theta}_{2d}}{\partial\dot{\upsilon}_L}\\1\end{bmatrix}=0 \tag{8.14}$$

将运动约束方程代入式(8.14)，令 $\bar{c}_x=\dfrac{c_xL^2}{J_L}$，$\bar{c}_y=\dfrac{c_yL^2}{J_L}$，$\bar{c}_\phi=\dfrac{c_\phi}{J_L}$，$\eta=\dfrac{J_L}{J_P}$，$\omega_x^2=\dfrac{k_xL^2}{J_L}$，$\omega_y^2=\dfrac{k_yL^2}{J_L}$，$\omega_\phi^2=\dfrac{k_\phi}{J_P}$，$\Gamma_3=\dfrac{T_L}{2J_L}$得到：

$$\begin{aligned}&\ddot{\delta}_L+\ddot{\phi}_d\left(\frac{1}{2}\eta\upsilon+\frac{1}{2}\eta\delta\sin2\theta_1-\frac{1}{2}\eta\upsilon\cos2\theta_1\right)+\dot{\delta}_L\bar{c}_x+\dot{\upsilon}_L\eta\dot{\theta}_1+\delta_L(\omega_x^2+\Gamma_3\sin2\theta_1\\&+\frac{1}{2}\eta\ddot{\theta}_1\sin2\theta_1)+\upsilon_L(\Gamma_3-\Gamma_3\cos2\theta_1+\frac{1}{2}\eta\ddot{\theta}_1-\frac{1}{2}\eta\ddot{\theta}_1\cos2\theta_1)+\Gamma_3(\upsilon+\delta\sin2\theta_1\\&-\upsilon\cos2\theta_1)-\eta\dot{\theta}_1^2(\upsilon\delta^2-\upsilon^3)\sin2\theta_1+\eta\dot{\theta}_1^2\upsilon^2\delta\cos2\theta_1+\frac{1}{2}\eta\dot{\theta}_1^2(\upsilon^2\delta-\delta^3)(\sin2\theta_1)^2\\&+\frac{1}{2}\eta\dot{\theta}_1^2(\upsilon\delta^2-\upsilon^3)\sin2\theta_1\cos2\theta_1+\eta\dot{\theta}_1^2\upsilon\delta^2\sin2\theta_1\cos2\theta_1-\eta\dot{\theta}_1^2\upsilon^2\delta(\cos2\theta_1)^2\\&+\eta\ddot{\theta}_1\Big[\frac{1}{2}\upsilon+\frac{1}{2}\delta\sin2\theta_1-\frac{1}{2}\upsilon\cos2\theta_1+\frac{1}{2}\upsilon^2\delta\sin2\theta_1+\frac{1}{4}(\upsilon\delta^2-\upsilon^3)\cos2\theta_1\\&+\frac{1}{4}(\delta^3-\upsilon^2\delta)\sin2\theta_1\cos2\theta_1-\frac{1}{4}(\upsilon\delta^2-\upsilon^3)(\cos2\theta_1)^2+\frac{1}{2}\upsilon\delta^2(\sin2\theta_1)^2\\&-\frac{1}{2}\upsilon^2\delta\sin2\theta_1\cos2\theta_1\Big]=0\end{aligned} \tag{8.15}$$

$$
\begin{aligned}
&\ddot{\phi}_d + \ddot{\delta}_L\left(\frac{1}{2}\upsilon + \frac{1}{2}\delta\sin 2\theta_1 - \frac{1}{2}\upsilon\cos 2\theta_1\right) - \ddot{\upsilon}_L\left(\frac{1}{2}\delta + \frac{1}{2}\upsilon\sin 2\theta_1 + \frac{1}{2}\delta\cos 2\theta_1\right) \\
&+ \dot{\phi}_d\bar{c}_\phi + \dot{\delta}_L(2\dot{\theta}_1\upsilon\sin 2\theta_1 + 2\dot{\theta}_1\delta\cos 2\theta_1) + \dot{\upsilon}_L(2\dot{\theta}_1\delta\sin 2\theta_1 - 2\dot{\theta}_1\upsilon\cos 2\theta_1) \\
&+ \phi_d\omega_\phi^2 + \delta_L(-2\dot{\theta}_1^2\delta\sin 2\theta_1 + 2\dot{\theta}_1^2\upsilon\cos 2\theta_1 + \ddot{\theta}_1\upsilon\sin 2\theta_1 + \ddot{\theta}\delta\cos 2\theta_1) \\
&+ \upsilon_L(2\dot{\theta}_1^2\upsilon\sin 2\theta_1 + 2\dot{\theta}_1^2\delta\cos 2\theta_1 + \ddot{\theta}_1\delta\sin 2\theta_1 - \ddot{\theta}\upsilon\cos 2\theta_1) + 4\Gamma_3 \\
&+ \dot{\theta}_1^2(\delta^2 - \upsilon^2)\sin 2\theta_1 - 2\dot{\theta}_1^2\upsilon\delta\cos 2\theta_1 + \ddot{\theta}_1 + \frac{1}{2}\ddot{\theta}_1(\delta^2 - \upsilon^2)\cos 2\theta_1 \\
&+ \dot{\theta}_1^2\upsilon\delta\sin 2\theta_1 = 0
\end{aligned}
\tag{8.16}
$$

$$
\begin{aligned}
&\ddot{\upsilon}_L - \ddot{\phi}_d\left(\frac{1}{2}\eta\delta + \frac{1}{2}\eta\upsilon\sin 2\theta_1 + \frac{1}{2}\eta\delta\cos 2\theta_1\right) + \dot{\upsilon}_L\bar{c}_y + \dot{\delta}_L\eta\dot{\theta}_1 + \upsilon_L(\omega_y^2 + \Gamma_3\sin 2\theta_1 \\
&- \frac{1}{2}\eta\ddot{\theta}_1\sin 2\theta_1) - \delta_L\left(\Gamma_3 + \Gamma_3\cos 2\theta_1 + \frac{1}{2}\eta\ddot{\theta}_1 + \frac{1}{2}\eta\ddot{\theta}_1\cos 2\theta_1\right) - \Gamma_3(\delta + \upsilon\sin 2\theta_1 \\
&+ \delta\cos 2\theta_1) - \eta\theta_1^2(\upsilon^2\delta - \delta^3)\sin 2\theta_1 - \eta\theta_1^2\delta^2\upsilon\cos 2\theta_1 + \frac{1}{2}\eta\theta_1^2(\delta^2\upsilon - \upsilon^3)(\sin 2\theta_1)^2 \\
&+ \frac{1}{2}\eta\theta_1^2(\delta^3 - \upsilon^2\delta)\sin 2\theta_1\cos 2\theta_1 - \eta\theta_1^2\upsilon^2\delta\sin 2\theta_1\cos 2\theta_1 - \eta\theta_1^2\upsilon\delta^2(\cos 2\theta_1)^2 \\
&- \eta\ddot{\theta}_1\Big[\frac{1}{2}\delta + \frac{1}{2}\upsilon\sin 2\theta_1 + \frac{1}{2}\delta\cos 2\theta_1 + \frac{1}{2}\upsilon\delta^2\sin 2\theta_1 + \frac{1}{4}(\delta^3 - \upsilon^2\delta)\cos 2\theta_1 \\
&+ \frac{1}{4}(\upsilon\delta^2 - \upsilon^3)\sin 2\theta_1\cos 2\theta_1 - \frac{1}{4}(\delta^3 - \upsilon^2\delta)(\cos 2\theta_1)^2 + \frac{1}{2}\upsilon^2\delta(\sin 2\theta_1)^2 \\
&+ \frac{1}{2}\upsilon\delta^2\sin 2\theta_1\cos 2\theta_1\Big] = 0
\end{aligned}
\tag{8.17}
$$

定义无量纲时间 $\tau=\omega_0 t$，令 $\omega_0=\sqrt{\dfrac{(k_x+k_y)L^2}{2J_L}}$，$\tilde{c}_x=\dfrac{c_xL^2}{J_L\omega_0}$，$\tilde{c}_y=\dfrac{c_yL^2}{J_L\omega_0}$，$\tilde{c}_\phi=\dfrac{c_\phi}{J_L\omega_0}$，$f_x^2=\dfrac{k_xL^2}{J_L\omega_0^2}$，$f_y^2=\dfrac{k_yL^2}{J_L\omega_0^2}$，$f_\phi^2=\dfrac{k_\phi}{J_P\omega_0^2}$，$\Gamma_4=\dfrac{T_L}{2J_L\omega_0^2}$，$s=\dfrac{\ddot{\theta}_1}{\omega_0^2}$，$\nu=\dfrac{\dot{\theta}_{10}}{\omega_0}$，得到无量纲化的过渡过程轴系横扭耦合振动微分方程：

$$
\begin{aligned}
&(\boldsymbol{I} + \boldsymbol{M}_0 + \boldsymbol{M}_s\sin 2\theta_1 + \boldsymbol{M}_c\cos 2\theta_1)\boldsymbol{x}'' + (\boldsymbol{C}_0 + \boldsymbol{C}_g + \boldsymbol{C}_s\sin 2\theta_1 + \boldsymbol{C}_c\cos 2\theta_1)\boldsymbol{x}' \\
&+ (\boldsymbol{K}_\Lambda + \boldsymbol{K}_0 + \boldsymbol{K}_s\sin 2\theta_1 + \boldsymbol{K}_c\cos 2\theta_1)\boldsymbol{x} = \boldsymbol{F}_0 + \boldsymbol{F}_s\sin 2\theta_1 + \boldsymbol{F}_c\cos 2\theta_1
\end{aligned}
\tag{8.18}
$$

式中

$$
\boldsymbol{x} = \begin{bmatrix}\delta_L \\ \upsilon_L \\ \phi_d\end{bmatrix},\ \boldsymbol{I} = \begin{bmatrix}1 & 0 & 0 \\ 0 & 1 & 0 \\ 0 & 0 & 1\end{bmatrix},\ \boldsymbol{M}_0 = \frac{1}{2}\begin{bmatrix}0 & 0 & \eta\upsilon \\ 0 & 0 & -\eta\delta \\ \upsilon & -\delta & 0\end{bmatrix},\ \boldsymbol{M}_s = \frac{1}{2}\begin{bmatrix}0 & 0 & \eta\delta \\ 0 & 0 & -\eta\upsilon \\ \delta & -\upsilon & 0\end{bmatrix},
$$

$$
\boldsymbol{M}_c = \frac{1}{2}\begin{bmatrix}0 & 0 & -\eta\upsilon \\ 0 & 0 & -\eta\delta \\ -\upsilon & -\delta & 0\end{bmatrix},\ \boldsymbol{C}_0 = \begin{bmatrix}\tilde{c}_x & 0 & 0 \\ 0 & \tilde{c}_y & 0 \\ 0 & 0 & \tilde{c}_\phi\end{bmatrix},\ \boldsymbol{C}_g = \begin{bmatrix}0 & \eta(s\tau+\nu) & 0 \\ -\eta(s\tau+\nu) & 0 & 0 \\ 0 & 0 & 0\end{bmatrix},
$$

$$
\boldsymbol{C}_s = \begin{bmatrix}0 & 0 & 0 \\ 0 & 0 & 0 \\ 2(s\tau+\nu)\upsilon & 2(s\tau+\nu)\delta & 0\end{bmatrix},\ \boldsymbol{C}_c = \begin{bmatrix}0 & 0 & 0 \\ 0 & 0 & 0 \\ 2(s\tau+\nu)\delta & -2(s\tau+\nu)\upsilon & 0\end{bmatrix},
$$

$$K_0=\begin{bmatrix}0 & \Gamma_4+\frac{\eta s}{2} & 0\\ -\Gamma_4-\frac{\eta s}{2} & 0 & 0\\ 0 & 0 & 0\end{bmatrix},K_s=\begin{bmatrix}\Gamma_4+\frac{\eta s}{2} & 0 & 0\\ 0 & -\Gamma_4-\frac{\eta s}{2} & 0\\ -2(s\tau+\nu)^2\delta+s\upsilon & 2(s\tau+\nu)^2\upsilon+s\delta & 0\end{bmatrix},$$

$$K_\Lambda=\begin{bmatrix}f_x^2 & 0 & 0\\ 0 & f_y^2 & 0\\ 0 & 0 & f_\phi^2\end{bmatrix},K_c=\begin{bmatrix}0 & -\Gamma_4-\frac{\eta s}{2} & 0\\ -\Gamma_4-\frac{\eta s}{2} & 0 & 0\\ 2(s\tau+\nu)^2\upsilon+s\delta & 2(s\tau+\nu)^2\delta-s\upsilon & 0\end{bmatrix},$$

$$F_0=\Gamma_4\begin{bmatrix}-\upsilon\\ \delta\\ 4\end{bmatrix}+\frac{\eta(s\tau+\nu)^2}{4}\begin{bmatrix}\upsilon^2\delta+\delta^3\\ \delta^2\upsilon+\upsilon^3\\ 0\end{bmatrix}+\frac{s}{2}\begin{bmatrix}\eta\upsilon\\ -\eta\delta\\ 2\end{bmatrix}+\frac{\eta s}{8}\begin{bmatrix}-\delta^2\upsilon-\upsilon^3\\ \upsilon^2\delta+\delta^3\\ 0\end{bmatrix},$$

$$F_s=\Gamma_4\begin{bmatrix}-\delta\\ \upsilon\\ 0\end{bmatrix}+\frac{(s\tau+\nu)^2}{2}\begin{bmatrix}\eta(\delta^2\upsilon-\upsilon^2)\\ \eta(\upsilon^2\delta-\delta^2)\\ 2(\delta^2-\upsilon^2)\end{bmatrix}+\frac{s}{2}\begin{bmatrix}\delta+\upsilon^2\delta\\ -\upsilon-\delta^2\upsilon\\ 2\upsilon\delta\end{bmatrix},$$

$$F_c=\Gamma_4\begin{bmatrix}\upsilon\\ \delta\\ 0\end{bmatrix}+(s\tau+\nu)^2\begin{bmatrix}-\eta\upsilon^2\delta\\ \eta\delta^2\upsilon\\ -2\upsilon\delta\end{bmatrix}+\frac{s}{4}\begin{bmatrix}\upsilon\delta^2-\upsilon^3-2\upsilon\\ \delta\upsilon^2-\delta^3-2\delta\\ 2(\delta^2-\upsilon^2)\end{bmatrix}$$

式(8.18)即为加速度冲击下万向铰传动轴系在过渡过程中的横扭耦合振动无量纲微分方程，该方程是由三个相互耦合的微分方程构成的方程组。方程中：

(1)$\boldsymbol{I}$、$\boldsymbol{C}_0$、$\boldsymbol{K}_\Lambda$、$\boldsymbol{C}_g$ 是仅由系统参数决定的惯性、阻尼、刚度矩阵以及陀螺项；$\boldsymbol{I}$、$\boldsymbol{C}_0$、$\boldsymbol{K}_\Lambda$ 都是主对角阵，非对角元素都为零，不存在耦合特性，陀螺项 $\boldsymbol{C}_g$ 非对角元素不为零，导致了部分的阻尼耦合，但这仅是两个方向的横向振动之间的阻尼耦合，对横向与扭转的耦合没有影响。

(2)$\boldsymbol{M}_0$、$\boldsymbol{M}_s$、$\boldsymbol{M}_c$、$\boldsymbol{C}_s$、$\boldsymbol{C}_c$、$\boldsymbol{K}_0$、$\boldsymbol{K}_s$、$\boldsymbol{K}_c$ 是由万向铰偏斜和负载力矩产生的惯性、阻尼和刚度矩阵，这些矩阵的非对角元素均不为零，都会产生耦合效应；其中负载力矩只对轴系两个方向的横向振动之间的刚度耦合起作用，而万向铰偏斜则导致了轴系横向振动与扭转振动之间的惯性和阻尼相互耦合，以及横向对扭转的刚度耦合。

(3)$\boldsymbol{F}_0$、$\boldsymbol{F}_s$、$\boldsymbol{F}_c$ 是强迫激励项，由万向铰偏斜和负载力矩共同作用产生。从激励类型上看，匀速转动过程中：

①$\boldsymbol{I}$、$\boldsymbol{C}_0$、$\boldsymbol{K}_\Lambda$、$\boldsymbol{C}_g$、$\boldsymbol{M}_0$、$\boldsymbol{K}_0$ 都是不含时间的项，$\boldsymbol{K}_0$ 中有负载力矩的作用，会导致系统自激振动，产生颤振型失稳。

②$\boldsymbol{M}_s$、$\boldsymbol{M}_c$、$\boldsymbol{C}_s$、$\boldsymbol{C}_c$、$\boldsymbol{K}_s$、$\boldsymbol{K}_c$ 中的元素则是无量纲时间的函数，会激起轴系的参数振动，发生参数失稳；$\boldsymbol{F}_0$、$\boldsymbol{F}_s$、$\boldsymbol{F}_c$ 是强迫激励项，引起系统的强迫振动。

③过渡过程中，由于加速度冲击的存在，陀螺项中的元素变成了时间的函数，自激振动系统中不再包含陀螺效应；同时加速度还导致增加了很多激励项，并且使参数激励和强迫激励项中的三角函数频率不再固定。

方程(8.18)目前同样无法得到封闭的甚至近似的解析解，因此也只能通过数值积分，来仿真分析轴系在加速度冲击下的过渡过程耦合振动特性。

8.3 万向铰轴系过渡过程横扭耦合振动特性分析

由于方程(8.18)中 $\boldsymbol{M}_s$、$\boldsymbol{M}_c$、$\boldsymbol{C}_s$、$\boldsymbol{C}_c$、$\boldsymbol{K}_s$、$\boldsymbol{K}_c$、$\boldsymbol{C}_g$、$\boldsymbol{F}_0$、$\boldsymbol{F}_s$、$\boldsymbol{F}_c$ 诸项均显含了时间($s\tau$),而且 $\sin2\theta_1$、$\cos2\theta_1$ 中频率随时间变化($\theta_1=\frac{s\tau^2}{2}+\nu\tau$),因此无法得到封闭的甚至近似的解析解,本节将数值分析轴系的过渡过程横扭耦合振动特性。令 $f_x^2=1+\sigma$、$f_y^2=1-\sigma$、$\tilde{c}_x=2\zeta f_x$、$\tilde{c}_y=2\zeta f_y$、$\tilde{c}_\phi=2\zeta f_\phi$,分 6 种情况进行振动分析,获得振动特性的变化规律。

情形 1:令 $s=0$、$\Gamma_4=0.05$、$\sigma=0.4$、$\zeta=0.01$、$\delta=2°$,获得匀速运动情况下的振动特性,以作为加速状态下的横扭耦合振动特性的比照参考。

情形 2:令 $\Gamma_4=0.05$、$\sigma=0.4$、$\zeta=0.01$、$\delta=2°$,改变加速度 μ 的值,分析加速度值变化对过渡过程振动特性的影响。

情形 3:令 $s=0.0001$、$\sigma=0.4$、$\zeta=0.01$、$\delta=2°$,改变转矩 Γ_4 的值,分析负载转矩对振动特性的影响。

情形 4:令 $s=0.0001$、$\Gamma_4=0.05$、$\zeta=0.01$、$\delta=2°$,改变 σ 的值,分析刚度不对称性对振动特性的影响。

情形 5:令 $s=0.0001$、$\Gamma_4=0.05$、$\sigma=0.4$、$\delta=2°$,改变 ζ 的值,分析阻尼对振动特性的影响。

情形 6:令 $s=0$、$\Gamma_4=0.05$、$\sigma=0.4$、$\zeta=0.01$,改变 δ 的值,分析万向铰偏斜对振动特性的影响。

下面通过仿真结果分析考察各种情形下的振动规律。

情形 1:匀速运动情况下的振动特性。

$\sigma=0.4$、$\zeta=0.01$、$\delta=2°$时轴系横向与扭转耦合振动稳定性如图 8.3 所示,图示表明系统在横向固有频率 $\nu=f_x$、$\nu=f_y$ 附近发生主共振,在 $\nu=\frac{f_x+f_y}{2}$ 附近发生和型组合共振,在 $\nu=\frac{f_\phi+f_x}{2}$ 附近发生横扭耦合共振(图 8.3 中虚线区域),扭转固有频率远高于轴系工作频率,故不考虑。进一步注意到,$\nu=\frac{f_\phi+f_x}{2}$ 附近横扭耦合振动使失稳区域变大,系统振动的稳定性变差;而在 $\nu=\frac{f_\phi-f_x}{2}$ 附近耦合振动使失稳区域变小,系统振动的稳定性增强。

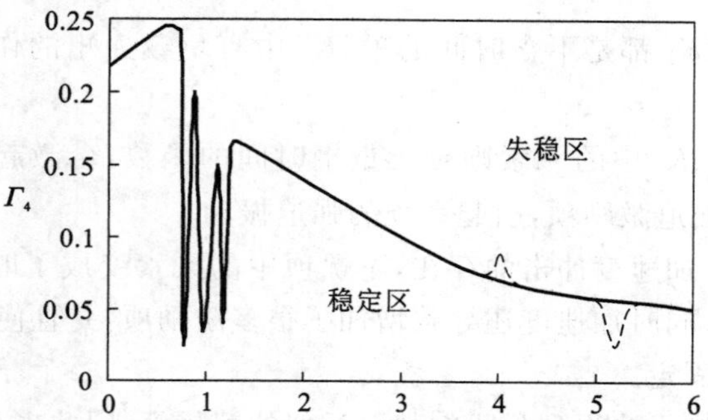

图 8.3 横向与扭转耦合振动稳定性

下面分别取主共振区内的点（$\Gamma_4=0.05$、$\nu=f_y=0.78$）和（$\Gamma_4=0.05$、$\nu=f_x=1.18$），组合共振区内的点（$\Gamma_4=0.05$、$\nu=\dfrac{f_x+f_y}{2}=0.98$），以及横扭耦合共振区内的点（$\Gamma_4=0.05$、$\nu=\dfrac{f_\phi+f_x}{2}=5.16$），计算其振动响应如图 8.4 所示。图中振动响应均是发散的，可见共振失稳区域确实存在。

点（$\Gamma_4=0.08$、$\nu=\dfrac{f_\phi-f_x}{2}=4.06$）的振动响应如图 8.5 所示，在不考虑耦合振动影响时，该点位于颤振失稳区域，由于耦合振动的稳定作用，该点变成稳定点。

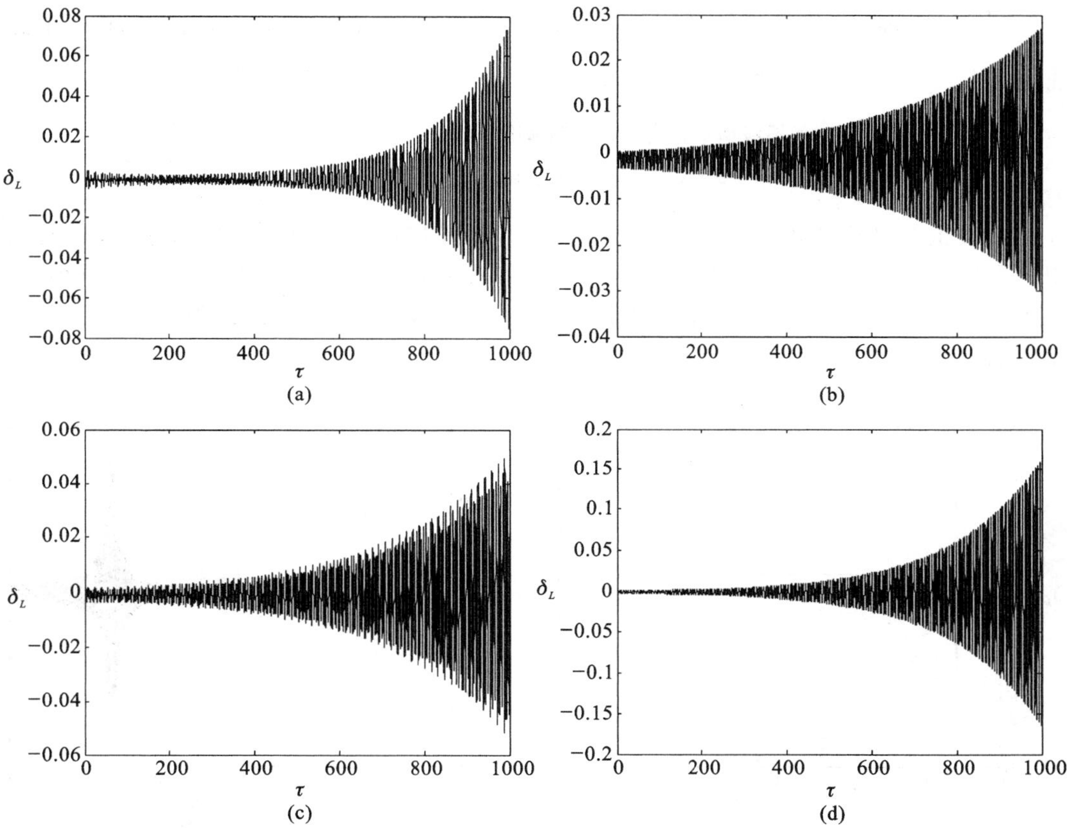

图 8.4　匀速转动过程横向与扭转耦合振动响应（$\Gamma_4=0.05$）

(a) $\nu=f_y=0.78$；(b) $\nu=f_x=1.18$；(c) $\nu=\dfrac{f_x+f_y}{2}=0.98$；(d) $\nu=\dfrac{f_\phi+f_x}{2}=5.16$

情形 2：加速度变化对过渡过程耦合振动特性的影响规律。

$s=0.0001$ 时横向振动位移和扭转振动位移如图 8.6 所示。横向振动的共振特性主要在 0～1 转速区间内出现，为了更清晰地得到横向振动的共振特性，下面的研究将只画出横向振动在 0～1 转速区间内的响应，如图 8.7 所示。

图 8.7 中结果表明，横向振动在 $\nu=0.2$、$\nu=0.3$ 附近发生 4 倍超谐共振，在 $\nu=0.4$、$\nu=0.6$ 附近发生 2 倍超谐共振，$\nu=0.6$ 附近的 2 倍超谐共振是主要共振情况；扭转振动在 $\nu=$

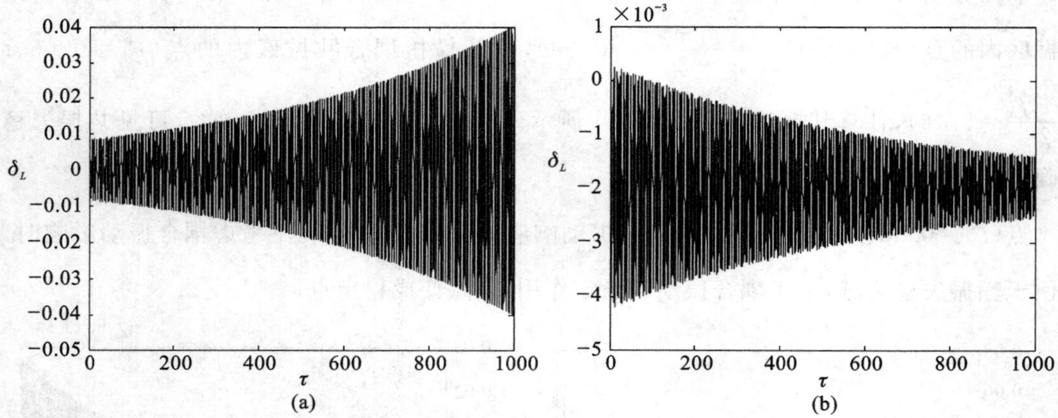

图 8.5　匀速转动过程中的耦合振动响应($\Gamma_4=0.08$、$\nu=\dfrac{f_\phi-f_x}{2}=4.06$)

(a) $\delta=0$;(b) $\delta=2^\circ$

4.6 附近发生 2 倍超谐共振,在 $\nu=0.4$、$\nu=0.6$ 附近的超谐共振很小,可以忽略;横向振动和扭转振动在 $\nu=5.16$ 附近的耦合共振区都没有发生共振,这是因为耦合共振区很小,轴系加速经过耦合共振区时所经历的时间非常短,共振现象还来不及发生,轴系就已经通过了耦合共振区。

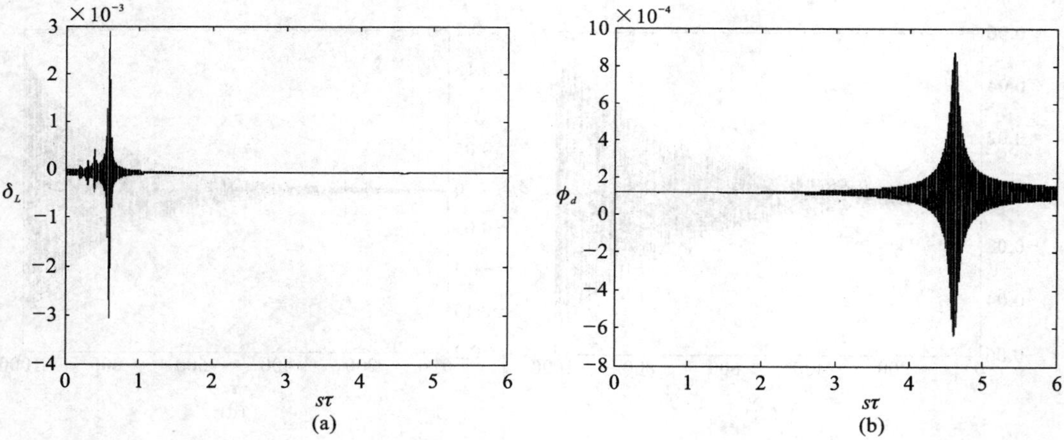

图 8.6　横向振动位移和扭转振动位移($s=0.0001$)

$s=0.0005$ 时横向和扭转耦合振动响应如图 8.8 所示。从图中可以看出,横向振动在 $\nu=0.6$附近的 2 倍超谐共振幅值是 0.002,对应的共振频率是 0.6176,扭转振动在 $\nu=4.6$ 附近的 2 倍超谐共振幅值为 8.68×10^{-4},对应的共振频率为 4.622;而 $s=0.0001$ 时,横向振动在 $\nu=0.6$ 附近的 2 倍超谐共振幅值是 0.003,对应的共振频率是 0.6002,扭转振动在 $\nu=4.6$ 附近的 2 倍超谐共振幅值为 8.72×10^{-4},对应的共振频率为 4.616。可见,对于过渡工况横向与扭转耦合振动特性的影响与单独研究横向振动时类似,加速度增大导致共振幅值减小,共振频率增大。

情形 3:负载转矩变化对过渡过程耦合振动特性的影响。

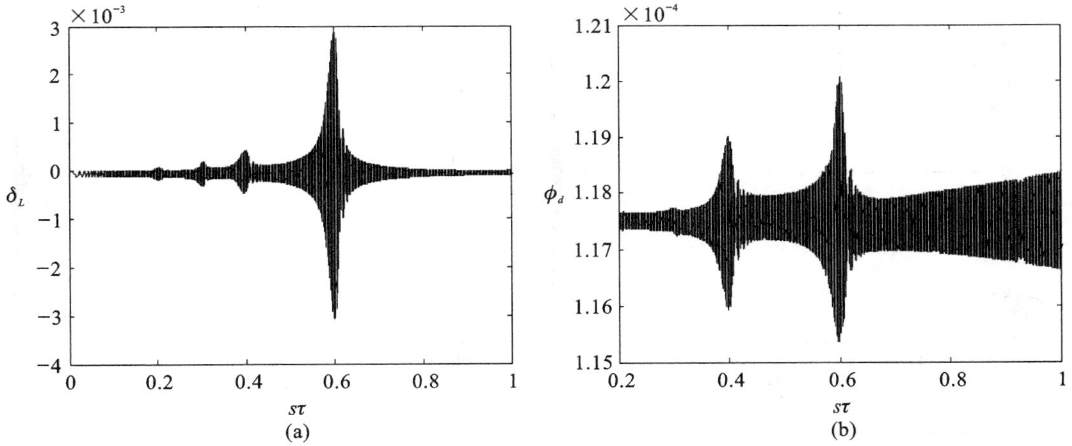

图 8.7 横向振动在 0～1 转速区间内的响应

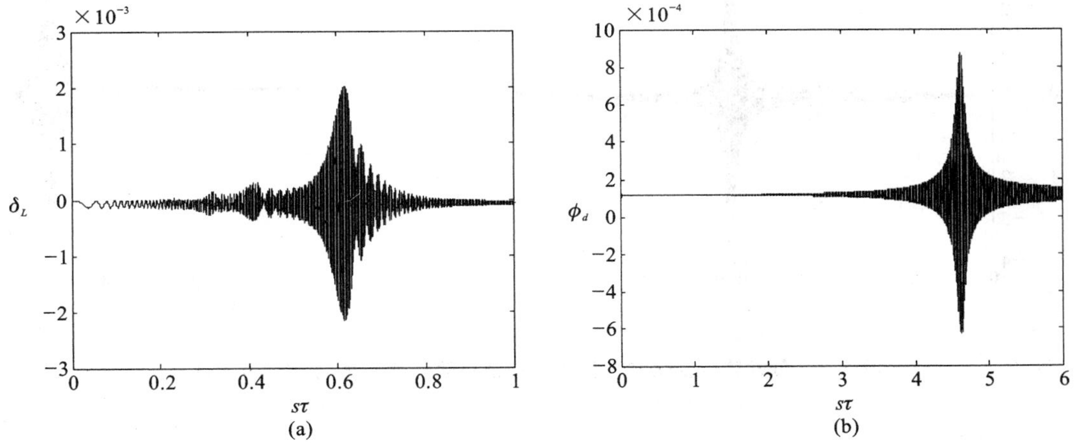

图 8.8 横向与扭转耦合振动响应($s=0.0005$)

$\Gamma_4=0.06$ 时负载转矩变化对过渡过程耦合振动特性的影响如图 8.9 所示。由图可以看出，主动轴转速在经过 $s\tau=5.5$ 以后，横向和扭转振动响应都快速增大，这是因为转矩增大使轴系颤振失稳区增大，在 $\Gamma_4=0.06$ 的情况下当转速大于 5.5 以后，对应于每个转速的振动都失稳，轴系一直处于不稳定状态。轴系转速到达颤振失稳边界之前的共振响应如图 8.9(c)、图 8.9(d)所示，图示表明转矩对耦合振动特性的影响也与单独研究横向振动时相同，即转矩对系统振动稳定性有破坏作用，转矩增大导致共振区和共振幅值均增大。

情形 4：刚度不对称性对过渡过程耦合振动特性的影响。

$\sigma=0.2$ 时刚度不对称性对过渡过程耦合振动特性的影响如图 8.10 所示。对比图 8.6 可以看出，主动轴转速在经过 $s\tau=3.9$ 以后，横向和扭转振动响应都快速增大，这是因为刚度不对称性减小，使轴系颤振失稳区增大。在 $\sigma=0.2$ 的情况下从 $s\tau=3.9$ 开始就进入颤振失稳区。

刚度不对称性对耦合振动系统横向振动特性的影响也与单独研究横向振动时相同，即刚度不对称性对过渡过程系统振动有稳定作用，刚度不对称性增大导致共振幅值减小，另外刚度变化同样导致共振频率变化。

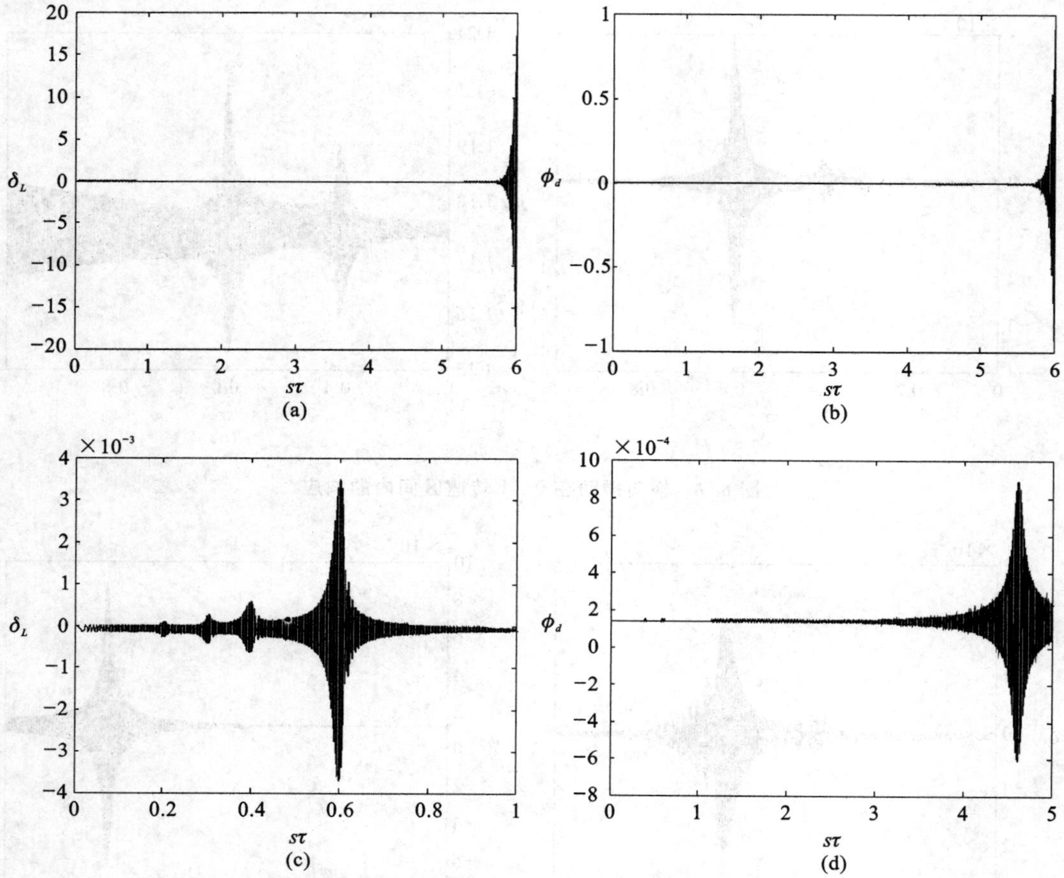

图 8.9　负载转矩变化对过渡过程耦合振动特性的影响($\Gamma_4=0.06$)

(a)δ_L($s\tau=0\sim6$);(b) ϕ_d($s\tau=0\sim6$); (c)δ_L($s\tau=0\sim1$);(d)ϕ_d($s\tau=0\sim5$)

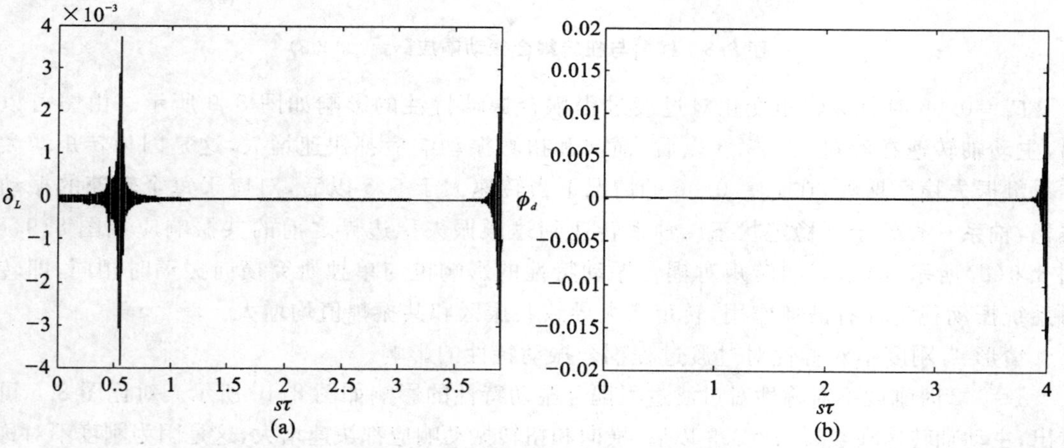

图 8.10　刚度不对称性对过渡过程耦合振动特性的影响($\sigma=0.2$)

情形 5:阻尼对于过渡过程耦合振动特性的影响。阻尼对横扭耦合振动特性的影响也与单独研究横向振动时完全相同,即阻尼增大导致共振幅值减小,此处不再具体研究。

情形 6:万向铰偏斜角度对过渡过程耦合振动特性的影响规律。

$\delta=4°$时过渡过程横向与扭转耦合振动响应如图 8.11 所示。由图可以看出，主动轴转速在 $s\tau=5.5$ 附近有很大的共振幅值，这是因为万向铰偏斜角对横向与扭转耦合特性有影响，偏斜角增大导致耦合共振失稳区域增大，过渡过程中轴系处于耦合共振失稳状态的时间变长，因此累积的共振幅值很大。

在转速达到耦合共振失稳区域之前，万向铰偏斜对过渡过程耦合振动特性的影响与单独研究横向振动时相同，偏斜角增大导致共振幅值增大。

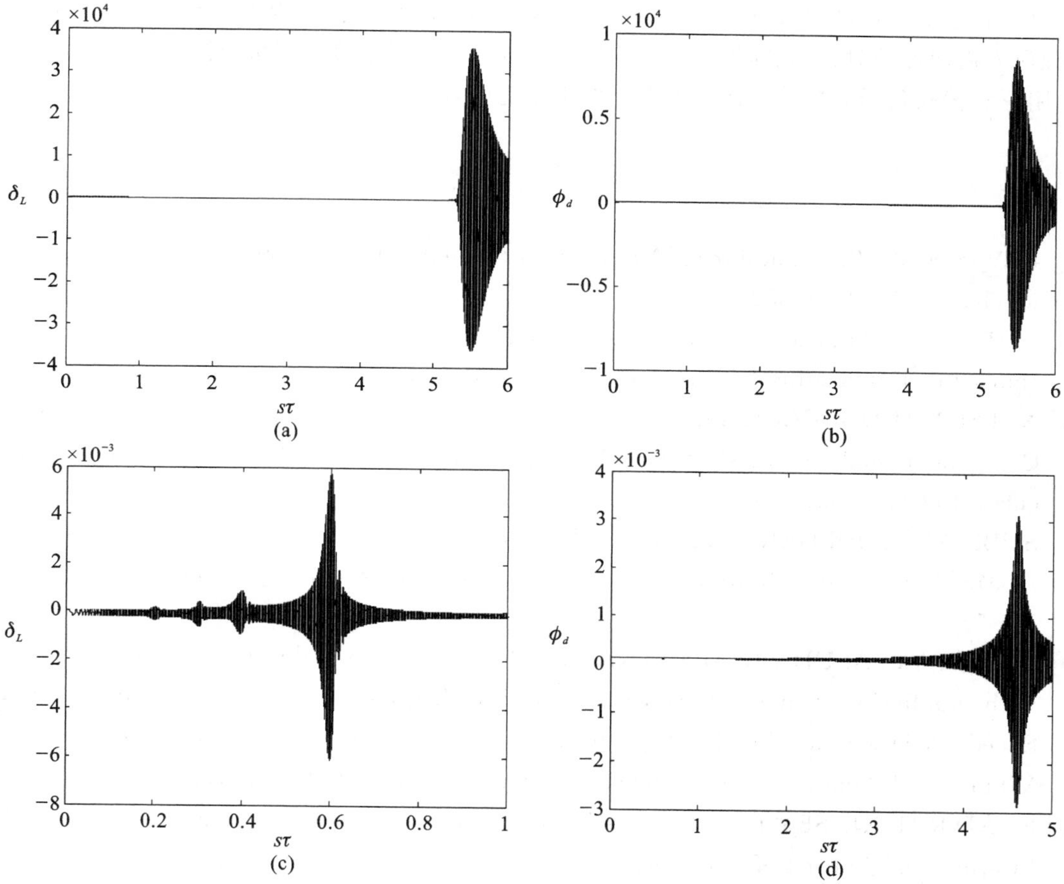

图 8.11 过渡过程横向与扭转耦合振动响应($\delta=4°$)

(a) $\delta_L(s\tau=0\sim6)$；(b) $\phi_d(s\tau=0\sim6)$；(c) $\delta_L(s\tau=0\sim1)$；(d) $\phi_d(s\tau=0\sim5)$

8.4 弯曲扭转耦合共振与过渡过程的振动特征

通过万向铰传动轴系的耦合振动响应仿真分析，我们可以看到加速度、负载转矩、刚度、阻尼、偏斜角等参数对耦合振动特性的影响。包括：

(1)多种耦合原因：加速度产生多种激励机制并且带来激励频率的变化，因此过渡过程中万向铰轴系的横向与扭转耦合振动无量纲方程是含有自激、参激和外激励的三自由度非定常振动系统。负载力矩对且只对轴系两个方向的横向振动刚度起耦合作用，而万向铰偏斜则导致了轴系横向振动与扭转振动之间的惯性和阻尼相互耦合，以及横向与扭转的刚度耦合。

(2)共振条件与振动响应中的谐波成分：在仿真案例中的计算条件下，过渡过程中轴系横向与扭转耦合振动依次经过4倍横向超谐共振、2倍横向超谐共振和2倍扭转超谐共振；与匀速工况不同，过渡工况下振动并不发生耦合共振失稳。

(3)负载转矩增大和不对称性刚度的靠近，导致耦合振动系统颤振失稳区增大；万向铰偏斜角度大则导致和型耦合共振失稳区增大，差型耦合共振失稳区减小。与单独研究横向振动时相比，增大转矩和偏斜以及减小刚度不对称性更容易使横向和扭转耦合振动失稳。

(4)在超谐共振区内，加速度、转矩、刚度、阻尼和偏斜角对轴系耦合振动特性的影响均与单独研究横向振动时相同，即加速度和刚度不对称性增大对过渡过程系统振动起稳定作用，转矩、阻尼和偏斜角增大导致过渡工况振动的不稳定区域变大。

参考文献

[1] LEWIS F M. Vibration during Acceleration through a Critical Speed[J]. ASME Applied Mechanics，1972，24：253-261.

[2] SHEN F A. Transient Flexible-Rotors Dynamics Analysis，Part 1-Theory[J]. ASME Journal of Engineering for Industry，1972，5：531-538.

[3] NELSON H D，MEACHAM W L. Transient Analysis of Rotor Bearing Systems Using Component Mode Synthesis[C]. ASME Paper No. 81-GT-110，1981 Gas Turbine Conference，Houston，1981：110-113.

[4] SUBBIAH R，RIEGER N F. On the Transient Analysis of Rotor-Bearing Systems[J]. ASME Journal of Vibration，Acoustics，Stress and Reliability in Design，1988，110：515-520.

[5] ISHIDA Y，YASUDA K，MURAKAMI S. Non-stationary Vibration of a Rotating Shaft with Nonlinear Spring Characteristics during Acceleration through a Major Critical Speed：A Discussion by the Asymptotic Method and the FFT Method，Dynamics and Vibration of Time-Varying Systems and Structures[J]. ASME，1993，56：319-325.

[6] RAND R H，KINSEY R J，MINGORI K L. Dynamics of Spinup Through Resonance [J]. International Journal of Non-linear Mechanics，1992，27(3)：489-502.

[7] ZHOU S，SHI J. The Analytical Unbalance Response of Jeffcott Rotor during Acceleration[J]. Journal of Manufacturing Science and Engineering，2001，123：299-302.

[8] 杨晓东，陈立群. 粘弹性变速运动梁稳定性的直接多尺度分析[J]. 振动工程学报，2005，18(2)：223-226.

[9] 曾复. 裂纹转子升速过程中的振动特性分析[J]. 汽轮机技术，2007，49(3)：230-235.

[10] 胡兵. 变速转子系统主动平衡的自适应控制[D]. 上海：上海交通大学，2008.

[11] 丁千，陈予恕. 转子碰摩运动的非稳态分析[J]. 航空动力学报，2000，15(2)：191-195.

[12] 丁千，陈予恕，曹树谦，等. 转子—轴承系统的非稳态分岔[J]. 振动工程学报，2003，16(2)：189-193.

[13] 冯昌林. 加速度冲击下万向铰轴系的过渡过程动力学特性研究[D]. 武汉：海军工程大学，2011.

9 轴与转子系统的振动控制

揭示转子系统振动特征与失稳机理的最终目的是控制振动。所谓转子系统的振动控制，是指为了有效减少振动而采取的一切可能的措施。转子系统中，轴的振动是最重要的振动，轴的偏斜是普遍面临的问题，所以治理轴系的偏斜是振动控制的重要内容。考虑到影响转子系统振动的要素有多种，并且轴系振动控制最终服务于转子系统的振动控制，因此本章不限于轴系的偏斜，而是面向转子系统进行讨论。

我们将从工程实践的角度解释轴系振动的主要问题，论述转子振动控制的原则与措施，包括振动的分类与数据特点、偏斜轴系的校正、油膜力控制、振动测试要求、诸多因素下的振动特征与动平衡的条件等。我们会看到，轴系或转子系统的振动与设计、安装，尤其是工艺过程控制等有密切的关系。

9.1 转子振动数据中的主要成分

轴系与转子系统的振动原因很多，振动系统犹如一个黑箱：在一定类型的输入下，通过动力学系统不同的作用机制，输出不同的振动。线性系统是简化后最简单的动力学系统，初始扰动、强迫激励力是系统的输入，按照叠加规律，系统的输出对应于各输入的振动响应之和。当系统存在非线性时，这种简单的输入输出关系就不存在了，原因在于非线性改变了系统传递函数的性质。此时，引起振动的参数激励、自激，乃至联合激励并不是系统的输入，而是传递函数本身，所以系统不仅对于输入产生输出，而且通过系统自身的变化也输出振动响应，并且输出的是各种复杂的振动。

实际工程中，系统存在非线性是普遍的情形。我们最终关心的是系统的输出，即振动响应，所以首先要根据振动幅值和危害程度，划分影响振动的因素。

9.1.1 轴系偏斜的危害

转子系统的振动将引起系统部件之间的磨损，耗散机器的能量，从而降低机器的可靠性、寿命和运行效率等性能。振动一旦导致摩擦、碰撞、油膜破坏等，将引起运动特性的变化，使得振动系统变得更加复杂，并进一步产生更严重且难以治理的振动，形成恶性循环。振动的严重后果是机器部件产生交变应力，在振动应力作用下产生断裂，引发事故。

在影响转子振动的各种因素中，最重要的因素是转子的不平衡。它形成强迫振动的激励力，并且是转速的平方的函数。随着转速的升高，不平衡激励的比例快速增大，不平衡激励的振动在振动响应中占主要成分，消除不平衡导致的“原始振动”是转子系统振动控制的首要任务。不平衡力的不良作用在于增大振动幅度，并且通过振动产生交变应力。但是，由于不平衡惯性力往往作用在轴的中心或末端，所以从产生应力的角度看，问题并不严重。

与不平衡力不同，轴系的偏斜将导致轴及其连接部件产生严重的应力，其原因是偏斜因素给轴系增加结构几何与运动约束，产生额外的交变力与交变力矩，使得轴与轴承、轴与联轴器等部件在连接位置附近，产生应力集中效应。同时，轴系的偏斜引起复杂的振动，使得振动难以控制。从应力危害和振动的复杂程度上看，偏斜是最应该预先控制的治理因素。

还有一类重要因素是轴承，尤其是滑动轴承。由于轴承作用力是振动系统的刚度和阻尼参数，所以它也可以通过参数激励产生复杂的振动。尤其是，对于初始扰动或任何激励力，它可以通过自激的方式产生并快速增长为恒定的大幅度油膜振荡，这种强烈振动将带来破坏性的后果。

最后一类因素是系统的内阻以及支撑结构的各向异性，材料的内阻有滞后环特性，使得轴的应变滞后于应力一个角度，在应变中线上产生的力使得涡动速度和离心力增大，导致失稳；材料的各向异性则增加，产生有害的反向涡动，增大临界转速。

上述四类振动因素是机器制造中不可避免的固有属性，只能通过设计、工艺和调试加以控制。与之不同的是，碰撞、裂纹、松动及摩擦等属于故障因素，在良好的设计、加工与安装状态下，不应该引起严重的振动，研究振动特征是为了检测、识别并且监控机器运行中的故障。

按照振动原因和振动危害程度的排序，消除不平衡量是治理转子系统振动的最根本方法，其次要校正轴系的偏斜，并保证良好的轴承设计。但是，从控制措施的实施顺序上，应该首先治理偏斜及其他不合理因素，最后调节动平衡。

9.1.2　级联图与消除不平衡量的前提条件

对转子系统进行平衡调节之前，应该注意如下物理事实：

(1)转子振动系统的参数是转速的函数，因而其振动响应随转速变化，尤其是在偏斜等因素下，其固有特性也可能随着转速的变化而变化，这与一般的结构振动不同。反映在频谱方面，振动响应的频率成分与幅值是转速的函数，因而频谱图是以频率与转速为参数的级联图，可以将三维图形压缩到二维图上，如图 9.1 所示。级联图是识别振动特征的主要工具。

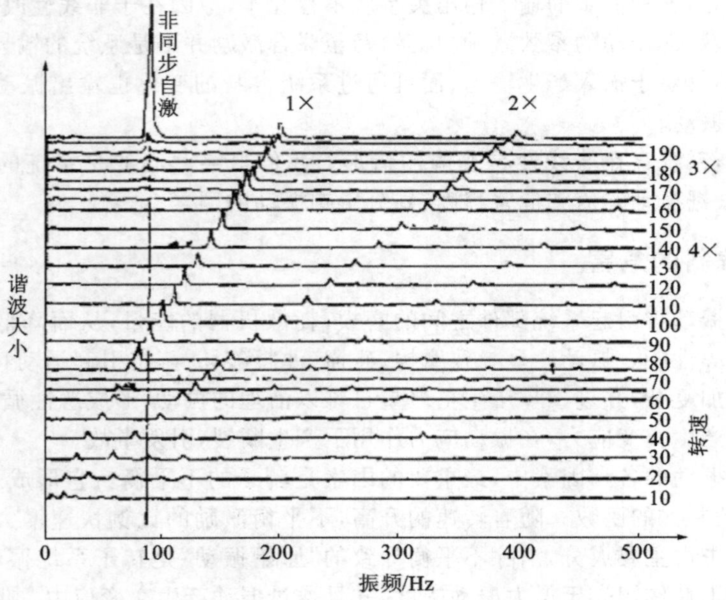

图 9.1　级联图与自激振动[1]

(2)可以通过平衡消除的振动,仅仅是不平衡量引起的是强迫振动响应。不平衡量指的是质量与偏心距矢量的乘积,由于旋转,产生了激励力与激励力矩。如果转子系统是线性的,则不平衡量激励的强迫振动很容易确定,即频率与转速相同的同步振动,在固有频率处振动幅值最大。此时由于振动响应是“干净的”,根据振动响应测试结果不需要数据辨别,所以很容易达到平衡。线性系统是一种理想的情况,实际的转子系统往往都是非线性系统。

(3)如何从非线性系统中确定不平衡量产生的振动成分,是实施振动控制须解决的重要问题。在振动测试数据中,将出现各种振动成分,包括:(a)由于存在非线性,系统在不平衡力作用下的强迫振动将出现各种谐波成分,包括亚谐波和超谐波振动;(b)非线性将导致系统产生参数激励振动,系统同样会出现亚谐波和超谐波振动,并且即使没有不平衡外激励力,也可能通过自激产生极限环振动;(c)同步振动的幅值随着不平衡激励频率即转速变化,并且在加速或减速情形下有跳跃现象出现;(d)系统将出现各种复杂的振动成分,如组合共振、联合共振、概周期振动、分岔与混沌振动等。在上述四种振动成分中,第一种情形是强迫振动。因为动平衡是根据线性系统满足叠加性质的,并利用线性系统的强迫振动响应,确定平衡各阶振型(1×、2×、3×)所需的平衡块的质量、大小和位置。但是,由于非线性因素的存在,强迫振动既包含1×、2×、3×等成分,又包含非线性因素导致的亚谐波1/2×、1/3×和1×,超谐波2×、3×振动成分,这就带来一个问题,即振动测试得到的1×、2×、3×等振动成分,究竟是线性系统的强迫振动产生的,还是非线性系统产生的,难以精确确定。滤波会给动平衡带来误差,尤其是平衡高阶振型的误差。无论如何,消除非线性因素是解决问题的有效途径。非线性振动响应只能通过校正措施去消除,例如校正轴系偏斜角度与偏心不对中量,仔细设计滑动轴承间隙和光洁度,仔细设计校核零部件的刚度等。这也说明,不是所有的谐波成分都可以用作动平衡的支持数据,或者说,如果把非线性的其他谐波成分作为动平衡的解算数据,将会导致严重的后果,即越平衡,振动越大。

(4)如果振动是由各种非线性因素导致的,那么就不能用动平衡的方法消除振动。原始振动数据不能作为平衡的依据,否则就会破坏转子的平衡。必须通过振动特征分析与滤波,把不平衡量产生的振动成分找出来。由于非线性系统的响应不满足线性叠加的条件,所以从振动数据中过滤不平衡量响应的过程,将是一个定性判别的过程,也说明在尽可能校正非线性因素的条件下获取振动数据的重要性。

(5)启动和停车过程的振动是最重要的数据。由于振动随转速变化,轴在加速或减速过程中的振动反映了转子系统诸多因素的振动特征,由此才能获得级联图。结合其他振动规律,从级联图上辨认振动成分与起因。

所有转子动力学理论的研究,几乎都是为了识别振动特征及其产生原因。可以根据各类非线性模型与实验结果,试图去辨别振动响应中的成分与原因,为实施转子的动平衡提供干净的振动数据。其中自激振动虽然有较大的危害,但也是最容易识别的振动响应。

9.1.3　从级联图中识别自激振动

自激振动对于转子系统的结构来说是破坏性较强的振动。理论上它是极限环,稳定的极限环振动是一种振幅恒定的自激振动:在振幅较小时,振体从外部吸收能量振动增加;当振幅达到一定值后继续增大时,振体向外部排出能量。这样,振动总是维持在定常振幅上。实际中,无论稳定与否,自激振动都是十分有害的振动,因为即使是稳定的自激振动,一旦它们发生,则机器在很短的时间之内就无法正常工作,甚至破坏。所以在振动测试中,不能任由转速上升,以免引起过大的自激振幅。

自激振动的一个特点是,它的振幅与转速有关,但是振动频率与转速无关,如图 9.1 所示,自激振动是一种非同步振动。它往往发生在$\frac{1}{2}\times$即主共振频率附近,后面分析的油膜振荡就属于该类情形。图中,同步共振频率为 200Hz,自激振动频率接近 100Hz;从大约 165Hz 开始,自激振动产生,随着转速增大,振幅不断增大但是频率不变;在转速为 200Hz 处,100Hz 的自激振动幅值远远大于 200Hz 的一阶共振振幅。

从例子中可以看到,只有将自激振动从振动数据中去除,才能将同步振动数据选择出来,即使这样,对于选择出来的同步振动数据,仍然还需要做进一步的分析,以查找并确认不平衡量激励的振动成分。事实上,自激振动发生后,转子的动平衡是无意义的,必须首先消除自激因素,并再次进行振动测试,才能实现转子的动平衡。

9.2 偏斜轴系的校正

尽管转子不平衡是导致系统发生大幅值振动的主要原因,但是动平衡应该是最后实施的一项振动控制措施。轴系的校正是重要的振动控制措施,校正轴系的偏斜是动平衡的前提条件。

9.2.1 校正校直的重要性

偏斜是故障的引发因素,但偏斜不是故障,在机器的制造与安装过程中,不可避免地将产生偏斜因素。控制偏斜的程度就是偏斜的校正过程。除了万向铰连接的轴系外,所有的校正都是校直的过程。好在万向铰本身有偏斜角度,因而其偏角误差并不需要那么严格地校正,所以下面只需讨论校直问题,即治理联轴器连接的轴线偏角和平行不对中问题。

偏斜给机器带来的运行特征或故障是隐性的,在轴系偏斜程度不严重的情况下,并不影响机器短期内的运行功能,即与偏斜轴相关的零部件是在比较长的时段内,慢慢地损坏。根据文献[2],可供分析与检验参考的偏斜故障征兆有:

(1)轴承、密封、轴或联轴器过早失效。这已经是严重的故障了。

(2)联轴器失效数目多,磨损大。

(3)联轴器护罩内侧,有过量的滑油或油脂;轴承密封处有过量的漏油;轴承附近油温过高,更换润滑油时,排出的机油温度过高。

(4)弹性联轴器在开机后温度上升较快。

(5)橡胶类弹性联轴器,在护罩内会发现橡胶粉末;在滑动轴承的油液中,因轴瓦与轴颈粉的摩擦,金属屑含量过高。

(6)由于应力集中,在接近轴的内侧轴承处,或者在联轴器附近,轴产生裂纹甚至断裂。

(7)由于不正常的额外扭矩作用,联轴器的连接螺栓加快松动或者损坏。

(8)由于存在复杂的振动,基础螺栓松动会加快。

(9)由于偏斜程度不同,机器性能不稳定,同类机器设备寿命不一样。

9.2.2　偏斜角度与轴线偏移的表征

由于要求轴与轴之间有十分高的对准精度，所以轴系的结构偏斜角度数值应该很小。利用军事与航海中的单位密位(mil)来描述如此小的偏斜角度比较合适。所谓密位，就是将 2π 弧度(rad)或 360 度(°)的圆周角等分成 6000 份，即 $2\pi\text{rad}=360°=6000\text{mil}$。密位与度、毫弧度的换算关系如下：

$1\text{mil}=360°/6000=0.06°$(或 $1\text{mil}=2\pi\text{rad}/6000=0.0010472\text{rad}\approx 1\text{mrad}$)

$1°=6000\text{mil}/360=16.6667\text{mil}$

利用密位计量偏斜角度不仅结果精密，而且还可以将偏斜角度转化为相对长度(高度或距离等)来测量。对于半径为 r 的圆，圆心处一个张角 β 所对应的弧长为 βr，由于张角 β 很小，弧长可以用一条垂线长度 $\Delta h(\approx\beta r)$ 来近似替代，如图 9.2 所示。又由于张角 β 很小，有 $\sin\beta\approx\beta$，因此

$$\beta \approx \sin\beta = \frac{\Delta h}{r} \tag{9.1}$$

1mil 即近似为当 $r=1000\text{mm}$、$\Delta h=1\text{mm}$ 时的夹角，也就是 0.06°或 1mrad。这样一来，就建立起一个偏斜角度大小的直观印象，即在图 9.2 中，1°偏斜角度，大约是 1m 的跨度上，16.6667mm 高度所呈现出的角度。不仅如此，我们同时也把角度的测量转化为一个微米级($1\mu\text{m}=0.001\text{mm}$)的高度测量与式(9.1)的换算问题。

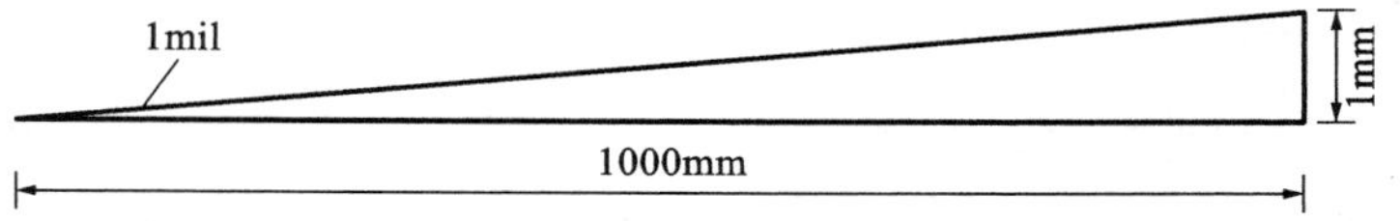

图 9.2　角度的密位单位与用近似长度之比表示密位

(1 密位$=0.06°\approx 1\text{mm}/1000\text{mm}=0.001\text{rad}$)

偏角的度量是高度与跨度的比值，是个相对长度量，轴线不对中是绝对的距离量，在英文书籍中，往往用英寸(inch)来度量，因为不对中轴线距离很小，所以也用更小的单位即密耳去表征和度量，此时密耳是千分之一英寸，也用 mil 表示。

$1\text{inch}=1000\text{mil}=25.4\text{mm}$

$1\text{mil}=1/1000\text{inch}=0.0254\text{mm}=25.4\mu\text{m}$

$$1\ \text{密位}=0.06°\approx 1\ \text{密耳}/1\ \text{英寸}=1\text{mil(密耳)}/1\text{inch} \tag{9.2}$$

密位和密耳都可以视为长度量。只不过它们一个是相对量(密位)，用以换算角度；一个是绝对量(密耳)，用于表示不重合的平行轴线之间的距离。由于都用 mil 表示，容易引起歧义。在不引起误会的情况下，可以统一称用密位或密耳。无论如何，轴系校正测量中，只需测量距离即可掌握轴系各类偏斜的程度，这就给偏斜的检测带来极大的方便。

9.2.3　偏斜的测量工具与测量方法

轴系偏斜的校正最重要的是三个步骤：测量、校正、工艺过程控制。其中，测量是最基本的工作，校正是目的，工艺过程控制是影响偏斜校正效果的潜在因素。在生产实践中，这三者大致上是按倒着的顺序进行的。首先来看看测量工具与测量方法。

所有的经典的、现代的量具，都可以用来测量轴系的偏斜量。包括：(1)低精度的直尺、内外卡钳、塞尺(厚薄规)，高度、深度、厚度游标卡尺等；(2)万能角度尺、游标量角器、正弦规等尺角度量具；(3)各种精度的量规(量块)；(4)利用螺旋测微原理制成的百分尺与千分尺，以及百分表与千分表等指示式量具；(5)测量角度变化的条式、框式水平仪，光学成像水平仪等常用量具。这些量具及其使用方法在有关量具、公差与配合等工艺书籍中都有，例如读者可阅读参考文献[3]。现代量具技术发展不但提高了测量的精度，并且在读数方面采用了电子显示方式，便于使用。例如，测量轴转速用的光学解码器、测量轴振动的涡流传感器，以及激光检测仪(图9.3)，利用CCD(电荷耦合器件)的电荷耦合装置以及红外干涉仪等[2]，都可以高精度地测量轴的径向位移。

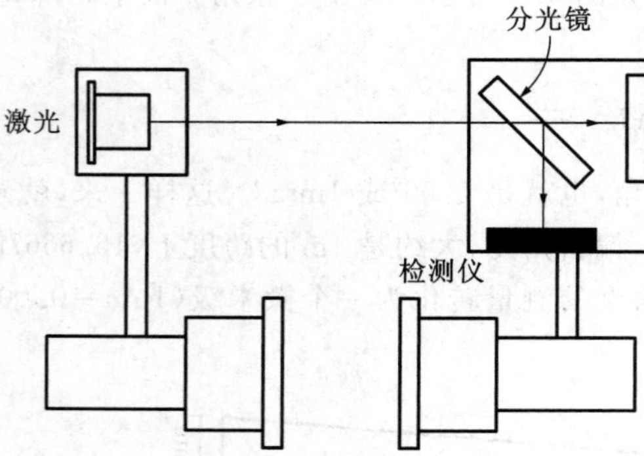

图 9.3　激光检测仪[2]

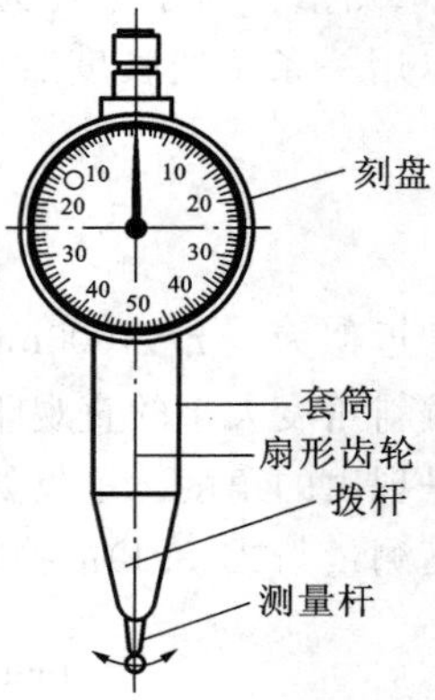

图 9.4　杠杆千分表[3]

事实上，千分表已经具有足够的精度，由于它是试验场地普遍使用的测量工具，所以我们以其为例，说明偏斜程度的测量方法。千分表，顾名思义，其测量精度为千分之一毫米，即微米量级。百分表和千分表结构原理基本相同，只是千分表的读数精度高，读数值为0.001mm，而百分表的读数值为0.01mm。结合密位的定义，从这个量级中可以看到，百分表也可以有较好的精度。千分表或百分表是齿条与齿轮系组成的，测量杆带动齿条做直线移动，通过齿轮传动转变为指针回转运动。由于测量杆是做直线移动的，可用来测量长度，是长度测量工具。对于百分表，其测量杆直线移动1mm时，指针正好回转一圈。另一种形式的千分表为杠杆千分表，如图9.4所示，它由杠杆和扇形齿轮组成，刻度盘等分为100格，1格所表示的测量值为0.002mm。

根据不同的现场条件、精度要求和测试经验，测量的方法有多种，如图9.5、图9.6所示(图9.5至图9.11均引自文献[2])。可以用单表测量，也可以用多表测量；可以测量径向位移，也可以测量轴线位移。图9.5中给出的是单表、双表和多表测量方法，在单表和双表测量方法中，要在被测轴处标记12点、3点、6点、9点4个位置，它们分别是调整高度、横向位移所需的误差或位移。在驱动轴和从动轴不存在弯曲、偏心等情况下，转动一根轴即可完成四个位置的测量。否则就要同时转动需要连接的两根轴以消除各个轴的弯曲与加工误差带来的影响。在某些情况下，盘车一周比较困难，则布置多表，如图9.5(c)所示，则不需转动轴即可完成测量。图9.5(d)是周向位移的单表测试方案。事实上，在测量轴系连接偏斜时，首先应该保证每根轴的加工与装配精度，否则获得的测量值不准确。后面将继续讨论该类问题。

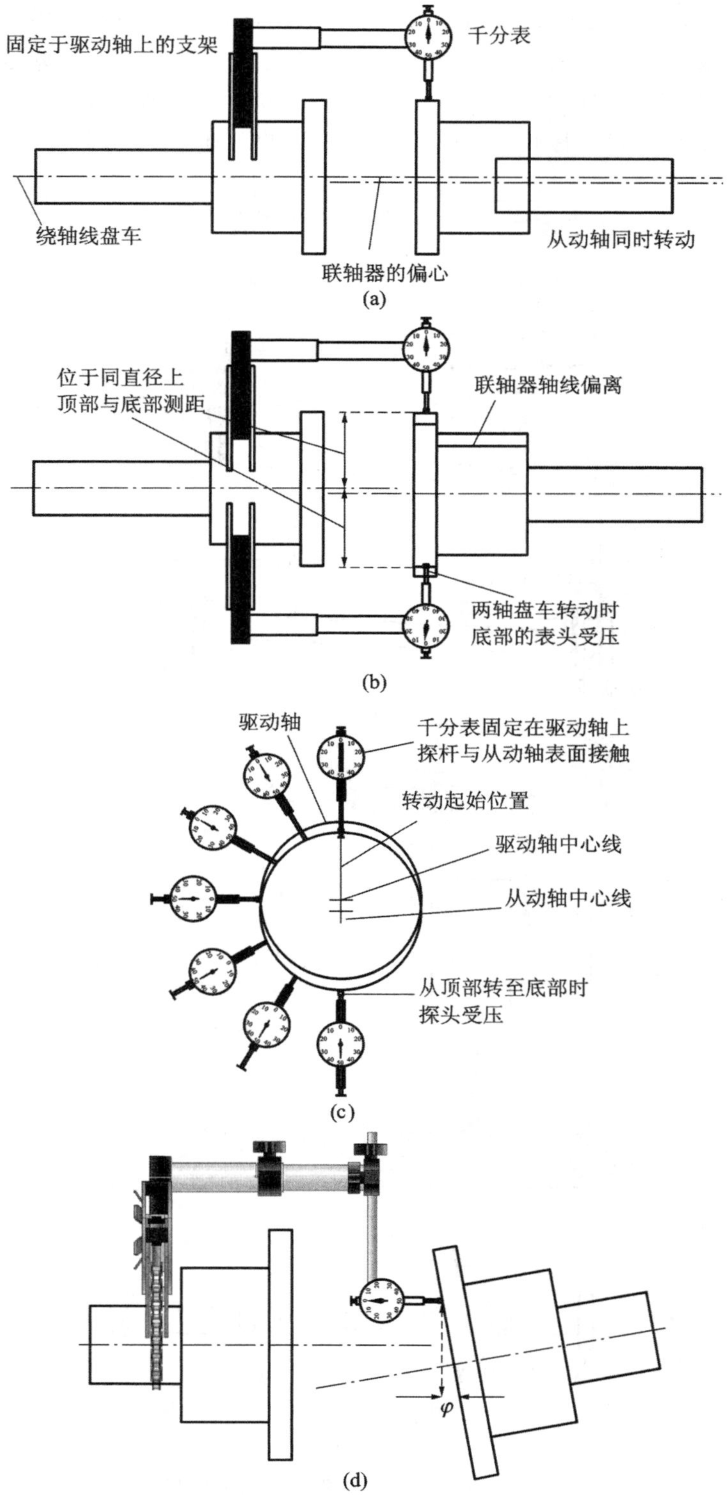

图 9.5 利用千分表测量轴线偏离与偏角

(a)单个千分表测量;(b)双千分表测量;(c)多个千分表测量;(d)千分表测量边缘面确定偏角

依据前面关于密位的讨论，偏斜角度的测量已经转化为距离测量，只要知道两个测点的距离，利用两个测点处的位移之差，除以距离即可得到角度是多少密位或换算为度。根据不同的测量目的和要求，有多种多样的测量方案，例如图 9.6 所示的几种方案。测试过程中，需要记录与换算，测量工程师应该有比较丰富的经验，这里不再赘述。

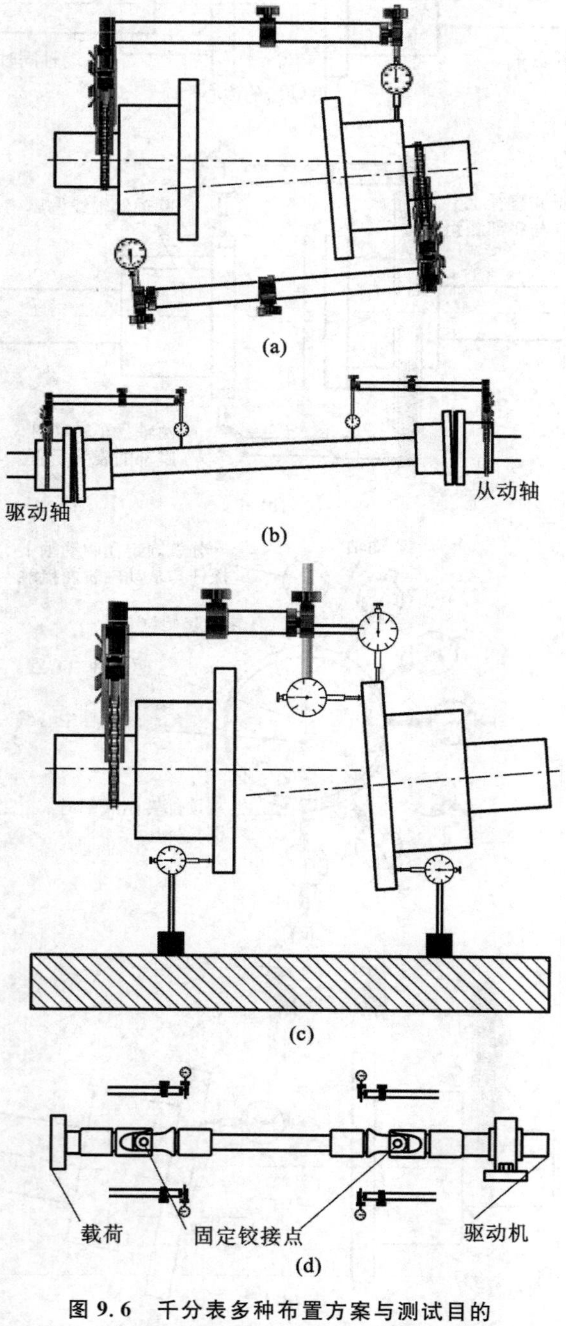

图 9.6　千分表多种布置方案与测试目的

(a)两个千分表互测；(b)驱动轴与从动轴上千分表测量轴的偏角(距离)；
(c)多个千分表同时测量径向与轴向位移；(d)多个千分表测量万向铰连接件的轴向位移

9.2.4　偏斜的调整与校正精度影响因素

轴系校正的目的，是使主动轴和从动轴两轴中心线保持在同一直线上。校正的精度关系到机器是否能正常运转，能否消除偏斜导致的非线性振动因素，这对于高速运转的机器十分重要。

(1)校正方法。校正的过程费时费力，但是校正的方法十分简单。即：通过上下、左右移动轴系的支撑框架，进行轴的对准连接，消除轴系连接的轴心线偏离与偏角，实现对中与对直连接。采取的措施是，调整机器的垫片、螺栓高度和长度等，记录调整过程与移动数据，包括垫片数量、螺栓扭矩以及调整后的偏斜量等数据。这种校正本质上是消除安装误差，提高机器的安装精度。

事实上，想要绝对校正轴系十分困难。因为偏斜的校正精度不仅与安装有关，而且和工艺要求有密切的关系。不同的工艺要求和加工精度，决定了校正的效果，决定了偏斜校正的上限和难度。所以轴系和机器的偏斜程度，反映了制造工艺的水准。

(2)校正精度的影响因素。安装误差可以不讨论了，因为通过校正可以消除。需要注意的是，机器的运行条件和零部件的自然状态会影响校正效果。例如，轴承的不均匀磨损，零部件的不均匀热膨胀，轴的弯曲变形等都会破坏轴系的对中特性。在机器使用中，需要定期检查，尤其是要记录并积累相关数据。为了校正轴系的偏斜，设计、制造和安装机器过程中，还要注意如下原则与要求：

(a)设计中，两轴对中的允许安装偏差不能只考虑传递扭矩的要求，而且要考虑偏斜程度对于机器的平稳、使用的可靠性与寿命等指标的要求。目前在零散的文献中有一些关于偏斜的容许误差的讨论，但国际上并没形成统一的标准。文献[2]中认为弹性联轴器应该有图 9.7 那样的精度，机器的额定转速越高，轴系偏斜的容许误差应该越小。图中，对于一个转速为 1000r/min 的机器，可接受的最大偏斜角度是 2 密位，即最大容许误差为 0.12°的偏角。如果仅仅从实现传递力矩功能的角度考虑偏斜误差，那么容许的偏斜角度可以放宽许多倍。当然，偏斜的容许程度与机器的使用条件和要求有关，振动大、寿命短的机器自然不需如此高的精度。但是，经济性和性能之间的权衡并不是这里要考虑的问题，我们所关心的是如何制造高性能的机器。

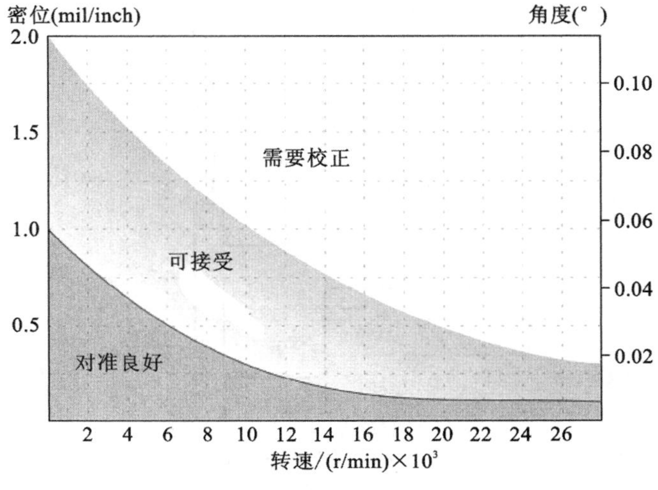

图 9.7　弹性联轴器的容许偏斜程度

即使是高精度的轴系与机器，在运行一段时间后，对准状态也会变差。2～5 密位属于轻微偏斜，联轴器内部零件将不得不围绕某中心公转，或通过产生一定的局部弹性形变去适应偏斜约束。5～10 密位属于中等偏斜程度，联轴器内部零件产生微小的弯曲变形，那些本来不动的零件，开始拉扯，由摩擦产生热量，机器性能退化。随着运行时间的推移，将出现不期望的后果。当偏斜超过 10 密位时，属于严重偏斜，联轴器内部零件将超出容许变形的范畴，轴将产生弯曲变形，继而在轴承上产生额外的径向载荷，油膜受到挤压，厚度减小，甚至轴颈与轴承瓦之间接触，产生摩擦，导致严重的后果。

(b)机器基础的不均匀分布影响测量精度。机器基础的高低不平，将产生与偏斜测量值量级相近的误差(图 9.8)，因而在偏斜校正与测量之前，应该进行基础的找平。

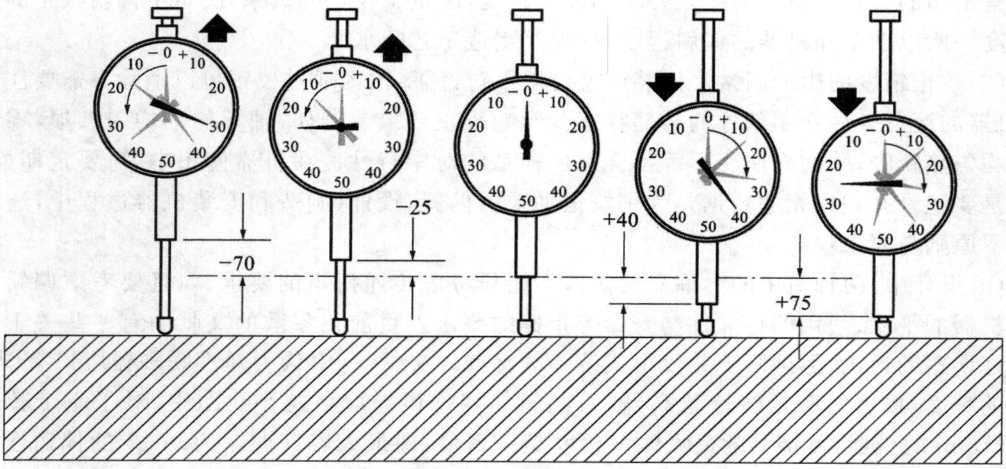

图 9.8 机器基础不平整产生的误差

(c)轴、轴承等加工精度与装配精度影响偏斜程度，是潜在的偏斜因素，并引起测量误差。减少轴系的偏斜对于工艺提出了更高的要求。图 9.9 中，尽管精确加工了各段旋转部件，但在装配时却产生了轴心线不重合的偏差，使得整根轴有两个转动中心线，这就引起了对准和测量的困难。

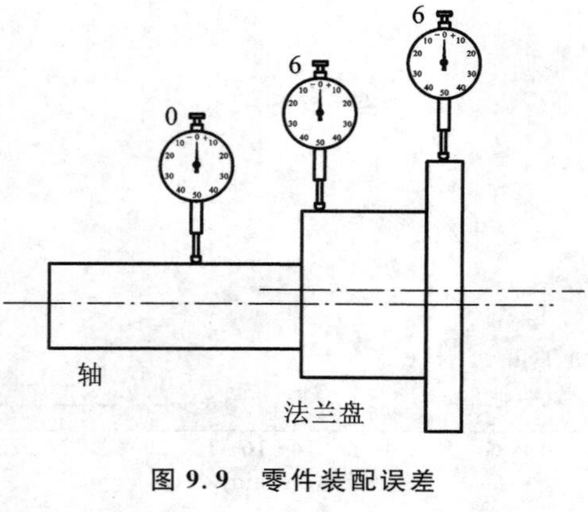

图 9.9 零件装配误差

(d)零件的工艺要求。加工的轴的直线度、圆柱度，零部件的镗孔偏斜与圆柱度，都是影响轴系安装精度的因素，并且这些加工误差因素对于安装过程而言，是潜在的、不可控的精度限制因素。不直的轴相当于力作用下的弯曲变形，但是与之不同的是，可以通过工艺控制来降低这种弯曲程度。另外，在测量中应该尽量把测表安放在弯曲轴靠近对接处的端部，以减小测量误差。镗孔的误差应该在工艺条件中加以要求。这里又一次看到偏斜对于设计、工艺、装配等过程提出的"额外"要求。

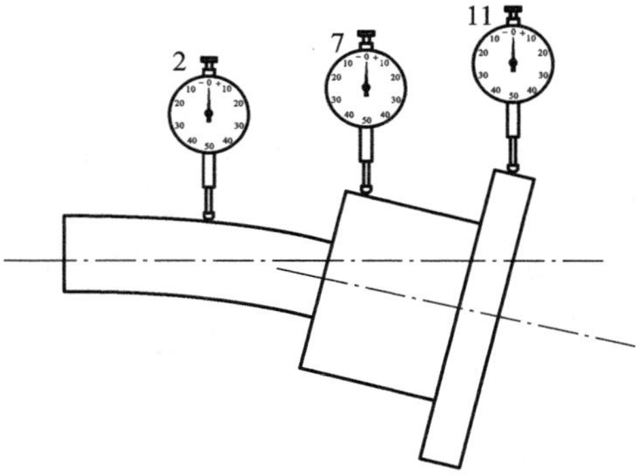

图 9.10　零件加工误差：轴的直线度

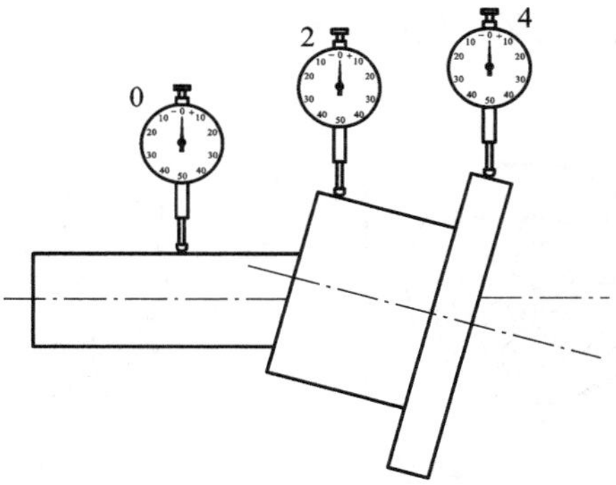

图 9.11　零件内孔：镗孔的椭圆度与轴线轴心偏角

偏斜现象的治理不仅仅是安装问题，它是个系统工程。有效地控制轴系偏斜因素，需要从设计、工艺与尺寸链、加工与安装的各个角度，进行一系列的过程控制。控制了轴系的偏斜因素，就控制了振动的复杂因素，为后续取得期望的动平衡效果奠定了基础。下面分析的轴承因素，也需要全面的过程控制。系统控制这些振动要素将增加系统化集成技术难度，也将增加设计尤其是制造费用。

9.3　滑动轴承的偏心率与油膜控制

轴的旋转离不开轴承，轴承包括滚动轴承和滑动轴承。下面重点分析滑动轴承，因为它涉及转子系统中的油膜控制问题，需要分析轴颈运动时的偏心率以及各种控制措施。航空发动机中采用的油膜阻尼器可以视为特殊的滑动轴承。

当轴旋转时，轴颈与轴承（轴瓦）之间存在相对速度，并且由于轴上的载荷，轴颈与轴承之间产生相互作用力。相对运动和相互作用力将会引起切向运动阻力，即轴承部件之间的摩擦。当轴颈与轴瓦直接接触时，将产生边界上的金属摩擦。为了减少边界摩擦与磨损，需要保持良好的润滑，将金属摩擦变为液体摩擦。边界摩擦和不良的润滑都会引起严重的振动，掌握润滑规律才能保证润滑和减振效果。油膜的控制就是轴颈的偏心率控制。

9.3.1　润滑条件

设 D 为轴承的直径，d 为轴颈的直径，则轴与轴承之间的间隙为 $\delta(\delta=D-d)$。如图 9.12(a)所示，轴静止时，轴心的最大偏心距为：

$$e_{\max}=\frac{D-d}{2}=\frac{\delta}{2} \tag{9.3}$$

轴与轴承表面之间充满了润滑油，形成油楔。设轴顺时针旋转，转动初期，由于转速低，轴与轴承表面仍然接触，存在金属之间的摩擦。由于摩擦的作用，轴沿着轴承内表面滚动爬坡[图 9.12(b)]。随着轴颈转速增大，右侧油楔内的液体压力不断升高，同时左侧压力降低，形成压差且不断增大。油压将轴推向左侧，如图 9.12(c)所示。达到一定转速后，油压合力与轴上的外载荷 P 平衡，轴颈稳定在左侧并保持一定的油膜厚度，形成液体摩擦，如图 9.12(d)所示。此时，轴心偏心距为 e、相对偏心率 $\bar{e}=\dfrac{e}{e_{\max}}$、偏心角度为 γ。在轴颈与轴承之间，存在一个保证润滑的最小油膜厚度 $h_{\min}$，它是保证仅有液体摩擦没有边界摩擦的最低限度。

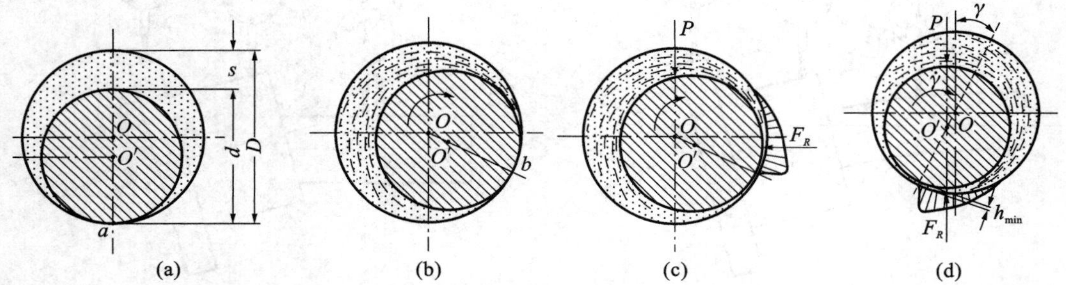

图 9. 12　油膜的形成过程

(a)油楔($\Omega=0$)；(b)转动初期；(c)压差形成；(d)油膜厚度

保持足够大的最小油膜厚度 $h_{\min}$ 是实现润滑、避免边界摩擦的基本要求。最小油膜厚度与轴承和轴的表面加工精度有关。图 9.13 中，δ_a 与 δ_c 分别是轴颈表面与轴承表面的粗糙度，它们取决于表面加工方法和加工精度。润滑的条件最下油膜厚度的极限值应保证两个表面粗糙度的高峰点不接触，即：

$$h_{\min} > \delta_a + \delta_c \tag{9.4}$$

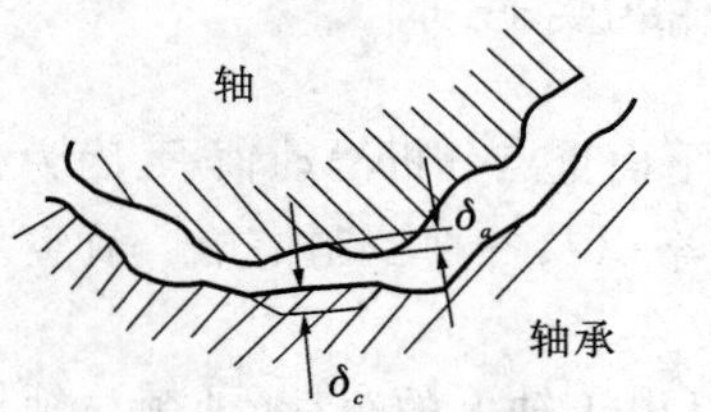

图 9. 13　轴与轴承的表面粗糙度

除了表面粗糙度之外，最小油膜厚度还与锥度、椭圆度等加工误差有关，并且与轴的弹性变形、转速、流体黏度、轴承间隙、轴承结构和承受的载荷等诸多因素有关。综合起来可以表示为：

$$h_{\min} = \frac{d^2 \Omega\mu}{E_0 P\delta C} \tag{9.5}$$

式中，d、δ 同上，分别是轴的直径和间隙；Ω 是转速；μ 是润滑油的黏度；P 是轴承单位投影面积上的载荷，当油膜与外力平衡时 $P=f_x+f_y$(见第 2 章)；E_0 为经验常数，$E_0=18.36(\approx 6\pi)$；C 是描述结构的系数，对于宽度为 w 的轴承 $C=\dfrac{d+w}{w}$。

从式(9.5)可以看出，转速越大，油膜越厚，承载能力越强，这是因为轴颈带入油楔的油量增加了。同样的道理，润滑油的黏度越大，油膜越厚，油膜压力越高。由于润滑油的黏度随着温度变化较大，所以油膜会随着轴的运行时间变化。油膜厚度与轴承上的载荷、轴承间隙等因素成反比，这是因为载荷大，就容易把润滑油从油楔中挤出来，大到一定程度就容易破坏油膜产生边界摩擦。上式反映的是静载荷与油膜厚度的关系，事实上，动载荷尤其是载荷的方向很重要。间隙过大，则润滑油容易从油膜两端泄漏出来，油膜不易形成并且当载荷方向发生变化时，容易造成碰撞和摩擦；间隙过小则油楔太小，油膜也不容易形成，并且轴与轴承容易“抱死”，烧坏轴承合金。这些都是定性规律，设计中可以进行定量分析。

9.3.2　动载荷与轴心轨迹

轴上的动态作用力是振动的根源，分解到轴颈上的作用力影响油膜厚度和润滑效果，因而确定轴上与轴颈上的动载荷有十分重要的意义。动载荷可以通过计算或者实验来确定。不同类型的机器，轴承上有不同形式的载荷，需要根据机器的动力源形式，在 360°或 720°(例如四冲程柴油机)的范围内，按照细小的角度区间逐条计算，获得动载荷图。下面选择一个典型的例子进行分析。图 9.14 是某 6 缸内燃机的第一、第二主轴承的轴承载荷。由于是四冲程内燃机，所以载荷变化周期是 720°，即轴旋转两周，将这个角度标注在载荷曲线上；用等高线标注载荷幅值，以 0 到 360°的射线标注载荷的方位角，即相对于轴承垂直中心线的夹角。这种载荷图是通过系列计算获得的。在 720°的范围内，首先计算气缸内变化的燃烧压力，然后分析连杆的运动并计算惯性力，随后分析连杆轴承上的作用力，最后分析主轴承与连杆轴承的连接关系，将连杆轴承形成的作用力系向主轴承上简化，获得动载荷图，如图 9.14 所示。

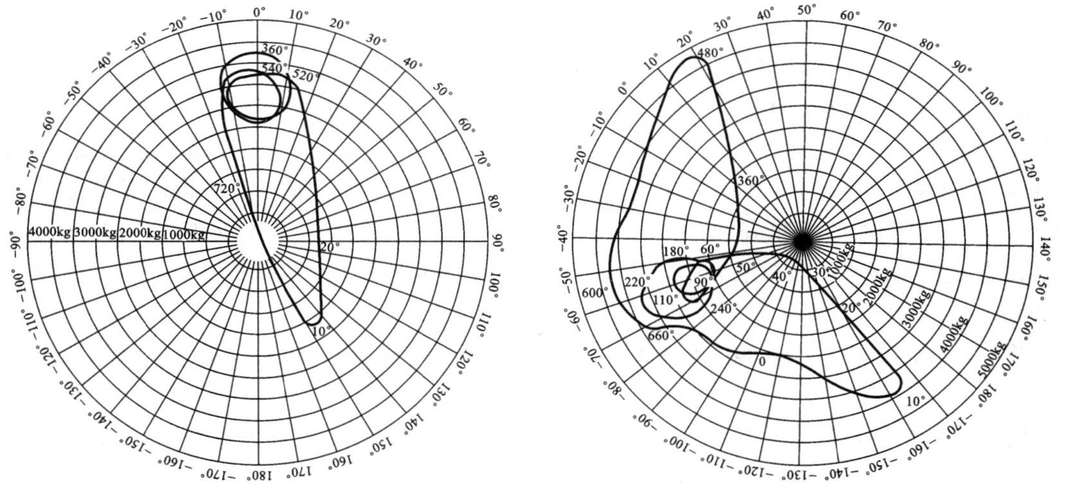

(a)　　(b)

图 9.14　某四冲程内燃机的主轴承动载荷

(a)第一主轴承；(b)第二主轴承

(载荷变化周期为 720°：0～180°动力冲程，180°～360°排气冲程，360°～480°吸气冲程，480°～720°压缩冲程)

实际上，旋转轴受各种因素的影响，所以动载荷比较复杂。以燃气轮机为例，偏斜、叶片振动及其通道内工质的流场、转速的变化甚至某些故障等因素，都将构成载荷成分，并且使得载荷变得十分复杂。事实上，即便是简单的不平衡力，也只能通过振动测试确定其实际偏心量的大小和偏心的位置。这说明，确定动载荷是研究轴系和转子振动的核心工作。理论上，为了避免问题的复杂化，可以根据不同的研究目的，有针对性地考虑载荷类型与成分。例如，参考文献[4]在研究带中介轴承的高推重比涡扇发动机的支点振动时，考虑了不平衡量、转子弯曲变形及轮盘惯性力矩等因素，计算了不同转速下中介支点的动载荷，通过优化高压涡轮的轴颈结构和低压涡轮的支点位置，减小了支点的动载荷和振动响应。振动控制需要研究动载荷，轴承

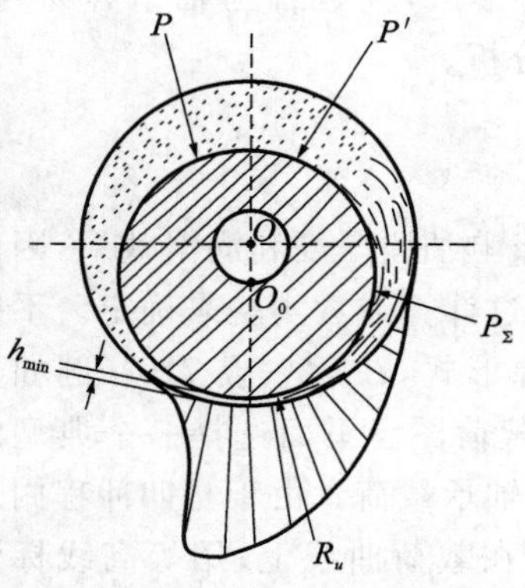

图 9.15 轴心运动原理

设计也要研究动载荷。

通过轴上的载荷分析可以进一步确定轴承上的动载荷。根据轴承动载荷，可以分析油膜厚度、油膜作用力、轴心运动轨迹。假定转速、载荷大小和方向、油膜黏度都不变，那么轴颈将稳定在轴承中的一定位置上，此时油膜压力的合力 R_u 与轴颈外载荷 P 平衡，如图 9.15 所示。现在，由于载荷 P 的大小和方向连续不断地变化，则在不同的时刻，原本与油膜压力的平衡关系就被打破了，动载荷 P 变为图中的 P'，它与力 R_u 形成合力 P_Σ。在这个不等于零的合力作用下，轴颈在轴承中连续不断地运动，轴心则绕着轴承中心运动。由于油膜压力也随着外载荷变化，所以轴心轨迹最终取决于外载荷的形式。在外载荷 P 的大小不变而仅仅旋转时，轴心轨迹是圆，外载荷只包括不平衡离心力的情形就是如此。实际中的载荷比较复杂，例如图 9.14 中所计算的载荷，在任意方位和角度上，其大小都不一样，这就导致了复杂的轴心轨迹，如图 9.16 所示，图 9.16 中同心圆表示相对偏心率 $\bar{e}=\dfrac{e}{e_{\max}}$。

式(9.5)表明，在静载荷情况下，最小油膜厚度与载荷幅值成反比。但是，在载荷方向不断变化的情况下，不能仅仅用载荷的幅值去衡量油膜的厚度。这是因为载荷方向的变化使得轴心绕轴承中心既有径向运动又有切向运动，在轴心轨迹曲线上任意一点，运动速度沿切线方向，它可以分解为径向速度和切向速度，如图 9.17 的 A 点所示。轴心运动将油膜力分解为两部分，径向速度产生油膜冲击、挤压效应，切向速度则使得油膜产生旋转效应。切向速度将导致润滑油流量和油膜厚度变化，油膜力的变化将产生参数激励力，参数激励下的自激振动即油膜振荡。

考虑动载荷作用，通过轴心轨迹图可以找到最大相对偏心率，从而确定最小油膜厚度。

$$h_{\min} = (1-\bar{e})e_{\max} \tag{9.6}$$

由于载荷是变化的，实际的最大偏心率或最小油膜厚度并不发生在最大载荷的位置。图 9.18 是某四冲程内燃机的连杆轴承的载荷 P、油膜最大压力 $P_{\max}$ 与相对偏心率 $\bar{e}$ 与转角 φ 的关系。可以看到，最大偏心率并不发生在最大载荷处，这是因为动载荷的旋转减少了建立油膜的旋转速度，后面将有利于建立油膜的转动速度称为有效角速度。

在设计中，动载荷与轴心轨迹可以通过理论计算获得，偏心率与最小油膜厚度也可以确定下来。对于一台运转的机器，可以通过测量轴心振动以及润滑油的流量等数据，直接获得或经换算得到载荷分布与轴心轨迹信息，以此掌握轴颈的偏心、轴承油膜厚度与油膜力的变化情况。针对滑动轴承进行这样的设计计算和测试分析工作，对于制造具有良好性能的机器相当重要。

9.3.3 动载荷的旋转与油膜的破坏机理

上面提过，载荷的转动导致的参数激励是产生油膜振荡的原因，载荷的转动产生的切向速度还破坏油膜。设轴颈自转角速度为 Ω，不失一般性，假设轴承也具有转动角速度 ω_c，例如航空发动机的减振阻尼器或内燃机的连杆轴承就具有旋转速度。进一步地为了简单起见，假定

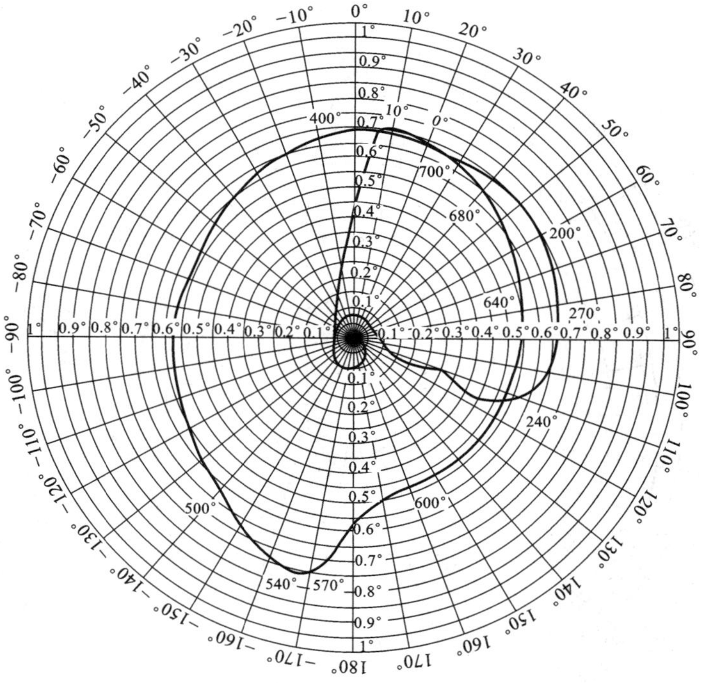

(a)

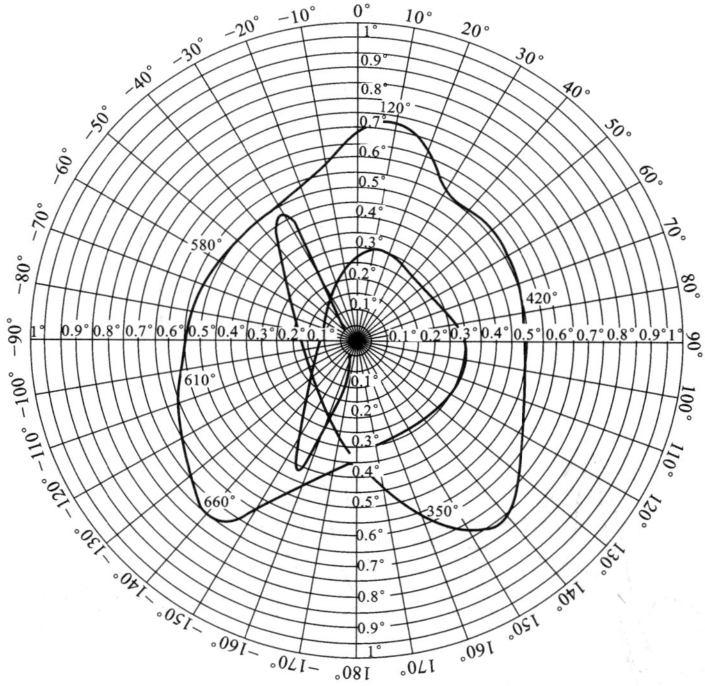

(b)

图 9.16　某内燃机第一、第二主轴承轴心轨迹

(a)第一主轴承轴心轨迹；(b)第二主轴承轴心轨迹

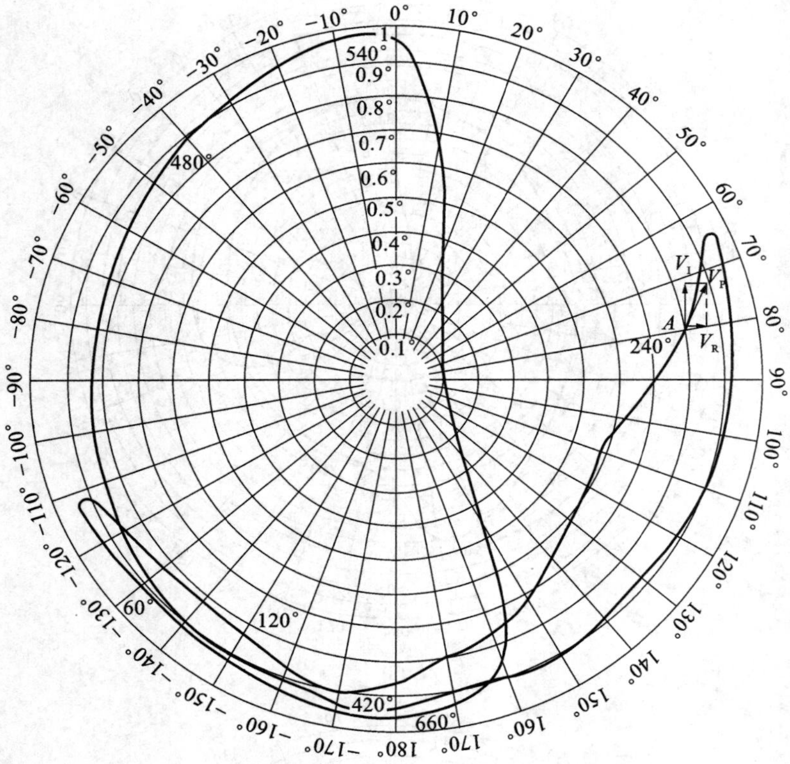

图 9-17 轴心轨迹与切向速度

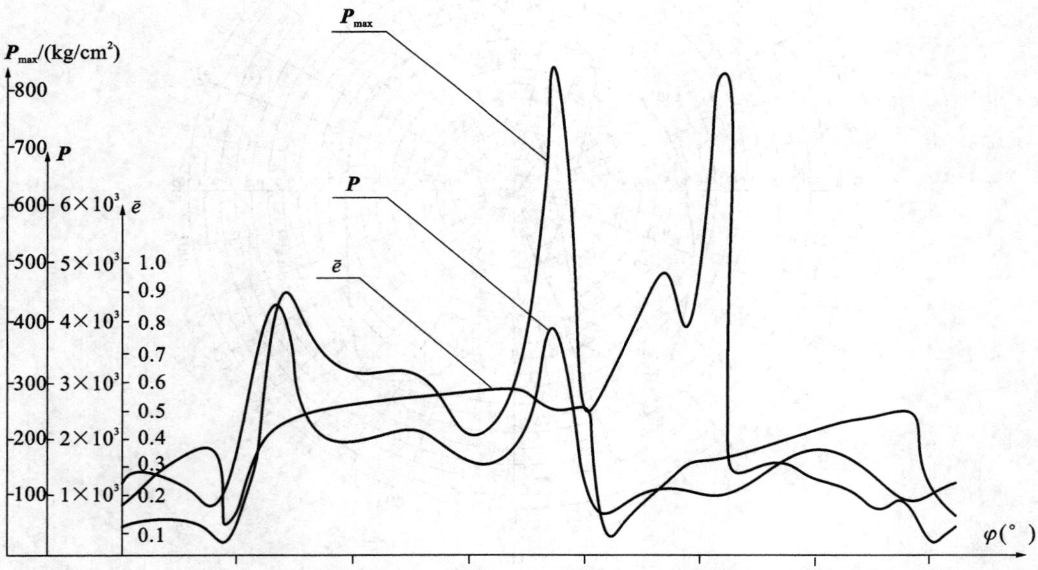

图 9.18 轴承载荷 P、油膜最大压力 P_{max} 和相对偏心率 $\bar{e}$ 与转角 φ 的关系

轴颈上的载荷幅值不变，但是随着轴心公转，公转角速度为 ω_p。如果站在公转的动坐标系上看，动载荷 P 是固定不变的，如图 9.19 所示，这相当于对整个轴承与轴颈系统施加了一个反向旋转速度 ω_p。在静载荷下最小油膜厚度的公式(9.5)中，油膜的转速必须是把润滑油带入油楔的转速，即有效转速。在轴承不动、载荷不转的情况下，有效转速就是轴颈的自转速度 Ω，它能反映轴颈与轴承的相对运动关系，即自转速度唯一地决定了润滑油的流场。现在情况不同了，流场取决于三个转速叠加后的相对运动。将润滑油带入油楔的有效转动角速度 ω_e 为：

$$\omega_e = (\Omega - \omega_p) + (\omega_c - \omega_p) = (\Omega + \omega_c) - 2\omega_p \tag{9.7}$$

其中，轴颈转速 Ω 与轴承转速 ω_c 将润滑油带入油楔，而轴心公转的进动角速度 ω_p 起到了相反的作用，它将润滑油带出油楔。由于载荷转动速度(或轴心公转角速度)ω_p 可以在一定范围内变化，当出现某个转速使得有效转动角速度 $\omega_e=0$ 时，即

$$\omega_p = \frac{\Omega + \omega_c}{2} \tag{9.8}$$

根据油膜形成原理，此时，润滑油不能带进油楔，从而无法形成油膜，没有油膜的轴承中则发生边界接触，产生金属摩擦。在轴承不转动的情况下，当 $\omega_c=0$ 时，有：

$$\omega_p = \frac{\Omega}{2} \quad 或 \quad \Omega = 2\omega_p \tag{9.9}$$

边界摩擦可以视为严重的振动后果，而且边界摩擦也会产生自激振动。

上面利用载荷转动情况分析了油膜的变化情况。大部分文献利用油膜力的变化进行分析，例如可参阅文献[1,2]。由于载荷与油膜压力之间存在一定的关系，所以二者在本质上是相同的，但是，过程和结论不完全等同。利用油膜形成机理分析时注重的是物理解释，很容易理解油膜的状况，给出的结果同样是 1/2 亚谐波振动条件，但是面向的是最终的摩擦后果，或者是严重失稳的运行工况。而利用油膜力分析，注重的是碰撞之前的振动机理，因为它分析的是流体的平均流速，以及作为转子振动系统的刚度和阻尼参数的油膜力，因而可以写出非线性参数激励振动方程，求得 1/2 亚谐波振动的解，乃至求得自激振动导致的油膜振荡，所以解释的是振动产生的过程，最终的结果都是振动机理和严重的碰撞与摩擦。监测润滑油流体的平均流速是预防措施，而仔细分析轴颈载荷、通过计算轴心轨迹设计并校核轴瓦与轴颈之间的偏心间隙、工艺上控制表面光洁度等，是防止油膜振动发生的控制措施。

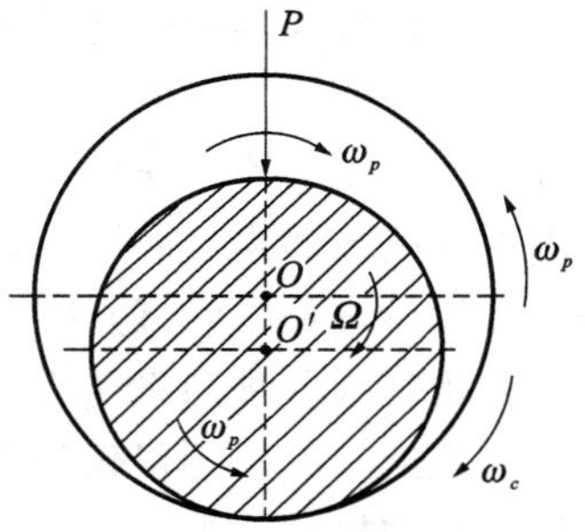

图 9.19 载荷随着轴心公转对液体润滑的影响

9.3.4 影响轴承可靠性的其他因素

上面讨论了轴承的振动产生机理和控制措施，有诸多因素影响轴承工作的可靠性，对于这些因素，在转子系统动力学中往往不予以考虑，但是它们与振动控制有不同紧密程度的关系。包括：

(1)结构因素。设计中，轴瓦的壁厚、直径、宽度、油槽、表面外形、过盈配合、间隙等，与油膜的压力、温度等有很大的关系。例如：轴瓦与其基座的装配过盈量过大将产生较大的压应力，导致轴瓦变形和应力超过屈服强度；过盈量过小以及光洁度不高，则影响轴承散热，润滑油进出温差大则黏度变化大，并且温度升高后最小油膜厚度减小。又如，轴承间隙是轴承可靠性

的重要参数，润滑油的循环量与轴承和轴颈的间隙的三次方成正比，同样润滑油压力下，保持适当的间隙有利于轴承散热；间隙设计过大或者随着使用后的磨损，最小油膜厚度将会降低，当达到式(9.4)的极限值时，就会产生摩擦故障。轴承的间隙应该按照经验值来设计。再如，油膜压力大致与轴承宽度的三次方成正比；油槽也是影响油膜压力的重要参数，中间开槽的轴承油膜压力是不开槽的油膜压力的四分之一。在一些与转子动力学相关的文献中，主张通过开槽控制流速分布和油膜振荡，从工程的角度应该进一步考虑油膜压力或轴承承载能力的降低问题。除了上述结构因素之外，轴瓦的外形和厚度也是需要综合考虑的因素，可通过改变厚度和外形去适应轴系不可避免的偏斜。

(2)轴瓦的材料。轴瓦材料应该有足够高的机械强度和疲劳强度，在这个基础上，还要有抗磨性能，包括：启动与停机时，轴与轴瓦不咬合、不粘连；当轴瓦与轴颈有局部几何偏差变形时，能克服高峰载荷，使得载荷均匀化；局部的微量塑性变形可以吸附润滑油中的杂质等。另外轴瓦与瓦背之间应有足够的结合强度，不会因剪切力而发生脱壳等现象。

控制这些结构设计因素、工艺因素，以及材料微观作用等方面的影响因素，需要设计和生产经验，它们为转子动力学的基础理论和实验研究带来了挑战。

9.4 偏斜轴系的振动特征识别

控制偏斜与油膜引起的振动，目的是为实施动平衡提供干净的振动测试数据。

偏斜与油膜是机器不可避免的固有因素，即使最大限度地进行了控制，轴系振动中仍然会包含它们导致的不干净的振动成分。对于运行使用后的机器，还可能同时存在其他的诸多变化因素和故障因素。其原因是，机器在运行之后产生的热变形等现象会使振动条件产生变化；机器在运行过程中，会隐含着一些异常因素，这些异常因素同样也会导致复杂的振动。因此，需要分析掌握各种因素产生的振动特征，包括正常因素和异常因素产生的振动。

辨识振动特征不仅仅是为了进行故障检测与健康监控，而且需要利用这些特征去确认动平衡所需的振动数据。实践中，往往通过带通滤波器将所有的非同步和次同步振动响应排除掉，以获得同步进动的基频信号。如果系统隐藏着异常因素，那么这种做法会给动平衡带来误差，降低动平衡的精度和效果。由于难以将异常因素导致的振动从振动信号中剔除，所以实施动平衡的前提条件是，查找非同步振动的产生原因，采取校正措施，尽可能把异常因素的影响降低到最低程度。

对于转子系统，在振动数据中查找振动产生的原因本身就是一件难事，在很大的程度上，振动控制的难度源自于无法掌握全面的振动特征。这是因为转子动力学不可能面向耦合在一起的各种因素获得全面的振动特征，只能针对具体类型的机器和运行条件，考察特定因素在特定条件下所对应的振动特征。例如，偏斜和各种故障因素下，振动成分比较复杂，振动特征也因不同的条件而有所变化，因而提取的振动特征都有一定的局限性。除此之外，在振动测试的输出结果中，各种振动是耦合在一起的，这更增加了振动特征的识别难度。工程中理想的方式是，针对指定被测机器的类型和可能的振动，选择或者专门建立相应的动力学模型，通过分析和模型实验，获得有针对性的振动特征。揭示并归纳振动特征很有必要和应用意义，通过对它们的积累可以形成经验。

由于上述原因，迄今为止试图归纳转子系统振动特征的文献，虽然考察了各种因素，但是都难以全面涵盖各个因素产生的振动特征。因此，转子振动特征的识别，只能是针对某一类运行条件或故障因素，利用振动机理和一些结果，结合经验去分析和判别的过程。

9.4.1　观察振动响应

针对测得的振动响应，可以利用多种方式去观察转子的性质和振动规律，包括时间历程、频谱图、幅频特性曲线、极坐标图、级联图以及轴心轨迹图等。通过它们分析振动特征时，各有各的方便之处。针对同一个振动信号，可以从不同的角度同时观察，相互印证。

振动传感器直接输出的是时间历程曲线，提供直观的基本信息。从中可以看到，幅值小的高频成分是附加在幅值大的基频曲线上的“毛刺”。尤其是松动产生的“拍”在时间历程中十分清晰，一目了然，如图 9.20 所示。频谱图是经过傅里叶变换得到的频域上的信息，反映了响应中不同振动成分之间在频率与幅值方面的相对关系。级联图则是不同转速下的频谱图，它进一步反映了这种关系随转速的变化。将时域信息转化为频域信息，可以精确地获取振动信号中的频率成分及其幅值，根据这些频率之间的相对比值关系，判别是否为整数比，即是否存在倍频、分频振动，并判别振动的性质。尤其是从级联图中，可以看出振动频率、幅值与转速的关系，并识别自激振动等重要振动，如图 9.21 所示。

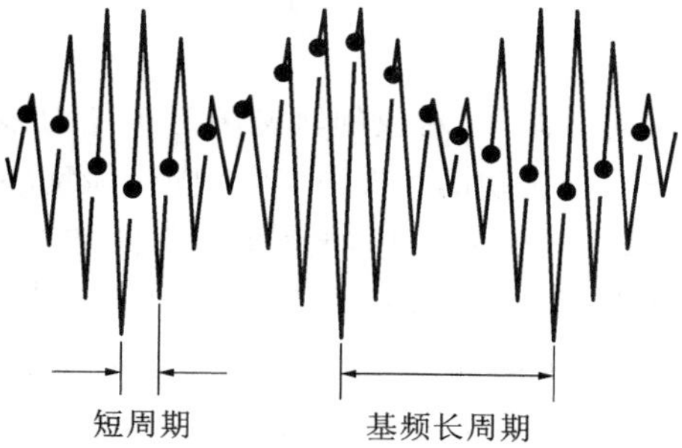

图 9.20　时间历程中松动产生的“拍”

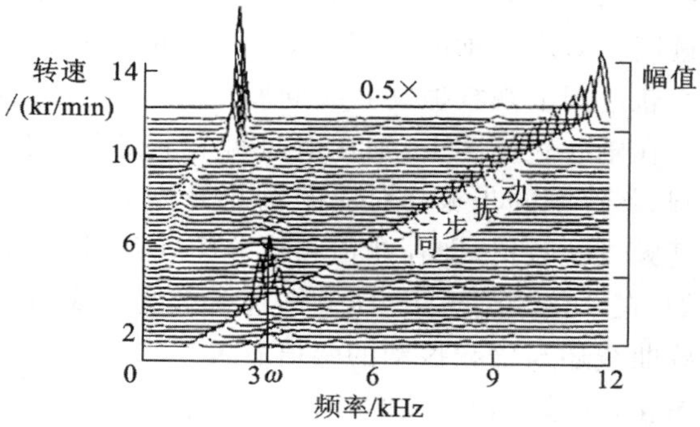

图 9.21　级联图中弹性叶片引起的自激振动

针对同步进动，从振动中提取振幅与相位在频域上的变化信息，就是幅频特性与相频特性图。由于相位在共振区是剧烈变化的，共振频率点的前后相位相差 180°，就构成了同步共振的一个特征判别原则。如图 9.22 与图 9.23 所示，当对频率施加一定的限制后，例如限制至共振频带，频域上的相位和振幅图也被称为波德图(Bode plot)，振动测试仪器中经常使用这个由 Bode 最先定义的称呼。

极坐标图是从波德图中消除频率参量，得到的振幅与相角之间变化关系图，或者说是在极坐标中表示的、以频率为参数的振幅与相角关系曲线。从极坐标图中，可以很方便地判别转子不平衡量的方位，如图 9.23 所示，利用激励力与振动响应的相位滞后关系，测得了最大共振峰值的位置，则与之垂直的惯性力相位一目了然。极坐标的另一个用途是处理振动测试中的初始偏摆数据[6]。偏摆指的是在极低速转动阶段轴几乎不振动的情况下，由于被测轴段的不同心、永久弯曲、局部缺陷，或者由于轴段物理性质变化等导致的振动传感器测量误差，振动传感器系统输出了电压波动信号。此时，可以在极坐标图中将转速为零的原点移动至偏摆的振幅处，然后开始观察并记录振动，形成新原点下的极坐标图，以修正混有初始偏摆的基频相位与

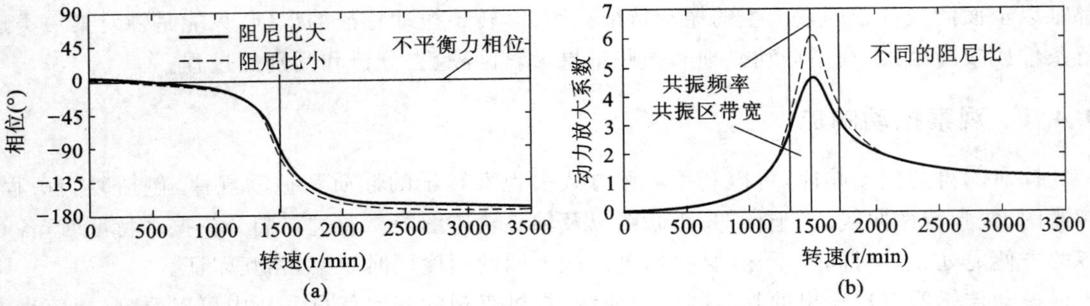

图 9.22　波德图

(a)相位变化；(b)振幅变化

幅值[6]。在转子的动平衡中将进一步讨论偏摆的处理方法。

波德图和极坐标图只适合于同步基频的检测，即它仅适用于分析滤波后的干净数据，是实施动平衡时可以使用的观察方式。

上面介绍的极坐标图是频域上振幅与相位曲线的合成结果，它隐含着振幅与相位随转速变化的所有结果。轴心轨迹图(或称为轨道)则是根据轴心振动的时间历程，在极坐标上表示的以时间为参数的曲线，隐含着轴心位移随时间变化的情况。对应于每一个转速，有一幅轴心轨迹图。对应于轴的任何振动，轴心都有相应的轨道，或者说都有相应的轴心轨迹图，所以从轴心轨迹图上观察振动并判断原因，是本能且直观的方法。

在轴心轨迹图上，轴在横向两个正交方向上的等幅同步振动，对应的轨迹图是半径为振幅的圆，不等幅同步振动对应的轨迹图是椭圆。在含有非同步振动的情况下，若非同步振动频率与基频成整数倍，即存在倍频或分频(有时称为次同步振动)的情形，则轨迹图是封闭的曲线。例如，在 2 倍频情形下，轨迹图包含 2 周曲线，在 3 倍频时，轴心轨迹包含 3 周的曲线。当然，这些曲线还与倍频振动的幅值有关：当幅值很小时，轨迹图中的曲线半径就很小，轴心轨迹发生退化，即基频轴心频圆或椭圆轨迹在某点附近的局部形状发生改变。图 9.24 是转速为 Ω 的同步进动向量 ρ 与转速为 ω_c 的非同步涡动向量 e 合成为轴心轨迹的原理。

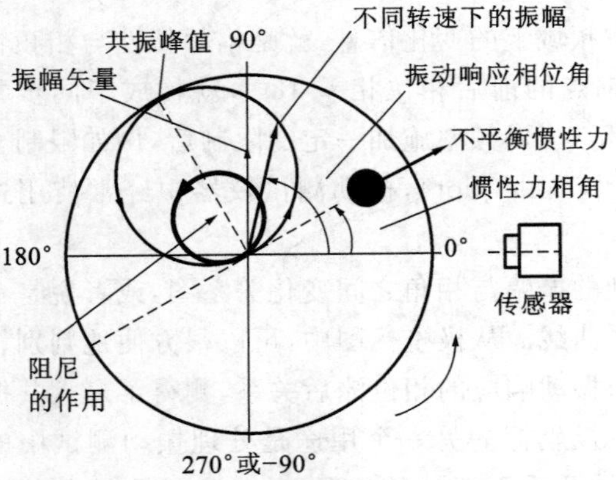

图 9.23　极坐标图(转速是隐含的参数)

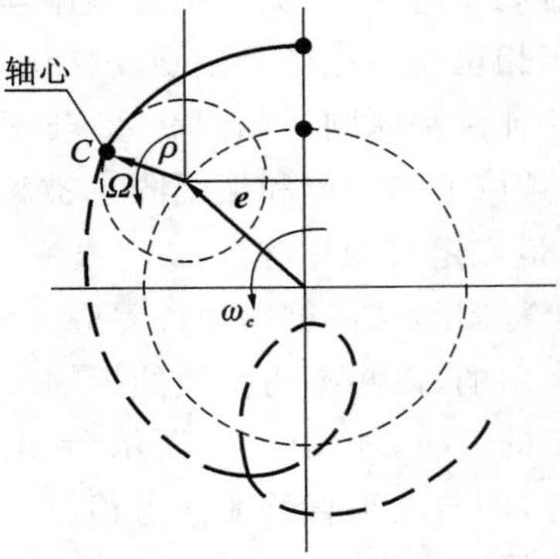

图 9.24　轴心轨迹的分解与合成

如图 9.25 所示，在没有过多振动成分的理想情况下，且在非同步涡动 ω_c 与同步进动 Ω 具有整数比例关系时，轴心轨迹的大致变化规律为：

(a)微小振幅的 2 倍频振动把基频同步轨道变为某点向内收缩的曲线，例如把基频圆收缩为“苹果”形曲线，把基频椭圆收缩为弓形曲线，如图 9.25(a)所示。

(b)微小振幅 3 倍频振动，使得基频同步轨道在两边上相对的两个点处向内收缩，例如，把基频圆收缩为类似于两个半圆合成的“8”字形曲线，把基频椭圆收缩为“花生”形曲线，如图 9.25(b)所示。

(c)$\Omega=n\omega_c$ 与 $\omega_c=n\Omega$ 的图形类似，但是前者在曲线上有 n 个相位参考信号，表示在振动测试中，转轴上的相位参考点转动了 n 圈，经过键相器 n 次，后者只有一个相位参考信号。

(d)当基频同步涡动频率 Ω 与非同步振动频率 ω_c 成整数倍关系时，轴心轨迹是闭合曲线，所以也叫轴心轨道。如果它们不成整数倍关系，那么轴心轨迹图上的曲线就不闭合。

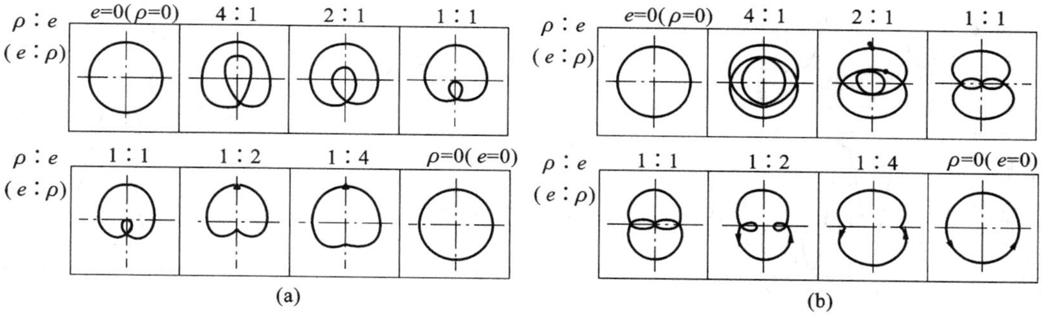

图 9.25 正向涡动情形

(a)$\Omega=2\omega_c$ 或 $\omega_c=2\Omega$；(b)$\Omega=3\omega_c$ 或 $\omega_c=3\Omega$

当非同步振动频率 ω_c 与同步涡动频率 Ω 相反时，在仅仅包含两种谐波成分的情况下，反向涡动轴心轨迹如图 9.26 所示。反向非同步进动将同步涡动轨迹变为花瓣、三角形等不同形状。事实上，只包含基频和 2、3 倍频成分的振动仅仅是特殊情况，由于各种因素的存在，实际振动包含多种非基频成分，并且它们与同步基频不一定成整数倍关系，所以振动测试中将出现各种复杂多样或奇形怪状的轴心轨迹。这种情况在反向涡动时，变得更加复杂。

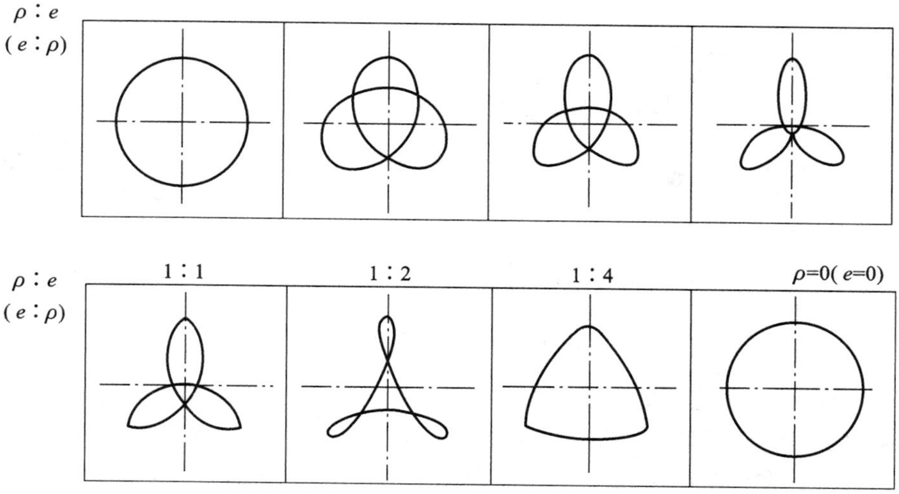

图 9.26 反向涡动轴心轨迹($\Omega=-2\omega_c$)

图 9.27 中,我们给出一个特别的例子[5],它显示了从时间历程到谱分析与轨道合成的过程。对应于正交方向上两个横向振动,在时间历程和对应的两个频谱图中,都显示振动响应中只有主频(基频)分量和 2 倍频分量。利用两个横向振动的时间历程,合成的轴心轨迹图同样也显示了两个频率分量的幅值。之所以说这个例子特别,是因为需要特别注意其基频与倍频振幅的大小关系。结合频谱可知,轴心轨迹图中,基频振幅小,所以是小半径轨迹,而倍频振动是大半径轨迹,曲线转两周重合,所以是周期振动,它与时间历程中的周期性一样。

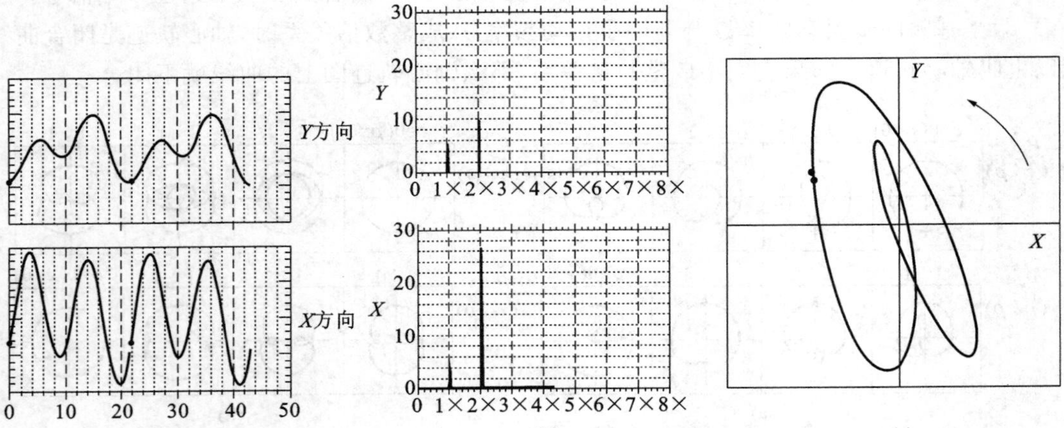

图 9.27　振动响应的不同观察角度(指定转速且包含基频与 2 倍频)

(a)时间历程;(b)功率谱;(c)轴心轨迹(时间是轨道参数)

在第 1 章,我们讨论了轨道分解的过程,并且介绍过全频谱(Full spectrum)的概念。针对图 9.27 的例子,可以将轴心轨道滤波,分解为图 9.28 中的两个进动。为了判别进动的旋转方向,将轨道的负频谱变换出来,和正频谱合在一起,构成全频谱,如图 9.29 所示。从中看到,反向涡动的振动幅值小于正向涡动的幅值,因而在图 9.28 中的 1×与 2×轨道都是正向进动。

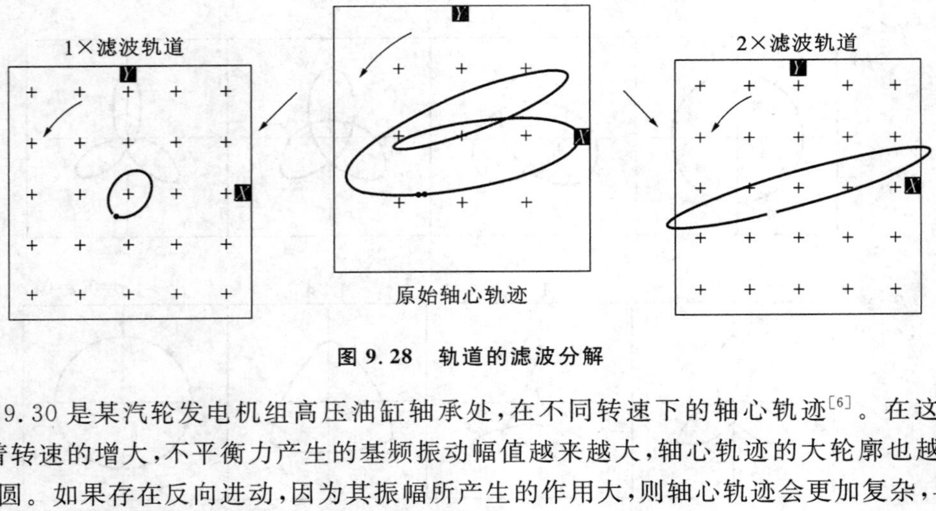

图 9.28　轨道的滤波分解

图 9.30 是某汽轮发电机组高压油缸轴承处,在不同转速下的轴心轨迹[6]。在这个例子中,随着转速的增大,不平衡力产生的基频振动幅值越来越大,轴心轨迹的大轮廓也越来越接近于椭圆。如果存在反向进动,因为其振幅所产生的作用大,则轴心轨迹会更加复杂,与倍频、分频振动叠加后,轨迹会向三角形、花瓣等形状演化。

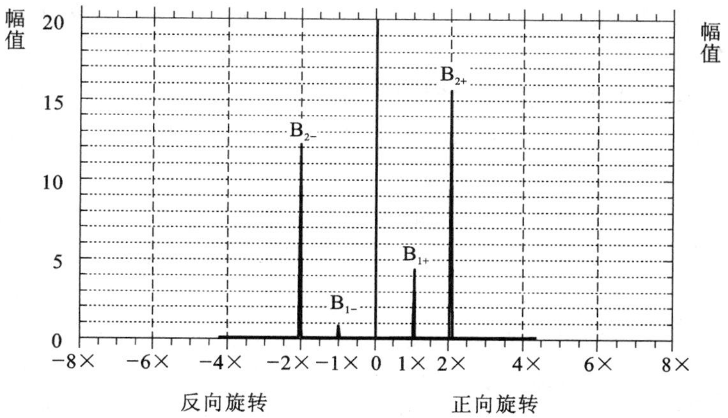

图 9.29 轨道的全频谱

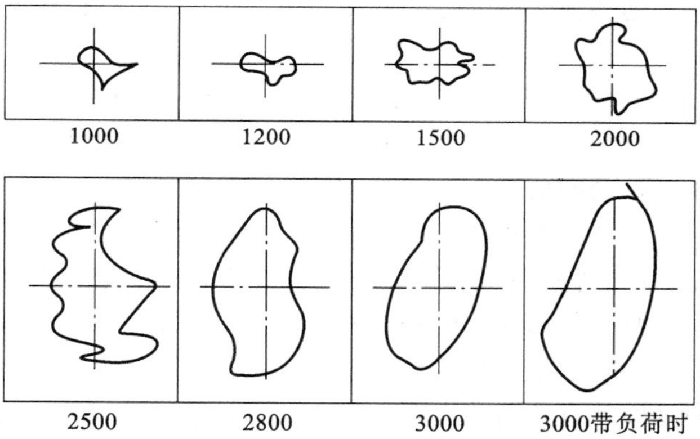

图 9.30 某汽轮发电机组在不同转速下的轴心轨迹演化[6]

尽管实际的轨迹形状会很复杂,但是我们根据上面轨道基本形状的讨论,大致上可以得到一些判别依据:(a)振幅大,轴心轨迹半径就大,说明轴心轨迹的外部轮廓反映了振幅大的振动频率的情形。例如图 9.28 轴心轨迹中,2 倍频振动是主要响应。一般情况下,注意这里所说的一般情况是指消除了异常因素的情形,或者转速升高(则不平衡量随转速的平方急剧升高)的情况下,不平衡量引起的基频振动占主要成分,如图 9.30 中的汽轮发电机组加速过程的振动,就是一个典型的例子。自激振动的特征可以从级联图上甄别。(b)基频成分比重越小,轨迹形状越复杂。(c)为了看到规则的基本轨迹,可以依据谱分析进行对应的滤波,并且通过轨道滤波,把形状复杂的轨迹分解为简单的形状,以便于辨别进动的性质与振动特征。(d)轨道滤波与振动信号的谱分析有所不同,它不仅包括转子振动的正频率,而且包含转子振动的负频率。对应于正频率和负频率,分别有正向进动与反向进动,根据椭圆的正向进动与反向进动的合成关系,可以判定转子的涡动性质。

9.4.2 偏斜作用下的振动特征

由前面几章的分析可知:即使是轴系微小的偏斜,也将呈现复杂的振动特征。振动方式取决于联轴器的类型与连接形式。在轴系中施加静态的预载荷和方向变化的动载荷。静载荷引起不平衡量的变化以及摩擦、预应力等问题。通过不平衡力、摩擦以及故障等因素产生动载荷。动载荷使得轴系产生丰富多变的振动特征，这种特征随着偏斜程度的增加更加复杂。由此可知，偏斜轴系的振动特征只是大致的规律。图 9.31 显示了滑动轴承中的轴振动情形。在滑动轴承处，由于轴系偏斜产生作用力，随着偏斜程度的增加，轨道不断地扁平、弯曲，直至出现 2 倍频分量。

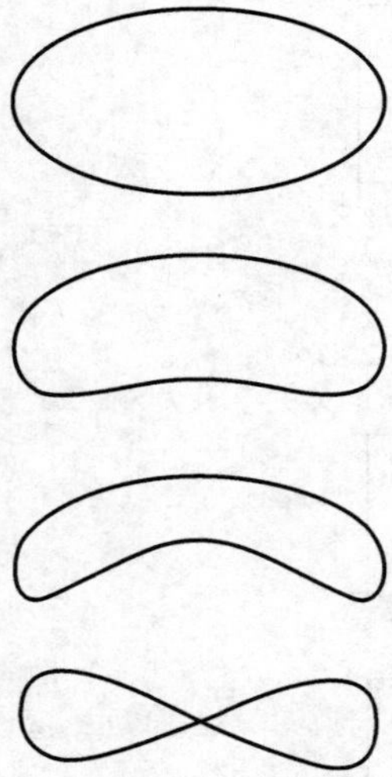

图 9.31 滑动轴承中的轴振动情形

下面分析齿轮联轴器连接的轴系，看看其中的复杂性。首先假定轴系是轻微偏斜的，在联轴器的外壳上测得振动数据。停机之后，将偏斜程度调节为原来偏斜量的两倍，再次启动机器并进行振动测试。对比后我们发现，振动幅值并不是初始偏斜程度下振动幅值的两倍，即振动幅值并不与偏斜量成正比。事实上，随着偏斜程度的进一步增加，振动幅值反而会减小。在第 2 章中我们通过分析偏斜作用下振动系统的性质已经解释了这种现象，它本身就是偏斜轴系的振动特征之一。在轻微偏斜情况下，在全部转速范围内，还有其他振动特征，包括：

(1)轴系弯曲振动存在一阶同步振动峰值，且存在 2、3、4、5 等 n 倍频振动。一般情况下，同步振动幅值最大，n 振动幅值中 2、3 倍频振动幅值较大。但是，偏斜程度以及载荷等因素的变化会改变这种幅值分布规律。除此之外，根据偏斜类型以及联轴器弹性的不同情况，弯曲振动特征可产生 2、4、6、8 等偶数倍频或 1、3、5、7 等奇数倍频，且扭转振动往往发生奇数倍频振动。在联轴器处的振幅比远离联轴器轴承处的振幅大[7-14]。

(2)联轴器两侧与轴线垂直的同一方向上的振动相位不同。弯曲振动中，在平行不对中时为同相，相位差为 0°，交角不对中时反相，相位差是 180°，在同时存在偏角和轴线偏离时相位差在 0°到 180°之间。相邻两个不对中轴的同步扭转振动是反相的[10,14]。

(3)万向铰产生的转速、扭矩等变化具有明显的偏斜特征，其他联轴器连接的偏斜轴系在转速与扭矩方面也有类似的波动规律。

(4)随着偏斜程度的加重，偏斜轴系将呈现复杂的方程与混沌响应。

9.4.3 设计因素与其他故障因素

(1)各向异性支撑

各向异性的支撑刚度是十分重要的设计要素，虽然这样设计的目的是增强转子系统的稳定性，但是它也带来了两个比较靠近的固有频率，使得轴心轨迹成为椭圆形，这就增加了反向涡动。尽量减小两个临界频率的间距，可以在启动和停机过程中，减小发生共振的转速宽度，因而需要仔细设计支撑条件，仔细进行动平衡和轴系的校直，并尽可能增大系统的阻尼。

例如文献[15,16]通过建立轴系动力学模型全局最优匹配优化模型耦合分析，通过构建新算法与计算分析平台，求解支承参数全局最佳匹配域及最优匹配点轨迹，以便为设计和评价支承参数稳定区域提供全局最优匹配设计方法和依据。在最佳匹配设计后，进一步根据最佳匹配寻找确定的支撑机座结构、动力学参数和实际边界条件，初步确定机座允许的拓扑优化域、边界条件和载荷条件，之后利用灵敏度分析，优化基座的结构尺寸和动态特性[17-20]。转子的支撑刚度是十分重要的减振要素，各向异性支撑导致的振动与转子的动平衡有密切的关系，在转子动力学专著[5,6]与部分文献中[21-23]，都给予了重视。

(2)转子裂纹产生的振动特征

最初研究转子裂纹是为了进行故障检测，因而在转子故障诊断研究领域有很多研究工作致力于揭示裂纹的振动特征。裂纹最明显的特征是它改变了系统的动态刚度，所以系统的固有频率将发生变化，变化量与裂纹的类型、深度与位置有关。裂纹同样产生 1、2、3、4 倍频分量，固有频率对于裂纹比较敏感，裂纹导致固有频率降低。尤其是轴系的扭转振动系统中阻尼往往比较小，扭转振动响应对于裂纹更敏感，在低转速下即可识别出倍频分量的变化，所以裂纹与偏斜产生的振动是可以分辨出来的。利用倍频特征也可以识别支撑刚度的变化。

(3)松动产生的振动特征

转子系统包含松动部件是一种故障状态，松动的部件将随着轴系一起旋转，产生额外的惯性力；松动部件与其他部件有相对运动，产生额外的摩擦甚至冲击力；松动部件与工质或环境介质相互作用，产生附加阻力。轴上圆盘的转子机器叶片、轴承、支撑基础等都可能产生松动，不同部位的松动部件对于振动的影响也不同。松动将呈现过渡过程的一系列振动特征，这些特征取决于松动参数、转动速度与转动加速度[5]。在一阶平衡共振转速周围，由于轻微的摩擦，将产生亚谐波振动，即系统将产生 1/2、1/3、2/3 分频振动；在加速启动下，系统将产生自激振动、混沌振动等复杂的振动成分。在某些特殊情形下，系统振动还出现拍的现象。

(4)滚动轴承

在滚动轴承支撑下，转子也呈现比较复杂的特性。例如水平放置的转子在滚珠轴承内部径向间隙的作用下，系统逐次出现周期与倍周期不稳定振动、3、5、7 等奇数倍的周期振动分量以及混沌振动。随着转速的升高，出现 Hopf 分岔；较大径向间隙的情况下出现 1/2 振幅调制频率；随着径向间隙减小，亚谐波振动或混沌振动消失，线性系统的振动特征突出[24]。另外，滚动轴承的滚珠与轨道的光洁度、结构缺陷与故障等都将导致不同的振动特征[25,26]。

(5)其他因素产生的自激振动

与滑动轴承的油膜一样，在某些因素作用下，系统也将产生自激振动。例如流体的密封装置中，流体的流动状态与滑动轴承中一样，平均周向速度也是轴表面转速的一半，因而产生自激振动，并且密封间隙越小产生的自激力越大。内阻和摩擦也是轴系与转子系统不可避免的固有因素，干摩擦阻尼产生类似于范德波(van Der Pol)系统的自激振动。除了这些因素之外，还有其他自激情形，包括轴流涡轮由于偏心进动，导致周向叶尖间隙变化，产生周向气体作用力不均匀；轴流压气机等转子内存在冷凝后的积液，产生周向激振力和相应的自激振动。

由于自激振动是从级联图上容易识别的振动，因而不必再进行讨论。一旦产生自激振动，则固有的设计要素就转变为故障因素，必须停机进行调整，之后才可以进行动平衡所需要的振动数据滤波。

9.5 转子振动的测试

转子系统振动测试的目的是识别，即识别转子的不平衡量，识别系统参数，识别故障特征。一般而言，振动测试系统由传感器、分析仪、信息输出显示等三部分组成，传感器拾取各类信号，经过振动分析仪，即软件系统进行信号处理，输出所需的各类信号并在示波器上显示出来。

9.5.1 转子振动测试系统

相比于一般结构的振动测试系统，转子振动测试系统在传感器配置、分析仪的算法与处理内容、显示的振动特征等方面，包含了更多的内容。原因在于测试的部位有动静之分，测试的是启动与停机过程中的振动，需要分析处理更多的信息，需要从更广的角度显示并观察振动特征。图 9.32 是典型的转子振动测试系统，图 9.33 是转子振动实验测试结果，由此可以看出转子振动测试系统的一些特点。

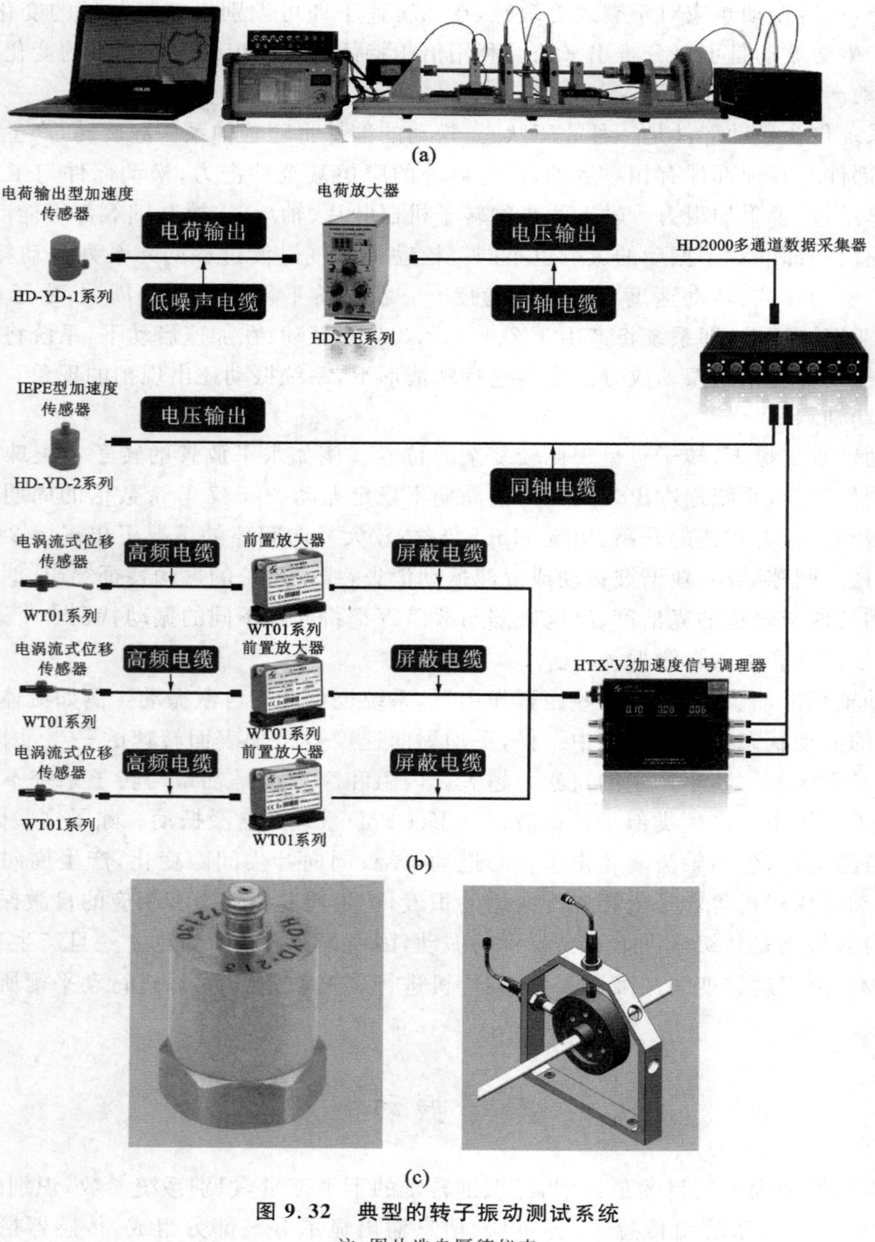

图 9.32 典型的转子振动测试系统

注：图片选自厚德仪表

(a)HZXT-008 实验台；(b)多通道数据采集器；(c)加速度计与 8mm 电涡流传感器

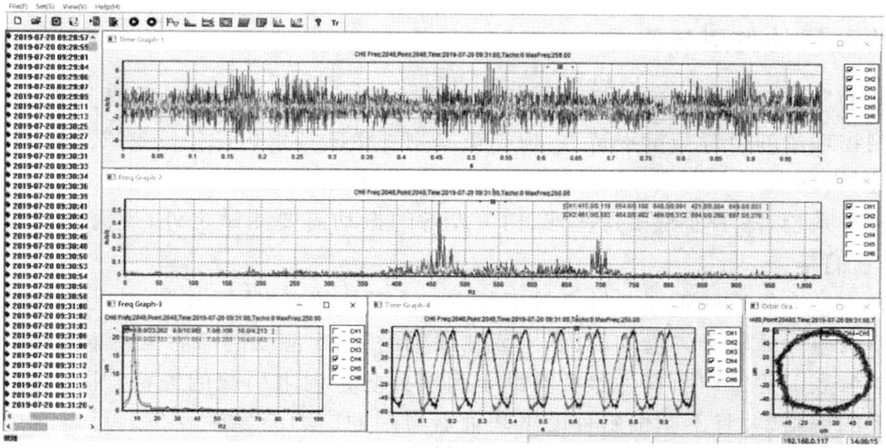

(a)

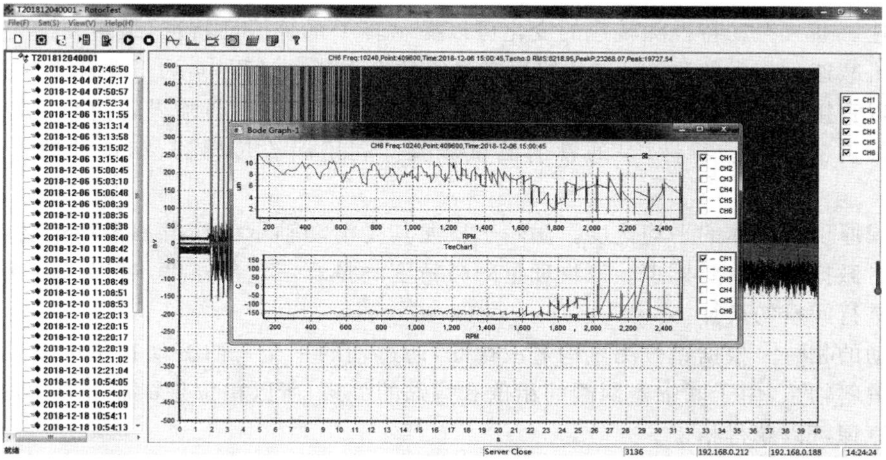

(b)

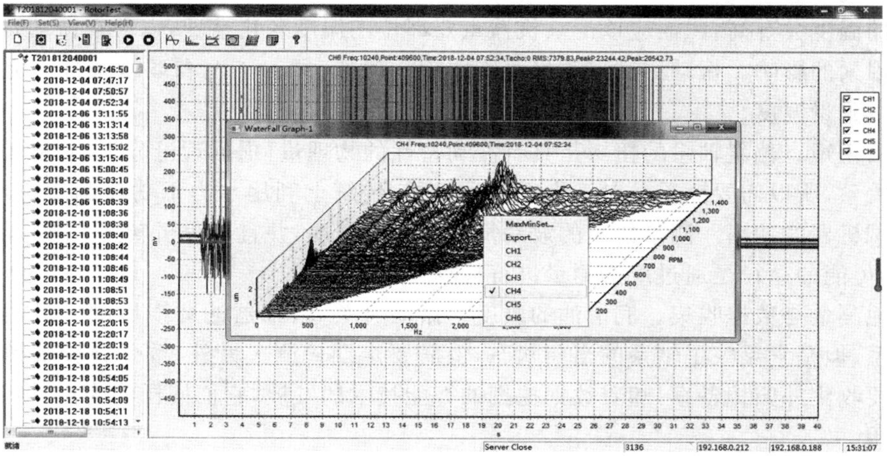

(c)

图 9.33 转子振动实验测试结果

注:选自厚德仪表

(a)轴心轨道;(b)波德图;(c)级联图(瀑布图)

9.5.2 传感器的类型与配置

传感器的选择和使用与测量目的和测量条件有关。我们首先看看需要测哪些物理量，然后分析被测物理量的位置与量程特点，根据被测物理量的特点讨论传感器的选择和配置方式。

(1)被测物理量

对于转子系统，除了轴与相关基础、相关设备的振动需要测试之外，还需要测量其他诸多的物理量，它们是：

①应力。轴在靠近联轴器与轴承等部位有应力集中现象，需要检测；应力与应变的相位滞后将是材料内阻导致转子失稳的原因，因而测试轴的应力、应变的滞后关系本身就是测试动载荷下的振动参数。确定内阻特性参数有助于判别并防止内阻引起的失稳。除此之外，应力也预示着轴系的偏斜，并且不同偏斜程度下联轴器与轴的应力会发生变化。可以通过应变片测试该物理量。

②转速。通过振动特性随转速的变化可以揭示转子系统振动特征，最重要的是机器启动提速和停机减速过程中的测试。在位置振动量级的振动测试过程中，为了避免发生失稳事故，机器不可以直接加速到临界转速。因而监测并控制转速，并利用与临界转速有一定距离的振动测试掌握机器的振动特性，是通常的测试步骤。利用涡流传感器、相位计数器可以测得转速。

③油膜厚度与流体的平均速度。涡轮工质尤其是滑动轴承的润滑油平均速度，是显示流体导致的自激振动的重要标志。该物理量的高精度测量有一定的难度，可以通过涡流传感器等测量并进行间接的换算。

④振动的相位。根据相位测量构造波德图，通过轴的正交弯曲振动相位可以判别共振与否。对于偏斜轴系，由于联轴器两侧的相位有特殊的关系，所以相位是特别重要的被测量。利用键相器原理可以获得相位。

⑤机器部件与工质的温度。机器在运行一定时间后，尤其是航空发动机一类的机器，系统各个部位的温度会升高，因而应该记录机器重要部位的温度变化情况，以便在振动特性分析中考虑温度因素的影响。振动测试需要尽可能在同一时段、同一工况和环境条件下完成。利用热电偶可以测量温度。

⑥轴的扭矩。偏斜轴系的扭矩是具有波动特性的物理量，根据理论分析，它能揭示偏斜程度和共振关系，所以需要测量。对于大型动力机器，传统上利用水力示功器测量扭矩，其目的主要是测试机器的功率。测量扭矩的波动需要更高的精度，并且要分析转速、主从动轴力矩的关系，一个可能的途径是通过应变测量进行换算。

⑦其他测量与数据收集。润滑油的黏度与振动有关，联轴器的磨损检测等虽然与振动无直接的关系，但是它反映了轴系的当前状态，也需要定期检测。另外，重要旋转机械的所有历史数据需要收集并归档备案，随着数据挖掘的智能技术的发展，它们同样将为振动特征分析发挥重要作用。

(2)传感器的选择与安装

旋转机械的振动按照振体的状态可分为两类：一类是轴，它不仅是其他部件的振源，而且当机器运转时处于转动状态；另一类是基座、壳体等不运动的结构状态的振体。对于结构振动测试，可以直接将传感器固定在被测部件上；但是，对于转动的轴，必须采用非接触型传感器测量振动，不仅如此，我们还必须同时测量轴的转动相位，以标定振动的相位关系。在不同的转速下，旋转机械的振动频率范围也发生变化，所以还要根据量程和精度选择振动传感器的类型。

①振动传感器的类型与测振原理。现有振动传感器有加速度计、速度传感器、涡流位移传感器、速度位移复合传感器，以及激光传感器等。图 9.34 是压电加速度计和速度传感器测振原理示意图。固定安装于振体上的压电加速度计随振体一起振动，压电晶体在质量块惯性力的作用下，通过压电效应产生电流，以此来测试结构的振动加速度，经过积分可以获得速度和位移。速度传感器则通过线圈感应磁铁质量块的运动，产生电流来确定振动速度与积分位移。

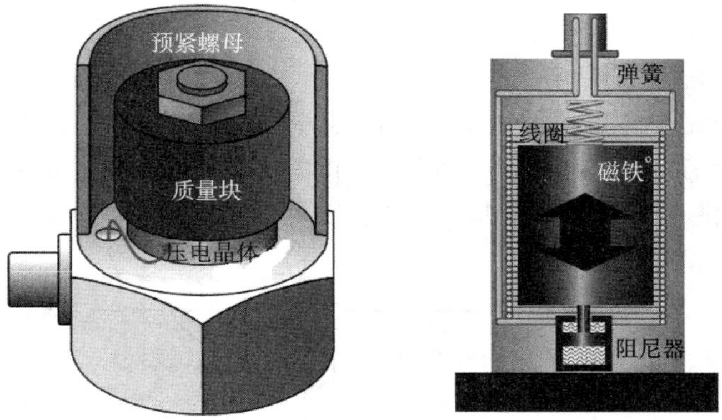

图 9.34　压电加速度计和速度传感器测振原理

(a)压电加速度计；(b)速度传感器

涡流传感器是不与振体直接接触的振动传感器，所以可以用来测试轴的振动，并且是应用较广的传感器。如图 9.35 所示，测量原理是利用磁铁与金属(轴)表面距离产生的磁场强度变化，测量轴的振动位移。根据同样的原理，可以运用涡流传感器去测量油膜厚度，并且可以与速度传感器组合在一起，形成同时兼顾非接触振动测量和壳体振动测量的复合式振动传感器。涡流传感器也可以用于监测轴的转动相位。激光传感器可以实现远距离的非接触测量，未来在转子振动测试中将发挥作用。

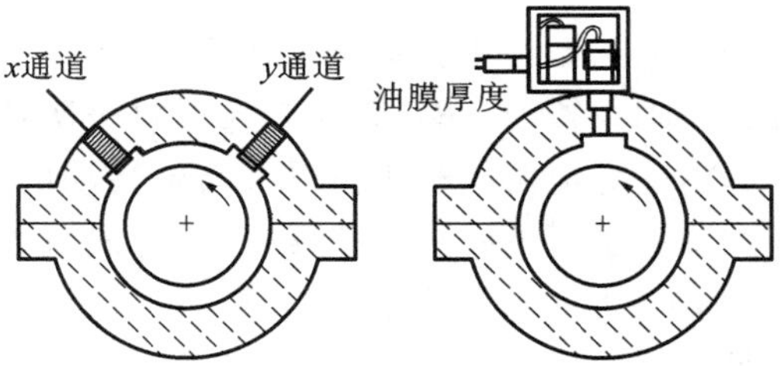

图 9.35　涡流传感器测量轴的振动与油膜厚度

②振动传感器频率适用范围。不同类型的传感器有不同的设计原理，在适用频率内才能保证所需的精度。一般来说，低频范围内位移传感器测量精度高，高频范围内加速度传感器测量精度高，而速度传感器则在位于中间频率范围有较高的精度。具体的适用范围是，在 0～1000Hz 范围内，位移传感器有较高的精度；在 10～10000Hz 范围内加速度计有较高的精度；

在 10～1000Hz 内，速度传感器有较高的精度。

测量精度除了与被测振动的频率有关外，还与振幅等有关，可以根据经验和传感器手册进行选择和校正。

③振动传感器的布置。基座、轴承外套与机匣等结构振动需要测试，因而将加速度计与速度传感器固定在这些物体的表面，测得的数据用于分析结构的固有特性、轴至结构的传递函数，以及用于确定机器结构系统的刚度与阻尼等参数。涡流位移传感器则需要在轴承外套处打孔，以正交的方式固定在轴瓦处，用以测量轴颈的两个正交方向的振动并确定轴心轨迹。在轴直径不大的情况下，也可以制作专门的支架安装涡流传感器。对于偏斜轴系，在联轴器连接外罩的中心处应测试振动，并且在联轴器连接处的两侧进行振动相位的检测。可以绕轴利用环形涡流传感器测量扭转振动。

(3)振动相位的检测

轴系振动的相位是十分重要的测量参量，通过键相器来完成相位测量，如图 9.36 所示。键相器的功能是为所有振动信号标记参考相位，最终目的是将基频振动与转轴的位置关联起来，为实施动平衡提供不平衡力与振动峰值响应的位置信息。

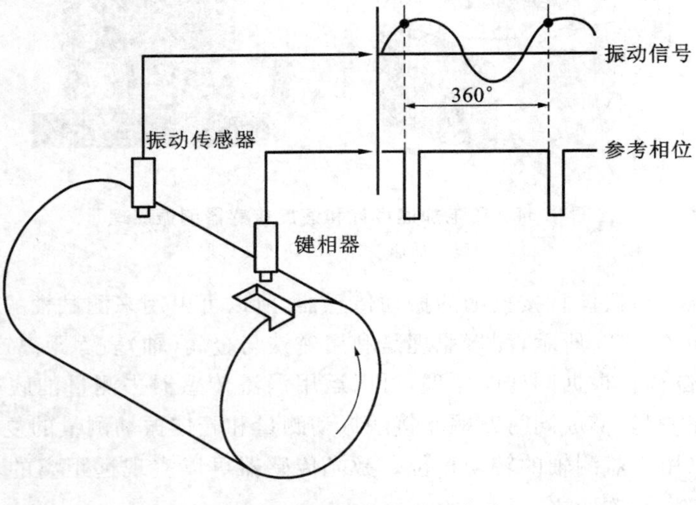

图 9.36 键相器与振动的相位

图 9.37 给出了几种键相器的类型与工作原理。图 9.37(a)中是利用反射脉冲光工作的键相器。在轴上贴上反光胶带，轴每转动一圈，脉冲光就反射一次，它们在振动分析仪中与两个通道的振动信号关联起来，由此标记振动的相位以及与轴转动的关系。这种方式也可以利用涡流感应原理来实现，即在轴上镶嵌金属块代替反光条，将涡流传感器代替脉冲光，则也可以形成涡流键相器。图 9.37(a)中是利用闸门闪光工作的键相器，在靠近反射条的固定结构上制作角度刻盘，当代表测得的振动幅值的电压信号从负值变为正值时，分析仪控制开启闸门光，并记录反射条经过的角度，由此标记振动的相位。

在测量轴的径向振动时，利用键相器可以获取基频振动峰值发生的具体位置，有时将这个位置点称为“高点”(High spot)[5,6]。如图 9.38 所示，在某恒定转速下，通过两个传感器测得正交方向上的振动波形，滤波后以时间为参数构造轴心轨道，高点则指轴上拉应力最大的表面所对应的转轴角度，或者说，当轴转动至此位置时，径向振动有最大的幅值。

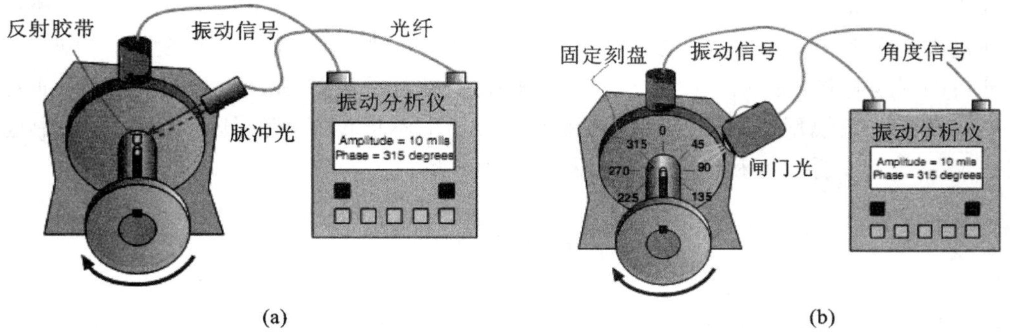

图 9.37 典型键相器的类型与工作原理

(a)脉冲光反射测相;(b)闪光测相

为了进行转子的动平衡,我们同样也需要掌握不平衡量的大小与相位信息,它们是通过振动测试并利用振动响应与不平衡惯性力之间的关系间接确定的,有时将不平衡量所处的转角位置称为"重点"(Heavy spot)[5]。共振时,理论上"高点"与"重点"的相位差等于90°。通过振动测试可以获得振动矢量随着转速变化的极坐标图,在某一共振转速下,利用"高点"与"重点"之间的相位关系,可以解算不平衡量,即质量与矢径乘积的大小,并获得不平衡惯性力的位置与相位信息。一旦知道了不平衡惯性力的位置与相位,就可以在反方向上施加与惯性力相等的平衡质量,这就是利用振型进行动平衡的基本原理。

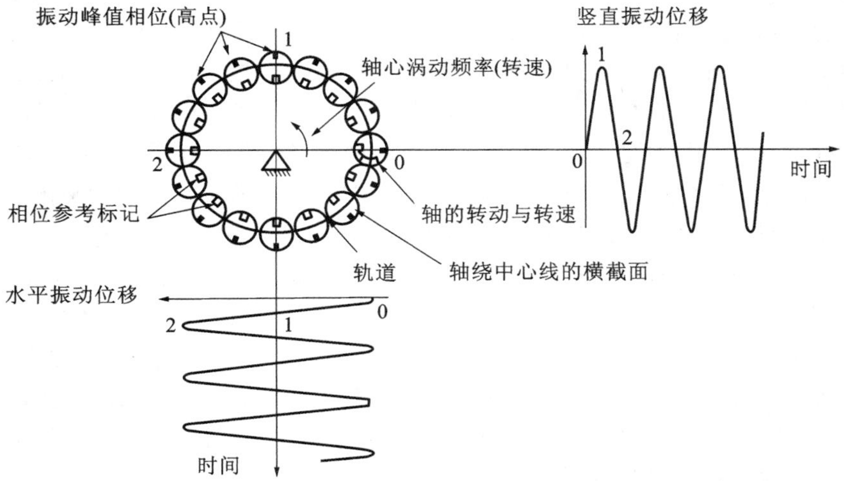

图 9.38 径向振动的高点

9.5.3 振动信号处理与输出

信号处理的各种算法是振动分析仪的核心,它要解决各种物理量的通道信息关联问题。目前旋转轴系振动测试的振动分析仪中,增加了转速信息,可以从输出的轴心轨道、级联图、波德图中,看到比较突出的转子振动特征。需要说明的是,振动测试与振动分析过程中,将振动测试系统当作黑箱工具运用是不妥当的。在运用测试系统过程中,不仅要依靠仪器进行分析,而且还需要理解转子系统的振动性质,以便更好地理解旋转机械的振动测试结果。这是因为振动分析仪的各种算法可能经过了滤波处理，预计未来旋转机械的振动测试系统中，还可能增加物理量类型及其测试通道，振动分析仪中将开发更多的振动特征值分析模块。例如，用于动平衡分析的极坐标图、振动的全谱及其级联图，甚至结合故障诊断，增加各种振动特征对应的故障模式及其决策模型等。即使旋转机械振动系统中不提供类似的处理模型，测试中也应该根据一定的自主分析能力和经验进行判断。

9.6 转子的平衡

转子的平衡是通过改变转子的质量分布，即增加或减去某一位置上的质量，以消除不平衡力的影响的措施。转子的平衡分为静平衡和动平衡。

静平衡的方法比较简单，将单独的转子或轴放置在刚性与刚度足够高的水平铁轨上，或者将转子放置在 V 形无阻尼刚性转轮上，调整质量分布，使得转子的质量均匀分布，则其质量轴心位于圆形几何中心。经过静平衡的转子在组成机械系统之后，由于装配误差等原因仍然会产生偏心，当轴转动时，在偏心不平衡量作用下系统产生强迫振动。在各种因素导致的横向振动中，不平衡力对及产生的振动是破坏最小的一类振动，这是因为其产生最小的应力，并且最容易识别和校正。尽管如此，不平衡导致过量的振动也有诸多危害，因此还需要进行动平衡。

动平衡分可以分为刚性转子的动平衡和柔性转子的动平衡。刚性转子等价于不变形的直轴，所以刚性转子的动平衡本质上是通过校正质量或配重，调整惯性不平衡力与轴承支撑刚度之间的关系。这与隔振原理异曲同工，因此，刚性转子动平衡的基本原理也可以用于识别转子系统的支撑参数，它对于转子系统支撑条件的分析设计和机器运行后记录并分析系统参数的变化有重要意义。当轴转动后，柔性轴产生的弹性变形也构成转子的质量偏心距，经过动平衡后，配重将尽可能将其拉回原位。与之不同的是，轴的永久刚性变形，它是由制造产生的固有位移，并且也产生偏心距；但是其作用效果反映在弹性力上，弹性力等于刚度与刚性变形的乘积。显然，不可能通过动平衡的校正质量将此变形拉回原位，所以不能用动平衡的方法来解决由于制造的原因产生的刚性弯曲变形，只能利用轴加工工艺提高轴的直线度。

动平衡的原理简单，理论可以很严密，但是实施起来却比较复杂，取得良好的动平衡效果并不容易，它在很大程度上取决于振动数据和平衡经验。单个轴的平衡比较容易，轴系的动平衡比较难。首先从单个平面动平衡开始，从理论上介绍恒定转速下的动平衡原理，然后讨论可实施的两平面、多平面平衡原理与方法，并进一步讨论利用启动工况振动数据的极坐标方法、多转速下动平衡的最小二乘法，比较振型平衡法以及影响系数法的特点与关系，最后说明影响动平衡效果的各种因素与注意事项。

9.6.1 动平衡的基本原理

当排除了一切非线性因素之后，转子系统是一个振动线性系统。如图 9.39 所示，系统的输入、输出呈线性关系，并且不平衡产生的激振力与传递函数共同构成了振动。其中，不平衡力与振动矢量分别为：

$$\left.\begin{aligned}\mathbf{F} &= F\mathrm{e}^{\mathrm{j}\delta} = mr\Omega\,\mathrm{e}^{\mathrm{j}\delta}\\ \mathbf{A} &= A\mathrm{e}^{\mathrm{j}\beta}\end{aligned}\right\} \tag{9.10}$$

此处，乘积 mr 是系统的不平衡量，δ、β 分别是不平衡惯性力与振动响应的相位。传递函数是振动系统复数形式的动态刚度矢量，如下：

$$\boldsymbol{K}_D(\Omega)=K-M\Omega^2+\mathrm{j}D_s\Omega \tag{9.11}$$

其中 M、K 分别是系统的质量与刚度，D_s 是振动系统的阻尼。将传递函数简写为 $\boldsymbol{K}_D$，则系统的输出与输入的关系为：

$$\boldsymbol{K}_D A\mathrm{e}^{\mathrm{j}\beta}=F\mathrm{e}^{\mathrm{j}\delta} \tag{9.12}$$

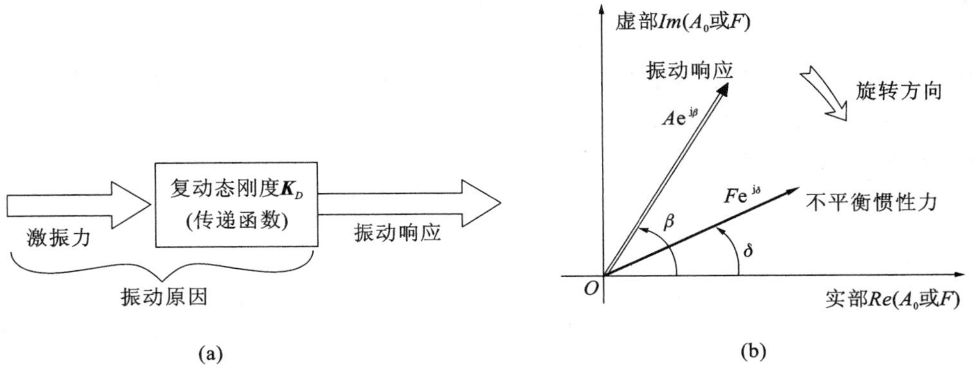

图 9.39 线性振动系统的输入输出关系

(a)振动系统的传递函数；(b)振动与不平衡力矢量的幅值与相位

方程(9.12)是在极坐标下表示的向量关系，因此投影后获得两个代数方程，可以求解两个未知量。或者利用矢量封闭关系，通过画图确定两个未知量。方程中，转速是测试过程中确定的已知参数，振动矢量 $\boldsymbol{A}_0=A\mathrm{e}^{\mathrm{j}\beta_0}$ 的振幅大小和相位是测试后的结果，也是已知的；复刚度 $\boldsymbol{K}_D$ 是包括刚度与阻尼的未知参数，并且不平衡量 mr 大小和方位角也未知。这样就存在四个未知量，必须补充一个矢量方程(两个代数方程)才能获得封闭解，以便获得不平衡力的大小与位置以及系统的刚度与阻尼等四个参数。

(1)不平衡量的解算原理

利用式(9.12)的普遍关系式，增加一个复平面上的方程，就可以求解四个位置参数。方法很简单，即选择一个与轴垂直的平面，称之为平衡面或校正面，在平衡面上增加(或者减去)一定质量，开机运行到同一转速，测得另外一组振动响应，则可以获得一组补充方程。这个过程可以用极坐标矢量简洁地表示出来。

第一次开机测试原始振动矢量 $\boldsymbol{A}_0$，可以得到如下方程：

$$\boldsymbol{K}_D\boldsymbol{A}_0=\boldsymbol{F} \tag{9.13}$$

或利用复动态刚度的导数 $\boldsymbol{H}=1/\boldsymbol{K}_D$，将其写为

$$\boldsymbol{FH}=\boldsymbol{A}_0 \tag{9.14}$$

为了补充一个方程，在平衡面上任意方位且半径为 r_τ 处，增加一个试验质量，称为试重 m_τ，再次启动机器至同一转速，测得振动矢量 $\boldsymbol{A}_1=A_1\mathrm{e}^{\mathrm{j}\beta_1}$ 后，有如下方程：

$$(\boldsymbol{F}+\boldsymbol{F}_\tau)\boldsymbol{H}=\boldsymbol{A}_1 \tag{9.15}$$

由方程(9.14)知 $\boldsymbol{H}=\boldsymbol{A}_0/\boldsymbol{F}$，代入方程(9.15)得 $\left(1+\dfrac{\boldsymbol{F}}{\boldsymbol{F}_\tau}\right)\boldsymbol{A}_0=\boldsymbol{A}_1$，则可以解得：

$$\boldsymbol{F}=\frac{\boldsymbol{A}_0\boldsymbol{F}_\tau}{\boldsymbol{A}_1-\boldsymbol{A}_0} \tag{9.16}$$

其中不平衡惯性力矢量 $\boldsymbol{F}=m_c r_c \Omega^2 e^{j\delta_c}$ 是未知量，它包含了不平衡量 $m_c r_c$、半径信息 r_c 及其方位信息 δ_c 。

动平衡原理如下：首先开机运行至转速为 Ω，测得平衡面上轴的原始振动矢量 $\boldsymbol{A}_0$；停机，在平衡面上的指定位置 r_τ 和指定方位角 δ_τ 上，施加试验质量 m_τ 或试重；然后再次开机运行至同一转速 Ω，测得同一点的振动矢量 $\boldsymbol{A}_1$。由于测试的结果给出了两组振幅和相位，试重大小和位置是设定的，试重产生的惯性力 $\boldsymbol{F}_\tau = m_\tau r_\tau \Omega^2 \mathrm{e}^{j\delta_\tau}$ 也是已知的，则从式(9.16)可以求得不平衡力 $\boldsymbol{F}=m_c r_c \Omega^2 \mathrm{e}^{j\delta_c}$ 。一旦求得了不平衡力，在其反方向上施加同样大小的惯性力即可达到平衡。为此，在 δ_c+180° 方位上，增加一个校正质量或配重，根据 $m_c r_c$ 的解算结果选择配重质量 m_c 和半径 r_c，使得配重产生的校正质量矩为 $m_c r_c$ 即可。

由于配重产生的平衡力矢量为 $-\boldsymbol{F}$，与不平衡力大小相等、方向相反，所以

$$-\boldsymbol{F}=m_c r_c \Omega^2 \mathrm{e}^{j\delta_c}=\frac{\boldsymbol{F}_\tau \boldsymbol{A}_0}{\boldsymbol{A}_0-\boldsymbol{A}_1} \tag{9.17}$$

从中可以求得：

$$m_c r_c \mathrm{e}^{j\delta_c}=\frac{\boldsymbol{F}_\tau \boldsymbol{A}_0}{(\boldsymbol{A}_0-\boldsymbol{A}_1)\Omega^2} \tag{9.18}$$

如果选择试重的半径为配重的安装半径，则 $r_c=r_\tau$，此时配重位置确定，只需求解配重大小即可，即：

$$m_c \mathrm{e}^{j\delta_c}=\frac{\boldsymbol{F}_\tau}{\boldsymbol{A}_0-\boldsymbol{A}_1} m_\tau \mathrm{e}^{j\delta_\tau} \tag{9.19}$$

(2)求解不平衡量

将矢量方程(9.18)或方程(9.19)在复平面上投影到实部和虚部，有

$$m_c r_c \mathrm{e}^{j\delta_c}=m_\tau r_\tau \mathrm{e}^{j\delta_\tau}\frac{A_0 \mathrm{e}^{j\beta_0}}{A_0 \mathrm{e}^{j\beta}-A_1 \mathrm{e}^{j\beta_1}}=m_\tau r_\tau \mathrm{e}^{j\delta_\tau}\frac{A_0}{A_0-A_1 \mathrm{e}^{j(\beta_1-\beta_0)}} \tag{9.20}$$

根据 $\mathrm{e}^{\pm jx}=\cos x \pm j\sin x$ 将其展成三角函数，得：

$$\begin{aligned} m_c r_c(\cos\delta_c+j\sin\delta_c) &= m_\tau r_\tau(\cos\delta_\tau+j\sin\delta_\tau)\frac{A_0}{A_0-A_1[\cos(\beta_1-\beta_0)+j\sin(\beta_1-\beta_0)]} \\ &= m_\tau r_\tau(\cos\delta_\tau+j\sin\delta_\tau)A\frac{A_0-A_1\cos(\beta_1-\beta_0)-jA_1\sin(\beta_1-\beta_0)}{A_0^2+A_1^2-2A_0A_1\cos(\beta_1-\beta_0)} \end{aligned} \tag{9.21}$$

根据三角函数的正交关系得到代数方程：

$$m_c r_c \cos\delta_c = m_\tau r_\tau A_0 \frac{[A_0-A_1\cos(\beta-\beta_1)]\cos\delta_\tau - A_1\sin(\beta-\beta_1)\sin\delta_\tau}{A_0^2+A_1^2-2A_0A_1\cos(\beta-\beta_1)}$$

$$m_c r_c \sin\delta_c = m_\tau r_\tau A_0 \frac{[A_0-A_1\cos(\beta-\beta_1)]\sin\delta_\tau - A_1\sin(\beta-\beta_1)\cos\delta_\tau}{A_0^2+A_1^2-2A_0A_1\cos(\beta-\beta_1)}$$

$$\left.\begin{aligned} m_c r_c &= m_\tau r_\tau \frac{A_0}{\sqrt{A_0^2+A_1^2-2A_0A_1\cos(\beta_1-\beta_0)}} \\ \delta_c &= \delta_\tau+\arctan\frac{A_1\sin(\beta_0-\beta_1)}{A_0-A_1\cos(\beta_0-\beta_1)} \end{aligned}\right\} \tag{9.22}$$

这就求得了不平衡量的具体位置信息，包括质量大小、偏心半径与方位。由此即可在反方向对称点上施加等价的配重。

(3)动平衡步骤与图解方法(图 9.40)

在极坐标系中，对应于每次测量画出相应的矢量，利用矢量封闭的关系，也可以直观地求

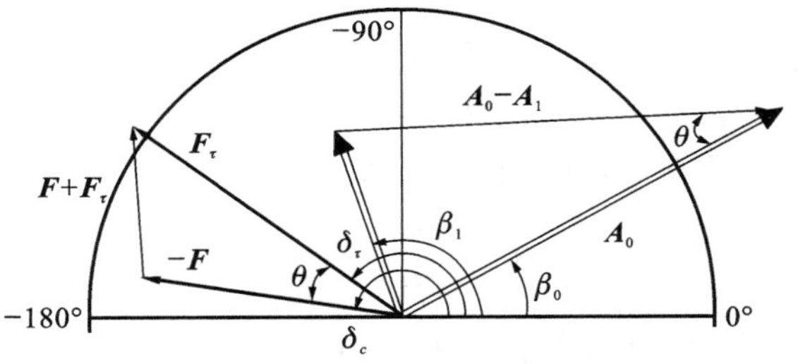

图 9.40 极坐标中动平衡的图解过程

（θ 是矢量 $\boldsymbol{A}_0$ 与 $\boldsymbol{A}_0-\boldsymbol{A}_1$ 的夹角，$\delta_c=\delta_\tau+\theta$）

得不平衡矢量。绘图步骤为：启动机器至欲平衡转速 Ω，测量同步原始振动响应后停机，画出矢量 $\boldsymbol{A}_0=A\mathrm{e}^{\mathrm{j}\beta_0}$；设置试重，试重的位置应根据经验合理估计与配置，再次启动机器测试振动，停机，画出振动矢量 $\boldsymbol{A}_1=A_1\mathrm{e}^{\mathrm{j}\beta_1}$，并且画出试重产生的惯性力 $\boldsymbol{F}_\tau=m_\tau r_\tau\Omega^2\mathrm{e}^{\mathrm{j}\delta_\tau}$。从振动矢量三角形中画出矢量差 $\boldsymbol{A}_0-\boldsymbol{A}_1$，并获得它与 $\boldsymbol{A}_0$ 的夹角 θ；由于 $\boldsymbol{A}_0$、$\boldsymbol{A}_1$ 以及 $\boldsymbol{A}_0-\boldsymbol{A}_1$ 的幅值分别正比于力矢量 $\boldsymbol{F}$、$\boldsymbol{F}_\tau$ 以及 $\boldsymbol{F}+\boldsymbol{F}_\tau$ 的幅值，所以利用比例关系，可以对应地画出 $\boldsymbol{F}+\boldsymbol{F}_\tau$，并利用相同的夹角 θ 画出 $\boldsymbol{F}$ 的方位，最终在图上获得不平衡矢量 $\boldsymbol{F}$，即不平衡量 m_cr_c 与方位信息 δ_c，由此在反方向上施加配重。

(4)动态刚度的测试

由矢量方程(9.17)与式(9.18)可以求解四个未知量，其中两个量关于不平衡力 $\boldsymbol{F}$ 的大小与方位，目的是确定动平衡的配重与位置，余下两个未知量是复动态刚度矢量 $\boldsymbol{K}_D(\Omega)$ 中的实部与虚部，分别为系统的动态刚度 $K-M\Omega^2$ 与阻尼 $D_s\Omega$。由矢量方程组得：

$$\boldsymbol{K}_D=\frac{1}{\boldsymbol{H}}=\frac{\boldsymbol{F}_\tau}{\boldsymbol{A}_1-\boldsymbol{A}_0}\quad \text{或者}\quad \boldsymbol{H}=\frac{1}{\boldsymbol{K}_D}=\frac{\boldsymbol{A}_1-\boldsymbol{A}_0}{\boldsymbol{F}_\tau} \tag{9.23}$$

同样地，在复数平面上投影可以获得两个代数表达式，得到动态刚度与阻尼参数。在动平衡过程中顺便求得系统的动态刚度与阻尼参数具有应用意义，记录、保存它们，在机器运行后的维修、调整等过程中，用其比较、分析振动特性的变化原因。

以上在讨论动平衡的基本原理时，采用了一个平衡面，测点是对应于平衡面上的一个点，转速固定，这是一种理想情况，本质上是将刚性转子简化为质点的振动进行动平衡。实际中转子与轴系的动平衡不可能采用单个平衡面，其原因是偏心质量引起的不平衡力矩也需要消除，对应于转子的偏心位置未知，不可能将平衡面沿着轴安排在准确的位置上，并且即使近似地选取一个平衡面，也无法保证配重安装的可行性。因此，实质轴系和转子的动平衡至少要采用两个校正平面，例如在轴承附近的两个校正平面上安装配重。一般情况下，取两到五个校正平面，且多平衡面的动平衡原理与单平面的是一样的。

9.6.2 多校正面平衡与振动数据的校正

首先讨论两个校正平面的情形，多平面的情形与两个平面的情形完全一致。

(1)两个校正平面的动平衡

在选择两个平衡面的情况下，对应于两个校正平面处，测得轴的两个输出响应矢量 $\boldsymbol{A}_{10}=A_{10}\mathrm{e}^{\mathrm{j}\beta_{10}}$，$\boldsymbol{A}_{20}=A_{20}\mathrm{e}^{\mathrm{j}\beta_{02}}$，其中下标 1、2 是平面标号，0 则表示原始不平衡振动数据。需要确定两个平面上的未知不平衡力矢量，$\boldsymbol{F}_1=F_1\mathrm{e}^{\mathrm{j}\delta_1}=m_{1c}r_{1c}\Omega^2\mathrm{e}^{\mathrm{j}\delta_1}$，$\boldsymbol{F}_2=F_2\mathrm{e}^{\mathrm{j}\delta_2}=m_{2c}r_{2c}\Omega^2\mathrm{e}^{\mathrm{j}\delta_2}$。它们之间

满足如下输入、输出关系：

$$\begin{bmatrix} \boldsymbol{H}_{11} & \boldsymbol{H}_{12} \\ \boldsymbol{H}_{21} & \boldsymbol{H}_{22} \end{bmatrix}\begin{bmatrix} \boldsymbol{F}_1 \\ \boldsymbol{F}_2 \end{bmatrix} = \begin{bmatrix} \boldsymbol{A}_{10} \\ \boldsymbol{A}_{20} \end{bmatrix} \tag{9.24}$$

其中传递函数是一个 2×2 方阵，其元素也为复数。

$$\boldsymbol{H} = \begin{bmatrix} \boldsymbol{H}_{11} & \boldsymbol{H}_{12} \\ \boldsymbol{H}_{21} & \boldsymbol{H}_{22} \end{bmatrix} \tag{9.25}$$

$\boldsymbol{H}_{12}$ 表示第二个校正平面上的不平衡力 $\boldsymbol{F}_2$ 对于第一个校正平面上被测点振动响应 $\boldsymbol{A}_{10}$ 的贡献。同理 $\boldsymbol{H}_{21}$ 表示第一个校正平面上的不平衡力 $\boldsymbol{F}_1$ 对于第二个平面上被测振动响应 $\boldsymbol{A}_{20}$ 的影响。$\boldsymbol{H}_{11}$ 与 $\boldsymbol{H}_{22}$ 表示各个平衡面上的不平衡惯性力 $\boldsymbol{F}_1$、$\boldsymbol{F}_2$ 对于自身被测点振动响应 $\boldsymbol{A}_{10}$、$\boldsymbol{A}_{20}$ 的贡献。因此，传递函数 $\boldsymbol{H}$ 类似于振动理论中用影响系数法求得的柔度矩阵，但不等于柔度矩阵，因为它是复数形式的柔度矩阵，是复数矢量元素组成的矩阵。复动态刚度矩阵 $\boldsymbol{K} = \boldsymbol{H}^{-1}$，它是复柔度矩阵的逆。根据这种原理进行动平衡的方法是传递函数法，习惯上也被称为影响系数法。

如同单平面平衡一样，需要补充方程才能求得 $\boldsymbol{F}_1$、$\boldsymbol{F}_2$。在单平面平衡中，需要开机测试两次，第一次测得原始不平衡振动矢量，第二次测试试重情况下的振动矢量。在两平面平衡中，需要开机三次进行测试以补充数据，第一次测试原始振动数据 $\boldsymbol{A}_{10}$、$\boldsymbol{A}_{20}$，得到方程(9.24)；第二次开机测试是在第一个校正面上加试重后进行，此时第一平面上试重产生的惯性力为 $\boldsymbol{F}_{1\tau} = m_{1\tau}r_{1\tau}\Omega^2 \mathrm{e}^{\mathrm{j}\delta_{1\tau}}$，$\boldsymbol{F}_{2\tau} = 0$，在两个平衡面对应的位置测得的振动响应矢量为 $\boldsymbol{A}_{11} = A_{11}\mathrm{e}^{\mathrm{j}\beta_{11}}$，$\boldsymbol{A}_{21} = A_{21}\mathrm{e}^{\mathrm{j}\beta_{21}}$，振幅矢量中 $\boldsymbol{A}_{pq}$ 中下标 p 是平面标号，q 是试重惯性力标号。第二次开机测试得到如下方程：

$$\begin{bmatrix} \boldsymbol{H}_{11} & \boldsymbol{H}_{12} \\ \boldsymbol{H}_{21} & \boldsymbol{H}_{22} \end{bmatrix}\begin{bmatrix} \boldsymbol{F}_1 + \boldsymbol{F}_{1\tau} \\ \boldsymbol{F}_2 \end{bmatrix} = \begin{bmatrix} \boldsymbol{A}_{11} \\ \boldsymbol{A}_{21} \end{bmatrix} \tag{9.26}$$

第三次开机测试分两种情况：其一是卸下第一个校正平面上的试重，并且在第二个校正平面上装上试重，此时 $\boldsymbol{F}_{1\tau} = 0$ 且 $\boldsymbol{F}_{2\tau} = m_{2\tau}r_{2\tau}\Omega^2 \mathrm{e}^{\mathrm{j}\delta_{2\tau}}$，测得振动响应矢量 $\boldsymbol{A}_{12}$、$\boldsymbol{A}_{22}$。其二是保持第一个校正平面上的试重，并且在第二个校正平面上装上试重，此时也可以测得一组振动响应矢量 $\boldsymbol{A}_{12}^*$、$\boldsymbol{A}_{22}^*$，并且有

$$\begin{bmatrix} \boldsymbol{H}_{11} & \boldsymbol{H}_{12} \\ \boldsymbol{H}_{21} & \boldsymbol{H}_{22} \end{bmatrix}\begin{bmatrix} \boldsymbol{F}_1 + \boldsymbol{F}_{1\tau} \\ \boldsymbol{F}_2 + \boldsymbol{F}_{2\tau} \end{bmatrix} = \begin{bmatrix} \boldsymbol{A}_{11}^* \\ \boldsymbol{A}_{21}^* \end{bmatrix}，其中\ \boldsymbol{F}_{1\tau} = m_{1\tau}r_{1\tau}\Omega^2 \mathrm{e}^{\mathrm{j}\delta_{1\tau}}，\boldsymbol{F}_{2\tau} = m_{2\tau}r_{2\tau}\Omega^2 \mathrm{e}^{\mathrm{j}\delta_{2\tau}}$$

我们首先讨论第一种情况，即每一组测试都是针对仅仅在自身平面上配置试重的情形，则第三次开机启动测试有：

$$\begin{bmatrix} \boldsymbol{H}_{11} & \boldsymbol{H}_{12} \\ \boldsymbol{H}_{21} & \boldsymbol{H}_{22} \end{bmatrix}\begin{bmatrix} \boldsymbol{F}_1 \\ \boldsymbol{F}_2 + \boldsymbol{F}_{2\tau} \end{bmatrix} = \begin{bmatrix} \boldsymbol{A}_{12} \\ \boldsymbol{A}_{22} \end{bmatrix} \tag{9.27}$$

方程(9.24)、方程(9.26)及方程(9.27)都是矢量方程，它们组成了矢量方程组，可以求解12个位置参数，其中四个参数是两个校正平面上关于不平衡力 $\boldsymbol{F}_1$、$\boldsymbol{F}_2$ 的位置与方位信息参数，即 $m_{1\tau}$、$m_{2\tau}$（或者 $r_{1\tau}$、$r_{2\tau}$）、$\delta_{1\tau}$、$\delta_{2\tau}$，余下的可以求解传递函数矩阵的 8 个位置参数。我们从中求得不平衡力参数为：

$$\begin{bmatrix} m_{1c}r_{1c}\mathrm{e}^{\mathrm{j}\delta_{1c}} \\ m_{2c}r_{2c}\mathrm{e}^{\mathrm{j}\delta_{2c}} \end{bmatrix} = \frac{1}{\Omega^2}\begin{bmatrix} \boldsymbol{F}_{1\tau} & 0 \\ 0 & \boldsymbol{F}_{2\tau} \end{bmatrix}\begin{bmatrix} \boldsymbol{A}_{10} - \boldsymbol{A}_{11} & \boldsymbol{A}_{10} - \boldsymbol{A}_{12} \\ \boldsymbol{A}_{20} - \boldsymbol{A}_{21} & \boldsymbol{A}_{20} - \boldsymbol{A}_{22} \end{bmatrix}^{-1}\begin{bmatrix} \boldsymbol{A}_{10} \\ \boldsymbol{A}_{20} \end{bmatrix} \tag{9.28}$$

同样可以求得动刚度 $\boldsymbol{K}_{2\times2}$ 或传递函数 $\boldsymbol{H}_{2\times2}$ 的矢量元素。如同单平面动平衡原理中的代数求解过程，将它们的虚部与实部分离，可以求得不平衡力以及系统参数的代数根。

(2)多校正平面的动平衡

设有 N 个平面,振动测点数目为 M,平衡转速的数目为 S,首先讨论测点数目与校正平面数目相同,即 $M=N$,且 $S=1$ 的情形。此时多平面平衡与两平面平衡的情况完全一致,只不过增加了矢量矩阵的维数。仍然令平面标号下标为 p,试重惯性力标号为 q,则传递矩阵与动刚度矩阵分别变为:

$$\boldsymbol{H}_{N\times N}=\boldsymbol{H}_{pq},\boldsymbol{K}_{N\times N}=\boldsymbol{K}_{pq}=\boldsymbol{H}_{pq}{}^{-1} \tag{9.29}$$

待定的原始不平衡力为 $\boldsymbol{F}=\mathrm{diag}\{\boldsymbol{F}_1,\boldsymbol{F}_2,\cdots,\boldsymbol{F}_p,\cdots,\boldsymbol{F}_N\}$,其中 $\boldsymbol{F}_p=F_p\mathrm{e}^{\mathrm{j}\delta_p}=m_{pc}r_{pc}\Omega^2\mathrm{e}^{\mathrm{j}\delta_p}$。

N 个平面需要 $N+1$ 次开机测试才能获得封闭方程。其中,第一次开机没有试重,测得原始不平衡力 $\boldsymbol{F}$ 作用下的振动矢量 $\boldsymbol{A}_{p0}=A_{p0}\mathrm{e}^{\mathrm{j}\beta_{p0}}$,$p=1,2,\cdots,N$。为了与后续测试方程在表达形式上保持一致,将此 $N\times 1$ 列矢量写为对角矩阵:

$$\boldsymbol{A}_{p0}=\mathrm{diag}\{A_{10}\mathrm{e}^{\mathrm{j}\beta_{10}},A_{10}\mathrm{e}^{\mathrm{j}\beta_{20}},\cdots,A_{p0}\mathrm{e}^{\mathrm{j}\beta_{p0}},\cdots,A_{N0}\mathrm{e}^{\mathrm{j}\beta_{N0}}\}$$

输入、输出关系为:

$$\boldsymbol{H}_{pq}\boldsymbol{F}=\boldsymbol{A}_{p0} \tag{9.30}$$

余下的 N 次开机测试和两个校正平面的动平衡一样,也分为两种情形。第一种情形是各平面单独加试重,即在施加下一个平面上的试重之前,卸掉前一个平面上的试重。第二种情形是在后一个平面上施加试重时,保留前一个平面的试重。

第一种情形下,若第 q 个校正面上有试重力 $\boldsymbol{F}_{q\tau}$,则在其余第 p 个校正面上没有试重,即:

$$\boldsymbol{F}_{q\tau}=\begin{cases}m_{q\tau}r_{q\tau}\Omega^2\mathrm{e}^{\mathrm{j}\delta_{q\tau}},q=p\\0,q\neq p\end{cases},\text{即 }\boldsymbol{F}_{pq\tau}=\begin{bmatrix}\boldsymbol{F}_{1\tau}&0&\cdots&0\\0&\boldsymbol{F}_{2\tau}&\cdots&0\\\cdots&\cdots&\cdots&\cdots\\0&0&\cdots&\boldsymbol{F}_{N\tau}\end{bmatrix} \tag{9.31}$$

第二种情形下,第 p 个校正面上试重力为 $\boldsymbol{F}_{p\tau}$,第 $p+1$ 校正面上施加试重 $\boldsymbol{F}_{p+1,\tau}$,即:

$$\boldsymbol{F}_{pq\tau}=\begin{bmatrix}\boldsymbol{F}_{1\tau}&\boldsymbol{F}_{1\tau}&\cdots&\boldsymbol{F}_{1\tau}\\0&\boldsymbol{F}_{2\tau}&\cdots&\boldsymbol{F}_{2\tau}\\\cdots&\cdots&\cdots&\cdots\\0&0&\cdots&\boldsymbol{F}_{N\tau}\end{bmatrix} \tag{9.32}$$

无论哪种情形,第 q 个平面上的试重 $m_{q\tau}r_{q\tau}$ 的不平衡力 $\boldsymbol{F}_{q\tau}$ 在第 p 个校正面上都将产生振动响应,测得的振动矢量统一记为:

$$\boldsymbol{A}_{pq}=A_{pq}\mathrm{e}^{\mathrm{j}\beta_{pq}},\quad p,q=1,2,\cdots,N$$

令 $\boldsymbol{A}_{N\times N}=\boldsymbol{A}_{pq}$,$p,q=1,2,\cdots,N$,则有系统的输入、输出关系为:

$$\boldsymbol{H}_{N\times N}(\boldsymbol{F}+\boldsymbol{F}_{pq\tau})=\boldsymbol{A}_{N\times N}\quad\text{或}\quad\boldsymbol{H}_{pq}(\boldsymbol{F}+\boldsymbol{F}_{pq\tau})=\boldsymbol{A}_{pq} \tag{9.33}$$

将式(9.30)代入矢量式(9.33),可以求得不平衡力或校正配重矢量参数 $\boldsymbol{F}=\mathrm{diag}\{\boldsymbol{F}_1,\boldsymbol{F}_2,\cdots,\boldsymbol{F}_p,\cdots,\boldsymbol{F}_N\}$。第一种情形为:

$$\begin{bmatrix}m_{1c}r_{1c}\mathrm{e}^{\mathrm{j}\delta_{1c}}\\\vdots\\m_{pc}r_{pc}\mathrm{e}^{\mathrm{j}\delta_{pc}}\\\vdots\\m_{Nc}r_{Nc}\mathrm{e}^{\mathrm{j}\delta_{Nc}}\end{bmatrix}=\frac{1}{\Omega^2}\begin{bmatrix}\boldsymbol{F}_{1\tau}&0&\cdots&\cdots&0\\0&\boldsymbol{F}_{2\tau}&0&\cdots&0\\0&\cdots&\boldsymbol{F}_{p\tau}&0&0\\0&\cdots&\cdots&\ddots&0\\0&\cdots&\cdots&0&\boldsymbol{F}_{N\tau}\end{bmatrix}\begin{bmatrix}A_{10}-A_{11}&\cdots&A_{10}-A_{1N}\\\cdots&\cdots&\cdots\\\cdots&\cdots&\cdots\\\cdots&\cdots&\cdots\\A_{N0}-A_{N1}&\cdots&A_{N0}-A_{NN}\end{bmatrix}^{-1}\begin{bmatrix}A_{10}\\\vdots\\A_{p0}\\\vdots\\A_{N0}\end{bmatrix} \tag{9.34}$$

第二种情形为：

$$\begin{bmatrix} m_{1c}r_{1c}\mathrm{e}^{\mathrm{j}\delta_{1c}} \\ \vdots \\ m_{pc}r_{pc}\mathrm{e}^{\mathrm{j}\delta_{pc}} \\ \vdots \\ m_{Nc}r_{Nc}\mathrm{e}^{\mathrm{j}\delta_{Nc}} \end{bmatrix} = \frac{1}{\Omega^2}\begin{bmatrix} \boldsymbol{F}_{1\tau} & \boldsymbol{F}_{1\tau} & \boldsymbol{F}_{1\tau} & \cdots & \boldsymbol{F}_{1\tau} \\ 0 & \boldsymbol{F}_{2\tau} & \boldsymbol{F}_{2\tau} & \cdots & \boldsymbol{F}_{2\tau} \\ 0 & \cdots & \boldsymbol{F}_{p\tau} & \cdots & \boldsymbol{F}_{p\tau} \\ 0 & \cdots & \cdots & \ddots & \cdots \\ 0 & \cdots & \cdots & 0 & \boldsymbol{F}_{N\tau} \end{bmatrix}\begin{bmatrix} \boldsymbol{A}_{10}-\boldsymbol{A}_{11} & \cdots & \boldsymbol{A}_{10}-\boldsymbol{A}_{1N} \\ \cdots & \cdots & \cdots \\ \cdots & \cdots & \cdots \\ \cdots & \cdots & \cdots \\ \boldsymbol{A}_{N0}-\boldsymbol{A}_{N1} & \cdots & \boldsymbol{A}_{N0}-\boldsymbol{A}_{NN} \end{bmatrix}^{-1}\begin{bmatrix} \boldsymbol{A}_{10} \\ \vdots \\ \boldsymbol{A}_{p0} \\ \vdots \\ \boldsymbol{A}_{N0} \end{bmatrix} \tag{9.35}$$

利用式(9.34)或式(9.35)即可确定各个平衡面上的校正质量和位置，同样也可以求得 $\boldsymbol{K}_{N\times N}=\boldsymbol{K}_{pq}$。复矢量方程可化为 $2N$ 个代数方程，用于求解 $2N$ 个未知参数。

(3)偏摆数据的校正

振动数据是否准确是取得动平衡效果的关键，在污染振动数据的因素中，非线性等因素要在实施动平衡之前消除，偏摆却是实施动平衡过程中要面临的问题。前面已经论述过偏摆的形成原因与简单的处理方式，在测试仪器中利用基频向量振荡器检测并抵消偏摆信号是另一种数据处理方法。实际上，通过校正质量也可以补偿校正偏摆矢量。

由于偏摆是极低转速下的扰动矢量，所以通过低速盘车也可以测得慢转速滚动的偏摆矢量。无论采用何种方式，只要测得了偏摆矢量为 $\boldsymbol{A}_{ps}=A_{ps}\mathrm{e}^{\mathrm{j}\beta_{ps}}$，$p=1,2\cdots,N$，则根据消除偏摆信号后的振动数据可以求解不平衡量，也可以在计算不平衡校正量时，将偏摆矢量直接计入原始不平衡振动响应中，得到修正偏摆的不平衡量：

$$\begin{bmatrix} m_{1c}r_{1c}\mathrm{e}^{\mathrm{j}\delta_{1c}} \\ \vdots \\ m_{pc}r_{pc}\mathrm{e}^{\mathrm{j}\delta_{pc}} \\ \vdots \\ m_{Nc}r_{Nc}\mathrm{e}^{\mathrm{j}\delta_{Nc}} \end{bmatrix} = \frac{1}{\Omega^2}\begin{bmatrix} \boldsymbol{F}_{1\tau} & \boldsymbol{F}_{1\tau} & \boldsymbol{F}_{1\tau} & \cdots & \boldsymbol{F}_{1\tau} \\ 0 & \boldsymbol{F}_{2\tau} & \boldsymbol{F}_{2\tau} & \cdots & \boldsymbol{F}_{2\tau} \\ 0 & \cdots & \boldsymbol{F}_{p\tau} & \cdots & \boldsymbol{F}_{p\tau} \\ 0 & \cdots & \cdots & \ddots & \cdots \\ 0 & \cdots & \cdots & 0 & \boldsymbol{F}_{N\tau} \end{bmatrix}\begin{bmatrix} \boldsymbol{A}_{10}-\boldsymbol{A}_{11} & \cdots & \boldsymbol{A}_{10}-\boldsymbol{A}_{1N} \\ \cdots & \cdots & \cdots \\ \cdots & \cdots & \cdots \\ \cdots & \cdots & \cdots \\ \boldsymbol{A}_{N0}-\boldsymbol{A}_{N1} & \cdots & \boldsymbol{A}_{N0}-\boldsymbol{A}_{NN} \end{bmatrix}^{-1}\begin{bmatrix} \boldsymbol{A}_{10}-\boldsymbol{A}_{1s} \\ \vdots \\ \boldsymbol{A}_{p0}-\boldsymbol{A}_{ps} \\ \vdots \\ \boldsymbol{A}_{N0}-\boldsymbol{A}_{Ns} \end{bmatrix} \tag{9.36}$$

由其可以补偿并校正振动测试数据，图 9.41 是机器启动过程中的未补偿和补偿后的振动响应。

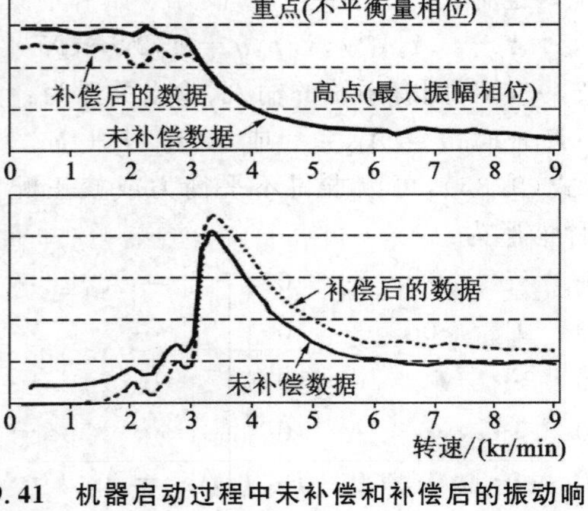

图 9.41　机器启动过程中未补偿和补偿后的振动响应

9.6.3 利用极坐标图的动平衡方法

前面的动平衡测试的是恒定转速下的振动响应，根据启动过程转速的不断提升，有一系列的振动响应矢量，并且在共振的情况下，振动响应矢量与不平衡力矢量相位差等于90°，即理论上两个矢量垂直，这就为判别不平衡量的方位提供了方便。因此，利用启动过程的振动测试，绘制振幅矢量随转速变化的极坐标图，是实施动平衡的另一条途径，称之为极坐标图法，又因为振动系统的共振振型对应于系统的振动模态，所以极坐标图法也称为模态响应圆法或振型圆法。

在极坐标图绘制的是转速变化时的振动矢端轨迹，所以可以获得系统共振或振型的信息。但是对于未平衡的机器，不可以在共振转速内运行，所以要根据启动和停机过程中共振区外的振动矢端轨迹，估计拟合共振转速下的振动矢端轨迹，获得完整的极坐标图。一旦绘制了极坐标图，则不平衡量与校正质量及其位置就可以确定下来。

(1)极坐标图上的偏摆矢量

在极坐标图上，对应于图9.41的偏摆现象如图9.42所示，偏摆使得低速振动矢端移位，从而带来数据误差。图9.43是校正偏摆矢量后的极坐标图，校正量即在式(9.36)的最后一列矢量中去掉原始不平衡响应 $\boldsymbol{A}_{p0}(p=1,2\cdots,N)$ 所得的结果，由此实现偏摆数据的物理补偿。

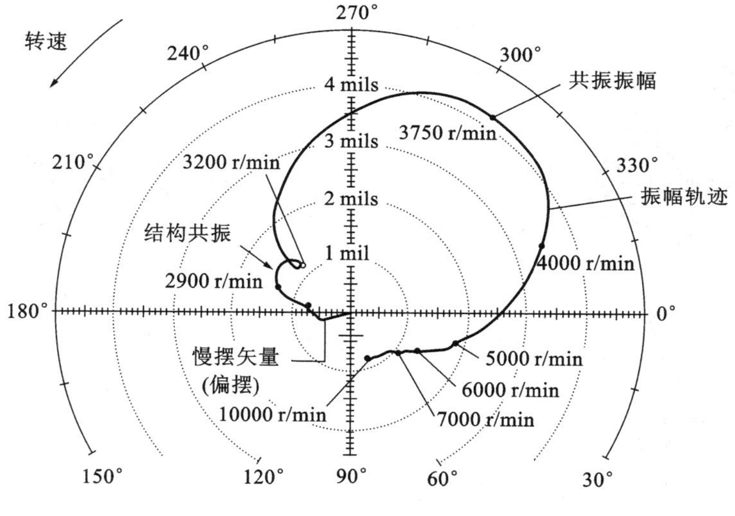

图9.42 极坐标图上的偏摆矢量

(2)不平衡量与配重矢量

利用极坐标图的动平衡步骤为：首先根据启动停机振动测试数据画出极坐标图，从极坐标图上判别各阶共振矢量，通过相位差得到不平衡量的方位，通过共振转速和共振幅值计算原始不平衡量。最后，根据矢量合成方法确定配重的大小与位置。

例如取两个校正面进行动平衡，测得并画出启动过程的极坐标图，分别为图9.44与图9.45。从极坐标图中得知，一阶共振或一阶模态频率为2245Hz，二阶模态频率为5719Hz。在第一个平衡面上，一阶与二阶共振幅值分别为 $\overline{OA}$、$\overline{OB}$，在第二个平衡面上，一阶与二阶共振幅值分别为 $\overline{OC}$、$\overline{OD}$；各个平衡面上一阶和二阶不平衡量分别垂直于共振矢量，大小由共振幅值求得。图9.45给出了不平衡量的合成关系以及与合成矢量反相的校正质量位置，由这样的合成关系可以确定所有多次平衡情形的总校正质量及其位置。

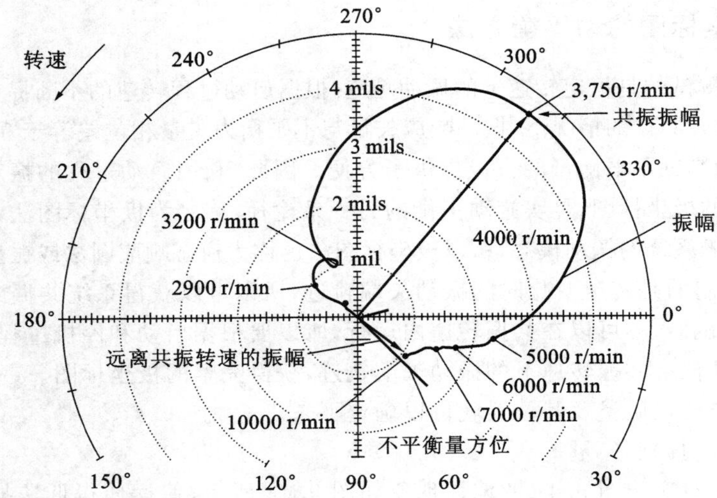

图 9.43 校正偏摆矢量后的极坐标图

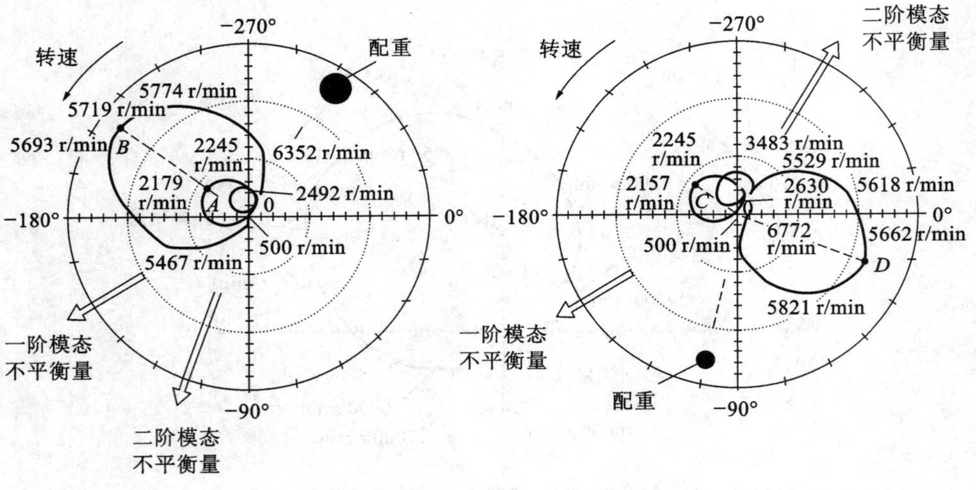

图 9.44 极坐标图上的共振矢量与不平衡量

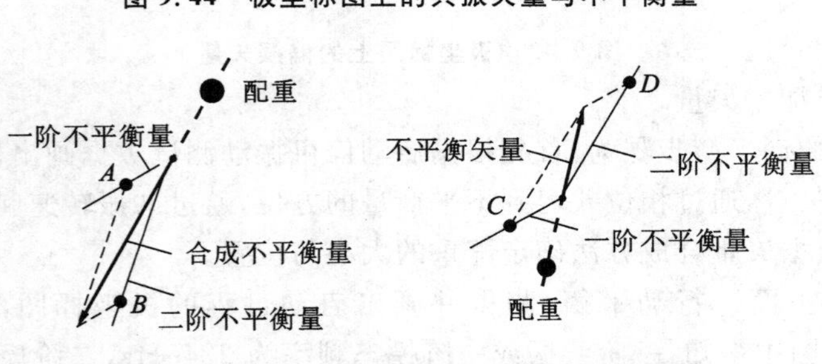

图 9.45 极坐标图上的共振矢量与不平衡量

由于极坐标图利用了启动停机过程中的丰富数据，所以它可以提供转速变化下模态与共振、幅值与相位变化等非常有效的动平衡信息，即使利用其他方法进行动平衡，在平衡过程中也需要利用极坐标图进行校验与补充。

9.6.4　动平衡的加权最小二乘法

按照传递函数的动平衡原理，如果关于不平衡力的矢量方程组有唯一解，校正面的数目 N、平衡转速数目 S 以及振动测点数目 M 之间，必须满足 $N = M \times S$。为了确保测试数据的准确性和针对性，不可以随意减少测点。这样一来，在平衡多个转速的情况下，平衡面数目 N 就很大，过多的平衡面是不现实的。一般而言，取两至五个平衡面，所以利用传递函数的动平衡原理实现起来会受到限制。

高速旋转机械将穿越多个临界转速，需要多转速平衡。针对多转速平衡问题，由于平衡面数目不足，往往采用加权寻优的方式进行动平衡。其基本思想为，既然利用传递函数方程无法求得各个平衡转速下振动同时为零的校正质量，那么就放宽动平衡的条件，允许各平衡转速下有部分残余振动，但是要求所有残余振动幅值的平方和为最小，即最小二乘法。若进一步考虑各个转速下振动的重要程度，并赋予其权重，则得到加权最小二乘法。

(1)不平衡量的加权平均

多转速平衡源自不同的需求，例如各向异性支撑将带来两个固有频率，其轴心轨迹往往是椭圆，这给动平衡带来麻烦。设计上尽量要保证两个频率有较少的间隔，使得共振转速比较靠近，因而有两个比较接近的平衡转速 Ω_1、Ω_2。也可以在二者中间再增加一个平均转速，使之变为三个转速 Ω_1、Ω_m、Ω_2 的平衡问题。我们来看看多平衡转速下简单的加权平均处理方法。

设有两个校正平面，平衡三个转速。在每个转速下，三次开机测量可求得两个平衡面上的校正质量，逐个平衡三个转速得到：

$$m_{pc}^{(s)} r_{pc}^{(s)} \mathrm{e}^{\mathrm{j}\delta_{pc}^{(s)}}, s = 1,2,3, p = 1,2 \tag{9.37}$$

在这个过程中，平衡第二个转速获得的校正质量必然会破坏第一个转速的平衡效果，同样，平衡第三个转速的校正质量将破坏前两次的平衡效果。最终取何种校正质量需要权衡各个转速下的振动程度综合决定，所以根据各转速的振动情况，设置各个转速的权重系数矩阵 $[W_{11}, W_{22}, W_{33}]$，通过加权平均决定两个校正平面上的校正质量，有：

$$m_{pc} r_{pc} \mathrm{e}^{\mathrm{j}\delta_{pc}} = \frac{1}{W_{11} + W_{22} + W_{33}} [W_{11}, W_{22}, W_{33}] \begin{bmatrix} m_{pc}^{(1)} r_{pc}^{(1)} e^{j\delta_{pc}^{(1)}} \\ m_{pc}^{(2)} r_{pc}^{(2)} e^{j\delta_{pc}^{(2)}} \\ m_{pc}^{(3)} r_{pc}^{(3)} e^{j\delta_{pc}^{(3)}} \end{bmatrix}, p = 1,2 \tag{9.38}$$

右上角括号内是转速的标号。当取各转速权重相同时，加权平均得到的是算术平均值。

加权平均把间距不大的三个转速平衡问题近似处理为平衡单个等价转速问题。这样的加权平均只给出了权衡利弊的结果，此时对于每个转速，转子都不是完全平衡的，即每个转速下都存在残余振动，可以将所有转速下的残余振动平方和作为目标函数，求其最小值所对应的平衡校正，这就是最小二乘法。

(2)加权最小二乘法

考虑一般情况，取 N 个平衡面，$M(=N)$ 个振动测点，平衡 S 个转速，显然 $N < M \times S$。首先分析加权校正质量下的残余振动，以便求得各个转速下残余振动的平方和。仍然令 $\boldsymbol{F}$ 为原始不平衡力，在各个平衡面上增加了校正质量后，其校正力矢量为 $\boldsymbol{F}_c$。根据式(9.30)与式(9.33)，对于每一个转速 Ω_s，原始不平衡力 $\boldsymbol{F}^{(s)}$ 与校正力矢量 $\boldsymbol{F}_c^{(s)}$ 满足输入、输出关系：

$$\boldsymbol{H}_{pq}^{(s)} \boldsymbol{F}^{(s)} = \boldsymbol{A}_{p0}^{(s)}, \quad s = 1,2,\cdots,S \tag{9.39}$$

$$\boldsymbol{H}_{pq}^{(s)}(\boldsymbol{F}^{(s)}+\boldsymbol{F}_c^{(s)})=\boldsymbol{A}_{pq}^{(s)},\quad s=1,2,\cdots,S \tag{9.40}$$

其中 $\boldsymbol{H}_{pq}^{(s)}$ 是第 s 个转速下的传递函数。式(9.39)中原始不平衡力 $\boldsymbol{F}^{(s)}$ 及其振动响应为：

$$\boldsymbol{F}^{(s)}=\mathrm{diag}\{\boldsymbol{F}_1^{(s)},\boldsymbol{F}_2^{(s)},\cdots,\boldsymbol{F}_p^{(s)},\cdots,\boldsymbol{F}_N^{(s)}\},\text{其中 }\boldsymbol{F}_p^{(s)}=F_p^{(s)}\mathrm{e}^{\mathrm{j}\delta_p^{(s)}}=m_{pc}^{(s)}r_{pc}^{(s)}\Omega^2\mathrm{e}^{\mathrm{j}\delta_p^{(s)}}$$

$$\boldsymbol{A}_{p0}^{(s)}=\mathrm{diag}\{A_{10}^{(s)}\mathrm{e}^{\mathrm{j}\beta_{10}^{(s)}},A_{20}^{(s)}\mathrm{e}^{\mathrm{j}\beta_{20}^{(s)}},\cdots,A_{p0}^{(s)}\mathrm{e}^{\mathrm{j}\beta_{p0}^{(s)}},\cdots,A_{N0}^{(s)}\mathrm{e}^{\mathrm{j}\beta_{N0}^{(s)}}\}$$

式(9.40)中校正力矢量 $\boldsymbol{F}_c^{(s)}$ 以及残余振动响应分别为：

$$\boldsymbol{F}_c^{(s)}=\begin{bmatrix}\boldsymbol{F}_{1c}^{(s)}\\ \boldsymbol{F}_{2c}^{(s)}\\ \vdots\\ \boldsymbol{F}_{Nc}^{(s)}\end{bmatrix}=\begin{bmatrix}m_{1c}^{(s)}r_{1c}^{(s)}\mathrm{e}^{\mathrm{j}\delta_{pc}^{(s)}}\\ m_{2c}^{(s)}r_{2c}^{(s)}\mathrm{e}^{\mathrm{j}\delta_{pc}^{(s)}}\\ \vdots\\ m_{Nc}^{(s)}r_{Nc}^{(s)}\mathrm{e}^{\mathrm{j}\delta_{pc}^{(s)}}\end{bmatrix},\boldsymbol{A}_{pq}^{(s)}=A_{pq}^{(s)}\mathrm{e}^{\mathrm{j}\beta_{pq}^{(s)}},p,q=1,2\cdots,N,s=1,2\cdots,S$$

可以将这 S 个矢量方程式(9.39)、式(9.40)用增广矩阵统一写为：

$$\boldsymbol{HF}=\boldsymbol{A}_0 \tag{9.41}$$

$$\boldsymbol{H}(\boldsymbol{F}+\boldsymbol{F}_c)=\boldsymbol{A} \tag{9.42}$$

其中

$$\boldsymbol{H}=\begin{bmatrix}\boldsymbol{H}_{pq}^{(1)}\\ \boldsymbol{H}_{pq}^{(2)}\\ \vdots\\ \boldsymbol{H}_{pq}^{(S)}\end{bmatrix}_{S\times N\times N},\quad \boldsymbol{F}=[\boldsymbol{F}^{(1)}\quad \boldsymbol{F}^{(2)}\quad\cdots\quad \boldsymbol{F}^{(S)}]_{N\times S},\quad \boldsymbol{A}_0=\begin{bmatrix}\boldsymbol{A}_{p0}^{(1)}\\ \boldsymbol{A}_{p0}^{(2)}\\ \vdots\\ \boldsymbol{A}_{p0}^{(S)}\end{bmatrix}_{S\times N\times N\times S}$$

$$\boldsymbol{F}_c=[\boldsymbol{F}_c^{(1)}\quad \boldsymbol{F}_c^{(2)}\quad\cdots\quad \boldsymbol{F}_c^{(S)}]=\begin{bmatrix}m_{1c}^{(1)}r_{1c}^{(1)}\mathrm{e}^{\mathrm{j}\delta_{pc}^{(1)}} & m_{1c}^{(2)}r_{1c}^{(2)}\mathrm{e}^{\mathrm{j}\delta_{pc}^{(2)}} & \cdots & m_{1c}^{(S)}r_{1c}^{(S)}\mathrm{e}^{\mathrm{j}\delta_{pc}^{(S)}}\\ m_{2c}^{(1)}r_{2c}^{(1)}\mathrm{e}^{\mathrm{j}\delta_{pc}^{(1)}} & m_{2c}^{(2)}r_{2c}^{(2)}\mathrm{e}^{\mathrm{j}\delta_{pc}^{(2)}} & \cdots & m_{2c}^{(S)}r_{2c}^{(S)}\mathrm{e}^{\mathrm{j}\delta_{pc}^{(S)}}\\ \vdots & \cdots & \cdots & \vdots\\ m_{Nc}^{(1)}r_{Nc}^{(1)}\mathrm{e}^{\mathrm{j}\delta_{pc}^{(1)}} & \cdots & \cdots & m_{Nc}^{(S)}r_{Nc}^{(S)}\mathrm{e}^{\mathrm{j}\delta_{pc}^{(S)}}\end{bmatrix}_{N\times S}$$

残余振动为：

$$\boldsymbol{A}=\begin{bmatrix}\boldsymbol{A}_{pq}^{(1)}\\ \boldsymbol{A}_{pq}^{(2)}\\ \vdots\\ \boldsymbol{A}_{pq}^{(S)}\end{bmatrix}_{S\times N\times N\times S} \tag{9.43}$$

将式(9.42)代入式(9.43)求得残余振动：

$$\boldsymbol{A}=\boldsymbol{A}_0+\boldsymbol{HF}_c \tag{9.44}$$

对于 S 个转速，设置权重系数矩阵 $\boldsymbol{W}_{SS}$：

$$\boldsymbol{W}_{SS}=\boldsymbol{W}_{rs},r,s=1,2,\cdots,S \tag{9.45}$$

它是一个对称的 $S\times S$ 矩阵。对角线上的权重系数表示该转速下振动的重要程度，一个转速下的校正质量会影响另一个转速下的振动，所以对角线以外的元素考虑的是第 r 个转速与第 s 个转速之间的相互影响。如果只考虑当前转速的重要性，则权重矩阵为：

$$\boldsymbol{W}_{SS}=\mathrm{diag}\{W_{11},W_{22},\cdots,W_{SS}\}$$

令残余振动的平方和为 G，它是一个代数指标量。在加权情况下，有性能指标量：

$$G=\boldsymbol{A}^{*\mathrm{T}}\boldsymbol{W}_{SS}\boldsymbol{A} \tag{9.46}$$

符号 $*$ 表示共轭复数。将残余振动式(9.44)代入式(9.46)，得：

$$G = (\boldsymbol{A}_0 + \boldsymbol{HF}_c)^{*\mathrm{T}} W_{SS} (\boldsymbol{A}_0 + \boldsymbol{HF}_c)$$

为了求得最小加权平方和所对应的校正力 $\boldsymbol{F}_c$，令：

$$\frac{\mathrm{d}G}{\mathrm{d}\boldsymbol{F}_c} = (\boldsymbol{A}_0^{*\mathrm{T}} + \boldsymbol{F}_c^{*\mathrm{T}} \boldsymbol{H}^{*\mathrm{T}}) W_{SS} \boldsymbol{H} = 0$$

则得 $\boldsymbol{F}_c^{*\mathrm{T}} = -(\boldsymbol{A}_0^{*\mathrm{T}} W_{SS} \boldsymbol{H})(\boldsymbol{H}^{*\mathrm{T}} W_{SS} \boldsymbol{H})^{-1}$，即：

$$\boldsymbol{F}_c = -(\boldsymbol{H}^{*\mathrm{T}} W_{SS} \boldsymbol{A}_0)(\boldsymbol{H}^{*\mathrm{T}} W_{SS} \boldsymbol{H})^{-1} \tag{9.47}$$

(3)振型平衡法

我们利用最小二乘法讨论一种特殊情况。不带权重情况下，权重矩阵为单位阵，则有校正力：

$$\boldsymbol{F}_c = -(\boldsymbol{H}^{*\mathrm{T}} \boldsymbol{A}_0)(\boldsymbol{H}^{*\mathrm{T}} \boldsymbol{H})^{-1}$$

如果对应于 S 个转速，有 S 个校正面，即 $N = S$，则 $\boldsymbol{H}^{*\mathrm{T}} \boldsymbol{H}$ 是单位矩阵，此时有：

$$\boldsymbol{F}_c = -\boldsymbol{H}^{-1} \boldsymbol{A}_0 \quad \text{或} \quad \boldsymbol{HF}_c = -\boldsymbol{A}_0 \tag{9.48}$$

比较式(9.41)可知，求得的校正力 $\boldsymbol{F}_c = -\boldsymbol{F}$。这说明，$N$ 个校正面内加 N 个校正质量，可以完全平衡 N 个转速的振动。或者说，要达到多平衡转速下的完全平衡，必须要有与转速数目相等的校正平面和校正质量。注意这里所谓的完全平衡，针对的仅仅是所考虑的 S 个转速。

我们考虑 N 个转速是转子临界转速的情形，此时的转速对应于转子 N 阶振型，为了完全平衡这些振型，就需要在 N 个校正平面上施加 N 个校正质量。一种方法是从低阶转速开始，逐阶开机测试校正平衡，得到与其他振型互相正交的 N 组校正质量，称之为振型平衡法。另一种方法是一次同时求得与 N 阶振型都不正交的一组校正质量，此即传递函数法或影响系数法。可以将振型平衡法视为传递函数法的特殊情形。

9.6.5　动平衡的实施原则与效果

动平衡的各种方法理论上是完善且等价互通的，但是由于受到转子的各种条件限制，实施效果并不一样。动平衡的目标是使平衡精度高，即工作转速以内的残余振动小；进行动平衡的基本要求是校正平面数目少，开机次数少，取得动平衡良好效果的基本条件是准确的振动数据。

(1)动平衡方法的比较

振型平衡法的特点是需要详细的模态分析。对于单根直轴，通过模态分析可以精确地掌握前几阶振型，例如图 9.45 所示的三阶振动模态。如果将平衡面和测点选择在各阶振型的顶点处，那么振型平衡法会取得很好的动平衡效果。但是，实际上有不少的误差源。其一是实际机器结构不可能提供那么多的平衡面，例如图中的一阶振型需要一个平衡面，二阶振型需要两个平衡面，则平衡前三阶转速需要六个平衡面，这在现实中是不可能的，也违背了基本要求。实际上往往选择轴承附近的两个平面进行平衡，那么测得的振动就有很大的误差。其二在现场平衡中需要对轴系实施动平衡，机器中轴系的模态难以准确地分析，其振型复杂且不规则，如图 9.46 所示。此时从振动测试得到的可能是病态数据，平衡面的位置也不好确定。因此，尽管振型平衡法由低到高逐阶开机平衡可以避免共振，但它只是一种理论上完美的动平衡方法。

利用启动停机数据的极坐标图平衡法可以识别振动模态，它是通过校正面上对应的测点获得的振动数据，数据丰富准确，其误差源在于通过拟合获得共振矢端，在机器比较精密，可以开机至共振转速时，这种误差基本上可以消除。因此，利用极坐标图的动平衡方法至少还有两个功用，一是作为其他动平衡法求解不平衡量的监测参考，二是在初步动平衡后补充进行精细的动平衡。

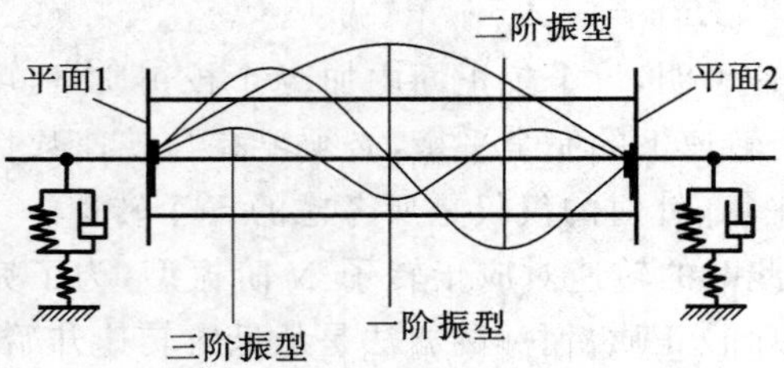

图 9.46 轴的振型与平衡面选择

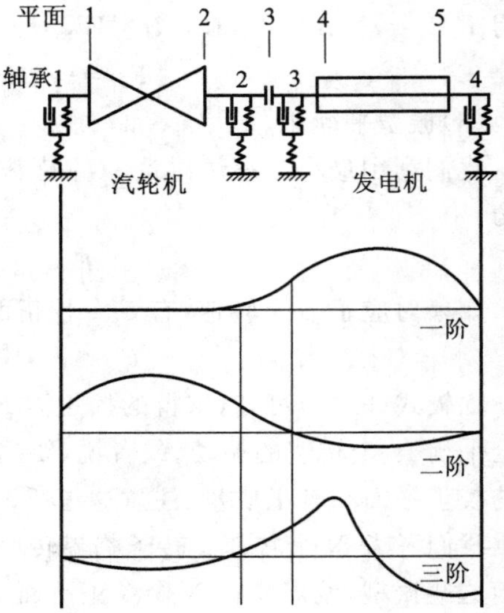

图 9.47 轴系的复杂振型

传递函数法可以用来平衡一个定常转速。在多个转速下，需要采用最小二乘法确定整体振动最小的一组校正质量，并且可以利用加权平均，通过调整权重系数进行校正质量的再修正。

(2)动平衡的实施原则

事实上，识别机器产生振动的原因比动平衡更困难，因此，仅仅进行平衡是不够的。当轴系的偏斜程度控制在可接受的程度之内，旋转机械没有自激振动发生，并且消除了故障因素，才具备了动平衡的前提条件。除了防止意外事故保证安全之外，实施动平衡需要掌握的主要原则有：

a. 预先准备与检查分析。包括：检查确认机器中不存在与平衡无关的因素，检查校正测试仪器；分析平衡面与校正质量的安装位置与数目，分析动平衡时间是否充足，以保证机器在同一条件下运转；分析历史数据或同类机器与振动相关的数据等。

b. 转速的选择与运行。需要在机器正常的工作转速和临界转速范围进行恰当的动平衡。对于工作转速较高的机器，由于它将穿越一阶、二阶乃至更高阶的临界转速，需要平衡这些共振转速。为了避免在运转过程中振动超标，不要将机器开到临界转速，要略低一些。

c. 保证振动数据的准确性。事先消除了其他的振动因素，才能对振动数据进行滤波处理。针对动平衡过程，还要分析数据的误差并予以消除，例如偏摆数据的补偿和校正，保证动平衡使用的是干净的振动数据。

d. 选择尽可能合理的试重。既然是试重，那么首次选择不可能一次到位，但是依据经验和分析，选择尽可能合理的试重和布放位置，将极大地提高动平衡的工作效率和平衡效果。应该按照由小到大的原则选择调整试重，以免激起机器的大幅度振动。再次调整试重后，需要重新计算校正质量并分析前后变化趋势。

e.记录并保存所有的计算和测试数据，尤其是应该收集并处理额定工况下以及启动、停机等过渡过程中的振动数据，积累经验资料以供调用。

(3)影响动平衡效果的因素

动平衡的实施效果受很多因素的影响，例如：

a.机器的设计与制造质量。支撑基础与机器结构的匹配优化设计，机器的精密加工安装，都可以提高动平衡性能。反之，对于平衡性能较差的机器，由于不平衡力与转速的平方成正比，转速升高则不平衡力快速增大，在进行平衡时不仅会面临更大的平衡转速，而且由于振动过大，很难测得干净且靠近临界转速的振动数据，动平衡的实施有难度。

b.平衡准备工作不充分，平衡时间不够，平衡条件发生了变化。由于平衡过程中开机的热效应、振动等导致机器的状态发生变化，振动量级也随之发生临时变化。如果没有调整恢复至初始状态，将影响平衡效果。

c.数据不干净，平衡了与动平衡目的不相干的因素。例如轴的自然弯曲、轴系的偏斜等非线性因素引起的振动与动平衡无关。在没有完全辨别并消除类似的因素，尤其是与机器平衡无关的故障因素的情况下，试图利用动平衡解决高阶振动问题，是错误的动平衡。平衡了不该平衡的因素，等于破坏了机器的完整性和动平衡效果。

实施动平衡是控制旋转机械振动的最后一道关口，振动数据是最重要的依据，它不仅依赖于振动测试系统，而且对于来自测试系统的数据，需要进行分析判别才能保证数据的性质和动平衡效果。

9.7 转子振动的应用研究专题

从应用的角度看，以下几个专题值得研究开发，它们有较大的市场潜力。

(1)转子系统振动测试系统的功能扩展。按照由简至繁的顺序，在测试系统的分析仪中有待开发的模块包括：(a)全谱及其级联图；(b)轴心轨道分解；(c)极坐标图与模态分析；(d)各种动平衡方法的原始不平衡量与校正质量的分析计算；(e)故障特征估计与决策分析，它依赖于不断建立的模型和发现的特征。例如将应力与扭矩等通道信号与振动关联，将有助于判别轴系偏斜程度。

(2)旋转机械动力学分析软件。解决转子系统的振动问题离不开动力学分析，不存在普遍适用的动力学模型，可将现有各种模型综合起来，分别说明适用条件和范围，开发对应的前后处理视窗，并提供相关的建模工具和修改方法，附加案例分析说明。开发旋转机械动力学分析软件，利用分析软件掌握动力学特征，对于旋转机械应用领域有意义，可以在理论研究与设计应用之间搭建桥梁。

(3)利用智能决策技术挖掘旋转机械的数据资源。数据对于掌握轴系振动特征有重要意义，例如，以非线性系统参数估计方法为基础建立数据驱动模型，利用系统的激励信号和时域响应数据，得到系统的特性参数，克服转子系统的复杂性和不确定性[27,28]。旋转机械的大数据包含更多更广的信息。首先需要收集数据建立档案，从设计与工艺到材料再到加工安装，从试验测试到运行管理，形成大数据资源。然后利用智能算法，从数据中挖掘旋转机械的故障特征包括轴系偏斜的振动特征，它等于从数据的角度建立了动力学模型。进一步地，也可以从大数据中挖掘设计特征以及制造特征，它对于掌握设计规律、制定工艺标准有意义。将智能决策技术与数据资源相结合，是未来旋转机械理论与应用研究领域的挑战性课题。

参考文献

[1] [1] 晏砺堂. 航空燃气轮机振动和减振[M]. 北京：国防工业出版社，1991.

[2] PIOTROWSKI J. Shaft Alignment Handbook (Third Edition)[M]. New York: CRC Press, 2006.

[3] 才家刚. 图解常用量具的使用方法和测量实例[M]. 北京：机械工业出版社，2007.

[4] 洪杰，栗天壤，倪耀宇，等. 复杂转子系统支点动载荷模型及其优化设计[J]. 北京航空航天大学学报，2019，45(05):4-11.

[5] AGNIESZKA (AGNES) MUSZYNSKA. Rotordynamics [M]. New York: CRC Press, 2005.

[6] 钟一谔，何衍宗，王正，李方泽. 转子动力学. 北京：清华大学出版社，1996.

[7] DEWELL D L. Mitchell L D. Detection of a misalignment disk coupling using spectrum analysis[J]. ASME Journal of Vibration, Acoustics ,Stress and Relibility in Design, 1984, 106(1):9-16.

[8] 韩捷. 齿式联接不对中转子的故障物理特性研究[J]. 振动工程学报，1996(3):297-301.

[9] MARMOL R A, SMALLEY A J, TECZA J A. Spline Coupling Induced Nonsynchronous Rotor Vibrations[J]. Journal of Mechanical Design, 1980, 102(1):168.

[10] 黄曲贵. 平行不对中和不平衡故障转子扭振特征的研究[J]. 机械工程学报，1998，34(5):91-100.

[11] 黄典贵，蒋滋康. 应用扭转振动特征进行轴系机械故障诊断的应用[J]. 清华大学学报，1995，35(2)：7-10.

[12] 李明. 齿轮联轴器不对中转子系统的稳态振动特征分析[J]. 机械强度，2002，24(1)：52-55.

[13] 李明. 平行不对中转子系统的非线性动力学行为[J]. 机械强度，2005，27(5):580-585.

[14] 李明，张勇，姜培林，等. 转子-齿轮联轴器系统的弯扭耦合振动研究[J]. 航空动力学报，1999，14(1)：60-64.

[15] 闫水中，买买提明·艾尼，徐宁. 燃气轮机轴系的振动特性数值分析[J]. 机械设计与制造，2012(12)：22-24.

[16] 徐宁，买买提明·艾尼，闫水中. 燃气轮机转子系统支承刚度阻尼匹配的研究[J]. 机械设计与制造，2013(1)：134-136.

[17] 邓晗，买买提明·艾尼，RSS 机座拓扑结构对径向刚度和稳定性的影响[J]. 振动与冲击，2016，35(11):102-108.

[18] 王豫鄂，买买提明·艾尼，郭艳朋，等. 旋转对称支承板机座多目标驱动尺寸优化及动态分析[J]. 汽轮机技术，2013，55(4):271-274.

[19] 吕超. RSS 机座结构动态优化与动力学响应分析[D]. 乌鲁木齐:新疆大学，2014.

[20] 邓晗. RSS 拓补结构机座的动态优化[J]. 佳木斯大学学报(自然科学版)，2015(3)：

432-436.

[21] KIRK R G, GUNTER E J. The Effect of Support Flexibility and Damping on the Synchronous Response of a Single-Mass Flexible Rotor[J] . Journal of Engineering for Industry, 1972, 94(1):221-232.

[22] ISHIDA Y, INOUE T. Vibration Suppression of Nonlinear Rotor Systems Using a Dynamic Damper[J] . Journal of Vibration and Control, 2007, 13(8):1127-1143.

[23] SHENYONGJUN, WANGXIAORAN, YANGSHAOPU, et al. Parameters Optimization for a Kind of Dynamic Vibration Absorber with Negative Stiffness[J] , Mathematical Problems in Engineering, 2016:2668-2677.

[24] TIWARI M, GUPTA K, PRAKASH O. Effect of Radial Internal Clearance of A Ball Bearing on the Dynamics of A Balanced Horizontal Rotor[J] . Journal of Sound and Vibration, 2000, 238(5):723-756.

[25] 王强，轴承故障作用下转子系统非线性动力学特性研究[D] ，武汉：海军工程大学，2018.

[26] LYNAGH N , RAHNEJAT H , EBRAHIMI M , et al. Bearing induced vibration in precision high speed routing spindles[J] . International Journal of Machine Tools and Manufacture, 2000, 40(4):561-577.

[27] YING M, HAOPENG L, YUNPENG Z, et al. The NARX Model-Based System Identification on Nonlinear, Rotor-Bearing Systems[J] . Applied Sciences, 2017, 7(9): 911-917.

[28] GE X, LUO Z, MA Y, et al. A novel data-driven model based parameter estimation of nonlinear systems[J] . Journal of Sound and Vibration, 2019, 453: 188-200.

附录　万向铰柔性轴系横向振模型(2阶伽辽金近似)

万向铰偏斜柔性轴系的横向振动方程的二阶伽辽金近似形式为：

$$\boldsymbol{M}\boldsymbol{Q}''+\boldsymbol{C}\boldsymbol{Q}'+\boldsymbol{K}\boldsymbol{Q}+\Gamma_2(\boldsymbol{E}_1+\boldsymbol{E}_2\sin 2\theta_1+\boldsymbol{E}_3\cos 2\theta_1)\boldsymbol{Q}=\Gamma_2(\boldsymbol{D}_1+\boldsymbol{D}_2)$$

各系数矩阵的含义见式(7.62)，将方程惯性解耦，得到：

$$\boldsymbol{I}\boldsymbol{Q}''+\widetilde{\boldsymbol{C}}\boldsymbol{Q}'+\widetilde{\boldsymbol{K}}\boldsymbol{Q}+\Gamma_2(\widetilde{\boldsymbol{E}}_1+\widetilde{\boldsymbol{E}}_2\sin 2\theta_1+\widetilde{\boldsymbol{E}}_3\cos 2\theta_1)\boldsymbol{Q}=\Gamma_2(\widetilde{\boldsymbol{D}}_1+\widetilde{\boldsymbol{D}}_2)$$

式中

$$\boldsymbol{Q}=\begin{bmatrix}Q_{x1}\\Q_{x2}\\Q_{y1}\\Q_{y2}\end{bmatrix},\boldsymbol{I}=\boldsymbol{M}^{-1}\boldsymbol{M}=\begin{bmatrix}1&0&0&0\\0&1&0&0\\0&0&1&0\\0&0&0&1\end{bmatrix},\widetilde{\boldsymbol{D}}_1=\boldsymbol{M}^{-1}\boldsymbol{D}_1=\begin{bmatrix}\widetilde{D}_{11}\\\widetilde{D}_{12}\\\widetilde{D}_{13}\\\widetilde{D}_{14}\end{bmatrix},\widetilde{\boldsymbol{D}}_2=\boldsymbol{M}^{-1}\boldsymbol{D}_2=\begin{bmatrix}\widetilde{D}_{21}\\\widetilde{D}_{22}\\\widetilde{D}_{23}\\\widetilde{D}_{24}\end{bmatrix},$$

$$\widetilde{\boldsymbol{C}}=\boldsymbol{M}^{-1}\boldsymbol{C}=\begin{bmatrix}\widetilde{C}_{11}&\widetilde{C}_{12}&\widetilde{C}_{13}&\widetilde{C}_{14}\\\widetilde{C}_{21}&\widetilde{C}_{22}&\widetilde{C}_{23}&\widetilde{C}_{24}\\\widetilde{C}_{31}&\widetilde{C}_{32}&\widetilde{C}_{33}&\widetilde{C}_{34}\\\widetilde{C}_{41}&\widetilde{C}_{42}&\widetilde{C}_{43}&\widetilde{C}_{44}\end{bmatrix},\widetilde{\boldsymbol{K}}=\boldsymbol{M}^{-1}\boldsymbol{K}=\begin{bmatrix}\widetilde{K}_{11}&\widetilde{K}_{12}&\widetilde{K}_{13}&\widetilde{K}_{14}\\\widetilde{K}_{21}&\widetilde{K}_{22}&\widetilde{K}_{23}&\widetilde{K}_{24}\\\widetilde{K}_{31}&\widetilde{K}_{32}&\widetilde{K}_{33}&\widetilde{K}_{34}\\\widetilde{K}_{41}&\widetilde{K}_{42}&\widetilde{K}_{43}&\widetilde{K}_{44}\end{bmatrix},$$

$$\widetilde{\boldsymbol{E}}_1=\boldsymbol{M}^{-1}\boldsymbol{E}_1=\begin{bmatrix}0&0&\widetilde{E}_{113}&\widetilde{E}_{114}\\0&0&\widetilde{E}_{123}&\widetilde{E}_{124}\\\widetilde{E}_{131}&\widetilde{E}_{132}&0&0\\\widetilde{E}_{141}&\widetilde{E}_{142}&0&0\end{bmatrix},\widetilde{\boldsymbol{E}}_2=\boldsymbol{M}^{-1}\boldsymbol{E}_2=\begin{bmatrix}\widetilde{E}_{211}&\widetilde{E}_{212}&0&0\\\widetilde{E}_{221}&\widetilde{E}_{222}&0&0\\0&0&\widetilde{E}_{233}&\widetilde{E}_{234}\\0&0&\widetilde{E}_{243}&\widetilde{E}_{244}\end{bmatrix},$$

$$\widetilde{\boldsymbol{E}}_3=\boldsymbol{M}^{-1}\boldsymbol{E}_3=\begin{bmatrix}0&0&\widetilde{E}_{313}&\widetilde{E}_{314}\\0&0&\widetilde{E}_{323}&\widetilde{E}_{324}\\\widetilde{E}_{331}&\widetilde{E}_{332}&0&0\\\widetilde{E}_{341}&\widetilde{E}_{342}&0&0\end{bmatrix}$$

$$a=(\kappa_{111}-B_2\lambda_{111})(\kappa_{122}-B_2\lambda_{122})-(\kappa_{112}-B_2\lambda_{112})(\kappa_{121}-B_2\lambda_{121})$$

$$b=(\kappa_{211}-B_2\lambda_{211})(\kappa_{222}-B_2\lambda_{222})-(\kappa_{212}-B_2\lambda_{212})(\kappa_{221}-B_2\lambda_{221})$$

$$\widetilde{C}_{11}=\frac{(D_1\xi_{111}+D_3\kappa_{111})(\kappa_{122}-B_2\lambda_{122})-(D_1\xi_{112}+D_3\kappa_{112})(\kappa_{121}-B_2\lambda_{121})}{a}$$

$$\widetilde{C}_{12}=\frac{(D_1\xi_{121}+D_3\kappa_{121})(\kappa_{122}-B_2\lambda_{122})-(D_1\xi_{122}+D_3\kappa_{122})(\kappa_{121}-B_2\lambda_{121})}{a}$$

$$\widetilde{C}_{13}=-2(s\tau+\nu)B_2\frac{\lambda_{311}(\kappa_{122}-B_2\lambda_{122})-\lambda_{312}(\kappa_{121}-B_2\lambda_{121})}{a}$$

$$\widetilde{C}_{14}=-2(s\tau+\nu)B_2\frac{\lambda_{321}(\kappa_{122}-B_2\lambda_{122})-\lambda_{322}(\kappa_{121}-B_2\lambda_{121})}{a}$$

$$\widetilde{C}_{21}=\frac{(D_1\xi_{112}+D_3\kappa_{112})(\kappa_{111}-B_2\lambda_{111})-(D_1\xi_{111}+D_3\kappa_{111})(\kappa_{112}-B_2\lambda_{112})}{a}$$

$$\widetilde{C}_{22}=\frac{(D_1\xi_{122}+D_3\kappa_{122})(\kappa_{111}-B_2\lambda_{111})-(D_1\xi_{121}+D_3\kappa_{121})(\kappa_{112}-B_2\lambda_{112})}{a}$$

$$\widetilde{C}_{23}=-2(s\tau+\nu)B_2\frac{\lambda_{312}(\kappa_{111}-B_2\lambda_{111})-\lambda_{311}(\kappa_{112}-B_2\lambda_{112})}{a}$$

$$\widetilde{C}_{24}=-2(s\tau+\nu)B_2\frac{\lambda_{322}(\kappa_{111}-B_2\lambda_{111})-\lambda_{321}(\kappa_{112}-B_2\lambda_{112})}{a}$$

$$\widetilde{C}_{31}=2(s\tau+\nu)B_2\frac{\lambda_{411}(\kappa_{222}-B_2\lambda_{222})-\lambda_{412}(\kappa_{221}-B_2\lambda_{221})}{b}$$

$$\widetilde{C}_{32}=2(s\tau+\nu)B_2\frac{\lambda_{421}(\kappa_{222}-B_2\lambda_{222})-\lambda_{422}(\kappa_{221}-B_2\lambda_{221})}{b}$$

$$\widetilde{C}_{33}=\frac{(D_2\xi_{211}+D_3\kappa_{211})(\kappa_{222}-B_2\lambda_{222})-(D_2\xi_{212}+D_3\kappa_{212})(\kappa_{221}-B_2\lambda_{221})}{b}$$

$$\widetilde{C}_{34}=\frac{(D_2\xi_{221}+D_3\kappa_{221})(\kappa_{222}-B_2\lambda_{222})-(D_2\xi_{222}+D_3\kappa_{222})(\kappa_{221}-B_2\lambda_{221})}{b}$$

$$\widetilde{C}_{41}=2(s\tau+\nu)B_2\frac{\lambda_{412}(\kappa_{211}-B_2\lambda_{211})-\lambda_{411}(\kappa_{212}-B_2\lambda_{212})}{b}$$

$$\widetilde{C}_{42}=2(s\tau+\nu)B_2\frac{\lambda_{422}(\kappa_{211}-B_2\lambda_{211})-\lambda_{421}(\kappa_{212}-B_2\lambda_{212})}{b}$$

$$\widetilde{C}_{43}=\frac{(D_2\xi_{212}+D_3\kappa_{212})(\kappa_{211}-B_2\lambda_{211})-(D_2\xi_{211}+D_3\kappa_{211})(\kappa_{212}-B_2\lambda_{212})}{b}$$

$$\widetilde{C}_{44}=\frac{(D_2\xi_{222}+D_3\kappa_{222})(\kappa_{211}-B_2\lambda_{211})-(D_2\xi_{221}+D_3\kappa_{221})(\kappa_{212}-B_2\lambda_{212})}{b}$$

$$\widetilde{K}_{11}=B_1\frac{\chi_{111}(\kappa_{122}-B_2\lambda_{122})-\chi_{112}(\kappa_{121}-B_2\lambda_{121})}{a}$$

$$\widetilde{K}_{12}=B_1\frac{\chi_{121}(\kappa_{122}-B_2\lambda_{122})-\chi_{122}(\kappa_{121}-B_2\lambda_{121})}{a}$$

$$\widetilde{K}_{13}=(s\tau+\nu)D_3\frac{\kappa_{311}(\kappa_{122}-B_2\lambda_{122})-\kappa_{312}(\kappa_{121}-B_2\lambda_{121})}{a}$$

$$\widetilde{K}_{14}=(s\tau+\nu)D_3\frac{\kappa_{321}(\kappa_{122}-B_2\lambda_{122})-\kappa_{322}(\kappa_{121}-B_2\lambda_{121})}{a}$$

$$\widetilde{K}_{21}=B_1\frac{\chi_{112}(\kappa_{111}-B_2\lambda_{111})-\chi_{111}(\kappa_{112}-B_2\lambda_{112})}{a}$$

$$\widetilde{K}_{22}=B_1\frac{\chi_{122}(\kappa_{111}-B_2\lambda_{111})-\chi_{121}(\kappa_{112}-B_2\lambda_{112})}{a}$$

$$\widetilde{K}_{23}=(s\tau+\nu)D_3\frac{\kappa_{312}(\kappa_{111}-B_2\lambda_{111})-\kappa_{311}(\kappa_{112}-B_2\lambda_{112})}{a}$$

$$\widetilde{K}_{24}=(s\tau+\nu)D_3\frac{\kappa_{322}(\kappa_{111}-B_2\lambda_{111})-\kappa_{321}(\kappa_{112}-B_2\lambda_{112})}{a}$$

$$\widetilde{K}_{31}=-(s\tau+\nu)D_3\frac{\kappa_{411}(\kappa_{222}-B_2\lambda_{222})-\kappa_{412}(\kappa_{221}-B_2\lambda_{221})}{b}$$

$$\widetilde{K}_{32}=-(s\tau+\nu)D_3\frac{\kappa_{421}(\kappa_{222}-B_2\lambda_{222})-\kappa_{422}(\kappa_{221}-B_2\lambda_{221})}{b}$$

$$\widetilde{K}_{33}=B_1\frac{\chi_{211}(\kappa_{222}-B_2\lambda_{222})-\chi_{212}(\kappa_{221}-B_2\lambda_{221})}{b}$$

$$\widetilde{K}_{34}=B_1\frac{\chi_{221}(\kappa_{222}-B_2\lambda_{222})-\chi_{222}(\kappa_{221}-B_2\lambda_{221})}{b}$$

$$\widetilde{K}_{41} = -(s\tau + \nu)D_3 \frac{\kappa_{412}(\kappa_{211} - B_2\lambda_{211}) - \kappa_{411}(\kappa_{212} - B_2\lambda_{212})}{b}$$

$$\widetilde{K}_{42} = -(s\tau + \nu)D_3 \frac{\kappa_{422}(\kappa_{211} - B_2\lambda_{211}) - \kappa_{421}(\kappa_{212} - B_2\lambda_{212})}{b}$$

$$\widetilde{K}_{43} = B_1 \frac{\chi_{212}(\kappa_{211} - B_2\lambda_{211}) - \chi_{211}(\kappa_{212} - B_2\lambda_{212})}{b}$$

$$\widetilde{K}_{44} = B_1 \frac{\chi_{222}(\kappa_{211} - B_2\lambda_{211}) - \chi_{221}(\kappa_{212} - B_2\lambda_{212})}{b}$$

$$\widetilde{E}_{113} = \frac{(\varsigma_{311} + \zeta_{111})(\kappa_{122} - B_2\lambda_{122}) - (\varsigma_{312} + \zeta_{112})(\kappa_{121} - B_2\lambda_{121})}{a}$$

$$\widetilde{E}_{114} = \frac{(\varsigma_{321} + \zeta_{121})(\kappa_{122} - B_2\lambda_{122}) - (\varsigma_{322} + \zeta_{122})(\kappa_{121} - B_2\lambda_{121})}{a}$$

$$\widetilde{E}_{123} = \frac{(\varsigma_{312} + \zeta_{112})(\kappa_{111} - B_2\lambda_{111}) - (\varsigma_{311} + \zeta_{111})(\kappa_{112} - B_2\lambda_{112})}{a}$$

$$\widetilde{E}_{124} = \frac{(\varsigma_{322} + \zeta_{122})(\kappa_{111} - B_2\lambda_{111}) - (\varsigma_{321} + \zeta_{121})(\kappa_{112} - B_2\lambda_{112})}{a}$$

$$\widetilde{E}_{131} = -\frac{(\varsigma_{411} + \zeta_{211})(\kappa_{222} - B_2\lambda_{222}) - (\varsigma_{412} + \zeta_{212})(\kappa_{221} - B_2\lambda_{221})}{b}$$

$$\widetilde{E}_{132} = -\frac{(\varsigma_{421} + \zeta_{221})(\kappa_{222} - B_2\lambda_{222}) - (\varsigma_{422} + \zeta_{222})(\kappa_{221} - B_2\lambda_{221})}{b}$$

$$\widetilde{E}_{141} = -\frac{(\varsigma_{412} + \zeta_{212})(\kappa_{211} - B_2\lambda_{211}) - (\varsigma_{411} + \zeta_{211})(\kappa_{212} - B_2\lambda_{212})}{b}$$

$$\widetilde{E}_{142} = -\frac{(\varsigma_{422} + \zeta_{222})(\kappa_{211} - B_2\lambda_{211}) - (\varsigma_{421} + \zeta_{221})(\kappa_{212} - B_2\lambda_{212})}{b}$$

$$\widetilde{E}_{211} = \frac{\varsigma_{111}(\kappa_{122} - B_2\lambda_{122}) - \varsigma_{112}(\kappa_{121} - B_2\lambda_{121})}{a}$$

$$\widetilde{E}_{212} = \frac{\varsigma_{121}(\kappa_{122} - B_2\lambda_{122}) - \varsigma_{122}(\kappa_{121} - B_2\lambda_{121})}{a}$$

$$\widetilde{E}_{221} = \frac{\varsigma_{112}(\kappa_{111} - B_2\lambda_{111}) - \varsigma_{111}(\kappa_{112} - B_2\lambda_{112})}{a}$$

$$\widetilde{E}_{222} = \frac{\varsigma_{122}(\kappa_{111} - B_2\lambda_{111}) - \varsigma_{121}(\kappa_{112} - B_2\lambda_{112})}{a}$$

$$\widetilde{E}_{233} = -\frac{\varsigma_{211}(\kappa_{222} - B_2\lambda_{222}) - \varsigma_{212}(\kappa_{221} - B_2\lambda_{221})}{b}$$

$$\widetilde{E}_{234} = -\frac{\varsigma_{221}(\kappa_{222} - B_2\lambda_{222}) - \varsigma_{222}(\kappa_{221} - B_2\lambda_{221})}{b}$$

$$\widetilde{E}_{243} = -\frac{\varsigma_{212}(\kappa_{211} - B_2\lambda_{211}) - \varsigma_{211}(\kappa_{212} - B_2\lambda_{212})}{b}$$

$$\widetilde{E}_{244} = -\frac{\varsigma_{222}(\kappa_{211} - B_2\lambda_{211}) - \varsigma_{221}(\kappa_{212} - B_2\lambda_{212})}{b}$$

$$\widetilde{E}_{313} = -\frac{\varsigma_{311}(\kappa_{122} - B_2\lambda_{122}) - \varsigma_{312}(\kappa_{121} - B_2\lambda_{121})}{a}$$

$$\widetilde{E}_{314} = -\frac{\varsigma_{321}(\kappa_{122} - B_2\lambda_{122}) - \varsigma_{322}(\kappa_{121} - B_2\lambda_{121})}{a}$$

$$\widetilde{E}_{323}=-\frac{\varsigma_{312}(\kappa_{111}-B_2\lambda_{111})-\varsigma_{311}(\kappa_{112}-B_2\lambda_{112})}{a}$$

$$\widetilde{E}_{324}=-\frac{\varsigma_{322}(\kappa_{111}-B_2\lambda_{111})-\varsigma_{321}(\kappa_{112}-B_2\lambda_{112})}{a}$$

$$\widetilde{E}_{331}=-\frac{\varsigma_{411}(\kappa_{222}-B_2\lambda_{222})-\varsigma_{412}(\kappa_{221}-B_2\lambda_{221})}{b}$$

$$\widetilde{E}_{332}=-\frac{\varsigma_{421}(\kappa_{222}-B_2\lambda_{222})-\varsigma_{422}(\kappa_{221}-B_2\lambda_{221})}{b}$$

$$\widetilde{E}_{341}=-\frac{\varsigma_{412}(\kappa_{211}-B_2\lambda_{211})-\varsigma_{411}(\kappa_{212}-B_2\lambda_{212})}{b}$$

$$\widetilde{E}_{342}=-\frac{\varsigma_{422}(\kappa_{211}-B_2\lambda_{211})-\varsigma_{421}(\kappa_{212}-B_2\lambda_{212})}{b}$$

$$\widetilde{D}_{11}=\frac{[\alpha(1-\cos 2\theta_1)-\beta\sin 2\theta_1][\vartheta_{11}(\kappa_{122}-B_2\lambda_{122})-\vartheta_{12}(\kappa_{121}-B_2\lambda_{121})]}{2a}$$

$$\widetilde{D}_{12}=\frac{\alpha(1-\cos 2\theta_1)-\beta\sin 2\theta_1][\vartheta_{12}(\kappa_{111}-B_2\lambda_{111})-\vartheta_{11}(\kappa_{112}-B_2\lambda_{112})}{2a}$$

$$\widetilde{D}_{13}=\frac{[-\alpha\sin 2\theta_1+\beta(1+\cos 2\theta_1)][\vartheta_{21}(\kappa_{222}-B_2\lambda_{222})-\vartheta_{22}(\kappa_{221}-B_2\lambda_{221})]}{2b}$$

$$\widetilde{D}_{14}=\frac{[-\alpha\sin 2\theta_1+\beta(1+\cos 2\theta_1)][\vartheta_{22}(\kappa_{211}-B_2\lambda_{211})-\vartheta_{21}(\kappa_{212}-B_2\lambda_{212})]}{2b}$$

$$\widetilde{D}_{21}=\frac{-\varphi(1-\cos 2\theta_1)[\vartheta_{11}(\kappa_{122}-B_2\lambda_{122})-\vartheta_{12}(\kappa_{121}-B_2\lambda_{121})]}{2a}$$

$$\widetilde{D}_{22}=\frac{-\varphi(1-\cos 2\theta_1)[\vartheta_{12}(\kappa_{111}-B_2\lambda_{111})-\vartheta_{11}(\kappa_{112}-B_2\lambda_{112})]}{2a}$$

$$\widetilde{D}_{23}=\frac{\varphi\sin 2\theta_1[\vartheta_{21}(\kappa_{222}-B_2\lambda_{222})-\vartheta_{22}(\kappa_{221}-B_2\lambda_{221})]}{2b}$$

$$\widetilde{D}_{24}=\frac{\varphi\sin 2\theta_1[\vartheta_{22}(\kappa_{211}-B_2\lambda_{211})-\vartheta_{21}(\kappa_{212}-B_2\lambda_{212})]}{2b}$$